U0357415

国家出版基金资助项目

现代数学中的著名定理纵横谈丛书

丛书主编　王梓坤

PICARD THEOREM

Picard定理

刘培杰数学工作室 编著

内 容 简 介

本书通过四大部分介绍了有关毕卡定理的相关知识及应用.读者可以较全面地了解这类问题的实质,还可以认识到它在其他学科中的应用.

本书适合广大数学爱好者阅读参考.

图书在版编目(CIP)数据

Picard定理/刘培杰数学工作室编著.—哈尔滨:哈尔滨工业大学出版社,2017.9
(现代数学中的著名定理纵横谈丛书)
ISBN 978-7-5603-6684-5

Ⅰ.①P… Ⅱ.①刘… Ⅲ.①皮卡问题 Ⅳ.①O175

中国版本图书馆CIP数据核字(2017)第136897号

策划编辑 刘培杰 张永芹
责任编辑 张永芹 聂兆慈
封面设计 孙茵艾
出版发行 哈尔滨工业大学出版社
社　　址 哈尔滨市南岗区复华四道街10号 邮编150006
传　　真 0451-86414749
网　　址 http://hitpress.hit.edu.cn
印　　刷 牡丹江邮电印务有限公司
开　　本 787mm×960mm 1/16 印张38 字数434千字
版　　次 2017年9月第1版 2017年9月第1次印刷
书　　号 ISBN 978-7-5603-6684-5
定　　价 158.00元

⊙代序

读书的乐趣

你最喜爱什么——书籍.

你经常去哪里——书店.

你最大的乐趣是什么——读书.

这是友人提出的问题和我的回答.真的,我这一辈子算是和书籍,特别是好书结下了不解之缘.有人说,读书要费那么大的劲,又发不了财,读它做什么?我却至今不悔,不仅不悔,反而情趣越来越浓.想当年,我也曾爱打球,也曾爱下棋,对操琴也有兴趣,还登台伴奏过.但后来却都一一断交,“终身不复鼓琴”.那原因便是怕花费时间,玩物丧志,误了我的大事——求学.这当然过激了一些.剩下来唯有读书一事,自幼至今,无日少废,谓之书痴也可,谓之书橱也可,管它呢,人各有志,不可相强.我的一生大志,便是教书,而当教师,不多读书是不行的.

读好书是一种乐趣,一种情操;一种向全世界古往今来的伟人和名人求教的方法，一种和他们展开讨论的方式；一封出席各种活动、体验各种生活、结识各种人物的邀请信；一张迈进科学宫殿和未知世界的入场券；一股改造自己、丰富自己的强大力量．书籍是全人类有史以来共同创造的财富，是永不枯竭的智慧的源泉．失意时读书，可以使人重整旗鼓；得意时读书，可以使人头脑清醒；疑难时读书，可以得到解答或启示；年轻人读书，可明奋进之道；年老人读书，能知健神之理．浩浩乎！洋洋乎！如临大海，或波涛汹涌，或清风微拂，取之不尽，用之不竭．吾于读书，无疑义矣，三日不读，则头脑麻木，心摇摇无主．

潜能需要激发

我和书籍结缘，开始于一次非常偶然的机会．大概是八九岁吧，家里穷得揭不开锅，我每天从早到晚都要去田园里帮工．一天，偶然从旧木柜阴湿的角落里，找到一本蜡光纸的小书，自然很破了．屋内光线暗淡，又是黄昏时分，只好拿到大门外去看．封面已经脱落，扉页上写的是《薛仁贵征东》．管它呢，且往下看．第一回的标题已忘记，只是那首开卷诗不知为什么至今仍记忆犹新：

日出遥遥一点红，飘飘四海影无踪．

三岁孩童千两价，保主跨海去征东．

第一句指山东，二、三两句分别点出薛仁贵（雪、人贵）．那时识字很少，半看半猜，居然引起了我极大的兴趣，同时也教我认识了许多生字．这是我有生以来独立看的第一本书．尝到甜头以后，我便千方百计去找书，向小朋友借，到亲友家找，居然断断续续看了《薛丁山征西》《彭公案》《二度梅》等，樊梨花便成了我心中的女英雄.我真入迷了.从此,放牛也罢,车水也罢,我总要带一本书,还练出了边走田间小路边读书的本领,读得津津有味,不知人间别有他事.

当我们安静下来回想往事时,往往会发现一些偶然的小事却影响了自己的一生.如果不是找到那本《薛仁贵征东》,我的好学心也许激发不起来.我这一生,也许会走另一条路.人的潜能,好比一座汽油库,星星之火,可以使它雷声隆隆、光照天地;但若少了这粒火星,它便会成为一潭死水,永归沉寂.

抄,总抄得起

好不容易上了中学,做完功课还有点时间,便常光顾图书馆.好书借了实在舍不得还,但买不到也买不起,便下决心动手抄书.抄,总抄得起.我抄过林语堂写的《高级英文法》,抄过英文的《英文典大全》,还抄过《孙子兵法》,这本书实在爱得狠了,竟一口气抄了两份.人们虽知抄书之苦,未知抄书之益,抄完毫末俱见,一览无余,胜读十遍.

始于精于一,返于精于博

关于康有为的教学法,他的弟子梁启超说:"康先生之教,专标专精、涉猎二条,无专精则不能成,无涉猎则不能通也."可见康有为强烈要求学生把专精和广博(即"涉猎")相结合.

在先后次序上,我认为要从精于一开始.首先应集中精力学好专业,并在专业的科研中做出成绩,然后逐步扩大领域,力求多方面的精.年轻时,我曾精读杜布(J. L. Doob)的《随机过程论》,哈尔莫斯(P. R. Halmos)的《测度论》等世界数学名著,使我终身受益.简言之,即"始于精于一,返于精于博".正如中国革命一样,必须先有一块根据地,站稳后再开创几块,最后连成一片.

丰富我文采,澡雪我精神

辛苦了一周,人相当疲劳了,每到星期六,我便到旧书店走走,这已成为生活中的一部分,多年如此.一次,偶然看到一套《纲鉴易知录》,编者之一便是选编《古文观止》的吴楚材.这部书提纲挈领地讲中国历史,上自盘古氏,直到明末,记事简明,文字古雅,又富于故事性,便把这部书从头到尾读了一遍.从此启发了我读史书的兴趣.

我爱读中国的古典小说,例如《三国演义》和《东周列国志》.我常对人说,这两部书简直是世界上政治阴谋诡计大全.即以近年来极时髦的人质问题(伊朗人质、劫机人质等),这些书中早就有了,秦始皇的父亲便是受害者,堪称“人质之父”.

《庄子》超尘绝俗,不屑于名利.其中“秋水”“解牛”诸篇,诚绝唱也.《论语》束身严谨,勇于面世,“己所不欲,勿施于人”,有长者之风.司马迁的《报任少卿书》,读之我心两伤,既伤少卿,又伤司马;我不知道少卿是否收到这封信,希望有人做点研究.我也爱读鲁迅的杂文,果戈理、梅里美的小说.我非常敬重文天祥、秋瑾的人品,常记他们的诗句:“人生自古谁无死,留取丹心照汗青”“休言女子非英物,夜夜龙泉壁上鸣”.唐诗、宋词、《西厢记》《牡丹亭》,丰富我文采,澡雪我精神,其中精粹,实是人间神品.

读了邓拓的《燕山夜话》,既叹服其广博,也使我动了写《科学发现纵横谈》的心.不料这本小册子竟给我招来了上千封鼓励信.以后人们便写出了许许多多的“纵横谈”.

从学生时代起,我就喜读方法论方面的论著.我想,做什么事情都要讲究方法,追求效率、效果和效益,方法好能事半而功倍.我很留心一些著名科学家、文学家写的心得体会和经验.我曾惊讶为什么巴尔扎克在51年短短的一生中能写出上百本书,并从他的传记中去寻找答案.文史哲和科学的海洋无边无际,先哲们的明智之光沐浴着人们的心灵,我衷心感谢他们的恩惠.

读书的另一面

以上我谈了读书的好处,现在要回过头来说说事情的另一面.

读书要选择.世上有各种各样的书:有的不值一看,有的只值看20分钟,有的可看5年,有的可保存一辈子,有的将永远不朽.即使是不朽的超级名著,由于我们的精力与时间有限,也必须加以选择.决不要看坏书,对一般书,要学会速读.

读书要多思考.应该想想,作者说得对吗?完全吗?适合今天的情况吗?从书本中迅速获得效果的好办法是有的放矢地读书,带着问题去读,或偏重某一方面去读.这时我们的思维处于主动寻找的地位,就像猎人追找猎物一样主动,很快就能找到答案,或者发现书中的问题.

有的书浏览即止,有的要读出声来,有的要心头记住,有的要笔头记录.对重要的专业书或名著,要勤做笔记,“不动笔墨不读书”.动脑加动手,手脑并用,既可加深理解,又可避忘备查,特别是自己的灵感,更要及时抓住.清代章学诚在《文史通义》中说:“札记之功必不可少,如不札记,则无穷妙绪如雨珠落大海矣.”

许多大事业、大作品，都是长期积累和短期突击相结合的产物.涓涓不息，将成江河；无此涓涓，何来江河？

爱好读书是许多伟人的共同特性，不仅学者专家如此，一些大政治家、大军事家也如此.曹操、康熙、拿破仑、毛泽东都是手不释卷，嗜书如命的人.他们的巨大成就与毕生刻苦自学密切相关.

王梓坤

◎ 目录

第一编 Goncharov论复变函数

第二编 Markushevič 论整函数

第三编 Picard 大定理

第一编

Goncharov 论复变函数

第一章 复数

1.1 毕卡其人

毕卡

毕卡(Picard, Charles Émile, 1856—1941), 法国数学家.生于巴黎,卒于同地.自幼好学,且兴趣广泛,除了自然科学,他还爱好文学、语言、历史、体育. 1874年,以第一名和第二名的优异成绩分别考取了巴黎高等师范学校和巴黎理工科大学.他选择了前者,1877年毕业,获得数学博士学位. 1879年被聘为图卢兹大学教授,1881年到巴黎大学任教,先后任微积分学教授、分析与高等代数学教授,同时任教于巴黎高等师范学校. 1889年被选为巴黎科学院院士,1917年成为该院的终身书记. 他是伦敦皇家学会、苏联科学院等 30 多所重要科研机构的成员，并被 5 所外国大学授予名誉博士学位，他还多次获得科学大奖. 毕卡的成就主要在解析函数论、数学分析、代数几何、微分方程论等方面. 1879 年，他证明了，对于整函数 $f(z)$，若存在 A 的两个值，使得 $f(z)=A$ 没有有限根，则 $f(z)$ 是一常数. 反之，若整函数 $f(z)$ 不是一常数，则不可能有一个以上的 A 值使 $f(z)=A$ 无解. 1880 年，他证明了，在孤立本性奇点 a 外处处解析的单值函数 $f(z)$，除了至多两种例外，可取到所有的复数值. 这一结果导致了正则解析函数的分类理论，后来被进一步推广，称为毕卡小定理和毕卡大定理. 1883—1888 年，毕卡将庞加莱关于自守函数的研究推广到含两个复变量的函数中，进而又研究了代数曲面，发展了二重积分的理论. 此外，他还探讨了线性微分方程理论与代数方程理论的相似性，得到了线性微分方程的一个变换群，即所谓的毕卡群，推广了逐次逼近法，给出了这方法的普遍形式，证明了含复变量的微分方程和积分方程的解的唯一存在性定理. 他将数学分析理论应用于弹性理论、热学、电学，在物理学上也取得了一些成果. 毕卡是他所处时代法国最杰出的数学家之一，在他逝世以后，作为纪念，巴黎科学院颁发了以他的名字命名的奖章，以奖励优秀的数学工作者. 毕卡的著作主要有《分析数学专论》(*Traitéd' analyse*,1891—1896)、《泛函方程讲义》(*Leçons Sur quelques équations fonctionnelles*, 1928)、《二元代数函数论》(*Théorie des fonctions algébriques de deux variables indébriques*, Ⅰ, 1897; Ⅱ, 1906,与西马尔(G. Simart) 合著) 等.

1.2 复 数 集

读者们无疑已经不止一次遇到过复数. 最初讲授复数还是初等代数课程里的事.

在复变函数论这一课程中,我们首先必须系统地来讲授一下复数. 在实变函数论中,自变量和因变量的值都是取自实数集,复变函数论则不然,其中自变量和因变量的值则都取自复数集①.

在数学分析的各个分支以及一些别的数学学科中,可以采取这一种("实的")观点,也可以采取另一种("复的")观点. 比如说,除了(通常在学校中所讲授的)"实"解析几何,又存在"复"解析几何,它所讨论的是一次和二次方程的性质,这些方程的变量和系数都假定取的是复数值,同样的说法也适用于(高次)代数曲线论,当引进复数值时,这门理论与"代数函数论"可以对比. 对于微分几何,情形也是如此. 除了这些例子,我们现在再举出微分方程论,它在搬到复数域之后,就变成了"微分方程的解析理论"了.

形如

$$z = x + \mathrm{i}y \tag{1.1}$$

这样的结合叫作复数,这里的 x 和 y 是实数,i 则是规定好了的一个数学符号,叫作"虚数单位". 符号 i 的特

① 在这里有意识地略去两小段原文,即在俄文中将"ТФДП"这一简写符号表示"实变函数论","ТФКП"这一简写符号表示"复变函数论",因这两简写符号,在中文里并无意义,故不译出 —— 译者注.

性下面即将谈到：该项特性和复数四则运算的定义密切相关. 在i的性质尚未说明，复数的运算尚未定义之前，复数也同样没有定义，在这样的情况之下，复数无疑是一对实数(x,y). 给了一个复数z，在这样的情况之下，就表示给了两个实数：x和y.

x名为z的实部，y名为z的虚部.

记号

$$x=\mathrm{Re}\ z, y=\mathrm{Im}\ z \tag{1.2}$$

甚为通用.

于是，对于任意一个复数z，我们可以写

$$z=\mathrm{Re}\ z+\mathrm{i}\,\mathrm{Im}\ z \tag{1.3}$$

来代替式(1.1).

表示“实部”的符号Re和表示“虚部”的符号Im分别是拉丁字realis(实的)和imaginarins(虚的)的缩写. 从后面一个字，我们可以看出符号i的起源.

例　$\mathrm{Re}\{2+3\mathrm{i}\}=2, \mathrm{Im}\{2+3\mathrm{i}\}=3$

$\mathrm{Re}\ z$和$\mathrm{Im}\ z$这两个式子显然都是复变量z的实函数.

我们简写x代替$x+\mathrm{i}0$，这样一来，我们就把复数$x+\mathrm{i}0$和实数x等同看待. 于是，所有的实数都可看作是虚部为0的复数. 虚部不为0的复数叫作虚数.

同样，我们将$0+\mathrm{i}y$简写为$\mathrm{i}y$，这种样子的复数叫作纯虚数.

特别，$0+\mathrm{i}0$写作0(零).

等式　两个复数当且仅当它们的实部和虚部分别相等的时候，才被认为相等.

换句话说，假若z表示复数$x+\mathrm{i}y$，z'表示复数$x'+\mathrm{i}y'$，那么，等式

$$z = z' \tag{1.4}$$

就相当于两个等式

$$x = x' \tag{1.5}$$

和

$$y = y' \tag{1.6}$$

因此,一个复等式相当于两个实等式.

必须正确地理解上面所说的等式.这就是说,我们不仅认为从一对等式(1.5)和(1.6)可以推出等式(1.4),而且也认为从等式(1.4)可以推出一对等式(1.5)和(1.6)①.

例如 $2+3\mathrm{i}$ 和 $2+5\mathrm{i}$ 就不相等,$2+3\mathrm{i}$ 和 $1+3\mathrm{i}$ 也不相等,事实上,3 不等于 5,2 不等于 1.

下列关于复等式的两个性质乃属显而易见,无须详细解释:

(1) 若 $z=z'$,则 $z'=z$;

(2) 若 $z=z'$,又 $z'=z''$,则 $z=z''$.

不等式 记号"$\neq$"在运用于复数时,是用作等号的否定.换句话说,关系

$$z \neq z'$$

是表示:等式(1.5)和(1.6)中至少有一个不成立.

显而易见,关系 $z' \neq z$ 和 $z \neq z'$ 相当.

记号"$<$"(小于)和"$>$"(大于)不直接用于虚数.

① 我们要注意,在数学中有时会把两个不完全一样的东西看作相等.例如两个向量,假若它们平行,且有同样的长度和同样的指向,有时就把它们看作相等,尽管它们的始点和终点不一样.

复数的几何表示

复数 $z=x+\mathrm{i}y$ 和实数对 (x,y) 成一一对应. 而实数对 (x,y)，正如我们在解析几何中所知道的，又与坐标平面 xOy 上的点成一一对应. 于是可以推知，复数 $z=x+\mathrm{i}y$ 与坐标平面 xOy 上的点成一一对应.

我们就说：数 $z=x+\mathrm{i}y$ 由平面 xOy 上的点 (x,y)“表出”.

反过来，数 $z=x+\mathrm{i}y$ 有时叫作这点 (x,y) 的附标. 但这个术语已经陈旧，很少用到. 容易看出，实数由 Ox 轴上的点表出；纯虚数由 Oy 轴上的点表出；复数（同时也是实数）0 是由坐标系的原点 O 表出；虚数由平面 xOy 上不在 Ox 轴上的点表出（图 1）.

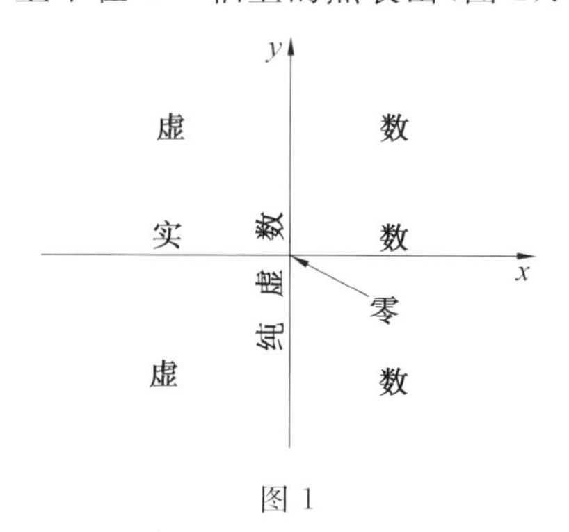

图 1

在复变函数论中，Ox 轴也叫作实轴，Oy 轴也叫作虚轴. 把“坐标系的原点”简称为“原点”；把“表示复数 z 的点”说成“点 z”；把“坐标平面”说成“复平面”.

我们现在看出，坐标平面以及它上面的点已经被选来作为一个几何模型，用以表示两组不同的对象：一方面是实数对，另一方面则是复数. 坐标平面这样的双

重用法，它本身并不会引起矛盾，但是对于那些同时随便使用两种不同的几何表示的人，矛盾却可能因之发生.

比如说，读者不难在 xOy 平面上作出函数 $y=x^2+1$ 的图形（抛物线）；但若他又要在这个平面上去寻找该抛物线与 Ox 轴的交点 $x=\pm\mathrm{i}$，那他就错了.

1.3　复数的四则运算

复数 $z=x+\mathrm{i}y$ 和实数对 (x,y) 的不同之处在于对于复数我们定义了数学运算：加、减、乘、除（而对于实数对，就没有定义这些运算）.

复数的正运算——加法和乘法——定义如下：这两种运算是按照通常的代数规则[①]并在下列补充条件下来实施的：这条件就是在遇到乘积 $\mathrm{ii}=\mathrm{i}^2$ 时，则以 -1 代之. 等式

$$\mathrm{i}^2=-1 \tag{1.7}$$

表明了虚数单位的固有性质. 减法和除法可以定义（我们在下面将要看到）为加法和乘法的逆运算；同时，它们的算法（我们将证明）也是按照上面所说的规则来实施的.

我们现在来详细说明每一运算的定义. 我们先规定下面的记号

$$z=x+\mathrm{i}y, z_1=x_1+\mathrm{i}y_1, z_2=x_2+\mathrm{i}y_2, z_3=x_3+\mathrm{i}y_3$$

---

① 意思就是：形如 $x+\mathrm{i}y$ 的结合解释成为 x 和 $\mathrm{i}y$ 之和；$\mathrm{i}y$ 则解释成为 i 和 y 之积.

$$\zeta = \xi + i\eta$$

加法的定义

$$(x_1 + iy_1) + (x_2 + iy_2) = (x_1 + x_2) + i(y_1 + y_2) \tag{1.8}$$

我们要注意，将复数写成和数 $x + iy$ 的形状，这并不会与我们关于加法所下的定义发生矛盾.

实际上，$x = x + i0$，$iy = 0 + iy$，将这两数相加，即得

$$(x + i0) + (0 + iy) = (x + 0) + i(0 + y) = x + iy$$

我们不难证明加法的各运算定律成立：

Ⅰ. 交换律

$$z_1 + z_2 = z_2 + z_1 \tag{1.9}$$

Ⅱ. 结合律

$$(z_1 + z_2) + z_3 = z_1 + (z_2 + z_3) \tag{1.10}$$

事实上，我们有：

(1) $z_1 + z_2 = (x_1 + x_2) + i(y_1 + y_2)$

$z_2 + z_1 = (x_2 + x_1) + i(y_2 + y_1)$

两个等式右边是相等的，因为对于实数来说，交换律是成立的.

(2) $(z_1 + z_2) + z_3 = [(x_1 + x_2) + x_3] + i[(y_1 + y_2) + y_3]$

$z_1 + (z_2 + z_3) = [x_1 + (x_2 + x_3)] + i[y_1 + (y_2 + y_3)]$

两个等式右边是相等的，因为结合律对实数是成立的.

减法的定义

所谓求差数 $z_2 - z_1$，即从 z_2 中减去 z_1，意思就是去寻求满足等式

$$z_1+\zeta=z_2$$

的数 ζ(关于 ζ 解出方程). 利用加法的定义,这个方程可写成

$$(x_1+\xi)+\mathrm{i}(y_1+\eta)=x_2+\mathrm{i}y_2$$

从等式的定义,即可推知

$$\begin{cases}x_1+\xi=x_2\\ y_1+\eta=y_2\end{cases}$$

于是即得

$$\begin{cases}\xi=x_2-x_1\\ \eta=y_2-y_1\end{cases}$$

因此

$$\zeta=(x_2-x_1)+\mathrm{i}(y_2-y_1)$$

由此即得

$$(x_2+\mathrm{i}y_2)-(x_1+\mathrm{i}y_1)=(x_2-x_1)+\mathrm{i}(y_2-y_1) \tag{1.11}$$

假若我们按照"通常的代数规则"来运算,也可以立刻得出同样的结果.

数 $(-z)$(即 $0-z$) 叫作负 z.

减去某一数,意思就是加上它的负数.

乘法的定义

利用"虚数单位的固有性质",我们有

$$\begin{aligned}&(x_1+\mathrm{i}y_1)(x_2+\mathrm{i}y_2)=\\&x_1x_2+\mathrm{i}(x_1y_2+x_2y_1)+\mathrm{i}^2y_1y_2=\\&x_1x_2+\mathrm{i}(x_1y_2+x_2y_1)+(-1)y_1y_2=\\&(x_1x_2-y_1y_2)+\mathrm{i}(x_1y_2+x_2y_1)\end{aligned}$$

于是,乘法可以由下面的公式定义

$$\begin{aligned}&(x_1+\mathrm{i}y_1)(x_2+\mathrm{i}y_2)=\\&(x_1x_2-y_1y_2)+\mathrm{i}(x_1y_2+x_2y_1)\end{aligned} \tag{1.12}$$

我们要注意，在复数 $z=x+\mathrm{i}y$ 的写法中，量 $\mathrm{i}y$ 实际上是 i 与 y 之积. 事实上

$$(0+\mathrm{i}\cdot 1)(y+\mathrm{i}\cdot 0)=$$
$$(0\cdot y-1\cdot 0)+\mathrm{i}(0\cdot 0+1\cdot y)=\mathrm{i}y$$

我们现在来验证乘法的各项运算定律成立：

Ⅲ. 交换律

$$z_1z_2=z_2z_1 \tag{1.13}$$

Ⅳ. 结合律

$$(z_1z_2)z_3=z_1(z_2z_3) \tag{1.14}$$

实际上，我们有：

(3) $z_1z_2=(x_1x_2-y_1y_2)+\mathrm{i}(x_1y_2+x_2y_1)$

$z_2z_1=(x_2x_1-y_2y_1)+\mathrm{i}(x_2y_1+x_1y_2)$

上两式右边显然是相等的.

(4) $(z_1z_2)z_3=$

$$[(x_1x_2-y_1y_2)x_3-(x_1y_2+x_2y_1)y_3]+$$
$$\mathrm{i}[(x_1x_2-y_1y_2)y_3+(x_1y_2+x_2y_1)x_3]$$

$z_1(z_2z_3)=$

$$[x_1(x_2x_3-y_2y_3)-y_1(x_2y_3+x_3y_2)]+$$
$$\mathrm{i}[x_1(x_2y_3+x_3y_2)+y_1(x_2x_3-y_2y_3)]$$

上两式右边显然也是相等的.

此外，(乘法关于加法的) 分配律也成立.

Ⅴ. $$z_1(z_2+z_3)=z_1z_2+z_1z_3 \tag{1.15}$$

实际上我们有：

(5) $z_1(z_2+z_3)=$

$$[x_1(x_2+x_3)-y_1(y_2+y_3)]+$$
$$\mathrm{i}[x_1(y_2+y_3)+y_1(x_2+x_3)]$$

$$z_1z_2+z_1z_3=[(x_1x_2-y_1y_2)+(x_1x_3-y_1y_3)]+$$
$$\mathrm{i}[(x_1y_2+x_2y_1)+(x_1y_3+x_3y_1)]$$

上两式右边是相等的.

定理 1.1　乘积中若有一因子为 0,则积为 0.

此可由公式(1.12) 推出,只需于其中令 $z_1=0$(因而 $x_1=y_1=0$) 即可.借助乘法的结合律,定理可以推广到任意多个因子之积的情形上去.

除法的定义

作 z_2 与 z_1 之比,亦即以 z_1 除 z_2,意思就是去寻求满足等式

$$z_1\zeta=z_2$$

的数 ζ(关于 ζ 解出方程).利用乘法的定义,上式可以写成

$$(x_1\xi-y_1\eta)+\mathrm{i}(x_1\eta+y_1\xi)=x_2+\mathrm{i}y_2$$

这一复等式相当于两个实等式

$$\begin{cases}x_1\xi-y_1\eta=x_2\\y_1\xi+x_1\eta=y_2\end{cases}$$

这里的未知数是 ξ 和 η.假如方程组的行列式

$$\begin{vmatrix}x_1 & -y_1\\y_1 & x_1\end{vmatrix}=x_1^2+y_1^2$$

不为 0,我们的方程组即有一组唯一的解

$$\xi=\frac{x_1x_2+y_1y_2}{x_1^2+y_1^2},\eta=\frac{x_1y_2-x_2y_1}{x_1^2+y_1^2}$$

条件 $x_1^2+y_1^2\neq0$ 的意思就是说数 x_1 和 y_1 中至少有一个不为 0,也就是说$z_1\neq0$. 于是,假若除数(分数的分母)z_1 不为 0,则用 z_1 除 z_2 是可能的,且比(分数)$\frac{z_2}{z_1}$ 具有唯一的值,即

$$\frac{z_2}{z_1}=\frac{x_1x_2+y_1y_2}{x_1^2+y_1^2}+\mathrm{i}\,\frac{x_1y_2-x_2y_1}{x_1^2+y_1^2}\qquad(1.16)$$

但若 $z_1=0$(而 $z_2\neq0$),则所讨论的方程组关于 ξ

和 η 无解.

因此,用 0 去除异于 0 的数是不可能的(至于用 0 除 0,那完全是不确定的,因为根据定理 1.1,0 与任何数之积皆为 0). 数 $\frac{1}{z}$ 叫作数 $z(z \neq 0)$ 的倒数. 用某一(异于 0 的) 数去除,意思就是用它的倒数去乘.

我们现在来看一种重要的特殊情形,即用实数去乘或去除的这种情形. 在公式(1.12) 和(1.16) 中,令 $y_1 = 0$,即得

$$x_1(x_2 + \mathrm{i}y_2) = x_1x_2 + \mathrm{i}x_1y_2$$

$$\frac{x_2 + \mathrm{i}y_2}{x_1} = \frac{x_2}{x_1} + \mathrm{i}\,\frac{y_2}{x_1} \quad (x_1 \neq 0)$$

因此,要想用实数去乘(或用异于 0 的实数去除) 复数,只需用它去乘(或去除) 复数的实部和虚部即可(顺便提一下,这也可以由分配律推出).

我们现在再指出一种更特殊的情形,那就是在用 1 去乘或去除时,复数不变

$$z \cdot 1 = z, \frac{z}{1} = z$$

定理 1.2 以异于 0 的数除 0,结果为 0.

这可由公式(1.16) 令 $z_2 = 0$(即 $x_2 = y_2 = 0$) 得出.

定理 1.3 若两数之积为 0,则至少有一因子为 0.

设 $z_1z_2 = 0$. 若 $z_1 \neq 0$,则 $z_2 = \frac{0}{z_1} = 0$. 这就是说,或者 $z_1 = 0$,或者 $z_2 = 0$,定理于是得到证明.

利用乘法的结合律,定理可以推广到任意(有限) 多个因子之积的情形上去.

定理 1.4 若一分数为 0,则它的分子为 0.

设$\frac{z_2}{z_1}=0$,则 $z_2=z_1\cdot 0$. 由定理 1.2,$z_2=0$.

总结

任意两个给定的复数经四则运算中任一运算之后,可以产生一个唯一的结果,只有用 0 去除这种情形除外,这种情形是不允许的.

(换言之,复数系"作成一域").

我们已经证明,复数的运算规律 Ⅰ ～ Ⅴ 和实数的运算规律是一样的.由此可以推知,从这几条规律所推演出来的一切代数恒等式,无论它的文字是取复数值还是取实数值,结果皆同样成立.

例如 $a^2-b^2=(a+b)(a-b)$　(平方差)

$a^n-b^n=(a-b)(a^{n-1}+a^{n-2}b+\cdots+b^{n-1})$　(n 方差)

$(a+b)^n=\sum_{m=0}^{n}C_n^m a^m b^{n-m}$　(牛顿二项式定理)

等等.

等式的性质

设 z_1 和 z_2 是两个相等的复数,又设 z_3 也是一个复数,则下面等式成立:

(1)$z_1+z_3=z_2+z_3$;

(2)$z_1-z_3=z_2-z_3$;

(3)$z_1z_3=z_2z_3$;

(4) 若更设 $z_3\neq 0$,则

$$\frac{z_1}{z_3}=\frac{z_2}{z_3}$$

我们现在证明(1).假定 $z_1=z_2$,也就是假定 $x_1=x_2$ 和 $y_1=y_2$;要证明 $z_1+z_3=z_2+z_3$,也就是要证明 $x_1+x_3=x_2+x_3$ 和 $y_1+y_3=y_2+y_3$.根据实数相等

的性质,由 $x_1 = x_2$ 即可得出 $x_1 + x_3 = x_2 + x_3$,又由 $y_1 = y_2$,即可得出 $y_1 + y_3 = y_2 + y_3$.

等式(2)~(4)的证明与此类似,读者不难自己作出.

1.4 共　轭　数

$\bar{z} = x - \mathrm{i}y$ 叫作 $z = x + \mathrm{i}y$ 的共轭数.显而易见,z 又是 $\bar{z}$ 的共轭数.因此,z 和 $\bar{z}$ 是互相共轭的数.

若 z 是实数,则它的共轭数和它相等.反之,若 $z = \bar{z}$,则 z 为实数.

事实上,我们有 $x + \mathrm{i}0 = x - \mathrm{i}0$(因为 $x = x$,$0 = -0$),反之,由 $x + \mathrm{i}y = x - \mathrm{i}y$,即得 $y = -y$,亦即 $y = 0$.

我们要注意:

(1) 两共轭数之和是一实数,它等于所给的两个数当中任意一个的实部的二倍

$$z + \bar{z} = (x + \mathrm{i}y) + (x - \mathrm{i}y) = 2x$$

(2) 两共轭数之差是一纯虚数,它等于被减数的虚部与 i 之积的二倍

$$z - \bar{z} = (x + \mathrm{i}y) - (x - \mathrm{i}y) = 2\mathrm{i}y$$

(3) 两共轭数之积是一大于或等于 0 的实数,它只当所给的两个数皆为 0 的时候为 0

$$z\bar{z} = (x + \mathrm{i}y)(x - \mathrm{i}y) = x^2 + y^2 \geqslant 0$$

分数的基本性质・实际去除的方法

设 $z_1 \neq 0$,$z_3 \neq 0$.先用 z_1 除等式 $z_1(z_2 z_3) =$

$z_2(z_1z_3)$,然后再用 z_1z_3 去除,即得

$$\frac{z_2z_3}{z_1z_3}=\frac{z_2}{z_1} \tag{1.17}$$

这是分数的基本性质:(分母不为 0 的) 分数的分子和分母同以一(异于 0 的) 数乘之,其值不变.

除法公式(1.16) 相当难记.因此下面所讲的实际去除的方法颇为有用:要想用一(不为 0 的) 数去除另一数,只需用除数(分母) 的共轭数去乘被除数和除数(或分子和分母) 即可.

实际上,我们有

$$\frac{z_2}{z_1}=\frac{z_2\bar{z}_1}{z_1\bar{z}_1}=\frac{(x_2+\mathrm{i}y_2)(x_1-\mathrm{i}y_1)}{(x_1+\mathrm{i}y_1)(x_1-\mathrm{i}y_1)}=$$
$$\frac{(x_1x_2+y_1y_2)+\mathrm{i}(x_1y_2-x_2y_1)}{x_1^2+y_1^2}=$$
$$\frac{x_1x_2+y_1y_2}{x_1^2+y_1^2}+\mathrm{i}\,\frac{x_1y_2-x_2y_1}{x_1^2+y_1^2}$$

这(正如我们在事先必然会看到的) 和公式(1.16) 是一致的.

1.5 复数的三角写法・模和辐角

设 $z=x+\mathrm{i}y$ 是一异于 0 的复数,因而 x 和 y 不同时为 0.我们现在引进极坐标代替原来的直角坐标.由实变量 θ 和 r 的方程组

$$\begin{cases}r\cos\theta=x\\ r\sin\theta=y\end{cases} \tag{1.18}$$

(在 $r\geqslant 0$ 这个条件下此方程组是可解的),我们即得

$$r=\sqrt{x^2+y^2} \tag{1.19}$$

这里的平方根取的是正值,并得

$$\begin{cases}\cos\theta=\dfrac{x}{\sqrt{x^2+y^2}}\\ \sin\theta=\dfrac{y}{\sqrt{x^2+y^2}}\end{cases}\tag{1.20}$$

于是,θ 除相差一形如 $2k\pi$(k 为整数)之数外,唯一地被决定.

顺便提一下,由公式(1.20),我们有

$$\theta=\arctan\frac{y}{x}$$

但在上面这一公式中,x 和 y 的符号没有完全被考虑进去,因此根据这一公式算出来的 θ 值可能有一形如 $k\pi$ 的差数(k 为整数).

由方程组(1.18)和公式(1.19)所唯一定义的正数 r 叫作 z 的模(或绝对值);任意满足方程组(1.18)(或(1.20))的 θ 值叫作 z 的辐角(图 2).

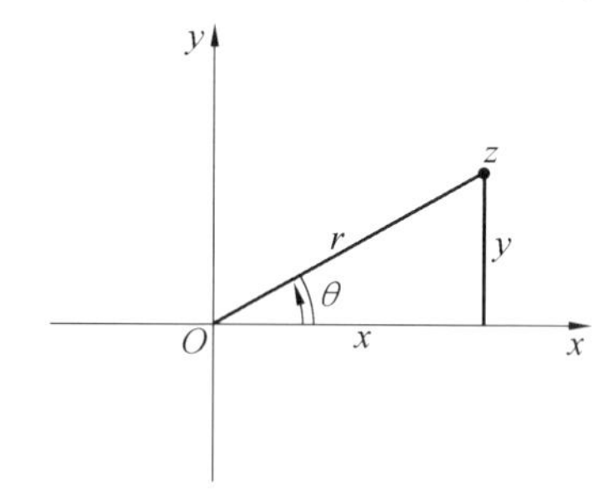

图 2

特别,由公式(1.19),数 0 的模为 0.

任一复数必有模.我们采用绝对值的记号来作为模的记号.

复数的"模"是实数的绝对值的一种推广:当 $y=0$

时,我们有

$$\sqrt{x^2+y^2}=\sqrt{x^2}=|x|$$

除 0 外,任一复数 z 都有无限多个辐角;对于复数 $z=0$,辐角就失去意义.关于辐角的记法,我们采用记号

$$\theta=\arg z$$

来记由不等式

$$0\leqslant\theta<2\pi$$

所规定出来的主值.

若将 $z=x+\mathrm{i}y$ 中的 x 和 y 用 θ 和 r 表示,我们即得到了复数的三角写法

$$z=r(\cos\theta+\mathrm{i}\sin\theta) \tag{1.21}$$

这样写成的复数已经被表示成两个因子之积的形式,其中第一个因子是一非负的实数,第二因子的模则等于 1.

模和辐角的几何意义是不难明白的:数 z 的模乃是从原点 O 到点 z 的距离,z 的辐角则是矢量 $\overrightarrow{Oz}$ 与 Ox 轴的正方向之间的任何一个交角,角的大小是按正向(逆时针)计算的.

引进辐角和模来代替复数的实部和虚部,这显然无异于从直角坐标系变到极坐标系.

若 $z=z'$,则 $|z|=|z'|$,$\arg z=\arg z'$ 或

$$\arg z=\arg z'+2k\pi\quad(k\text{ 为整数})$$

以后,多值辐角之间的等式是在这样的意义下来理解的:等式两边之差为 2π 的一个整数倍.

1.6　复数运算的几何说明

我们现在来寻求一种几何方法，使得对于所给定的两点 z_1 和 z_2，我们可以根据这种方法不加计算即可在复平面上求出点 z_1+z_2，z_1-z_2，z_1z_2，$\frac{z_1}{z_2}$ 等.

加法　以给定的三点 O，z_1，z_2 为顶点作一平行四边形，使 z_1，z_2 两点不在同一条边上，则此平行四边形的第四个顶点，即与点 O 相对的顶点，即为点 z_1+z_2（“平行四边形法则”）. 在图 3 中，若我们注意一下画有虚线的两个三角形相等，则此点即不难看出.

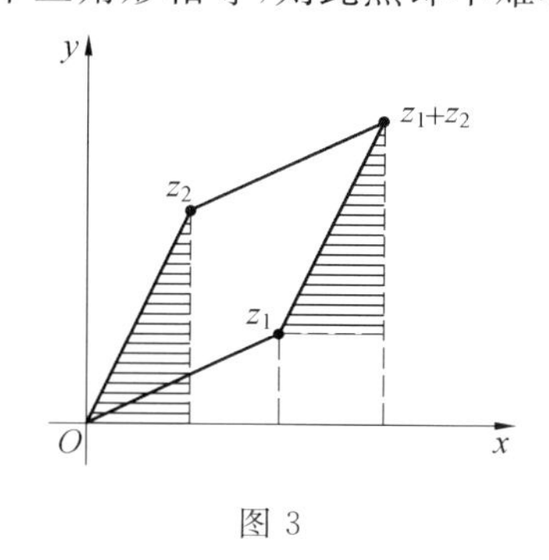

图 3

减法　这只需注意减法可以化为加法即可

$$z_1-z_2=z_1+(-z_2)$$

点$(-z_2)$可由点 z_2 经关于原点的对称变换得出(图 4). 我们还可以证明：由点O引到点z_1-z_2 的矢量可以由点 z_2 到点 z_1 的矢量经平行移动得出.

把两复数之差的模的几何意义附带加以说明一下，这是非常重要的. 数$|z_1-z_2|$实际上是 z_1 和 z_2

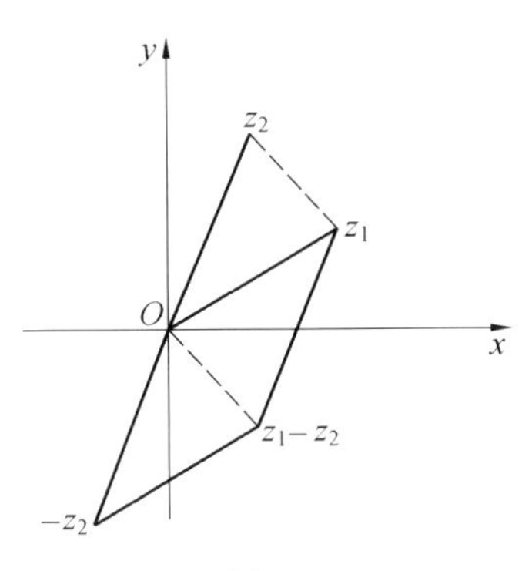

图 4

两点之间的距离. 事实上,这是很显然的,因为点 O 与点 z_1-z_2 的连线之长与点 z_1 和 z_2 的连线长相等.

这个结果又可以借助解析几何中两点间的距离公式用解析方法很容易得出

$$|z_1-z_2|=|(x_1-x_2)+\mathrm{i}(y_1-y_2)|=\sqrt{(x_1-x_2)^2+(y_1-y_2)^2} \tag{1.22}$$

乘法　假若我们将乘积中的因子都表成三角形式,则乘法的几何意义很容易就得到说明. 事实上,设

$$z_1=r_1(\cos\theta_1+\mathrm{i}\sin\theta_1), z_2=r_2(\cos\theta_2+\mathrm{i}\sin\theta_2)$$

则 $z_1z_2=r_1r_2(\cos\theta_1+\mathrm{i}\sin\theta_1)(\cos\theta_2+\mathrm{i}\sin\theta_2)=$

$$r_1r_2[(\cos\theta_1\cos\theta_2-\sin\theta_1\sin\theta_2)+\mathrm{i}(\cos\theta_1\sin\theta_2+\sin\theta_1\cos\theta_2)]=r_1r_2[\cos(\theta_1+\theta_2)+\mathrm{i}\sin(\theta_1+\theta_2)]$$

最后一式的模显然等于 r_1r_2,它的辐角(或者说得更精确些,它的辐角诸值中的一个)等于 $\theta_1+\theta_2$. 这个结果还可以更简单地表达成公式:复数相乘时,模相乘而辐角相加.

于是可知,顶点分别为

$$O \quad 1 \quad z_1$$
$$O \quad z_2 \quad z_1z_2$$

的两个三角形相似. 实际上(参看图 5),边 Oz_1z_2 与 Oz_2 之比等于边 Oz_1 与 $O1$ 之比(因为各边对应之长为 r_1r_2,r_2,r_1,1),另外,边 Oz_2 与 Oz_1z_2 的夹角和边 $O1$ 与 Oz_1 的夹角也相等(因 Ox 轴与边 Oz_2 和 Oz_1z_2 所成之角分别等于 θ_2 和 $\theta_1+\theta_2$,而因边 Oz_2 与 Oz_1z_2 的夹角等于该两角之差,即 θ_1,而这也就是说,它等于边 $O1$ 与 Oz_1 的夹角).

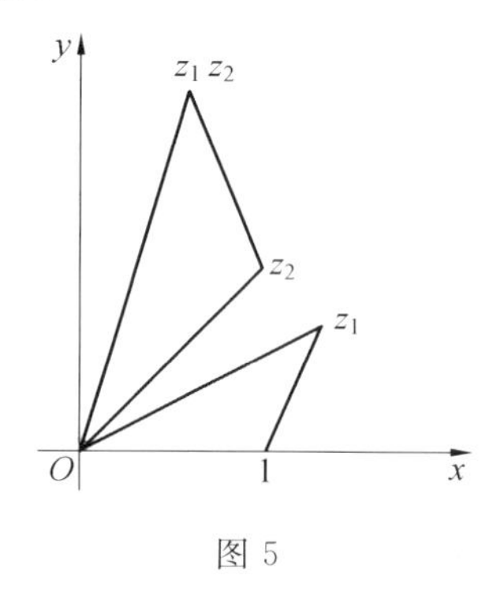

图 5

由"积与被乘数之比等于乘数与 1 之比"这一公式所表示的乘法算术原则是大家所熟知的. 在现在这种情形,"…… 之比,等于 …… 之比"一语必须在三角形相似这一意义下来理解. 矢量$\overrightarrow{Oz_1}$ 是按下面的方式与矢量$\overrightarrow{O1}$ 来比:将矢量$\overrightarrow{O1}$ 放大 r_1 倍,然后转一 θ_1 角,矢量$\overrightarrow{Oz_1z_2}$ 也是按同样方式和矢量$\overrightarrow{Oz_2}$ 来比.

除法 除法的解释可以立刻从乘法的解释推出. 设点 z_1 和 $z_2(\neq 0)$ 为已知,要求寻找点$\frac{z_1}{z_2}$. 在这种情形,分别以

$$O \quad 1 \quad \frac{z_1}{z_2}$$

$$O \quad z_2 \quad z_1$$

所列之点为顶点的两三角形必为相似.

1.7　模与辐角的性质

在上节中,我们已经看到,假若 z_1 的模与辐角分别为 r_1 与 θ_1,z_2 的模与辐角分别为 r_2 与 θ_2,则乘积 z_1z_2 的模与辐角分别为 r_1r_2 与 $\theta_1+\theta_2$.

这个结果可以写成下面的公式,值得读者记住

$$|z_1z_2|=|z_1|\cdot|z_2| \tag{1.23}$$

$$\arg(z_1z_2)=\arg z_1+\arg z_2 \tag{1.24}$$

这里的 z_1 和 z_2 是任意的两个复数①.

将这里的 z_1 代以$\frac{z_1}{z_2}$,我们即得到新的公式

$$|z_1|=\left|\frac{z_1}{z_2}\right|\cdot|z_2|$$

$$\arg z_1=\arg\frac{z_1}{z_2}+\arg z_2$$

这又可写成

$$\left|\frac{z_1}{z_2}\right|=\frac{|z_1|}{|z_2|}\quad(z_2\neq 0) \tag{1.25}$$

$$\arg\frac{z_1}{z_2}=\arg z_1-\arg z_2\quad(z_1\neq 0,z_2\neq 0) \tag{1.26}$$

① 但在式(1.24)中,必须假定 $z_1\neq 0,z_2\neq 0$.

由此即得：

(1) 积的模等于模的积；

(2) 比的模等于模的比；

(3) 积的辐角等于辐角的和；

(4) 比的辐角等于辐角的差.

至于前一阶段的运算加法和减法，我们只提一下，(例如说) 和的模可以相当简单地用各被加项的模和辐角表出. 我们现在不去谈论这种依存关系，而作为今后一个特别重要的事实，我们必须指出(类似于代数中的"绝对值")，和的模不大于模的和

$$|z_1+z_2|\leqslant|z_1|+|z_2| \tag{1.27}$$

这可从以 O,z_1,z_1+z_2 为顶点的三角形直接看出(图 6)，因为三角形两边之和不小于第三边.

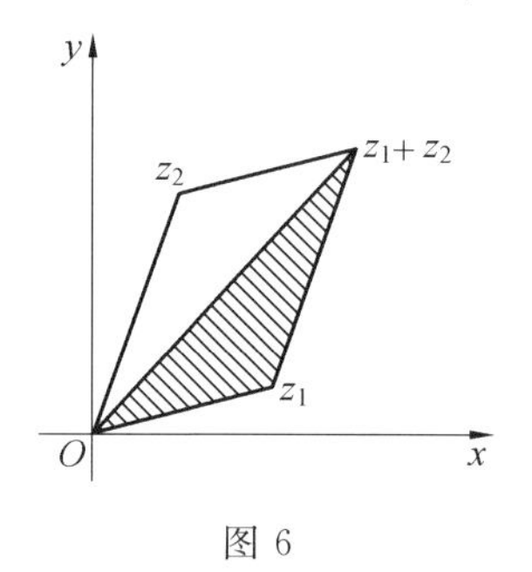

图 6

在不等式(1.27) 中，z_1 和 z_2 是任意的复数. 以 $(-z_2)$ 代 z_2，并注意

$$|-z_2|=|(-1)z_2|=|z_2|$$

我们即得

$$|z_1-z_2|\leqslant|z_1|+|z_2| \tag{1.28}$$

故差的模也不大于模的和.

我们还得指出，在式(1.27) 中，等号成立的充分

必要条件是两个被加项具有同一的辐角.

等式(1.23)(1.24)以及不等式(1.27)显然很容易地就可以推广到任意多个因子之积或任意多项之和的情形上去

$$|z_1z_2\cdots z_n|=|z_1|\cdot|z_2|\cdot\cdots\cdot|z_n| \tag{1.29}$$

$$\arg(z_1z_2\cdots z_n)=\arg z_1+\arg z_2+\cdots+\arg z_n \tag{1.30}$$

$$|z_1+z_2+\cdots+z_n|\leqslant|z_1|+|z_2|+\cdots+|z_n| \tag{1.31}$$

特别,若在公式(1.29)和(1.30)中,假定诸因子都相同,即 $z_1=z_2=\cdots=z_n=z$,我们即得(对于任何复数 z 及任何正整数 n)

$$|z^n|=|z|^n \tag{1.32}$$

$$\arg z^n=n\arg z \tag{1.33}$$

于是,在自乘整数幂时:

(1) 模自乘同一幂;

(2) 辐角乘上该幂的指数.

我们已经对于任意的正整数 n 证明了上面的命题,但在我们平常在代数课中所了解的那种"负幂"的意义之下,该命题对于负整数 n 显然也成立.

最后,我们来证明一个富有趣味的定理.

设数 $z_k(k=1,2,\cdots,n)$ 不为 0,z_k 的辐角 θ_k 满足同一不等式[①]

$$\alpha<\theta_k<\beta \tag{1.34}$$

且

$$\beta-\alpha<\pi \tag{1.35}$$

① θ_k 在这里必须理解成 z_k 的辐角的诸值中的某一个值.

则

$$z_1 + z_2 + \cdots + z_n = 0 \tag{1.36}$$

不可能成立.

不失其普遍性,我们可以假定 $\beta = \lambda, \alpha = -\lambda$,且 $0 < \lambda < \frac{\pi}{2}$. 实际上,若等式(1.36)在条件(1.34)和(1.35)之下成立,则取任意一个辐角为$\frac{1}{2}(\alpha + \beta)$的数 $\omega(\neq 0)$,且令

$$z'_k = \frac{z_k}{\omega}$$

$$\arg z'_k = \theta_k - \frac{1}{2}(\alpha + \beta) = \theta'_k \quad (k = 1, 2, \cdots, n)$$

我们即得等式

$$z'_1 + z'_2 + \cdots + z'_n = 0$$

且由式(1.34),不等式

$$-\frac{\beta - \alpha}{2} < \theta'_k < \frac{\beta - \alpha}{2}$$

成立. 又因$\frac{1}{2}(\beta - \alpha) < \frac{\pi}{2}$,故可设

$$\lambda = \frac{1}{2}(\beta - \alpha)$$

于是,当 $1 \leqslant k \leqslant n$ 时,设

$$-\lambda < \theta_k < \lambda \quad \left(0 < \lambda < \frac{\pi}{2}\right)$$

又令 $|z_k| = r_k$,并设和数 $z_1 + z_2 + \cdots + z_n$ 的实部为 0,我们即得

$$r_1 \cos \theta_1 + r_2 \cos \theta_2 + \cdots + r_n \cos \theta_n = 0$$

然而左边每一项皆为正,也就是说,这发生了矛盾.

注释 我们容易看出,定理还可变得更为精密一

些:假若不等式(1.34)和(1.35)代之以较宽的不等式

$$\alpha \leqslant \theta_k \leqslant \beta \qquad (1.34')$$

$$\beta - \alpha \leqslant \pi \qquad (1.35')$$

我们的结论仍然有效.但对于上述不等式,我们还须另外要求:至少对于一个 k,关系(1.34′)真正是一个不等式.

习　　题

1.试将本章各命题的证明中所缺的初等几何部分(要是有的话)补出.

2.设已给定两数 $z_1 = 2 + \mathrm{i}$ 和 $z_2 = 1 + 3\mathrm{i}$,试求 $z_1 + z_2, z_1 - z_2, z_1 z_2, \frac{z_1}{z_2}$.试就这一例子利用图形解释四则运算的几何意义.

3.设已给定两数 $z_1 = r_1(\cos\theta_1 + \mathrm{i}\sin\theta_1)$ 和 $z_2 = r_2(\cos\theta_2 + \mathrm{i}\sin\theta_2)$,试求 $z_1 + z_2$ 和 $z_1 - z_2$.写出它们的模,并就图形加以验算.

4.试证明:

(1) $\overline{z_1 + z_2} = \bar{z}_1 + \bar{z}_2$;　　(2) $\overline{z_1 - z_2} = \bar{z}_1 - \bar{z}_2$;

(3) $\overline{z_1 z_2} = \bar{z}_1 \bar{z}_2$;　　(4) $\overline{\left(\frac{z_1}{z_2}\right)} = \frac{\bar{z}_1}{\bar{z}_1}$.

5.试证明:

(1) $|\bar{z}| = |z|$;　　(2) $\arg \bar{z} = -\arg z$.

6.设 $a = 3 + 4\mathrm{i}, b = -3 + 2\mathrm{i}, c = 4 - 3\mathrm{i}$.试求 $a - b, b - a, c - a$ 的模和辐角,并在有格的纸上利用带有刻度的直尺和量角器加以验算.

7. 设 $z=2+\mathrm{i}$,试求 $z^n(n=2,3,4;n=-1,-2)$,并在有格的纸上根据图形加以验算.

设 $z=\frac{1}{5}(3+4\mathrm{i})$,再同样算一次.

8. 试证明:

(1) $|z|\cdot\left|\frac{1}{z}\right|=1$;　　　　(2) $\arg z=\arg\frac{1}{\bar{z}}$.

并说明就已知的点 z 作出点 $\frac{1}{\bar{z}}$("反转点")的规则.

9. 将数 z_1 与 z_2 取成:(1) 代数形式;(2) 三角形式,试不求助几何图形而直接证明 $|z_1+z_2|\leqslant|z_1|+|z_2|$.

10. 不求助 z_1 和 z_2 的几何写法,试证明 $|z_1z_2|=|z_1|\cdot|z_2|$.

11. 设 z_1 和 z_2 是复平面上的任意两点,试问如何利用复数的性质求出角 z_1Oz_2?

设 ζ 是第三个已知点,试问如何求出角 $z_1\zeta z_2$?

12. 设 z 是复平面上的一个已知点. 试问当(实参数)t,(1) 由 1 变到 $+\infty$,(2) 由 0 变到 $-\infty$ 时,点 tz 的位置如何变化? 又设当 α(也是实参数)由 0 变到 2π,从 2π 变到 4π,等等时,点 $z(\cos\alpha+\mathrm{i}\sin\alpha)$ 的位置如何变化?

13. 设 z_1 与 z_2 为已给定两点. 试问点 $\frac{1}{2}(z_1+z_2)$ 在何处? 在 t 从 0 变到 1 时,试问点 $(1-t)z_1+tz_2$ 的位置如何变化?

14. 设 z_1,z_2 与 z_3 为三个已知点,t_1,t_2 与 t_3 为正数,且 $t_1+t_2+t_3=1$. 试证明点 $\zeta=t_1z_1+t_2z_2+t_3z_3$ 位于 $\triangle z_1z_2z_3$ 内.

第二章 函数·极限·级数

2.1 函数的概念·平面到平面上的映象

我们将会遇到各种各样特殊的复数集.

假若对于某一个复数集 E 已经给了一种方法，根据这种方法，我们对每一个复数就可以确定它是 E 的元素或者不是 E 的元素（“属于”E 或者“不属于”E），那么，我们就说集 E 已经给定（已知，已与）. 特别，集 E 可以是“空集”，也可以是全平面.

例如关系：

(1) $|z|=R$；

(2) $|z|<R$；

(3) $|z|>R$.

各定义(给出)一个点集,它位于(1) 以原点为心,R 为半径的圆周上,(2) 这圆内,(3) 这圆外. 关系 $|z-a|=|z-b|$ 定义了一个点集,它位于一条直线上,而 a,b 两点关于这直线为对称.

假若对于复数集 E 中的每一数 z,有某一复数 w 与之对应,我们就说在 E 上定义了一个复变量 z 的复函数

$$w=f(z) \tag{2.1}$$

以后我们将要看到,"函数"这术语有时也适用于几个(多于一个)复数 w 与同一数 z 相对应的情形. 但在复函数论中,多值函数这一概念绝不能随意定义.

我们现在规定以 x 和 y 分别表示数 z 的实部和虚部,以 u 和 v 分别表示数 w 的实部和虚部. 于是

$$z=x+\mathrm{i}y, w=u+\mathrm{i}v$$

以后在要用到数 z 和 w 的模和辐角时,我们经常把它们写成

$$z=r(\cos\theta+\mathrm{i}\sin\theta), w=R(\cos\Phi+\mathrm{i}\sin\Phi)$$

每一 z 值(正如我们曾经看到的)皆可表示成具有直角坐标 x,y(或极坐标 θ,r) 的复平面上面的一点,每一 w 值可以表示成另外一个具有直角坐标 u,v(或极坐标 Φ,R) 的复平面[①]上面的一点. 前一张平面叫作"z 平面",后一张平面叫作"w 平面".

在这种规定之下,关系(2.1) 就有明确的几何意义:

在 z 平面上所给定的集 E 中的每一点 z 皆有 w 平

① 在某些情形,两张平面可以是同一张平面. 例如在讨论反演时,最好就这样做(参看第一章习题第 8 题).

面上的某一点 w 与之对应.

我们也可以说成是:z 平面上的集 E 被映射到 w 平面上去.

w 平面上与 z 平面上的集 E 中之点对应的那种点(或集 E 中之点所映射的点) 作成一集 E_1.

我们将称 E 为投射集,称 E_1 为反射集(有时也称 E_1 为 E 的象或映象).

于是,从几何的观点看来,复变函数可以理解为一平面到另一平面上的"映象".

因为"给定复数 z,或者,也是一样,在平面上给定一点 z"是同给定它的两个坐标等价的,又因为对于数 w,同样的说法也是对的,所以上面所写出的复数式(2.1) 是同下面的两个实数式等价的

$$\begin{cases} u = u(x,y) \\ v = v(x,y) \end{cases} \tag{2.2}$$

这里的文字(x,y) 表示取自集 E 的点 z 的坐标,而式子 $u(x,y)$ 和 $v(x,y)$ 则表示 w 平面上和 z 对应的点 w 的坐标.

从上面所说的定义看来,函数 $f(z)$(或者函数 $u(x,y)$ 和 $v(x,y)$) 的选择是毫无限制的.

比如说,我们可以令

$$u(x,y) = x + y, v(x,y) = xy$$

这时我们就得到了复变函数

$$w = (x + y) + \mathrm{i}xy \tag{2.3}$$

我们也可以去研究函数

$$f(z) = |z| \tag{2.4}$$

或者,也是一样,去研究函数

$$w = \sqrt{x^2 + y^2} \tag{2.5}$$

在这里

$$u(x,y)=\sqrt{x^2+y^2},v(x,y)=0$$

(在这两个例子中,我们都是假定把整个 z 平面作为投射集 E.)另外的例题是

$$w=\cos x+\mathrm{i}\sin x \tag{2.6}$$

在这里

$$u=\cos x,v=\sin x$$

我们可以取(比如说):(1) 整个 z 平面;或(2) Ox 轴来作为投射集 E.

至于反射集 E_1,那么在第一个例子中,则是平面上位于抛物线 $u^2-4v=0$ 上及其内部的部分(因为方程组 $\begin{cases}x+y=u\\xy=v\end{cases}$,只在条件 $u^2-4v\geqslant 0$ 之下才有实数解);在第二个例子中,这是正半轴 Ou;在第三个例子中,对于(1) 及(2) 这两个假定,这都是单位圆 $u^2+v^2=1$.

上述复变函数的定义,乃是一般集论中所采用的函数定义的一个特殊情形.在集论中,所谓函数(或"对应"),通常皆指一集 $\mathfrak{X}$ 的元素与一集 $\mathfrak{Y}$ 的元素之间的某种对应关系,即"对于集 $\mathfrak{X}$ 中的每一元素 x,集 $\mathfrak{Y}$ 中必有一元素 y 与之对应"的这样一种对应关系,这里的集 $\mathfrak{X}$ 和 $\mathfrak{Y}$ 可以是任何由具有某种性质的元素所组成的集.

特别,假若 $\mathfrak{X}$ 是由 z 平面上集 E 中之点所组成,$\mathfrak{Y}$ 是由 w 平面上的点所组成,那么我们就得到了上述定义的意义下的"复变函数".

于是,我们所下的"复变函数"的定义,其合法性无论如何是无可置辩的.按照这个定义,"复变函数论"

的研究对象乃是一平面上某一给定的集到另一平面上的映象,或者,更简明些,任何“平面到平面上的映象”.

但是关于复变函数论这门学科的内容和任务,历史上所形成的和大家所公认的又是另外一种非常狭窄的看法.关于平面到平面上的任意映象的研究,这是属于实变函数论的范围的.比较起来,它远不及其中真正构成复变函数论研究对象的那一部分被研究得深刻彻底.

按照真正的(比较狭窄的)意义来说,复变函数论就是复平面上的解析函数论.在这里,我们还不可能说明解析函数这一概念是些什么,但我们无论如何要指出,问题是要从一般的复变函数类中分离出某种特殊的“子函数类”,这些函数具有许多重要的而且相互之间密切相关的性质.特别,其中有一种性质(“保角性”),它构成了复变函数论(可以理解为解析函数论)中所研究的“平面到平面上的映象”这一概念的几何特征.

函数的解析理论并不基于集论的解释,把函数说成是“两个(复数)集的元素之间的对应”,而是起源于经典数学(首先出自 L.欧拉)中实际的解释:假若对于自变量的数值应该按照什么样的次序施行什么样的数学运算已经得到说明,使得可以得出与之相应的因变量的数值,我们就说函数已经定义.

函数概念这一实际可行的定义并不排斥集论的定义,也不和它发生矛盾:只是把它加以限制.

在求助于实际可行的定义时,我们还必须明确地回答这样的问题:“数学运算”是些什么?或者:什么样的运算算是“数学运算”?

乍看起来，即使根据问题也只能靠一一列举来回答这一点，这问题可以说是毫无办法：即使只列举“初等”运算（初等数学课中所学习的运算），所得的目录就已经够冗长了，而以这些运算作为基础所引出的函数概念可以说不是过于简要，就是太模糊不清了.

在这里，我们最好引述一下欧拉所下的函数定义：“变量的函数乃是由这些变量、数目或常数按某种方式所构成的解析表示”(1748 年).

它的弱点（现在看起来）是在于：没有精确地说明所说的解析表示指的是些什么样的运算，同时一点也没有说到运算的次数，没有说明白这数目是不是必须为有限，或者没有这种必要.

要立刻说明解析函数这一复杂而且含义丰富的概念，这是很困难的. 我们现在先做若干的准备工作.

2.2 数列的极限

从形式上看来，复数序列的极限可以完全和实数序列的极限一样给以定义. 然而这两个概念的内容却有本质上的不同，正是这一方面，我们必须特别加以注意.

说到复数序列，指的是：某一复数 z_1，定义作为序列的第一项，另一复数 z_2，作为第二项，跟着又是 z_3，作为第三项，等等，以至无限. 对每一自然数 n，有某一以 n 为其序数（指标）的复数 z_n 和它对应；反过来，序列中的每一项也具有一个由自然数表出的指标. 序列中的各项可以不必相异，因而并不排除当 $p \neq q$，而

$z_p = z_q$ 的情形.

除了全写,序列

$$z_1, z_2, z_3, \cdots, z_n, \cdots$$

也可以简写为$\{z_n\}$.

注 值得注意的是:复数序列$\{z_n\}$可以定义作全体自然数所成之集 E 上的函数(依集论的意义而言).实际上,对每一自然数 N,有复数 z_N 与之对应.

当然,这一点注释不能指望有任何实用价值.

对于序列$\{z_n\}$,假若存在一数 M,使得

$$|z_n| < M \quad (n=1,2,3,\cdots)$$

则$\{z_n\}$叫作有界的.而这也就是说,所有的点 z_n 皆包含在以原点为心,以 M 为半径的圆内.

令 $$z_n = x_n + \mathrm{i}y_n \quad (n=1,2,3,\cdots)$$

由模的性质,我们有

$$|x_n|, |y_n| \leqslant |z_n| \leqslant |x_n| + |y_n|$$ ①

由此容易得出结论:若所与的复数序列$\{z_n\}$为有界,则由所与序列中各项的实部和虚部分别组成的序列$\{x_n\}$和$\{y_n\}$也是有界的;反之,若实数序列$\{x_n\}$与$\{y_n\}$为有界,则复数序列$\{z_n\}$也是有界的,于此

$$z_n = x_n + \mathrm{i}y_n$$

若对于序列$\{z_n\}$,无论正数 ε 如何小,总可得出自然数 n_ε,使得从不等式$n > n_\varepsilon$,即可推出不等式

$$|z_n - Z| < \varepsilon$$

则我们称$\{z_n\}$以 Z 为其极限.

必须清楚地懂得这一个就外表看来和实数序列极

① 左边的不等式必须理解为:无论是$|x_n|$或$|y_n|$皆不超过$|z_n|$.

限的定义无所差别的定义的几何意义：无论正数 ε 如何小，皆可断定从某一标数 n_ε 开始，所有的点 z_n 皆包含在以 Z 为心、以 ε 为半径的圆内(图 7(a)).

特别，假若序列中所有的数 z_n 和它的极限 Z 都是实数，则点 z_n 只能落在经过所说的圆的中心的横轴上，因而(在实数域内的极限定义之下)只需谈论线段(水平直径)即可，不必谈论整个圆(图 7(b)).

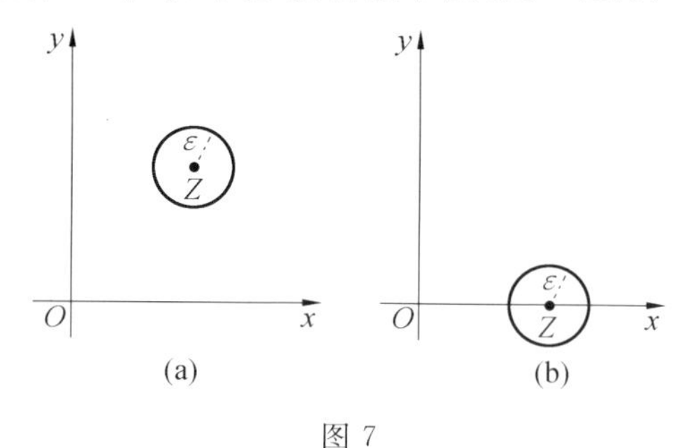

图 7

序列$\{z_n\}$具有极限Z这样一个事实可以有下面的两种写法

$$\lim z_n = Z \text{ 或 } z_n \to Z \tag{2.7}$$

显而易见，关系 $\lim z_n = Z$ 和关系

$$\lim |z_n - Z| = 0$$

是等价的.

具有极限的序列叫作收敛的(也叫作“收敛于某一极限”).

所有收敛序列皆为有界.

事实上，设 $z_n \to Z$，则当 $n > n_\varepsilon$ 时，我们有 $|z_n - Z| < \varepsilon$，因而

$$|z_n| = |(z_n - Z) + Z| \leqslant |z_n - Z| + |Z| < \varepsilon + |Z|$$

以 M 记一个大于所有的 $z_n(n=1,2,\cdots,n_\varepsilon)$ 和 $|Z|+\varepsilon$ 的数，则对于所有 n，我们有

$$|z_n|<M$$

极限诸定理

下列诸定理成立[①]：

Ⅰ. 若 $a_n\to A,b_n\to B$，则 $a_n+b_n\to A+B$.

Ⅱ. 若 $a_n\to A,b_n\to B$，则 $a_n-b_n\to A-B$.

Ⅲ. 若 $a_n\to A,b_n\to B$，则 $a_nb_n\to AB$.

Ⅳ. 若 $a_n\to A,b_n\to B\neq 0$，则 $\frac{a_n}{b_n}\to\frac{A}{B}$.

这些在实数域内所曾有过的定理，可以毫无改变地推广到复数域中去，证明也完全一样，所根据的是模的性质. 我们现在简单地把它们重述一下.

Ⅰ. 设 $\varepsilon(>0)$ 已经给定. 根据条件

$$|a_n-A|<\frac{\varepsilon}{2}, 当\ n>n'_\varepsilon$$

及

$$|b_n-B|<\frac{\varepsilon}{2}, 当\ n>n''_\varepsilon$$

选定数 n'_ε 及 n''_ε. 用 n_ε 记 n'_ε 和 n''_ε 中最大的一个，于是当 $n>n_\varepsilon$ 时，我们有

$$\begin{aligned}|(a_n+b_n)-(A+B)|&=|(a_n-A)+(b_n-B)|\leqslant\\&|a_n-A|+|b_n-B|<\\&\frac{\varepsilon}{2}+\frac{\varepsilon}{2}=\varepsilon\end{aligned}$$

这就是所要证明的.

---

① 这里没有包含极限为无限的情形，对于无限极限，我们以后再谈.

Ⅱ. 只需注意当 $b_n \to B$ 时，$(-b_n) \to (-B)$ 即可. 实际上，这可从等式

$$|(-b_n)-(-B)|=|-(b_n-B)|=|b_n-B|$$

得出，注意

$$a_n-b_n=a_n+(-b_n)$$

则我们即将定理 Ⅱ 的证明化归为定理 Ⅰ 的证明.

Ⅲ. 设 $\varepsilon(>0)$ 已经给定. 我们有

$$|a_nb_n-AB|=$$
$$|A(b_n-B)+B(a_n-A)+(a_n-A)(b_n-B)|\leqslant$$
$$|A|\cdot|b_n-B|+|B|\cdot|a_n-A|+$$
$$|a_n-A|\cdot|b_n-B|$$

我们用 K 记数 $|A|$，$|B|$，1 中最大的一个；另外，我们可以假定 $\varepsilon<3K^2$（否则引理显然成立）. 选取数 n'_ε 及 n''_ε 使得不等式

$$|a_n-A|<\frac{\varepsilon}{3K}\text{，当 } n>n'_\varepsilon$$

及

$$|b_n-B|<\frac{\varepsilon}{3K}\text{，当 } n>n''_\varepsilon$$

成立，则当 $n>n_\varepsilon$（这里的 n_ε 表示 n'_ε 和 n''_ε 中的较大者）时，我们有

$$|A|\cdot|b_n-B|+|B|\cdot|a_n-A|+$$
$$|a_n-A|\cdot|b_n-B|<$$
$$K\cdot\frac{\varepsilon}{3K}+K\cdot\frac{\varepsilon}{3K}+\frac{\varepsilon}{3K}\cdot\frac{\varepsilon}{3K}<\frac{2}{3}\varepsilon+\frac{\varepsilon^2}{9K^2}<$$
$$\frac{2}{3}\varepsilon+\frac{1}{3}\varepsilon=\varepsilon$$

于是当 $n>n_\varepsilon$ 时，更有

$$|a_nb_n-AB|<\varepsilon$$

这就是所要证明的.

Ⅳ.(1) 我们先讨论 $a_n=1(n=1,2,3,\cdots)$ 这一特殊情形.我们现在证明:若 $b_n\to B\neq 0$,则$\frac{1}{b_n}\to\frac{1}{B}$.

我们有

$$\left|\frac{1}{b_n}-\frac{1}{B}\right|=\frac{|b_n-B|}{|b_n|\cdot|B|} \tag{2.8}$$

对于充分大的 n,$|b_n-B|$ 的变化必小于一个任意的正数,例如说,它必小于$\frac{|B|}{2}$

$$|b_n-B|<\frac{|B|}{2},\text{当 } n>n'$$

但

$$|B|=|(B-b_n)+b_n|\leqslant|B-b_n|+|b_n|$$

因而

$$|B-b_n|\geqslant|B|-|b_n|$$

于是即得

$$|B|-|b_n|<\frac{|B|}{2}$$

亦即

$$|b_n|>|B|-\frac{|B|}{2}=\frac{|B|}{2} \tag{2.9}$$

选取 n''_ε,使得由不等式 $n>n''_\varepsilon$ 可以推出

$$|b_n-B|\leqslant\frac{1}{2}|B|^2\varepsilon \tag{2.10}$$

于是,将关系(2.8)(2.9)及(2.10)加以比较,即可推知当 $n>n_\varepsilon$ 时(这里的 $n_\varepsilon=\max\{n',n''_\varepsilon\}$)

$$\left|\frac{1}{b_n}-\frac{1}{B}\right|=\frac{\frac{1}{2}|B|^2\varepsilon}{\frac{1}{2}|B|\cdot|B|}=\varepsilon$$

这就是所要证明的.

(2) 对于一般情形,我们只需注意

$$\frac{a_n}{b_n}=a_n \cdot \frac{1}{b_n}$$

即可;定理 Ⅳ 已经化成了定理 Ⅲ.

在复数域中无限极限这一概念和在实数域中有所不同.在实数域中,通常是把两个“无限远”点($+\infty$)和($-\infty$)区别开来看待.而在复平面上,通常只有一个“无限远”点,记作 ∞,不带符号.

假若对于序列$\{z_n\}$,无论数 $M(>0)$ 如何大,都可得出 n_M,使得从不等式

$$n>n_M$$

即可推出不等式

$$|z_n|>M$$

那么我们就说$\{z_n\}$ 以无穷为其极限,或趋于无限,或无限增大,写作

$$\lim z_n=\infty \text{ 或 } z_n \to \infty$$

于是,在复数域中,关系 $z_n \to \infty$ 与关系 $\lim |z_n|=\infty$ 等价,而这也就是说,与关系

$$\lim\left|\frac{1}{z_n}\right|=0$$

也等价.在几何上,关系 $z_n \to \infty$ 是说:无论以原点为心的圆的半径 M 多大,所有的点 z_n,从某一点开始,皆全在这圆的外面.

于是,关于无限极限这一概念,在“实的”观点和“复的”观点之间存在某种不一致的地方.我们现在试举一例以说明这种差别:序列

$$\{(-1)^{n+1}n\} \equiv 1,(-2),3,(-4),5,(-6),\cdots$$

从“复的”观点看具有极限 ∞,但从“实的”观点看,它就没有极限(有两个“极限点”:$+\infty$ 和 $-\infty$).

下列与无限极限的运算有关的诸定理成立：

Ⅰ′. 若序列$\{a_n\}$有界，且$b_n \to \infty$，则$a_n + b_n \to \infty$.

Ⅱ′. 若序列$\{a_n\}$有界，且$b_n \to \infty$，则$a_n - b_n \to \infty$.

Ⅲ′. 若$a_n \to \infty$，且$|b_n| > m > 0$，则$a_n b_n \to \infty$.

Ⅳ′. 若$a_n \to \infty$，且$0 \neq |b_n| < M$，则$\frac{a_n}{b_n} \to \infty$.

Ⅴ′. 若$|a_n| > m > 0$，且$b_n \to 0$，则$\frac{a_n}{b_n} \to \infty$.

我们把这些定理的证明留给读者.

下面几个定理的意义在几何上很明显，它们讲到了复数序列的极限与由这些复数的实部和虚部作成的序列的极限之间，或者与由这些复数的模和辐角作成的序列的极限之间的一些关系.

设$z_n = x_n + \mathrm{i}y_n (n = 1, 2, 3, \cdots)$.

1. 若$x_n \to X$，$y_n \to Y$，则$z_n \to Z$. 于此，$Z = X + \mathrm{i}Y$.

1′. 反之，若$z_n \to Z$. 于此，$Z = X + \mathrm{i}Y$，则$x_n \to X$，$y_n \to Y$.

证明可由不等式

$$|x_n - X|, |y_n - Y| \leqslant |z_n - Z| \leqslant |x_n - X| + |y_n - Y|$$

立刻得出.

2. 若$|x_n| \to \infty$或$|y_n| \to \infty$，则$z_n \to \infty$. 这可从不等式

$$|x_n|, |y_n| \leqslant |z_n|$$

推出.

我们现在又引进记号

$$z_n = r_n(\cos\theta_n + \mathrm{i}\sin\theta_n) \quad (n = 1, 2, 3, \cdots)$$

3. 若$\theta_n \to \Theta$，$r_n \to R$，则$z_n \to Z$，于此

$$Z = R(\cos\Theta + \mathrm{i}\sin\Theta)$$

事实上，由所给的极限关系，即得

$$r_n \cos \theta_n \to R\cos \Theta \text{ 和 } r_n \sin \theta_n \to R\sin \Theta$$

也就是

$$x_n \to X, y_n \to Y$$

于是,正如上面所证明的一样,我们即可得出

$$z_n \to Z = X + \mathrm{i}Y$$

3′. 反之,若 $z_n \to Z = R(\cos \Theta + \mathrm{i}\sin \Theta) \neq 0$,则 $r_n \to R$ 且(在适当选取辐角之下)$\theta_n \to \Theta$.

事实上,由关系

$$| r_n - R | = || z_n | - | Z || \leqslant | z_n - Z |$$

即得 $r_n \to R$,又据定理 1′,我们有

$$r_n \cos \theta_n \to R\cos \Theta$$

$$r_n \sin \theta_n \to R\sin \Theta$$

因而

$$\cos \theta_n \to \cos \Theta$$

$$\sin \theta_n \to \sin \Theta$$

于是即得①

$$\theta_n \to \Theta$$

特别重要的是去确定:一复数的幂,当指数无限增大时,它的极限是否存在,假若存在的话,它等于什么.这个问题的解决至为简单.

极限 $$\lim z^n$$

当 $| z | < 1$ 时在精确的意义之下(真正)存在,且等于0;若 $| z | > 1$,则它在推广了的意义之下存在,即等于无限;最后,若 $| z | = 1, z \neq 1$,则它不存在②.

---

① 在选取辐角时,我们可以做如下之规定:当 $\Theta = 0$ 时,令 $-\pi < \theta_n \leqslant \pi$;在所有其他情形,即当 $0 < \Theta \leqslant 2\pi$ 时,令 $0 \leqslant \theta_n < 2\pi$.

② 当 $z = 1$ 时,显然有 $\lim z^n = 1$,这不值得加以注意.

这可由 $|z^n|=|z|^n$ 因而

$$\lim|z^n|=\lim|z|^n=\begin{cases}0 & |z|<1\\ \infty & |z|>1\end{cases}\quad(2.11)$$

推出.但若 $|z|=1,z\neq1$,则无极限,这是因为 $|z^n|=|z|^n=1$,但 $\arg z^n=n\arg z$,由于 $\arg z$ 异于 0(也异于 2π 的任何倍数),所以乘幂 z^n 不可能趋于一定极限,因为它的辐角不趋于一定极限:当 n 增大时,序列 $\{z^n\}$ 中之点沿单位圆周均匀地转动.

这可能有两种情形:

(1) 数 $\theta=\arg z$ 与 2π 可通约,例如

$$\theta=2\pi\frac{p}{q}\quad\left(\frac{p}{q}\text{ 是既约分数}\right)$$

此时数 $z^n(n=1,2,\cdots,q)$ 的辐角 $n\theta$ 互不相同,但 $z^{q+1}=z,z^{q+2}=z^2$,等等.

于是,序列 $\{z^n\}$ 具有有限多个极限点,即 $z,z^2,\cdots,z^q$.

(2) 数 $\theta=\arg z$ 与 2π 不可通约.这时圆 $|z|=1$ 上的任何①点都是序列 $\{z^n\}$ 的极限点.

我们现在提一下更为一般的结果:对于任何正整数 p,有

$$\lim n^pz^n=\begin{cases}0 & \text{当 } |z|<1\\ \infty & \text{当 } |z|\geqslant1\end{cases}\quad(2.12)$$

这只有 $|z|<1$ 的情形需要加以证明:这可从关系

① 关于这,可参考《初等数学百科全书》的中译本第三卷第一分册第 164 页.

$$|n^p z^n| = n^p |z|^n \text{ 及} \lim_{n\to\infty} n^p r^n = 0 \quad (0 \leqslant r < 1)$$[1]

推出.

2.3 函数的极限·连续性

设函数 $w = f(z)$ 在点 z_0 的某一"圆形邻域"$0 < |z - z_0| < \rho(\rho > 0)$ 内已经定义.

假若对于任何以 z_0 为其极限的序列$\{z_n\}$,知

$$z_n \to z_0$$

序列$\{f(z_n)\}$ 必具有极限 w_0,即

$$f(z_n) \to w_0$$

我们就说,当变量 z 趋于极限 z_0 时,函数 $f(z)$ 以复数 w_0 为其极限. 这时,我们就简写成:当 $z \to z_0$ 时,$f(z) \to w_0$,或

$$\lim_{z\to z_0} f(z) = w_0 \tag{2.13}$$

上述的极限定义和下面的定义等价:无论数 $\varepsilon(>0)$ 如何小,皆可得出数$\delta \equiv \delta_\varepsilon(>0)$,使得由不等式

$$|z - z_0| < \delta \tag{2.14}$$

即可得出不等式

$$|f(z) - w_0| < \varepsilon \tag{2.15}$$

形式上,对于复数域情形的这两个定义和实数域中相应的定义没有什么区别,这两个定义为等价的证明也保持不变.

---

① 参考(例如)《初等数学百科全书》的中译本第三卷第一分册第75页;这也可以从级数 $\sum n^p r^n$ 当 $0 < r < 1$ 时收敛得到说明.

在阐明极限关系的几何意义时，这些关系的内容在实数域中和在复数域中之间的差别将会清楚地得到说明.

在实数域中，序列所有形成的数，无论是 z_0 或 z_n 皆假定是实数，因此，点 z_n 的选取比较起来就很受限制：它只能在点 z_0 的“左边”或“右边”选取(图 8(a)). 但在复数域中，与复数 z_n 相应的点则可随意地“从任何一方”接近于极限 z_0(图 8(b)). 不难理解：在这种情况之下，在复数域中要求极限 $\lim\limits_{z\to z_0} f(z)$ 存在比起在实数域中是大为困难的.

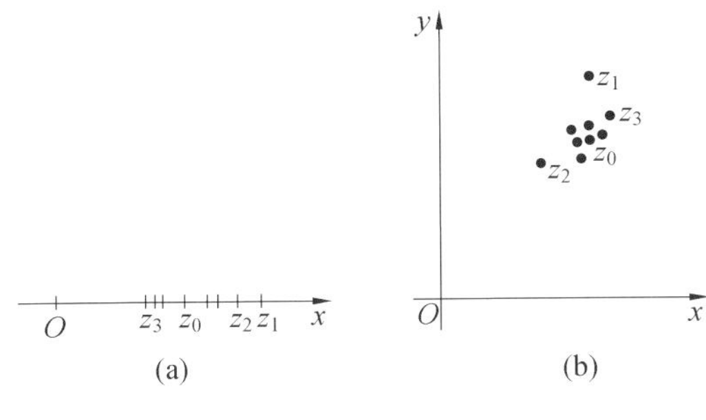

图 8

上面的说法至少可以从下面的例子得到证实.

设函数 $f(z)$ 由等式

$$f(z)=\begin{cases}0 & 当\ y=0\\ 1 & 当\ y\neq 0\end{cases} \tag{2.16}$$

定义. 在这种情形，极限 $\lim f(z)$ 在实数域中存在且等于 0，但这个极限在复域中却不存在：实际上，(例如) $\lim f\left(\frac{1}{n}\right)=0$，而 $\lim f\left(\frac{\mathrm{i}}{n}\right)=1$.

由函数极限概念按本来意义推广而成的极限关系

$$\lim_{z\to\infty} f(z)=w_0, \lim_{z\to z_0} f(z)=\infty, \lim_{z\to\infty} f(z)=\infty \tag{2.17}$$

可以按照上面关于序列的极限所作的一样给以定义.

函数在一点的连续性. 设函数 $f(z)$ 在点 z_0 和它的某一圆形邻域 $0<|z-z_0|<\rho(\rho>0)$ 内已经定义. 若极限

$$w_0=\lim_{z\to z_0} f(z)$$

存在、有限且等于函数 $f(z)$ 在点 z_0 的值

$$\lim_{z\to z_0} f(z)=f(z_0) \tag{2.18}$$

我们就说函数 $f(z)$ 在点 z_0 连续.

或者可以这样说:假若对于任何任意小的数 $\varepsilon(>0)$,总可得到数 $\delta=\delta_\varepsilon(>0)$,使得由不等式

$$|z-z_0|<\delta$$

即可推出不等式

$$|f(z)-f(z_0)|<\varepsilon$$

则函数 $f(z)$ 称为在点 z_0 连续.

由上所述,我们可以推知(例如说),从复变函数论的观点看,函数(2.16)不能称为在原点 $z=0$ 连续,虽然作为一个实变量 x 的函数来看,它在这一点是连续的.

关于极限的基本定理 Ⅰ ~ Ⅳ,以及与之类似的定理 Ⅰ′ ~ Ⅳ′ 都可以从序列的极限的情形搬到函数的极限的情形上来.

域(开集)　设 D 是复平面上的一点集,假若对于这集中的任何一点 z_0,总存在这点的一个圆形邻域 $0<|z-z_0|<\rho(\rho\equiv\rho(z_0)>0)$,它整个属于 D 中,则 D 称为开的,或称为域.

假若利用集论中的术语，我们可以改说成：若集 D 中所有的点 z_0 都是内点，则 D 称为开的，或称为域（或区域）.

下面这些可以用来作为域的例子：(1) 全平面；(2) 一圆的内部（即缺少边界的圆）；(3) 一矩形的内部（即缺少边界的矩形）；(4) 全平面除去一点（或者更普遍些，除去有限个点）；(5) 一无心圆的内部（$0 < |z-a| < \rho, \rho > 0$）；(6) 一缺少边界直线的半平面，等等.

把复平面上由术语“连通域”“单连通域”“多连通域”等所表示出来的域的性质加以认识，对以后非常重要.

若域 D 中的任何两点 p，q 都可由一条整个属于 D 的连续曲线[①]互相联结，则 D 称为连通域. 例如圆的内部就是一个连通域，另外，位于两个互无公共点的圆内的点所成之集则不是连通域（虽然根据刚才所下的定义，这也是“域”）.

若域 D 中任何属于 D 的闭曲线[②]所包围的点全部也都属于 D，则 D 称为单连通域[③]. 于是，显而易见，圆的内部是一单连通域；但属于两个同心圆之间的点所

---

① 就是一条由形如

$$\begin{cases} x = \varphi(t) \\ y = \psi(t) \end{cases} \quad (t_1 \leqslant t \leqslant t_2)$$

的参数方程所定义的曲线，于此，$\varphi(t)$ 和 $\psi(t)$ 都是连续函数.

② 这里的曲线都是“若尔当曲线”，亦即“简单”曲线（“本身不相交”）.“闭曲线”一词是指曲线的“起点”和“终点”重合.

③ 我们把“若尔当定理”算作已知，依照这条定理，平面上的简单闭若尔当曲线将平面上不属于它的点分成两个集：一个是“内点”所成之集（曲线所包围的），另一个是“外点”所成之集（曲线“不包围的”）.

成之集则不是单连通域,因为存在着这样的闭曲线,它属于所说的域,但却包含不属于该域的点(例如半径等于所给的两个圆的半径的算术平均数的同心圆).

不是单连通域的域叫作多连通域(图 9).

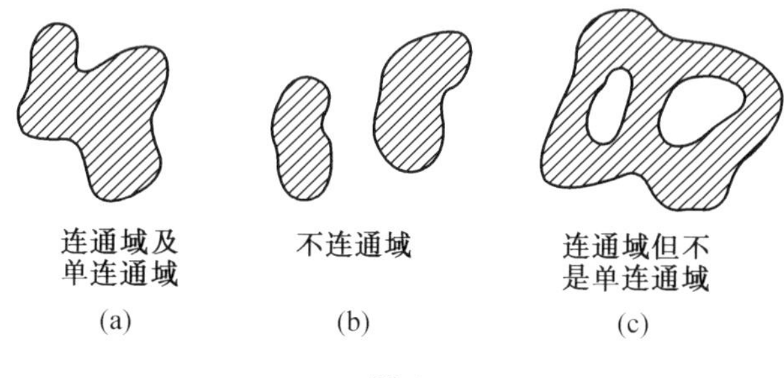

图 9

这里我们尚须指出,复变函数论所研究的对象都是在连通域内所定义的解析函数(并不要求其为单连通域).

函数在域内的连续性. 假若在一域 D 内定义的函数 $f(z)$ 在 D 内每一点都连续,则称 $f(z)$ 在该域内连续.

例如函数 $f(z)=\frac{1}{z}$ 在域 $|z|>\rho,\rho>0$(在所与圆外之点作成的集)内为连续;它在域 $|z|>0$(平面上除 $z=0$ 一点外所有之点作成的集)内也是连续的.

闭集 F　复平面上之一点集 F 若为有界[①],且 F 中任何收敛点列的极限也属于 F,则 F 称为闭集.

闭集的例:(1) 有限点集;(2) 连同端点在内的两

① 复平面上的一点集,若它所有的点皆属于同一个圆 $|z|<M$ 之内,则称之为有界(关于点列也是一样).

点之间的线段;(3) 圆(或正方形) 的内部和边界.

闭集可以包含内点,也可以不包含内点:比如例(1) 和例(2) 中之集就不包含内点,而例(3) 之集则有内点.

有界集的闭包　设 E 是一有界集,若集 $\bar{E}$ 是由(1) 所有集 E 中之点及(2) 集 E 的所有收敛点列的极限点所组成,则 $\bar{E}$ 称为 E 的闭包.

于是,若 E 是圆 $|z-a|<\rho,\rho>0$ 的内部,则 $\bar{E}$ 是同一圆的内部加上边界:$|z-a|\leqslant\rho$. 假若 E 是空心圆的内部:$0<|z-a|<\rho,\rho>0$,$\bar{E}$ 还是 $|z-a|\leqslant\rho$.

闭集上的连续函数　设函数 $f(z)$ 在闭集 F 上定义,假若对于集 F 中任何一点 z_0,关系

$$\lim f(z_n)=f(z_0) \tag{2.19}$$

对于集 F 中所有以 z_0 为极限的点列 $\{z_n\}$

$$\lim z_n=z_0$$

皆成立,则 $f(z)$ 称为在该集上连续,换句话说,假若对于任何 $\varepsilon(>0)$ 都可以选取 $\delta=\delta(\varepsilon,z_0)>0$,使得对于集 F 中所有满足不等式

$$|z-z_0|<\delta \tag{2.20}$$

之点 z,不等式

$$|f(z)-f(z_0)|<\varepsilon \tag{2.21}$$

皆成立,则 $f(z)$ 称为在 F 上连续.

在实变函数论中曾经证明,在闭集 F 上连续的实函数(我们假定它是两个实自变量的函数) 在该集上为一致连续.

在这里我们不返回去证明这一定理. 但我们要指出,它是不难搬到单复变量的复函数这种情形上来的.

令

$$z=x+\mathrm{i}y, f(z)=u(x,y)+\mathrm{i}v(x,y)$$

则由 $f(z)$ 在 F 上连续，即可推知函数 $u(x,y)$ 和 $v(x,y)$ 在 F 上连续.

依照实变函数论中的定理，对于任何 $\varepsilon(>0)$，可以选取 $\delta(>0)$，使得对于 F 中任何两点 $z'=x'+\mathrm{i}y'$ 和 $z''=x''+\mathrm{i}y''$，从不等式 $|z'-z''|<\delta$ 必可得出不等式

$$|u(x',y')-u(x'',y'')|<\frac{\varepsilon}{\sqrt{2}}$$

和

$$|v(x',y')-v(x'',y'')|<\frac{\varepsilon}{\sqrt{2}}$$

于是

$$|f(z')-f(z'')|<$$

$$\sqrt{[u(x',y')-u(x'',y'')]^2+[v(x',y')-v(x'',y'')]^2}<\varepsilon$$

这就是我们所要证明的.

2.4　数 字 级 数

在复数域中，级数的和这一概念，正如在实数域中一样，仍然是化归到有限极限这一概念上去. 即若复数级数

$$\sum_{n=1}^{\infty} a_n = a_1 + a_2 + \cdots + a_n + \cdots \qquad (2.22)$$

的“部分和”所成之序列 $\{s_n\}$ 具有有限极限 s，则该级数称为收敛，它的和为 s，于此，我们记

$$
\begin{aligned}
s_1 &= a_1 \\
s_2 &= a_1 + a_2 \\
s_3 &= a_1 + a_2 + a_3 \\
&\vdots \\
s_n &= a_1 + a_2 + a_3 + \cdots + a_n \\
&\vdots
\end{aligned}
\tag{2.23}
$$

另外,假若某一序列$\{z_n\}$趋于有限极限z_0,则此极限可以表示成一级数之和,这级数的第n个部分和恰好就是该序列的一般项z_n,即

$$
\begin{aligned}
z_0 = z_1 + (z_2 - z_1) + (z_3 - z_2) + \cdots + \\
(z_n - z_{n-1}) + \cdots
\end{aligned}
\tag{2.24}
$$

若级数$\sum a_n$的第n个部分和不趋于任何极限,或者它趋于极限∞,则级数$\sum a_n$即被认为发散,一般不去讨论它的和.

但是却存在一种"发散级数论",其中对于某些发散级数,和的定义是被推广了,在这里,我们将不涉及这种理论.

由极限定理 Ⅰ 及 Ⅱ,立刻可以推出:

若将两个收敛级数逐项相加(或相减),结果得到了一个新的级数,它也是收敛的,它的和等于所与级数之和的和(或差).或者,更形式一些,若级数$\sum a_n$和$\sum a'_n$收敛且分别以s和s'为它们的和,则级数$\sum (a_n + a'_n)$和$\sum (a_n - a'_n)$也收敛且分别以$s+s'$和$s-s'$为它们的和.

再有,由极限定理 Ⅲ 和 Ⅳ,特别可以推出下面的结果:若将收敛级数各项同乘以一数C(或同除以一异于0的数 C),结果也得到一个收敛级数,它的和等于所与级数之和乘上(或除以)C,即是说,若级数 $\sum a_n$ 收敛,且以 s 为它的和,则级数 $\sum Ca_n$ 和(假定 $C \neq 0$)$\sum \frac{a_n}{C}$ 也收敛,且分别以 Cs 和 $\frac{s}{C}$ 为它们的和.

同理:

若所与级数 $\sum a_n$ 收敛,则由其各项的实部和虚部所作成的级数 $\sum \mathrm{Re}\, a_n$ 和 $\sum \mathrm{Im}\, a_n$ 也收敛.反之,若级数 $\sum \mathrm{Re}\, a_n$ 和 $\sum \mathrm{Im}\, a_n$ 都收敛,则级数 $\sum a_n$ 也收敛.

下面的定理特别重要:

对于级数 $\sum a_n$,若由其各项的模作成的级数 $\sum |a_n|$ 收敛,则 $\sum a_n$ 收敛.

我们假定,若级数的各项 a_n 都是实数,则对于这种特殊情形,上述定理为已知,我们取它作为证明的基础;同时假定正项级数的比较检验法也已经知道[①].

于是,即不难证明我们的一般性定理成立.事实上,由不等式

$$|\mathrm{Re}\, a_n| \leqslant |a_n|, \quad |\mathrm{Im}\, a_n| \leqslant |a_n|$$

即可推出:级数 $\sum |a_n|$ 的收敛包含级数 $\sum |\mathrm{Re}\, a_n|$ 和 $\sum |\mathrm{Im}\, a_n|$ 的收敛;因为 $\mathrm{Re}\, a_n$ 和 $\mathrm{Im}\, a_n$ 是实数,故由此(根据关于特别情形的定理)可以推出级数

---

① 参考(例如)Г. М. Фихтинголвц,微积分学教程,第二卷,中译本,263页.

$\sum \mathrm{Re}\, a_n$ 和 $\sum \mathrm{Im}\, a_n$ 也收敛，但这样一来（根据上述定理），级数 $\sum a_n$ 也收敛.

反之，由级数 $\sum a_n$ 之收敛绝不能推出级数 $\sum |a_n|$ 也收敛：实数域中关于这方面的例子读者当已知道. 于是，对于复数域我们也就得出了结论.

假若不仅所讨论的级数 $\sum a_n$ 收敛，而且由其各项的模所作成的级数 $\sum |a_n|$ 也收敛，则所与级数 $\sum a_n$ 称为绝对收敛级数. 显而易见，这定义与相应的关于实数项级数所下的定义并无矛盾.

在本书中，我们必须依赖于收敛性的，只是绝对收敛的级数. 因此，对于复数项级数的收敛判定问题，我们很少加以注意：要想确定级数 $\sum a_n$ 是否收敛，我们常常可以归到确定模的级数 $\sum |a_n|$ 是否收敛上去；在研究（其项为正或等于 0 的）级数的收敛性时，我们当然可以利用通常在实数域中所引用的收敛性的充分检验法（即足以说明级数为收敛的检验法）.

我们常常需要引用到（在复数域中比在实数域中还要更多一些）下面的定理：

若所与级数 $\sum a_n$ 的项"就模而论"不超过某一正项级数 $\sum \alpha_n$ 的相应项

$$|a_n| \leqslant \alpha_n \quad (n=1,2,3,\cdots) \tag{2.25}$$

而级数 $\sum \alpha_n$ 又为收敛，则所与级数 $\sum a_n$ 也是收敛，且为绝对收敛.

事实上,根据不等式(2.25),由级数 $\sum a_n$ 收敛即可推出级数 $\sum |a_n|$ 收敛,而这也就是说(根据前面的定理),级数 $\sum a_n$ 也(绝对)收敛;

在这种情形,有时我们就说:级数 $\sum a_n$ 是所与级数 $\sum a_n$ 的“控制”级数.

若级数 $\sum a_n$ 收敛,则它的一般项 a_n 趋于 0,即

$$\lim a_n = 0 \tag{2.26}$$

复数域中这一收敛性的必要检验法(即足以说明级数为发散的检验法)可以完全像在实数域中一样,从极限定理 Ⅱ 推出.若它不成立,我们就可以断定所论的级数为发散.

定理 若级数 $\sum_{n=1}^{\infty} a_n$ 和 $\sum_{n=1}^{\infty} b_n$ 为绝对收敛,则“积级数”

$$\sum_{p=1}^{\infty}\sum_{q=1}^{\infty} a_p b_q \equiv \sum_{\nu=1}^{\infty}(a_1 b_\nu + a_2 b_{\nu-1} + \cdots + a_\nu b_1) \tag{2.27}$$

也收敛,且为绝对收敛,同时,这个级数之和等于所与级数之和的积.

在证明中,我们利用了正项级数理论中与这相当的定理,这个定理读者当已知道①.

令

① 参考(例如)Г. М. Фихтинголвц,微积分学教程,第三卷,中译本,316 页.

$$\sum_{\nu=1}^{\infty} a_\nu = A, \sum_{\nu=1}^{\infty} |a_\nu| = A'$$

$$c_\nu = (a_1 b_\nu + a_2 b_{\nu-1} + \cdots + a_\nu b_1), C_n = \sum_{m=1}^{n} c_m$$

$$\sum_{\nu=1}^{\infty} b_\nu = B, \sum_{\nu=1}^{\infty} |b_\nu| = B'$$

$$c'_\nu = (|a_1||b_\nu| + |a_2||b_{\nu-1}| + \cdots + |a_\nu||b_1|)$$

$$C'_n = \sum_{m=1}^{n} c'_m$$

我们从 $C'_n \to A'B'$ 出发,要去证明 $C_n \to AB$. 令

$$\sum_{\nu=1}^{N} a_\nu = A_N, \sum_{\nu=1}^{N} |a_\nu| = A'_N$$

$$\sum_{\nu=1}^{N} b_\nu = B_N, \sum_{\nu=1}^{N} |b_\nu| = B'_N$$

则式子 $A_N B_N - C_n (n < N)$ 乃是形如 $a_p b_q$ 的项之和,其中 $p + q > n$,而 $p \leqslant N, q \leqslant N$. 因为和的模不大于模的和,而模的和正好等于 $A'_N B'_N - C'_N$,故

$$|A_N B_N - C_n| \leqslant A'_N B'_N - C'_n \tag{2.28}$$

令 $N \to \infty$ 取极限,即得

$$|AB - C_n| \leqslant A'B' - C'_n$$

因据条件,上不等式的右边趋于 0,故左边也趋于 0;而这就是我们所要证明的.

最后,我们要读者注意这样的一个事实,即所与的级数是否收敛这一问题的解决,完全与它前面的任何有限多个项无关. 事实上,改变级数的前面 n 个项无异乎把一个显然是收敛的级数逐项加上去,这加上去的级数中指标大于 n 的各项皆等于 0.

2.5　几何级数(及其有关的级数)

我们已经证明过

$$\lim z^n=\begin{cases}\infty & 若 \mid z\mid>1\\ 0 & 若 \mid z\mid<1\\ 不存在 & 若 \mid z\mid=1,z\neq 1\end{cases}$$

当转到求几何级数的和这一问题的时候，我们将从等式

$$(1-z)(1+z+z^2+\cdots+z^{n-1})=1-z^n$$

(z 为任意复数)或

$$1+z+z^2+\cdots+z^{n-1}=\frac{1-z^n}{1-z}\quad(z\neq 1)\tag{2.29}$$

出发.我们有

$$\left|(1+z+z^2+\cdots+z^{n-1})-\frac{1}{1-z}\right|=\frac{\mid z^n\mid}{\mid 1-z\mid}\tag{2.30}$$

若 $\mid z\mid<1$，则据上述定理，右边分数的分子，因而右边本身，当 $n\to\infty$ 时趋于 0.因之，左边也趋于 0，于是

$$\lim(1+z+z^2+\cdots+z^{n-1})=\frac{1}{1-z}$$

换句话说，当 $\mid z\mid<1$ 时，级数

$$1+z+z^2+\cdots+z^{n-1}+\cdots\tag{2.31}$$

为收敛，且以 $\frac{1}{1-z}$ 为其和，即

$$1+z+z^2+\cdots+z^{n-1}+\cdots=\frac{1}{1-z}\quad(\mid z\mid<1)\tag{2.32}$$

若 $|z|\geqslant 1$,则级数(2.31)为发散:这可从级数的一般项不趋于 0(当 $|z|>1$ 时无限增大,当 $|z|=1$ 时,其模为 1)这一事实立刻得出.

我们再来讨论几个(和几何级数相近的)级数.

在恒等式(2.29)中,我们将 $n+1$ 代 n,然后关于 z 微分[①].于是就得到了新的恒等式

$$\frac{\mathrm{d}}{\mathrm{d}z}(1+z+z^2+\cdots+z^{n-1}+z^n)=\frac{\mathrm{d}}{\mathrm{d}z}\frac{1-z^{n+1}}{1-z} \tag{2.33}$$

或

$$1+2z+3z^2+\cdots+nz^{n-1}=$$

$$\frac{\mathrm{d}}{\mathrm{d}z}\frac{1}{1-z}-nz^n\cdot\frac{1-z+\frac{1}{n}}{(1-z)^2}$$

于是即得

$$\left|(1+2z+3z^2+\cdots+nz^{n-1})-\frac{1}{(1-z)^2}\right|=$$

$$\left|-\frac{1-z+\frac{1}{n}}{(1-z)^2}\cdot nz^n\right|$$

当 $n\to\infty$ 时,右边第一个(分数)因子趋于一个异于 0 的有限极限,而第二个因子,假若 $|z|<1$,则如上面所说,趋于 0.因此,整个右边趋于 0,因而左边也趋于 0.这就是说

---

① (在现阶段)可能有人对于在复数域中施行微分是否合法表示怀疑.但这种困难容易克服,例如可用如下的方法:我们先(按所说的方法)证明恒等式(2.33)对于所有的实数值 $z(\neq 1)$ 成立,然后承认这样的事实,即两个 $n-1$ 次多项式若在多于 $n-1$ 个点相等,则它们在全复平面上恒等.

$$\lim_{n\to\infty}(1+2z+3z^2+\cdots+nz^{n-1})=\frac{1}{(1-z)^2}$$

换言之，除等式(2.32)外，我们还有

$$1+2z+3z^2+\cdots+nz^{n-1}+\cdots=\frac{1}{(1-z)^2}\quad(|z|<1)\tag{2.34}$$

一般说来，若在恒等式(2.29)中以 $n+p$ 代 n，并关于 z 微分 p 次，即得

$$1\times2\times\cdots\times p+2\times3\times\cdots\times(p+1)z+\cdots+n(n+1)\cdots(n+p-1)z^{n-1}-\frac{\mathrm{d}^p}{\mathrm{d}z^p}\frac{1}{1-z}=-\frac{\mathrm{d}^p}{\mathrm{d}z^p}\frac{z^{n+p}}{1-z}\tag{2.35}$$

但据莱布尼兹公式，若用虚点(…)代表对于 n 来说次数小于 p 之项，则得

$$\frac{\mathrm{d}^p}{\mathrm{d}z^p}\left\{\frac{z^{n+p}}{1-z}\right\}=\frac{\mathrm{d}^p}{\mathrm{d}z^p}\left\{z^n\frac{z^p}{1-z}\right\}=(n-p+1)(n-p+2)\cdot\cdots\cdot n\cdot z^{n-p}\cdot\frac{z^p}{1-z}+\cdots=\frac{n^pz^n}{1-z}+\cdots$$

将包含 n 的 p 次方的主项提到括号之外，我们即得到形如

$$\frac{\mathrm{d}^p}{\mathrm{d}z^p}\frac{z^{n+p}}{1-z}=\frac{n^pz^n}{1-z}\{1+\cdots\}$$

的最终等式，其中包含 n 的负数幂的有限多个项所成之和是由虚点表示的.

因为在条件 $|z|<1$ 之下(参看(2.12))

$$\lim_{n\to\infty}n^pz^n=0$$

故可推知

$$\lim_{n\to\infty}\frac{\mathrm{d}^p}{\mathrm{d}z^p}\frac{z^{n+p}}{1-z}=0$$

而由恒等式(2.35),即得

$$\lim_{n\to\infty}[1\times 2\times\cdots\times p+2\times 3\times\cdots\times(p+1)z+\cdots+ n(n+1)\cdots(n+p-1)z^{n-1}]=\frac{\mathrm{d}^p}{\mathrm{d}z^p}\frac{1}{1-z} \tag{2.36}$$

这就是说,级数

$$1\times 2\times\cdots\times p+2\times 3\times\cdots\times(p+1)z+\cdots+ n(n+1)\cdots(n+p-1)z^{n-1}+\cdots$$

收敛,并以式(2.36)右边为它的和.将右边关于 z 的导数求出,并除以 $p!$,则得

$$1+\mathrm{C}_{p+1}^{p}z+\mathrm{C}_{p+2}^{p}z^2+\cdots+\mathrm{C}_{p+n}^{p}z^n+\cdots=\frac{1}{(1-z)^{p+1}}$$

于是,对于无论什么样的正整数 p,只要 $|z|<1$,级数 $\sum_{n=1}^{\infty}\mathrm{C}_{p+n}^{p}z^n$ 即为收敛,并以 $\frac{1}{(1-z)^{p+1}}$ 为其和

$$1+\mathrm{C}_{p+1}^{p}z+\mathrm{C}_{p+2}^{p}z^2+\cdots+\mathrm{C}_{p+n}^{p}z^n+\cdots=\frac{1}{(1-z)^{p+1}} \tag{2.37}$$

当 $|z|\geqslant 1$ 时,这个级数显然是发散的.

注释　几何级数(2.31)是"幂级数"的一个最简单的情形.容易证明,级数(2.37)可从(2.32)将级数(2.31)逐项微分 p 次得出.在第四章中,我们将要讨论一般幂级数,并说明它的性质,特别,我们将阐明它可以逐项微分.而在这里,在几何级数的情形,我们是求助于一种人为的方法,利用这种方法,几何级数的收敛性和它的和特别容易得出(好像在初等代数中一样).

习　　题

1. 试确定下面关系定义了什么样的复数集：

(1) $\operatorname{Re} z > 0$；　(2) $\operatorname{Re} z \geqslant 0$；

(3) $\operatorname{Re} z > 1$；　(4) $\operatorname{Im} z < 0$；

(5) $|z| < 1$；　(6) $|z| \geqslant 1$；

(7) $|\operatorname{Re} z| < 1$；　(8) $|\arg z| < \frac{\pi}{2}$；

(9) $\left|\frac{z-1}{z+1}\right| < 1$；　(10) $\left|\frac{z-1}{z+1}\right| < 2$；

(11) $|z^2 - 1| < 1$.

2. 在 z 平面上我们画上了一个图形 $ABCDE\cdots PQA$（图 10），试将用文字标出的点的（化整到小数后一位的）坐标列表写出，并根据这些点作出所有与图形在 w 平面上由公式

$$w = (x + y) + \mathrm{i}xy$$

所给出的映象.

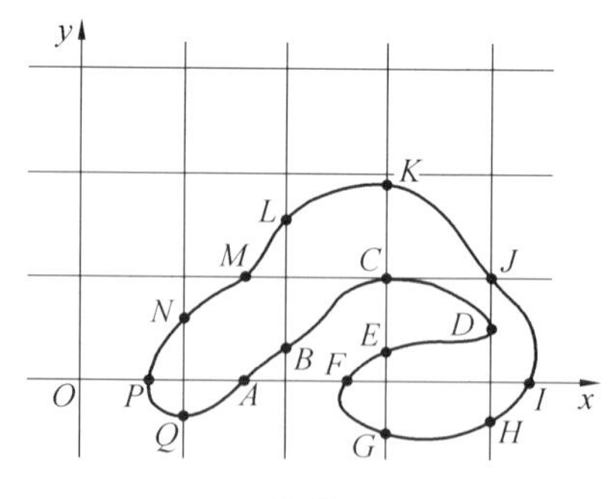

图 10

3. 根据同一公式将顶点为 $3+\mathrm{i}, 4+\mathrm{i}, 4+2\mathrm{i}, 3+2\mathrm{i}$

的正方形映射到 w 平面上去. 试写出映射所得的弯曲四边形各边的方程式,以及正方形的对角线所映射成的曲线的方程式.

4. 试就同一公式求出圆 $|z-3-\mathrm{i}|=1$ 所映射成的曲线的方程式.

5. 根据同一公式，什么样的曲线映射到圆 $|w-3-\mathrm{i}|=1$?

6. 试证明,由 $z_n \to z_0$,即得 $\bar{z}_n \to \bar{z}_0$.

7. 试求出下列序列的极限和级数的和:

(1) $\left(\frac{1+\mathrm{i}}{2}\right)^n$;　　　(2) $\sum\limits_{n=1}^{\infty}\left(\frac{1+\mathrm{i}}{2}\right)^n$;

(3) $\frac{1+n\mathrm{i}}{1-n\mathrm{i}}$;

(4) $\sum\limits_{n=1}^{\infty}\frac{1}{(1-n\mathrm{i})[1-(n+1)\mathrm{i}]}$.

8. 试将序列

$$\left\{\left(1+\frac{\mathrm{i}}{n}\right)^n\right\}$$

的最初几项写出,并作出它们的图.

9. 试以序列 $\{\mathrm{i}^n n\}$ 为例,证明:由关系 $z_n \to \infty$ 并不能得出关系 $|x_n| \to \infty$ 及 $|y_n| \to \infty$.

10. 设 $|z|<1$,试用不同的方法求出二重级数

$$\begin{aligned}1+z+z^2+z^3+\cdots&+\\ z+z^2+z^3+\cdots&+\\ z^2+z^3+\cdots&+\\ z^3+\cdots&+\\ \cdots&\end{aligned}$$

的和.

整有理函数和分式有理函数

第三章

3.1 多项式的概念

假若我们在自变量 z 和常数上施行四则运算(加、减、乘、除),则对于经过这些运算而得出的一切函数所作成的函数类,我们不难把它的范围加以确定,这就是有理函数类.

在有理函数中,由加、减、乘三个运算所定义出来的函数占有特别显著的地位.这种函数就是整有理函数,或多项式.我们也就是从它开始来研究有理函数.

我们要注意,说到多项式,那只需提加、乘两个运算就够了,因为减法可以利用公式

$$A-B=A+(-1)B$$

把它除去.

因此，所有可以从自变量 z 和常数经过有限多个加和乘做出来的函数都叫作多项式. 因为加法和乘法在实施起来没有什么限制，所以我们可以以任何一个复数集，例如整个 z 平面，来作为多项式的定义集 E①.

下面是几个多项式的例子：

(1) $P_1(z)=z^3$②；

(2) $P_2(z)=\frac{z+1}{2}$③；

(3) $P_3(z)=\{[(3z+i)(2-5i)+10]z+i\}z$；

(4) $P_4(z)=(3z^2+5)\cdot 2-z(5z^2-1)$.

毫无疑义，读者对于将多项式按照变量 z 的次数加以分类这一点已经有了正确的了解，要想知道多项式的次数，只需将所有的括号解开，并合并同类项，说出变量的最高方次即可.

为了书写清楚起见，通常是将多项式“按变量的幂”排列，不过在初等代数中普通是“按变量的降幂”排列，而在复变函数论中，一般则是“按升幂”排列.

按变量 z 的升幂排列的 n 次多项式的一般形状如下

$$P(z)=c_0+c_1z+c_2z^2+\cdots+c_nz^n \tag{3.1}$$

于此，$c_0,c_1,c_2,\cdots,c_n$ 是任意的常(复数的)系数，$c_n\neq 0$.

① “多项式”这一概念(正如在初等代数中一样)并不与“单项式”这一概念互相抵触.

② 自乘正整数幂是看作重复乘多少次，而不是看作一个特别的运算.

③ 用 2 去除并不算除，因为可以换成用 $\frac{1}{2}$ 去乘.

这样一来，上述用来作为例子的多项式就可写成

$$P_1(z)=z^3$$

$$P_2(z)=\frac{1}{2}+\frac{1}{2}z$$

$$P_3(z)=\mathrm{i}z+(15+2\mathrm{i})z^2+3(2-5\mathrm{i})z^3$$

$$P_4(z)=10+z+6z^2-5z^3$$

它们的次数分别等于3,1,3,3(系数等于0的项不写).

恒等于0的函数在形式上满足多项式的定义，但对任何$n(\geqslant 0)$，它不满足n次多项式的定义.因此，我们叫它零多项式，不把任何的次数给它.

多项式的运算(特别是加法和乘法)系按照由基本定律所推演出来的代数规则来处理.我们要注意，多项式的和的次数不大于各(被加的)多项式的次数中最大的一个，而积的次数则等于次数的和.

3.2 多项式的性质·代数学的基本定理

1.所有的多项式$P(z)$都是一个在任何点皆为连续的函数.

证明与在实数域中的情形相同，读者无疑已经知道该项证明.

2.所有次数$n\geqslant 1$的多项式$P(z)$当变量z无限增大时，无限增大

$$\lim_{z\to\infty}P(z)=\infty \tag{3.2}$$

实际上，将式(3.1)中的多项式$P(z)$按z的降幂排列，将首项提到括号之外，则得

$$P(z)\equiv c_n z^n\left(1+\frac{c_{n-1}}{c_n z}+\cdots+\frac{c_1}{c_n z^{n-1}}+\frac{c_0}{c_n z^n}\right)$$

若 z 趋于无穷，则括号中的式子趋于 1，括号前面的式子趋于无穷，于是即得结论.

3. 唯一性定理　（除零多项式外）任何多项式皆不恒为 0. 换言之，若多项式恒等于 0，即

$$c_0 + c_1 z + \cdots + c_n z^n \equiv 0$$

则必

$$c_0 = c_1 = \cdots = c_n = 0$$

实际上，若有 $c_n \neq 0$，则由上面所说，多项式当 $z \to \infty$ 时趋于无穷，这与恒等于 0 这一事实相矛盾.

将多项式按 $z - z_0$ 的幂展开

在下面的定理中，显示出了多项式的一个性质，它对我们非常重要：

4. 对于任何一个次数不大于 n 的多项式 $P(z)$ 以及任何一个复数 z_0，皆可将 $P(z)$ 按差数 $z - z_0$ 的幂展开，即是说，可以选取系数 $c_0, c_1, \cdots, c_n$，使得恒等式

$$P(z) \equiv c_0 + c_1(z - z_0) + c_2(z - z_0)^2 + \cdots + c_n(z - z_0)^n \tag{3.3}$$

成立.（当然，这个恒等式中的系数 $c_0, c_1, \cdots, c_n$ 不必一定就是先前在恒等式(3.1)中用同样文字表出的系数：一般说来，它们是取决于先前的系数和选取的值 z_0. 这种依存关系的性质后面将有说明 —— 在 6.3 节中.）

证明至为简单，在证明的同时，还将指出一种寻求系数的可能方法. 令

$$z - z_0 = z'$$

则有

$$z = z' + z_0$$

在用来定义多项式 $P(z)$ 的式子中，以 $z' + z_0$ 代 z，则

得

$$P(z) = P(z' + z_0)$$

式子 $P(z' + z_0)$，作为 z' 的函数看待，是一个多项式，因为它除加法$(z' + z_0)$和式子 $P(z)$ 中所出现的那些运算外，不包含任何别的运算. 这就是说，$P(z' + z_0)$ 可以表示成为

$$P(z' + z_0) \equiv c_0 + c_1 z' + c_2 z'^2 + \cdots + c_n z'^n$$

的形状，于是可知

$$P(z) \equiv c_0 + c_1(z - z_0) + c_2(z - z_0)^2 + \cdots + c_n(z - z_0)^n$$

注释 1 若取 $z_0 = 0$，则展开式(3.3)即变成(3.1).

注释 2 若取多项式 $P(z)$ 的形如(3.1)的表示式作为出发的式子，我们可以看出式(3.1)和式(3.3)中的次数是一样的，首项系数 c_n 也相同.

例 3.1 令 $P(z) \equiv 10 + z + z^3$，则当 $z_0 = 1$，即得

$$P(z) \equiv 10 + [(z-1)+1] + [(z-1)+1]^3 \equiv 12 + 4(z-1) + 3(z-1)^2 + (z-1)^3$$

同样，当 $z_0 = 2$ 时

$$P(z) \equiv 20 + 13(z-2) + 6(z-2)^2 + (z-2)^3$$

当 $z_0 = 5$ 时

$$P(z) \equiv 140 + 76(z-5) + 15(z-5)^2 + (z-5)^3$$

当 $z_0 = -1$ 时

$$P(z) \equiv 8 + 4(z+1) - 3(z+1)^2 + (z+1)^3$$

等等. 要验算各恒等式是容易的：只需将括号解开并合并同类项即可.

回到展开式(3.3)，我们现在也可以一般地算出系数 c_0，而这也就使我们得到了一个在初等代数中已经

知道的结果.这就是在式(3.3)中令 $z=z_0$,即得

$$c_0=P(z_0)$$

将所求得的值 c_0 代入该式中,并在右边所有其余各项提出公因子 $z-z_0$ 于括号之外,并引入新的记号

$$c_1+c_2(z-z_0)+\cdots+c_n(z-z_0)^{n-1}\equiv P_1(z)$$

我们即得

$$P(z)\equiv P(z_0)+(z-z_0)P_1(z) \qquad (3.4)$$

$P_1(z)$ 是一多项式,它的次数比 $P(z)$ 的次数少 1.

恒等式(3.4)是著名的贝祖(Bezout)公式.由这个公式立即可推出:

5.多项式 $P(z)$ 能被 $z-z_0$ 除尽的充分必要条件是

$$P(z_0)=0$$

也就是 z_0 满足方程

$$P(z)=0$$

多项式的零点·根据重数而作的零点的分类

设 $P(z)$ 为一多项式,则任何满足方程

$$P(z)=0$$

的复数 z_0 在初等数学中都叫作这方程的根,也叫作多项式 $P(z)$ 的根.在复变函数论中,通常不说多项式的"根"(更不说"函数的根"),而改说成多项式的"零点"(一般言之,正如我们以后所将看到,说成函数的零点).

我们现将多项式的零点按重数分类如下:

设 z_0 为 n 次多项式 $P(z)$ 的零点,若形如

$$P(z)\equiv(z-z_0)^{\sigma}P_1(z)$$

的恒等式成立,于此,$P_1(z)$ 是一次数低于 n(显然是

$n-\sigma$ 次）的多项式，$P_1(z_0)\neq 0$，则零点 z_0 的重数即等于此正整数 σ.

重数 $\sigma=1$ 的零点叫作简单零点.

6. 代数学的基本定理　任何次数不小于1的复系数多项式 $P(z)$ 至少有一个复零点.

这就是说，对于任何次数不小于1的多项式 $P(z)$，至少存在一个复数 z_0，使得

$$P(z_0)=0$$

代数学基本定理的证明在高等代数学中可以找到：我们将把它作为已知定理来引用. 在第八章中，我们将给出一个基于复变函数论的方法作出的证明.

展成线性因子

从代数学的基本定理可以推出下面的结论：

7. 所有次数 $n\geqslant 1$ 的多项式 $P(z)$ 皆可表示成为 n 个线性因子之积

$$P(z)\equiv C(z-a)^{\alpha}\cdot(z-b)^{\beta}\cdot\cdots\cdot(z-l)^{\lambda} \tag{3.5}$$

于此，$a,b,\cdots,l$ 是两两互不相同的复数，$\alpha,\beta,\cdots,\lambda$ 是正整数，$\alpha+\beta+\cdots+\lambda=n$，$C$ 是一个复的常数因子.

我们现在来证明. 根据基本定理，多项式 $P(z)$ 至少有一个零点，以 a 记之，并设 α 是它的重数. 于是

$$P(z)\equiv(z-a)^{\alpha}A(z) \tag{3.6}$$

于此，$A(z)$ 是一多项式，次数显然为 $n-\alpha(\alpha\leqslant n)$；$A(a)\neq 0$. 若 $\alpha<n$，则 $n-\alpha\geqslant 1$. 于是，对多项式 $A(z)$ 我们可以再运用基本定理：设 b 为多项式 $A(z)$ 的零点，β 是它的重数，因而

$$A(z)\equiv(z-b)^{\beta}B(z) \tag{3.7}$$

于此，$B(z)$ 显然是 $n-\alpha-\beta(\beta\leqslant n-\alpha)$ 次多项式，$B(b)\neq 0$. 同时我们有 $b\neq a$，因若 $b=a$，则由(3.7)，即得 $A(\alpha)=0$. 若 $\alpha+\beta<n$，则 $n-\alpha-\beta\geqslant 1$. 于是，对多项式 $B(z)$ 又可再运用基本定理.

这种推理可以继续下去，但不能无限进行：事实上，重数 $\alpha,\beta,\cdots$，都是正整数. 因此，到了某一步骤，我们就得到一个多项式 $K(z)$，依照基本定理，它有一个重数为 λ 的零点 l

$$K(z)\equiv(z-l)^{\lambda}L(z) \tag{3.8}$$

于此，$L(z)$ 是一个 $n-\alpha-\beta-\cdots-\lambda$ 次的多项式，但和数 $\alpha+\beta+\cdots+\lambda$ 却等于 n[①]，而 l 则导于先前所得到的零点 $a,b,\cdots$.

于是，我们就得到一连串的恒等式

$$P(z)\equiv(z-a)^{\alpha}A(z)$$

$$A(z)\equiv(z-b)^{\beta}B(z)$$

$$\vdots$$

$$K(z)\equiv(z-l)^{\lambda}L(z)$$

由此不难得出新的恒等式

$$P(z)\equiv(z-a)^{\alpha}(z-b)^{\beta}\cdots(z-l)^{\lambda}L(z)$$

因为 $\alpha+\beta+\cdots+\lambda=n$，故 $L(z)$ 的次数等于 0，即是说，$L(z)$ 是一常数，且异于 0(否则 $P(z)\equiv 0$). 以 C 记这常数，最后我们就得到了展开式(3.5).

由展开式(3.5)可以看出，数 $a,b,\cdots,l$ 中的每一数都是所与多项式 $P(z)$ 的零点，其重数分别为

$$\alpha,\beta,\cdots,\lambda$$

关于 a，这直接由上面的推论就很清楚，但由集因子，

① 它不可能大于 n，因为 $n-\alpha-\beta-\cdots-\lambda\geqslant 0$.

我们又有

$$P(z) \equiv (z-a)^{\alpha}[C(z-b)^{\beta}\cdots(z-l)^{\lambda}]$$

于此，第二个因子（方括号中的）当 z 等于 a 时不为 0，刚才的这种说法同样也适用于另外的数 $b,\cdots,l$.

8. 多项式 $P(z)$ 只能以一种方法展成线性因子之积.

假设除了展开式(3.5)之外，还有别的展开式

$$P(z) \equiv C'(z-a')^{\alpha'}(z-b')^{\beta'}\cdots(z-l')^{\lambda'}$$

于此，$\alpha',\beta',\cdots,\lambda'$ 是正整数，其和为 n.

于是我们即得恒等式

$$C(z-a)^{\alpha}(z-b)^{\beta}\cdots(z-l)^{\lambda} \equiv C'(z-a')^{\alpha'}(z-b')^{\beta'}\cdots(z-l')^{\lambda'} \tag{3.9}$$

比较首项系数，首先即得 $C \equiv C'$，因而

$$(z-a)^{\alpha}(z-b)^{\beta}\cdots(z-l)^{\lambda} \equiv (z-a')^{\alpha'}(z-b')^{\beta'}\cdots(z-l')^{\lambda'} \tag{3.10}$$

特别，令 z 等于 a'，有

$$(a'-a)^{\alpha}(a'-b)^{\beta}\cdots(a'-l)^{\lambda}=0$$

我们即可看出 a' 必等于 $a,b,\cdots,l$ 诸数之一. 设（例如）$a'=a$. 为了简便起见，我们将恒等式(3.10)的两边，除第一个因子之外，联系在一起，把它写成

$$(z-a)^{\alpha}A(z) \equiv (z-a)^{\alpha'}A_1(z) \tag{3.11}$$

的形式，而 $A(a)$ 及 $A_1(a)$ 两者皆不为 0.

若 $\alpha>\alpha'$，则由恒等式(3.11)，即得

$$(z-a)^{\alpha-\alpha'}A(z) \equiv A_1(z)$$

因而当 $z=a$ 时，左边为 0，而右边则不为 0. 当 $\alpha<\alpha'$ 时，同样的矛盾也发生，因此，必然有 $\alpha=\alpha'$.

于是[①]

$$A(z) \equiv A_1(z) \tag{3.12}$$

即

$$(z-b)^{\beta}\cdots(z-l)^{\lambda} \equiv (z-b')^{\beta'}\cdots(z-l')^{\lambda'}$$

继续所述论证，即可证明

$$a'=a, b'=b, \cdots, l'=l$$

$$\alpha'=\alpha, \beta'=\beta, \cdots, \lambda'=\lambda$$

定理于是证明.

我们还要提出下面的命题，它在某种意义之下是上述命题的逆命题：

9. 若 n 次多项式 $P(z)$ 的零点为

$$a, b, \cdots, l$$

它们的重数分别为

$$\alpha, \beta, \cdots, \lambda \quad (\alpha+\beta+\cdots+\lambda=n)$$

则多项式 $P(z)$ 可以分解成线性因子如下

$$P(z) \equiv C(z-a)^{\alpha}(z-b)^{\beta}\cdots(z-l)^{\lambda} \tag{3.13}$$

于此，C 是某一常数因子.

因为 a 是多项式 $P(z)$ 的 α 重零点，故在此多项式分解成线性因子的分解式中，必然包含有因子 $(z-a)^{\alpha}$，但同样也包含因子 $(z-b)^{\beta}, \cdots, (z-l)^{\lambda}$，于是，这一分解式必为

$$P(z) \equiv (z-a)^{\alpha}(z-b)^{\beta}\cdots(z-l)^{\lambda}\prod(z)$$

的形式，于此，$\prod(z)$ 是某一多项式. 但因 $\prod(z)$ 的次

① 由恒等式　$(z-\alpha)^{\alpha}A(z) \equiv (z-\alpha)^{\alpha}A_1(z)$
可以对于所有异于 a 的 z 值推出等式(3.12)；但这样一来，由于多项式 $A(z)$ 和 $A_1(z)$ 为连续，等式(3.12) 当 $z=a$ 也成立.

数为

$$n-(\alpha+\beta+\cdots+\lambda)=0$$

故 $\prod(z)$ 为一常数,由此即得出分解式(3.13).

推论 n 次多项式 $P(z)$ 不可能有 n 个以上零点.

事实上,若多项式 $P(z)$ 除了分解式(3.13)中所说的零点之外,还有别的零点,例如 z_0,z_0 异于 a,b,…,l,则当 $z=z_0$ 时,恒等式(3.13)的左边为 0,因而右边也为 0

$$C(z_0-a)^{\alpha}(z_0-b)^{\beta}\cdots(z_0-l)^{\lambda}=0$$

于是即可推知 $C=0$,$P(z)\equiv 0$.

3.3 有理函数的概念

分式有理函数(简称有理分式)和整有理函数(多项式)是互相对立的.分式有理函数可以借助(与变量 z 及常数有关的)解析式子来定义,这解析式子除了包含(有限多个)四则运算之外,不包含别的运算,但它必须要包含除法运算,就是说,它不是多项式.

下面是几个分式有理函数的例子

(1) $R_1(z)=\dfrac{1}{z}$;　(2) $R_2(z)=\dfrac{z^2+1}{z^2-1}$;

(3) $R_3(z)=\dfrac{z}{z^3+\dfrac{1}{z}}$;　(4) $R_4(z)=z+\dfrac{1}{z}+\dfrac{1}{z^2}$;

(5) $R_5(z)=\dfrac{\mathrm{i}z+1}{z-\dfrac{1+\mathrm{i}}{z}}$;　(6) $R_6(z)=\dfrac{1}{1-\dfrac{1}{2+\dfrac{1}{z}}}$.

一切有理函数皆可经恒等变换表示成二多项式之比

$$R(z)=\frac{P(z)}{Q(z)} \tag{3.14}$$

例如

$$R_3(z)=\frac{z^2}{z^4+1},R_4(z)=\frac{z^3+z+1}{z^2},R_6(z)=\frac{2z+1}{z+1}$$

注释　在复变函数论中，有理分式(3.14)经常都可以假定是既约的，即假定分子 $P(z)$ 和分母 $Q(z)$ 不在同一点同时为 0.

事实上，若多项式 $P(z)$ 和 $Q(z)$ 在同一点 z_0 为 0，则它们可写成

$$P(z)\equiv(z-z_0)^pP_1(z)$$

$$Q(z)\equiv(z-z_0)^qQ_1(z)$$

的形式，于此，p 和 q 是正整数，$P_1(z_0)\neq 0$，$Q_1(z_0)\neq 0$，于是，不失其恒等性，可以在分数式 $\frac{P(z)}{Q(z)}$ 的分子和分母中约去 $(z-z_0)^r$（这里的 r 是数 p 和 q 中最小的一个）. 假若还有别的点（除了 z_0 之外），使得 $P(z)$ 和 $Q(z)$ 在该点同时为 0，我们可以完全一样地加以处理①.

① 在实变函数论中，形如

$$R(z)\equiv\frac{(z-z_0)^rP(z)}{(z-z_0)^rQ(z)}\quad(r>0;P(z_0)\neq 0;Q(z_0)\neq 0)$$

的分式当 $z=z_0$ 时是看作不定的（无意义）. 按照复变函数论的原则，这个分式，它当 $z\neq z_0$ 时等于 $\frac{P(z)}{Q(z)}$，当 $z=z_0$ 时，还是看作等于函数在 z_0 点的值

$$R(z_0)=\frac{P(z_0)}{Q(z_0)}$$

3.4 有理函数的性质 · 展成初等分式

分式有理函数的零点和极点

由前所述,分式有理函数 $R(z)$ 可以表示成为两个多项式之比的形式,这两个多项式不在同一点同时为 0.

设想分子和分母皆被分解为因子,我们即可将 $R(z)$ 写成

$$R(z) \equiv C\frac{(z-a_1)^{\alpha_1}(z-b_1)^{\beta_1}\cdots(z-l_1)^{\lambda_1}}{(z-a_2)^{\alpha_2}(z-b_2)^{\beta_2}\cdots(z-l_2)^{\lambda_2}} \tag{3.15}$$

其中,诸数 $a_1,b_1,\cdots,l_1$ 与诸数 $a_2,b_2,\cdots,l_2$ 无一数相同,指数 $\alpha_1,\beta_1,\cdots,\lambda_1$ 和 $\alpha_2,\beta_2,\cdots,\lambda_2$ 都是正整数.

数 $a_1,b_1,\cdots,l_1$ 分别叫作函数 $R(z)$ 的 $\alpha_1,\beta_1,\cdots,\lambda_1$ 重零点;而 $a_2,b_2,\cdots,l_2$ 则分别叫作该函数的 $\alpha_2,\beta_2,\cdots,\lambda_2$ 重极点.

显而易见,函数 $R(z)$ 的一切零点都是函数 $1/R(z)$ 的极点,重数保持不变;而函数 $R(z)$ 的一切极点则是函数 $1/R(z)$ 的零点,重数也保持不变.

注意式(3.15),我们就容易明白,若 z_0 是有理函数 $R(z)$ 的 p 重零点,则这个函数可以表示为

$$R(z) \equiv (z-z_0)^p R_1(z) \tag{3.16}$$

之形,于此,$R_1(z)$ 也是一个有理函数,z_0 既不是它的零点,也不是它的极点;若 z_0 是有理函数 $R(z)$ 的 p 重极点,则这个函数可表示为

$$R(z) \equiv (z - z_0)^{-p} R_1(z) \tag{3.17}$$

的形式，于此，$R_1(z)$ 也是一个有理函数，z_0 既不是它的零点，也不是它的极点.

我们现在来注意一下有理函数在它的任一零点的近旁和它的任一极点的近旁的变化情形.

显而易见，有理函数在任何非极点的点皆为连续. 因此，假定 z_0 是函数 $R(z)$ 的零点，由式(3.16)，我们即得

$$\lim_{z \to z_0} R(z) = 0$$

实际上，当 $z \to z_0$ 时，前一个因子 $(z - z_0)^p$ 趋于 0，第二因子 $R_1(z)$ 则趋于 $R_1(z_0)$.

同理，假若 z_0 是函数 $R(z)$ 的极点，由式(3.17)，我们即得

$$\lim_{z \to z_0} R(z) = \infty \tag{3.18}$$

实际上，当 $z \to z_0$ 时，前一因子 $(z - z_0)^{-p}$ 以 ∞ 为极限，而第二因子 $R_1(z)$ 则趋于 $R_1(z_0) \neq 0$.

由式(3.18)所表出的极点的这一性质使得我们可以把极点叫作函数的“无穷点”，也使得我们可以简写(若 z_0 是极点)

$$R(z_0) = \infty$$

但这些都很少使用.

分离出假分式的整式部分

设分式(3.14)是既约分式，又设 $P(z)$ 的次数为 m，$Q(z)$ 的次数为 n.

根据 $m < n$ 或 $m \geq n$，我们把分式(3.14)叫作真分式或假分式.

若分式(3.14)是一假分式，则由这个分式，我们可以“分离出整式部分”如下. 以 $Q(z)$ 除 $P(z)$，我们得出商式 $E(z)$ 和余式 $P_*(z)$

$$P(z) \equiv Q(z)E(z) + P_*(z)$$

其中 $P_*(z)$ 的次数低于 n. 于是即得

$$R(z) \equiv E(z) + \frac{P_*(z)}{Q(z)} \qquad (3.19)$$

于此，$E(z)$ 是一多项式，而

$$R_*(z) \equiv \frac{P_*(z)}{Q(z)}$$

则是一真分式，而且是既约分式.

将真分式分解成初等分式

保持前面关于 $P(z)$ 及 $Q(z)$ 的次数所用的记号不变，我们现在假定分式 $R(z) \equiv \dfrac{P(z)}{Q(z)}$ 是真分式，因而 $m < n$. 此外，我们又设分母 $Q(z)$ 已分解成因子

$$Q(z) \equiv (z-a)^{\alpha}(z-b)^{\beta}\cdots(z-l)^{\lambda} \qquad (3.20)$$

于此，$a, b, \cdots, l$ 是相互不同的数.（不失其普遍性，我们可以假定分母 $Q(z)$ 的首项系数等于 1.）

定理　存在唯一的一组数

$$\begin{matrix} A_0, A_1, \cdots, A_{\alpha-1} \\ B_0, B_1, \cdots, B_{\beta-1} \\ \vdots \\ L_0, L_1, \cdots, L_{\lambda-1} \end{matrix} \qquad (3.21)$$

使得恒等式

$$R(z) \equiv \mathscr{A}(z) + \mathscr{B}(z) + \cdots + \mathscr{L}(z) \qquad (3.22)$$

成立，于此

$$\mathscr{A}(z) \equiv \frac{A_0}{(z-a)^{\alpha}} + \frac{A_1}{(z-a)^{\alpha-1}} + \cdots + \frac{A_{\alpha-1}}{z-a}$$

$$\mathscr{B}(z) \equiv \frac{B_0}{(z-b)^{\beta}} + \frac{B_1}{(z-b)^{\beta-1}} + \cdots + \frac{B_{\beta-1}}{z-b}$$

$$\vdots$$

$$\mathscr{L}(z) \equiv \frac{L_0}{(z-l)^{\lambda}} + \frac{L_1}{(z-l)^{\lambda-1}} + \cdots + \frac{L_{\lambda-1}}{z-l}$$

所得的这些分式

$$\frac{A_0}{(z-a)^{\alpha}}, \cdots, \frac{L_{\lambda-1}}{z-l}$$

都叫作“初等分式”.

证明 Ⅰ.我们先指出如何去选取数组(3.21)中的数.以 k 记分式 $R(z)$ 的不同的极点的个数,即 a,b,…,l 的个数.我们假定这些极点系按照分解式(3.20)中因子的次序排列,因而 a 是第一极点,b 是第二极点,……,l 是最后一个(第 k 个)极点.

我们现在设法去选取次数小于 α 的多项式 $A(z)$ 和次数小于 $n-\alpha$ 的多项式 $P_1(z)$,使得恒等式

$$\frac{P(z)}{Q(z)} \equiv \frac{A(z)}{(z-a)^{\alpha}} + \frac{P_1(z)}{Q_1(z)} \tag{3.23}$$

成立,其中

$$Q_1(z) \equiv \frac{Q(z)}{(z-a)^{\alpha}} \equiv (z-b)^{\beta} \cdots (z-l)^{\lambda}$$

恒等式(3.23)和

$$P(z) - Q_1(z)A(z) \equiv (z-a)^{\alpha} P_1(z) \tag{3.24}$$

是等价的.我们假定多项式 $P(z)$,$Q_1(z)$ 和 $A(z)$ 已按 $z-a$ 的升幂展开

$$P(z) \equiv p_0 + p_1(z-a) + p_2(z-a)^2 + \cdots + p_m(z-a)^m$$

$$Q_1(z) \equiv q_0 + q_1(z-a) + q_2(z-a)^2 + \cdots + q_{n-\alpha}(z-a)^{n-\alpha}$$

$$A(z) \equiv A_0 + A_1(z-a) + A_2(z-a)^2 + \cdots + A_{\alpha-1}(z-a)^{\alpha-1}$$

于此

$q_0 = Q_1(a) = (a-b)^{\beta}\cdots(a-l)^{\lambda} \neq 0, p_0 = P(a) \neq 0$
恒等式(3.24)的右边以 a 为不小于 α 重的零点,这就是说,它的左边也具有同样的性质.令 $z-a$ 的从 0 次到 $\alpha-1$ 次幂的系数为 0,我们即得一组关于 $A_{\nu}(\nu=0,1,\cdots,\alpha-1)$ 的方程

$$\begin{cases} q_0 A_0 = p_0 \\ q_0 A_1 + q_1 A_0 = p_1 \\ \qquad \vdots \\ q_0 A_{\alpha-1} + \cdots + q_{\alpha-1} A_0 = p_{\alpha-1} \end{cases}$$

因为 $q_0 \neq 0$,所以这组方程使得我们可以求出所有的数 A_{ν}.在数 A_{ν} 既经决定之后,多项式 $A(z)$ 即可决定.然后,利用除法,多项式 $P_1(z)$ 也跟着决定.

我们现在来讨论分式 $\frac{P_1(z)}{Q_1(z)}$.这个分式和分式 $\frac{P(z)}{Q(z)}$ 同是一个类型,只是分母中因子的个数少 1.像处理 $\frac{P(z)}{Q(z)}$ 一样处理 $\frac{P_1(z)}{Q_1(z)}$,我们就得出了恒等式

$$\frac{P_1(z)}{Q_1(z)} \equiv \frac{B(z)}{(z-b)^{\beta}} + \frac{P_2(z)}{Q_2(z)} \tag{3.25}$$

于此

$$Q_2(z) \equiv \frac{Q_1(z)}{(z-b)^{\beta}} = \frac{Q(z)}{(z-a)^{\alpha}(z-b)^{\beta}}$$

式(3.25)右边的分式是一个真分式,因而 $B(z)$ 是一

次数小于β的多项式,$P_2(z)$是一次数小于$n-\alpha-\beta$的多项式.

如此继续下去,我们就得到一连串的恒等式,其中倒数第二个形如

$$\frac{P_{k-1}(z)}{Q_{k-1}(z)} \equiv \frac{K_1(z)}{(z-k)^\kappa} + \frac{P_k(z)}{Q_k(z)} \tag{3.26}$$

于是

$$Q_k(z) \equiv \frac{Q(z)}{(z-a)^\alpha (z-b)^\beta \cdots (z-k)^\kappa} \equiv (z-l)^\lambda$$

且恒等式(3.26)右边的两个分式都是真分式. 令$P_k(z) \equiv L(z)$,我们即得出这一连串恒等式中的最后一个

$$\frac{P_k(z)}{Q_k(z)} \equiv \frac{L(z)}{(z-l)^\lambda} \tag{3.27}$$

由恒等式(3.23)~(3.27),即得

$$\frac{P(z)}{Q(z)} \equiv \frac{A(z)}{(z-a)^\alpha} + \frac{B(z)}{(z-b)^\beta} + \cdots + \frac{L(z)}{(z-l)^\lambda} \tag{3.28}$$

令

$$\mathscr{A}(z) \equiv \frac{A(z)}{(z-a)^\alpha}$$

$$\mathscr{B}(z) \equiv \frac{B(z)}{(z-b)^\beta}$$

$$\vdots$$

$$\mathscr{L}(z) \equiv \frac{L(z)}{(z-l)^\lambda}$$

注意数组(3.21)中第一行的数乃是$A(z)$按$z-a$的幂展开时展开式中依次排下的系数,对于其余各行情形也相类似.

Ⅱ. 我们现在来证明,我们所提出的将真分式展开

成初等分式这一问题只能有一个解答①.实际上,假若我们有两个形如(3.28)的恒等式,例如

$$\frac{P(z)}{Q(z)} \equiv \frac{A_1(z)}{(z-a)^{\alpha}} + \frac{B_1(z)}{(z-b)^{\beta}} + \cdots + \frac{L_1(z)}{(z-l)^{\lambda}} \tag{3.29}$$

和

$$\frac{P(z)}{Q(z)} \equiv \frac{A_2(z)}{(z-a)^{\alpha}} + \frac{B_2(z)}{(z-b)^{\beta}} + \cdots + \frac{L_2(z)}{(z-l)^{\lambda}} \tag{3.30}$$

其中并不是所有的等式

$A_1(z) \equiv A_2(z), B_1(z) \equiv B_2(z), \cdots, L_1(z) \equiv L_2(z)$

都恒等,那么,从式(3.29)减去式(3.30),我们就得到了新的恒等式

$$\frac{A(z)}{(z-a)^{\alpha}} + \frac{B(z)}{(z-b)^{\beta}} + \cdots + \frac{L(z)}{(z-l)^{\lambda}} \equiv 0 \tag{3.31}$$

这些分式中,至少有一个的分子不恒为0.例如设$A(z) \not\equiv 0$.令z趋于a,则第一个分式无限增大②,其余的分式则分别趋于有限极限

$$\frac{B(a)}{(a-b)^{\beta}}, \cdots, \frac{L(a)}{(a-l)^{\lambda}}$$

---

① 这并不是直接就看得出来的,因为解答可能(至少)与$Q(z)$的零点的安排次序有关.

② 设 $A(z) \equiv c_0 + c_1(z-a) + \cdots + c_{\alpha-1}(z-a)^{\alpha-1}$

$c_0 = c_1 = \cdots = c_{\kappa-1} = 0, c_{\kappa} \neq 0 \quad (0 \leqslant \kappa \leqslant \alpha - 1)$

则 $\frac{A(z)}{(z-a)^{\alpha}} \equiv \frac{1}{(z-a)^{\alpha-\kappa}}[c_{\kappa} + c_{\kappa+1}(z-a) + \cdots + c_{\alpha-1}(z-a)^{\alpha-\kappa-1}]$

当$z \to a$时,方括号内的式子趋于c_{κ},而(作为第一个因子的)分式则无限增大.

于是,式(3.31)的左边趋于无限,而右边则恒为0.这就发生了矛盾.

3.5　将有理函数按 $z-z_0$ 的幂展开[①]

关于多项式,我们已经证明过:每一个 n 次多项式皆可按 $z-z_0$ 的升幂展开.于是,z_0 是任意一个预先给定的数.换句话说,它可以表成 $z-z_0$ 的整数幂(从0到 n)的和,其系数为常数.

我们现在从刚才所说的观念来研究分式有理函数.这时,我们遇到了一些新的现象:(1)当我们将所给的函数按 $z-z_0$ 的(非负的)升幂展开时,对于数 z_0 的选择多少必须加以限制;(2)有关系的不是有限和,而是无限级数,其中包含 $z-z_0$ 的0次幂到无限次幂;(3)对于所给的 z_0,这级数是否收敛系决定于 z 的值,而它只有在某种特有形状的域内才可靠,假若知道了所讨论的函数的极点的分布情形,这域可以预先决定.

所有这些现象,在最简单的初等分式中就已经可以清楚看到.设有函数

$$f(z)=\frac{1}{1-z} \tag{3.32}$$

① 我们利用现在这个机会来说明(或提醒)一下必须如何去理解这样的措辞:"函数 $F(z)$ 在某一集 E 上可展成级数 $\sum_{n=1}^{\infty}u_n(z)$".这是说:对于集 E 中任何数值 z,级数 $\sum_{n=1}^{\infty}u_n(z)$ 收敛,此外,还有它的和等于 $F(z)$.

我们先令 $z_0=0$，即是说，我们要把 $f(z)$ 按 z 的升幂展开. 这种展开我们已经是知道的：级数

$$1+z+z^2+\cdots+z^n+\cdots$$

在条件 $|z|<1$ 下收敛，且其和正好为 $\frac{1}{1-z}$. 这也可以用另外的话来说：函数 $\frac{1}{1-z}$ 在以 $z_0=0$ 为心，以 $R=1$ 为半径的圆内可以按 z 的(非负的)升幂展开

$$\frac{1}{1-z}=1+z+z^2+\cdots+z^n+\cdots \tag{3.33}$$

在这个圆的边界上以及它的外面，正如我们已经看到的，级数为发散.

我们现在举一个较为复杂的例子. 我们要把形如

$$f(z)=\frac{A}{z-a} \tag{3.34}$$

的初等分式按 $z-z_0$ 的(非负的)升幂展开

$$\frac{A}{z-a}=c_0+c_1(z-z_0)+c_2(z-z_0)^2+\cdots+c_n(z-z_0)^n+\cdots$$

假如要求 $z_0=a$，这样的展开式一般是不可能的，因为当 $z=a$ 时，右边的级数趋于首项 c_0，而左边的分数则无意义.

但若 $z_0\neq a$，要去求出所要的展开式就非常容易，的确，我们稍用一点手法就可以做出.

这就是，假若展开式(3.33)在条件 $|z|<1$ 之下成立，那么下面的式(3.35)就可以从式(3.33)经过 z 变为 $\frac{z-z_0}{a-z_0}$ 这一变换得出

$$\frac{1}{1-\frac{z-z_0}{a-z_0}}=1+\frac{z-z_0}{a-z_0}+\left(\frac{z-z_0}{a-z_0}\right)^2+\cdots+$$

$$\left(\frac{z-z_0}{a-z_0}\right)^n+\cdots \tag{3.35}$$

上式在条件 $\left|\frac{z-z_0}{a-z_0}\right|<1$ 之下成立. 而这个不等式又可写成

$$|z-z_0|<|a-z_0| \tag{3.36}$$

展开式(3.35)对于所有那种点,即它到点 z_0 的距离小于从 a 到点 z_0 的距离的点,皆成立. 也就是对于在以 z_0 为心且过点 a 的圆内的点皆成立. 因为关系(3.35)的左边等于 $\left(-\frac{a-z_0}{z-z_0}\right)$,所以在两边同乘以 $\frac{A}{a-z_0}$ 之后,我们就得到了在所说的圆内的展开式

$$\frac{A}{z-a}=-\frac{A}{a-z_0}-\frac{A(z-z_0)}{(a-z_0)^2}-\frac{A(z-z_0)^2}{(a-z_0)^3}-\cdots-\frac{A(z-z_0)^n}{(a-z_0)^{n+1}}-\cdots \tag{3.37}$$

我们还要来讨论一个更为一般的初等分式

$$f(z)=\frac{A}{(z-a)^p}\quad(p\text{ 为正整数}) \tag{3.38}$$

在这里,情形完全是类似的,只是利用的不是展开式(3.33),而是展开式

$$\frac{1}{(1-z)^p}=1+\mathrm{C}_p^{p-1}z+\mathrm{C}_{p+1}^{p-1}z^2+\cdots+\mathrm{C}_{p+n-1}^{p-1}z^n+\cdots$$

它也是当 $|z|<1$ 时收敛(参看式(2.37)).

将 z 换成 $\frac{z-z_0}{a-z_0}$,我们就得到在圆(3.36)内收敛的展开式

$$\frac{1}{\left(1-\frac{z-z_0}{a-z_0}\right)^p}=1+\mathrm{C}_p^{p-1}\left(\frac{z-z_0}{a-z_0}\right)+$$

$$C_{p+1}^{p-1}\left(\frac{z-z_0}{a-z_0}\right)^2+\cdots+$$

$$C_{p+n-1}^{p-1}\left(\frac{z-z_0}{a-z_0}\right)^n+\cdots$$

于是,乘上$\frac{(-1)^p A}{(a-z_0)^p}$之后,我们就得到了展开式

$$\begin{aligned}\frac{A}{(z-a)^p}=&\frac{(-1)^p A}{(a-z_0)^p}+C_p^{p-1}\frac{(-1)^p A(z-z_0)}{(a-z_0)^{p+1}}+\\&C_{p+1}^{p-1}\frac{(-1)^p A(z-z_0)^2}{(a-z_0)^{p+2}}+\cdots+\\&C_{p+n-1}^{p-1}\frac{(-1)^p A(z-z_0)^n}{(a-z_0)^{p+n}}+\cdots\end{aligned}\quad(3.39)$$

我们要注意,真正用来展开分式$\frac{A}{z-a}$和$\frac{A}{(z-a)^p}$的方法和我们刚才所讲的略有不同.先分出(减去)"中心"z_0,并提出适当因子,将所与分式化成$\frac{1}{1-z}$或$\frac{1}{(1-z)^p}$的形状,然后展开

$$\frac{A}{z-a}=\frac{A}{(z-z_0)-(a-z_0)}=-\frac{A}{a-z_0}\cdot\frac{1}{1-\frac{z-z_0}{a-z_0}}=$$

$$-\frac{A}{a-z_0}\left[1+\frac{z-z_0}{a-z_0}+\left(\frac{z-z_0}{a-z_0}\right)^2+\cdots\right]\frac{A}{(z-a)^p}=$$

$$\frac{A}{[(z-z_0)-(a-z_0)]^p}=\frac{(-1)^p A}{(a-z_0)^p}\cdot\frac{1}{\left(1-\frac{z-z_0}{a-z_0}\right)^p}=$$

$$\frac{(-1)^p A}{(a-z_0)^p}\left[1+C_{p+1}^{p-1}\frac{z-z_0}{a-z_0}+C_{p+1}^{p-1}\left(\frac{z-z_0}{a-z_0}\right)^2+\cdots\right]$$

再解开方括号.

在所有上面所讨论的例子中,使得我们的展开式

为收敛的域皆是用同一个方法定出：这是以 z_0 为心且过点 a 的圆，或者也是一样，是一个半径等于从中心 z_0 到极点 a 的圆.

要想达成我们所提出的将有理函数按 $z-z_0$ 的幂展开这一任务，只需利用这样的一个事实，即所有的有理真分式皆等于初等分式的和，即可.

这时，我们有这样的一个（差不多是明显的）辅助定理：

假若在某一集 E 上，函数 $\varphi(z)$ 和 $\psi(z)$ 的展开式

$$\varphi(z)=u_1(z)+u_2(z)+\cdots+u_n(z)+\cdots$$

$$\psi(z)=v_1(z)+v_2(z)+\cdots+v_n(z)+\cdots$$

成立，则在这个集上，展开式

$$\begin{aligned}\varphi(z)+\psi(z)=&[u_1(z)+v_1(z)]+\\&[u_2(z)+v_2(z)]+\cdots+\\&[u_n(z)+v_n(z)]+\cdots\end{aligned}$$

也成立.

在证明这个定理时，须要用到前面所述的定理. 这时，我们只需将变量 z 赋予集 E 中的任意一个数值，对于如上所得的数字级数运用所说的定理即可.

显而易见，这条定理可以推广到任意（至少是有限）多个函数相加的情形.

我们所感兴趣的是各个被加函数都是初等分式，而它们的和就等于所与的有理函数 $R(z)$ 的情形. 至于说到展开成级数，那我们所说的就是按 $z-z_0$ 的（非负的）升幂展开成级数. 假若 z_0 不等于某初等函数的极点，相应于该函数的这种展开是可能的；假若点 z_0 不等于所给有理函数 $R(z)$ 的任何一个极点，有关的这些初等分式的展开同时都是可能的.

每一展开式形如

$$\varphi_\nu(z)=c_0^{(\nu)}+c_1^{(\nu)}(z-z_0)+c_2^{(\nu)}(z-z_0)^2+\cdots+c_n^{(\nu)}(z-z_0)^n+\cdots\quad(\nu=1,2,\cdots)$$

按照上面的定理,把对每一个初等分式作起来的展开式相加,我们就得到了新的展开式

$$R(z)=\sum_\nu\varphi_\nu(z)=c_0+c_1(z-z_0)+c_2(z-z_0)^2+\cdots+c_n(z-z_0)^n+\cdots\tag{3.40}$$

这里的系数是由等式

$$c_n=\sum_\nu c_n^{(\nu)}\quad(n=0,1,2,\cdots)$$

定出.这也就是所求的展开式.

我们必须仔细分析对于什么样的 z 值,所得的展开式能成立的问题.

正如我们上面所看到的,任何一个初等分式 $\varphi_\nu(z)$ 在具有同一圆心 z_0,但可能具有不同半径 $R_\nu(\nu=1,2,\cdots)$ 的某一圆内可以展开成适当的级数.各个半径不是别的,乃是从圆心 z_0 到极点 $a,b,\cdots,l$ 中某一点的距离.设 R 等于诸半径 R_ν 中最小的一个.容易明白,所有的展开式在以 z_0 为心,以 R 为半径的圆内一齐都成立.换句话说,在以 z_0 为心,以从点 z_0 到诸极点 $a,b,\cdots,l$ 中与之最近的一点的距离 R 为半径的圆内成立.(但就是在这一点展开式(3.40)不能成立,因为在这一点 $R(z)$ 无意义.)

上面已经假定了有理函数 $R(z)$ 为真分式.但若这项假定不成立,这时分式 $R(z)$ 可以表示成一多项式 $E(z)$ 和一真分式 $R_*(z)$ 之和

$$R(z)\equiv E(z)+R_*(z)$$

对于真分式 $R_*(z)$，先前所说都是对的，至于多项式 $E(z)$，那它可以按 $z-z_0$ 之幂展开成由有限多个项作成的"级数". 因此，要想从 $R_*(z)$ 的展开式得到 $R(z)$ 的展开式，只需再用一次定理就可以了(而且更为明显). 显而易见，使得展开式成立的域这时没有改变.

上面所作的研究可以归结为：若 $R(z)$ 为一分式有理函数，那么，无论对任何一点 z_0，只要它不是 $R(z)$ 的极点，函数 $R(z)$ 皆可按 $z-z_0$ 的幂展开

$$R(z) \equiv \sum_{n=0}^{\infty} c_n (z-z_0)^n \tag{3.41}$$

且展开式在以 z_0 为心，以从点 z_0 到函数 $R(z)$ 的极点中与之最近的点的距离为半径的圆内成立，但在这个圆的边界上就不再成立.

例 3.2 以 $5, -2, \pm 3\mathrm{i}$ 为极点的函数

$$R(z)=\frac{380+87z+3z^3}{(5-z)(2+z)(9+z^2)}$$

可以表示成初等分式之和

$$R(z)=\frac{5}{5-z}+\frac{2}{2+z}+\frac{20}{9+z^2}$$

每一分式可以按 z 的幂展开如下

$$\frac{5}{5-z}=\frac{1}{1-\frac{z}{5}}=\sum_{n=0}^{\infty}\left(\frac{z}{5}\right)^n$$

$$\frac{2}{2+z}=\frac{1}{1+\frac{z}{2}}=\sum_{n=0}^{\infty}\left(\frac{z}{-2}\right)^n$$

$$\frac{20}{9+z^2}=\frac{20}{9}\cdot\frac{1}{1+\frac{z^2}{9}}=\frac{20}{9}\sum_{n=0}^{\infty}\left(\frac{z^2}{-9}\right)^n=\frac{20}{9}\sum_{n=0}^{\infty}\left(\frac{z}{3\mathrm{i}}\right)^{2n}$$

于是即得展开式

$$R(z)=\sum_{n=0}^{\infty}c_n z^n$$

于此

$$c_n=\begin{cases}\dfrac{1}{5^n}+(-1)^n\cdot\dfrac{1}{2^n} & \text{当 } n \text{ 为奇数}\\ \dfrac{1}{5^n}+(-1)^n\cdot\dfrac{1}{2^n}+\dfrac{20}{9}\cdot(-1)^{\frac{n}{2}}\cdot\dfrac{1}{3^n} & \text{当 } n \text{ 为偶数}\end{cases}$$

展开式在圆 $|z|<R$ 内成立，于此，R 是 $|5|$，$|-2|$，$|\pm 3\mathrm{i}|$ 中最小的一数；故 $R=2$（图 11）.

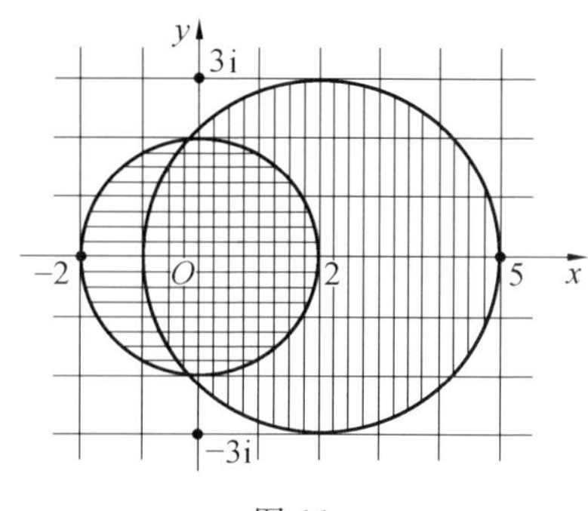

图 11

因为提出的问题是：求出 $R(z)$ 按 z 的幂展开的展开式，因而我们就令 $z_0=0$. 同理，假若希望求出按 $z-2$ 的幂展开的展开式，我们就令 $z_0=2$. 这样的展开式在圆 $|z-2|<R$ 内成立，这里的 R 是数 $|5-2|$，$|-2-2|$，$|\pm 3\mathrm{i}-2|$ 中最小的一数. 于是，就得 $R=3$. 在决定展开式的系数时，我们必须求下列展开式的和

$$\frac{5}{5-z}=\frac{5}{3-(z-2)}=\frac{5}{3}\cdot\frac{1}{1-\dfrac{z-2}{3}}=$$

$$\frac{5}{3}\sum_{n=0}^{\infty}\left(\frac{z-2}{3}\right)^n$$

$$\frac{2}{2+z}=\frac{2}{4+(z-2)}=\frac{1}{2}\cdot\frac{1}{1+\frac{z-2}{4}}=$$

$$\frac{1}{2}\sum_{n=0}^{\infty}\left(\frac{z-2}{-4}\right)^n$$

$$\frac{20}{9+z^2}=$$

$$\frac{10i}{3}\left[\frac{1}{3i-2-(z-2)}+\frac{1}{3i+2+(z-2)}\right]=$$

$$\frac{10i}{3}\left(\frac{1}{3i-2}\cdot\frac{1}{1-\frac{z-2}{3i-2}}+\frac{1}{3i+2}\cdot\frac{1}{1+\frac{z-2}{3i+2}}\right)=$$

$$\frac{10}{3}i\left[\frac{1}{3i-2}\sum_{0}^{\infty}\left(\frac{z-2}{3i-2}\right)^n+\frac{1}{3i+2}\sum_{n=0}^{\infty}\left(\frac{z-2}{-(3i+2)}\right)^n\right]=$$

$$\frac{10}{3}i\sum_{n=0}^{\infty}\left[\frac{1}{(3i-2)^{n+1}}+\frac{(-1)^n}{(3i+2)^{n+1}}\right](z-2)^n$$

我们现假定点 z_0 是函数 $R(z)$ 的一个极点，它的重数为 p. 于是，我们可以完全类似地证明：函数

$$R_1(z)\equiv(z-z_0)^pR(z)$$

是一有理函数，但在点 z_0 既已经没有极点，也没有零点. 因此，在点 z_0 的某一邻域之内，它可以按 $z-z_0$ 的幂展开成一级数，其绝对项不为零

$$R_1(z)=\sum_{n=0}^{\infty}c_n(z-z_0)^n$$

但由此即得

$$R(z)=(z-z_0)^{-p}R_1(z)=\sum_{n=0}^{\infty}c_n(z-z_0)^{n-p}$$

或者，更详细些(其中系数记号已改变)

$$R(z)=\frac{c_{-p}}{(z-z_0)^p}+\frac{c_{-(p-1)}}{(z-z_0)^{p-1}}+\cdots+$$

$$\frac{c_{-1}}{z-z_0}+c_0+c_1(z-z_0)+$$

$$c_2(z-z_0)^2+\cdots\quad(c_{-p}\neq 0)\qquad(3.42)$$

于是,假若 z_0 是有理函数 $R(z)$ 的 p 重极点,则函数 $R(z)$ 在点 z_0 的附近可以展开成 $z-z_0$ 的幂级数,它除包含 $z-z_0$ 的正方次及绝对项外,还包含 $z-z_0$ 的负方次,从 $-p$ 次到 -1 次,其中 $-p$ 次的系数不为 0.

至于所说的点 z_0 的邻域,那它显然就是函数

$$R_1(z)\equiv(z-z_0)^pR(z)$$

可以在其中展开成 $z-z_0$ 的幂级数的域,因为这个函数与 $R(z)$ 除极点 z_0(它已不再是极点)之外,具有同样的极点,故由此可以推知,在以 z_0 为心,以从 z_0 到函数 $R(z)$ 的其他极点中(假如有这样的极点的话)与之最近的点的距离为半径的圆内,(z_0 除外)展开式(3.42)为收敛,且以 $R(z)$ 为其和.但若 z_0 是 $R(z)$ 的唯一的一个极点,那么,$R_1(z)$ 是一多项式,这时级数(3.42)必然是一有限和.

在式(3.42)中,具有 $z-z_0$ 的负方次的项的全体称为展开式的主要部分.在按 $z-z_0$ 的幂展开的展开式中,(-1) 次方的系数 c_{-1} 叫作函数在极点 z_0 的残数(或留数).它的重要性以后将加以说明(5.12 节).

例 3.3 求函数

$$f(z)=\frac{z+1}{z^3(z-1)^2}$$

(1) 按 z 的幂展开的展开式;(2) 按 $z-1$ 的幂展开的展开式.

解 (1) 我们有

$$\frac{z+1}{(z-1)^2}=\frac{2}{(1-z)^2}-\frac{1}{1-z}=$$

$$2[1+2z+3z^2+\cdots+(n+1)z^n+\cdots]-$$
$$[1+z+z^2+\cdots+z^n+\cdots]=$$
$$1+3z+5z^2+\cdots+$$
$$(2n+1)z^n+\cdots$$

于是即得

$$\frac{z+1}{z^3(z-1)^2}=\frac{1}{z^3}+\frac{3}{z^2}+\frac{5}{z}+7+9z+\cdots+$$
$$(2n+7)z^n+\cdots$$

展开式中对应于三次极点 $z=0$ 的主要部分为 $\frac{1}{z^3}+\frac{3}{z^2}+\frac{5}{z}$. 展开式当 $0<|z|<1$ 时收敛.

(2) 我们有(为简便起见,我们令 $z'=z-1$)

$$\frac{z+1}{z^3}=\frac{z'+2}{(z'+1)^3}=\frac{1}{(1+z')^2}+\frac{1}{(1+z')^3}=$$
$$[1-2z'+3z'^2-\cdots+(-1)^{n+1}(n+1)z'^n+\cdots]+$$
$$\left[1-3z'+6z'^2-\cdots+(-1)^n\frac{(n+1)(n+2)}{2}z'^n+\cdots\right]=$$
$$2-5z'+9z'^2-\cdots+$$
$$(-1)^n\frac{(n+1)(n+4)}{2}z'^n+\cdots=$$
$$2-5(z-1)+9(z-1)^2+\cdots+$$
$$(-1)^n\frac{(n+1)(n+4)}{2}(z-1)^n+\cdots$$

于是即得

$$\frac{z+1}{z^3(z-1)^2}=\frac{2}{(z-1)^2}-\frac{5}{z-1}+9-\cdots+$$
$$(-1)^n\frac{(n+3)(n+6)}{6}(z-1)^n+\cdots$$

展开式中对应于二次极点 $z=1$ 的主要部分等于

$\frac{2}{(z-1)^2}-\frac{5}{z-1}$. 展开式当 $0<|z-1|<1$ 时收敛(图 12).

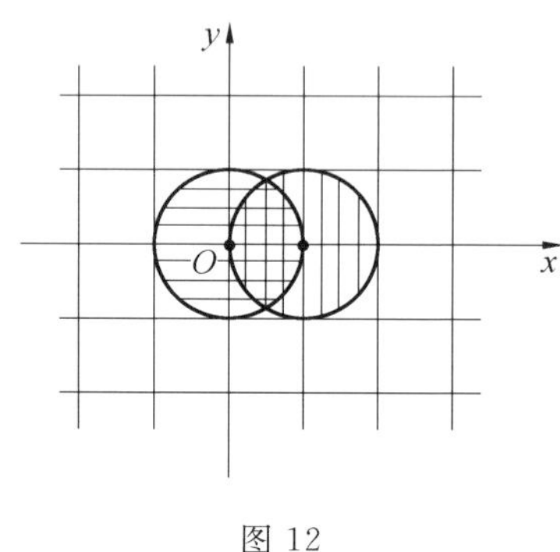

图 12

习　　题

1[①]. 试证明任何多项式皆可按自变量 z 的升幂排列(关于所说的式子的运算的个数施行归纳法).

2. 试证明一多项式的次数只有一个(运用唯一性定理).

3. 试证明一多项式只能以一种方式展开成变量 z 的幂级数(运用唯一性定理).

4. 试证明一多项式按 $z-z_0$ 的幂展开的展开式是唯一的(令 $z-z_0=z'$).

5. 试证明多项式的每一零点有一个重数,且只有一个重数.

① 参考《初等数学百科全书》中译本第三卷,第一分册,34 页.

6. 试回忆一下代数学基本定理的证明(提示:因$\lim\limits_{z\to\infty}P(z)=\infty$,故存在点 z_0,使 $|P(z)|$ 在该点取极小值;另外,对于无论任何 z_0,只要 $P(z_0)\neq 0$,我们可以找出 z_1,使得 $|P(z_1)|<|P(z_0)|$. 于是,假若 $P(z)$ 没有零点,即将发生矛盾).

7. 多项式 $P(z)$ 是否可以以平面上所有之点为它的零点?(允许这样的事实成立,不仅与关于多项式零点数目的定理相连,而且与唯一性定理相连.)

8*. 试证明所有的有理函数皆可表成二多项式之比(关于所说式子的运算的个数施行归纳法).

9. 试证明,假如我们引进一补充的要求,即分子和分母中的多项式无公根,则这种表示法是唯一的(除常数因子之外).

初等超越函数

第四章

4.1 指数函数・欧拉公式

初等超越函数中最重要的是指数函数

$$f(x)=a^x \tag{4.1}$$

初等数学课程中,在讲授到指数的算术性质以及数的观念的发展等各个阶段里,曾经给出了指数函数(当 $a>0$ 时)的定义.但是,即使我们可以说:在中学课程中我们已经对于各种可能的实值 x 懂得了记号 a^x 的意义①,然而要去说明(例如)3^{2+5i} 或 2^i,乃至 $(-1)^{\sqrt{2}}$ 等应该如何理解,那就完全超出中学课程的范围了.

① 在中学课程中,对于 x 为有理数这种情形,这免不了是要讲到的,但讲法必然很草率,而且不会有充分的逻辑根据.

对于三角函数 $\cos x$ 和 $\sin x$，假若所讲的是它们当自变量取虚值时的意义：$\sin(2+5\mathrm{i})$，$\cos \mathrm{i}$，等等. 我们仍然可以说，这完全超出了中学课程的范围. 三角函数这一概念的定义通常是完全根据它的几何意义来下的：但对于 x 取虚值时，它就没有任何几何意义可言，因而在转入复域时，就需要把这一概念加以扩充.

我们现在将看出，数学分析课程中所证明过的一些不属于初等数学范围内的事实，使得我们有理由可以把所说的函数的定义推广到复域上去. 特别重要的是：这时我们在指数函数和三角函数之间发现有一个非常密切的联系存在. 对于这种联系的存在，中学生是不可能发觉出来的.

我们先要注意，即使不是在复域中进行讨论，但若我们假定所要加以注意的只是以正数作成的底，则我们可以仅限于讨论某一正底. 在分析中，我们通常是取数

$$\mathrm{e}=\lim_{n\to\infty}\left(1+\frac{1}{n}\right)^{n}$$

即所谓的"纳比厄数"，"自然对数"的底，来作为这种唯一通用的底. 由恒等式

$$a^{x}=(\mathrm{e}^{\ln a})^{x}=\mathrm{e}^{\ln a\cdot x}=\mathrm{e}^{mx} \tag{4.2}$$

我们即可从任何别的正底 a 变到底 e，在这里，关于底 e 所取的对数记作

$$m=\ln a$$

上面曾经说过，分析中的一些事实可以用来作为推广三角函数定义的出发点. 这些事实就是：幂级数（"泰勒"或"麦克劳林"）展开式

$$\begin{cases} e^x = \sum_{n=0}^{\infty} \frac{x^n}{n!} \\ \cos x = \sum_{n=0}^{\infty} (-1)^n \frac{x^{2n}}{(2n)!} \\ \sin x = \sum_{n=0}^{\infty} (-1)^n \frac{x^{2n+1}}{(2n+1)!} \end{cases} \tag{4.3}$$

(正如分析中所说)对于任何实数值 x 都收敛,而且以上述等式左边为它们的和. 换句话说,在实域内,等式(4.3)是个恒等式①.

由第二章的定理,我们可以推知,等式(4.3)右边的级数当变量取任何的复数值时,仍然有意义,而且收敛.

实际上,令 $r=|z|$,我们将级数(4.3)各项取绝对值作级数,我们就得到

$$\sum_{n=0}^{\infty} \frac{r^n}{n!}, \sum_{n=0}^{\infty} \frac{r^{2n}}{(2n)!}, \sum_{n=0}^{\infty} \frac{r^{2n+1}}{(2n+1)!} \tag{4.4}$$

上面这些极数对于任何正数值 r 都收敛;这就是说,所与的级数(4.3)也收敛.

在这样的情况之下,我们就有理由引入下面的定义:

对于复变量 z 的任何数值(实的或虚的),记号 c^z,$\cos z$,$\sin z$ 定义作下列级数的和

$$e^z = 1 + \frac{z}{1!} + \frac{z^2}{2!} + \frac{z^3}{3!} + \cdots \equiv \sum_{n=0}^{\infty} \frac{z^n}{n!} \tag{4.5}$$

① 这多半是借助关于"余项"的研究来证明,但这种证明方法不是唯一的方法.

$$\cos z = 1 - \frac{z^2}{2!} + \frac{z^4}{4!} - \frac{z^6}{6!} + \cdots \equiv \sum_{n=0}^{\infty} (-1)^n \frac{z^{2n}}{(2n)!} \tag{4.5'}$$

$$\sin z = \frac{z}{1!} - \frac{z^3}{3!} + \frac{z^5}{5!} - \frac{z^7}{7!} + \cdots \equiv \sum_{n=0}^{\infty} (-1)^n \frac{z^{2n+1}}{(2n+1)!} \tag{4.5''}$$

于是，由定义，这里所写的等式就已是全复平面上的恒等式.

至于这些定义(而不是另外和它们等价的定义)必要到什么程度，后面的第七章中将要谈到.

当在复域中来研究上述函数的性质时，我们只有根据刚才所说的定义来进行，即只有从级数(4.5)出发来进行. 对于任何给定的复数值，从这些级数，我们可以计算出这些函数中任何一个的数值到任何预先给定的精确度，但若根据下面我们即将证明的一些性质，这些函数的数值计算还可大为简化.

我们又要请读者们注意，在将指数函数和三角函数推广到复平面上时，读者们将会遇到许多意外的现象：一些他们所熟悉的、当自变量取实值时已经证明成立了的函数的性质，在自变量取虚值时却不再成立.

我们可以立刻举一个例子来说明所说. 我们要去算出(例如)cos i 等于什么. 由式(4.3)中的第二式，我们有

$$\cos \mathrm{i} = 1 - \frac{\mathrm{i}^2}{2!} + \frac{\mathrm{i}^4}{4!} - \frac{\mathrm{i}^6}{6!} + \cdots = 1 + \frac{1}{2!} + \frac{1}{4!} + \frac{1}{6!} + \cdots$$

因为级数的各项都是正的，所以它的和必然大于它的前两项之和，即必大于1！这是奇怪的，因为这似乎和已经知道的余弦“不大于1”这一性质相冲突：但由此我们只能推出这样一个结论，那就是所说的这一性质对于变量取虚值时不再成立.

另外，当在复平面上进行讨论时，函数有一些性质就显露了出来，这些性质，当我们仅限于在实轴上来研究函数时，很难猜想得到. 比如说，我们将立刻看到(第四段)，函数 e^z 是一周期函数(它的周期是虚的).

指数函数(正如我们所将证明，三角函数也是一样)由加法定理所表示出来的“函数性质”乃是研究指数函数的可靠基础：

对于任何复数 z_1 和 z_2，等式

$$f(z_1+z_2)=f(z_1)\cdot f(z_2) \tag{4.6}$$

皆成立，即常有

$$e^{z_1+z_2}=e^{z_1}\cdot e^{z_2} \tag{4.7}$$

若 z_1 和 z_2 都取实值，在这种情形，这个命题就表示出一个可以算得是众所周知的结果，对于一般情形，这需要加以证明.

对于任意的 z_1 和 z_2，我们可以作下面的变换

$$e^{z_1}\cdot e^{z_2}=\sum_{p=0}^{\infty}\frac{z_1^p}{p!}\cdot\sum_{q=0}^{\infty}\frac{z_2^q}{q!}=\sum_{p,q=0}^{\infty}\frac{z_1^p z_2^q}{p!\ q!} \tag{4.8}$$

后面的一个和数是由两个(绝对收敛的)一重级数相乘而得的二重级数，它可以写成

$$1+\frac{z_1}{1!}+\frac{z_1^2}{2!}+\frac{z_1^3}{3!}+\cdots+$$

$$\swarrow\nearrow \qquad \swarrow\nearrow \qquad \updownarrow$$

$$\frac{z_2}{1!}+\frac{z_1 z_2}{1!\ 1!}+\frac{z_1^2 z_2}{2!\ 1!}+\frac{z_1^3 z_2}{3!\ 1!}+\cdots+$$

$$\swarrow\nearrow \qquad \swarrow\nearrow$$

$$\frac{z_2^2}{2!}+\frac{z_1 z_2^2}{1!\ 2!}+\frac{z_1^2 z_2^2}{2!\ 2!}+\frac{z_1^3 z_2^2}{3!\ 2!}+\cdots+$$

$$\swarrow\nearrow$$

$$\frac{z_2^3}{3!}+\frac{z_1 z_2^3}{1!\ 3!}+\frac{z_1^2 z_2^3}{2!\ 3!}+\frac{z_1^3 z_2^3}{3!\ 3!}+\cdots$$

（如箭头所示）按对角线集项，即得

$$\sum_{p,q=0}^{\infty}\frac{z_1^p z_2^q}{p!\ q!}=\sum_{n=0}^{\infty}\frac{1}{n!}\sum_{p+q=n}\frac{n!}{p!\ q!}z_1^p z_2^q=$$

$$\sum_{n=0}^{\infty}\frac{1}{n!}(z_1+z_2)^n=c^{z_1+z_2} \quad (4.9)$$

这里要注意，在条件 $p+q=n$ 之下，式子 $\frac{n!}{p!\ q!}$ 不是别的，而是二项系数 C_n^p，因而和数 $\sum\limits_{p+q=n}^{\infty}\frac{n!}{p!\ q!}z_1^p z_2^q$ 就是"二项式"$(z_1+z_2)^n$ 的展开式.

比较等式(4.8)及(4.9)即得结果(4.7).

其次，我们容易证明下面的欧拉恒等式成立

$$e^{iz}\equiv\cos z+i\sin z \quad (4.10)$$

它把以自变量与虚单位之积作指数的指数函数用同一变量的正弦和余弦表出.

事实上，由指数函数的定义，我们有

$$e^{iz}\equiv 1+\frac{iz}{1!}+\frac{(iz)^2}{2!}+\frac{(iz)^3}{3!}+\frac{(iz)^4}{4!}+$$

$$\frac{(iz)^5}{5!}+\frac{(iz)^6}{6!}+\frac{(iz)^7}{7!}+\cdots=$$

$$1+i\frac{z}{1!}-\frac{z^2}{2!}-i\frac{z^3}{3!}+\frac{z^4}{4!}+$$

$$i\frac{z^5}{5!}-\frac{z^6}{6!}-i\frac{z^7}{7!}+\cdots \tag{4.11}$$

另外,由正弦和余弦的定义,就 z 的幂按下列方法将各项重新排列,即得

$$\cos z+i\sin z=\left(1-\frac{z^2}{2!}+\frac{z^4}{4!}-\frac{z^6}{6!}+\cdots\right)+$$

$$i\left(\frac{z}{1!}-\frac{z^3}{3!}+\frac{z^5}{5!}-\frac{z^7}{7!}+\cdots\right)=$$

$$1+i\frac{z}{1!}-\frac{z^2}{2!}-i\frac{z^3}{3!}+\frac{z^4}{4!}+$$

$$i\frac{z^5}{5!}-\frac{z^6}{6!}-i\frac{z^7}{7!}+\cdots \tag{4.12}$$

因式(4.11)和(4.12)右边相等,故得式(4.10).

在式(4.10)中,z 是任意一个复数:它可以是实的,也可以是虚的.

利用指数函数的加法定理(4.7)和欧拉恒等式(4.10)这两个恒等式,我们就容易将指数函数 e^z 用自变量 z 的实部和虚部 x 与 y 表出.

实际上,在恒等式(4.7)中以 $z=x$,$z_2=iy$ 代入,即得

$$e^z=e^{x+iy}=e^x\cdot e^{iy}=e^x(\cos y+i\sin y) \tag{4.13}$$

若令 $w=e^z$,并以 u 及 v 分别记 w 的实部和虚部($w=u+iv$),则不难将 u 及 v 用 x 和 y 表出

$$\begin{cases}u=e^x\cos y\\ v=e^x\sin y\end{cases} \tag{4.14}$$

但这样一来,对于给定的值 z,我们已经很容易写

出函数 e^z 的模 r 和辐角 φ 等于些什么. 再由式(4.14),即得

$$r=|e^z|=\sqrt{u^2+v^2}=e^x \tag{4.15}$$

$$\varphi=\arg e^z=\arctan\frac{v}{u}=y+2n\pi \tag{4.16}$$

上式亦可写成

$$|e^z|=e^{\operatorname{Re} z} \tag{4.17}$$

$$\arg e^z=\operatorname{Im} z+2n\pi \tag{4.18}$$

我们现在来谈一下几个推论,它们可以从所得出的关系导出,并与指数函数性质有关.

(1) 对于任何 z 值,函数 e^z 不为 0.

这可从式(4.17)得出,因为根据指数函数在实域内的性质,对于任何 z 值我们有:$e^{\operatorname{Re} z}>0$,即 $|e^z|>0$.

(2) 若点 z 沿着与 Oy 平行的直线移动,则 e^z 的辐角发生变化,但 e^z 的模不变.

若点 z 沿着与 Ox 平行的直线移动,则 e^z 的模发生变化,但它的辐角不变.

这可从式(4.15)和式(4.16)或式(4.17)和式(4.18)看出.

(3) 若 z 的实部趋于 $-\infty$,则函数 e^z 关于 z 的虚部一致地趋于 0,若实部趋于 $+\infty$,则它关于 z 的虚部一致地趋于 $+\infty$,即

$$\lim_{\operatorname{Re} z\to-\infty} e^z=0,\ \lim_{\operatorname{Re} z\to+\infty} e^z=\infty$$

(4) 当 z 变为 $z+2\pi i$ 时,函数 e^z 值不变.

实际上,在这一变化之下,实部 $\operatorname{Re} z$ 不变,因而 e^z 的模不变,而虚部 $\operatorname{Im} z$ 则增加 2π,因而 e^z 的辐角也增加 2π,但这时,e^z 之值显然不变.

换句话说，函数 e^z 具有纯虚的周期 $2\pi i$，即

$$e^{z+2\pi i}=e^z \tag{4.19}$$

但上式也可从欧拉公式和加法定理直接推出. 在式(4.10)中，令 z 等于 2π，则得

$$e^{2\pi i}=1 \tag{4.21}$$

于是即得

$$e^{z+2\pi i}=e^z\cdot e^{2\pi i}=e^z$$

既然 $2\pi i$ 是函数 e^z 的周期，所以所有任何形如 $2n\pi i$(这里的 n 是整数)的数目显然也是 e^z 的周期.

我们规定把所有相差形如 $2n\pi i$(n 是整数)的数的点叫作互为同调的点，这样，我们就看到，函数 e^z 在所有互为同调的点取同一个值. 在几何上，这是表示所有属于同一条平行于虚轴的直线且相邻两点距离为 2π 的点互为同调. 反之，在由不等式

$$(B_0)\begin{cases}-\infty<x<+\infty\\-\pi<y\leqslant\pi\end{cases}$$

所标志出的“带”(参看图13)中就没有互为同调的点. 对于任意一个“带”

$$(B_0)\begin{cases}-\infty<x<+\infty\\-\pi+2n\pi<y\leqslant\pi+2n\pi\end{cases}$$

同样的说法也成立，这里的 n 是任意一个正整数和负整数. 但任意给了一点 z_0，在任何一个带(B_n)中必可找到它的同调点，而且只有一个.

在研究函数 e^z 所取之值如何分布时，只需限于研究带(B_0)(基本周期带)即可：在所有其他的带(B_n)中，值的分布皆是同样的.

(5) 在任何一个带(B_n)中，函数 e^z 取任何预先给定的异于0的值 w_0，各取一次且仅取一次.

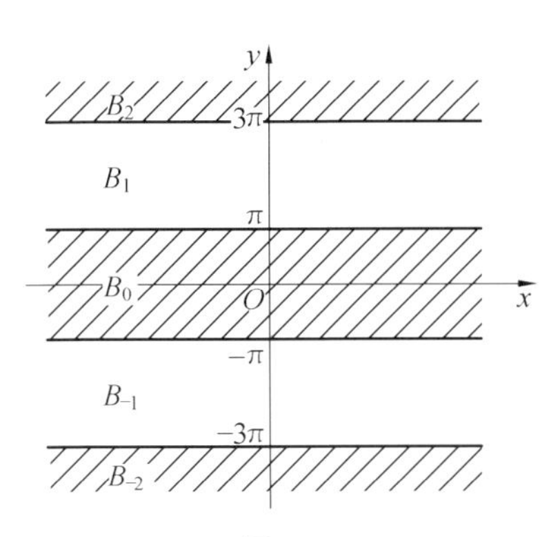

图 13

我们现在来讨论(例如)带(B_0).因为当 x 从 $-\infty$ 变到 $+\infty$ 时,量 $|e^z|$ 从 0 增到 $+\infty$(参看式(4.17)),故可找到一个唯一的值 x,使得 $|e^z|=|w_0|$.然后我们再取 $y\equiv \operatorname{Im} z$,使得等式 $\arg e^z=\arg w_0$ 成立.(按式(4.18))这也只有唯一的一种方法可行,因为在带(B_0)这一范围内,y 系从 $-\pi$(不包含在内)变到 π(包含在内).

从加法定理可以直接推出下面的结果:

(6)对于任何 z_0,函数 e^z 在整个 z 平面上可以表示成 $z-z_0$ 的幂级数.

这只需令 $z-z_1=z'$,即得

$$e^z=e^{z'+z_0}=e^{z'}\cdot e^{z_0}=e^{z_0}\left(1+\frac{z'}{1!}+\frac{z'^2}{2!}+\cdots\right)=$$

$$e^{z_0}+e^{z_0}\frac{z-z_0}{1!}+e^{z_0}\frac{(z-z_0)^2}{2!}+\cdots$$

其为收敛是很明显的.

4.2 圆(三角)函数和双曲函数

我们现在回到欧拉公式(4.10).因为它是一个对于任何 z 值都成立的恒等式,所以我们可以在该式中以任何形式取复数值(不管是什么样的复数值)的式子去代替 z,而不破坏该式的恒等性.

在公式

$$e^{iz}=\cos z+i\sin z \tag{4.22}$$

中,令 $(-z)$ 代 z,即得[1]

$$e^{-iz}=\cos z-i\sin z \tag{4.23}$$

若取(1)这两个恒等式的半和,(2)这两个恒等式的半差并以 i 除之,则即得新的恒等式

$$\cos z=\frac{e^{iz}+e^{-iz}}{2} \tag{4.24}$$

$$\sin z=\frac{e^{iz}-e^{-iz}}{2i} \tag{4.25}$$

于是,在复变函数论中,函数 $\cos z$ 和 $\sin z$ 可用指数函数表示.既然可以这样表出,它们就失去独立存在的权利:在复变函数论中,三角函数毫无必要,假若有时用到它们,那也只是为了书写简便.但书写简便并不一定就和计算简便相提并论.我们下面在一系列的例子中将要看到,恰恰相反,按照公式(4.24)和(4.25)用指数函数表出正弦和余弦,这对我们是非常方便的,

[1] 注意 $\cos z$ 是偶函数,而 $\sin z$ 则是奇函数,即 $\cos(-z)=\cos z$, $\sin(-z)=-\sin z$.这可从用来定义这些函数的展开式(4.5)推出.

即使我们所要作的计算本身不是在复域中来进行也是这样.

假定指数函数已经预先定义了(例如,借助级数(4.5)),公式(4.24)和(4.25)就可以用来定义函数 $\cos z$ 和 $\sin z$. 实际上,这两个公式我们系从定义(4.5′)和(4.5″)导出.另一方面,由指数函数(4.5)的定义,在分别将 $\mathrm{i}z$ 和 $-\mathrm{i}z$ 代替 z,即得

$$\mathrm{e}^{\mathrm{i}z}=1+\mathrm{i}\frac{z}{1!}-\frac{z^2}{2!}-\mathrm{i}\frac{z^3}{3!}+\frac{z^4}{4!}+\mathrm{i}\frac{z^5}{5!}-\frac{z^6}{6!}-\mathrm{i}\frac{z^7}{7!}+\cdots$$

$$\mathrm{e}^{-\mathrm{i}z}=1-\mathrm{i}\frac{z}{1!}-\frac{z^2}{2!}+\mathrm{i}\frac{z^3}{3!}+\frac{z^4}{4!}-\mathrm{i}\frac{z^5}{5!}-\frac{z^6}{6!}+\mathrm{i}\frac{z^7}{7!}+\cdots$$

将这两个级数代入公式(4.24)和(4.25)的右边,并适当集项,即得级数(4.5′)和(4.5″).

读者可能曾经(在实域中)遇到过双曲函数 $\operatorname{ch} x$ 和 $\operatorname{sh} x$. 这两个函数(在复域中也正如在实域中一样)通常是利用与式(4.24)和式(4.25)类似的公式直接由指数函数来定义

$$\operatorname{ch} z=\frac{\mathrm{e}^z+\mathrm{e}^{-z}}{2} \tag{4.26}$$

$$\operatorname{sh} z=\frac{\mathrm{e}^z-\mathrm{e}^{-z}}{2} \tag{4.27}$$

这完全是和它们由级数

$$\operatorname{ch} z=1+\frac{z^2}{2!}+\frac{z^4}{4!}+\frac{z^6}{6!}+\cdots=\sum_{n=0}^{\infty}\frac{z^{2n}}{(2n)!} \tag{4.28}$$

$$\operatorname{sh} z=\frac{z}{1!}+\frac{z^3}{3!}+\frac{z^5}{5!}+\frac{z^7}{7!}+\cdots=\sum_{n=0}^{\infty}\frac{z^{2n+1}}{(2n+1)!} \tag{4.29}$$

所作出的定义等价.

实际上,正如我们先前所看到的,上面这两个级数处处收敛,将 e^z 和 e^{-z} 分别代以相应的级数,我们即可从公式(4.26)和(4.27)将它们得出[①]. 反之,将级数(4.28)和(4.29)相加,我们即得一个和欧拉公式相似的恒等式

$$e^z=\operatorname{ch} z+\operatorname{sh} z$$

由这个恒等式我们即可导出关系(4.26)和(4.27),正如从欧拉公式导出关系(4.24)和(4.25)一样.

指数函数与圆函数或双曲函数之间的关系可以从另外一种多少较为普遍的观点来看. 设 $f(z)$ 是任意一个在点 $z=0$ 的某一邻域 D 内定义的函数[②]. 恒等式

$$f(z)=\frac{f(z)+f(-z)}{2}+\frac{f(z)-f(-z)}{2} \tag{4.30}$$

显然成立,右边的第一个分数显然是一偶函数,第二个分数则是奇函数. 我们规定,把一个函数表示成一个偶函数和一个奇函数之和的这种表示法叫作"将函数分解成奇部分和偶部分". 我们已经看到,对于任何(在点 $z=0$ 附近定义的)函数,这种分解是可能的. 我们现在来证明这种分解是唯一的. 实际上,设在邻域 D 内有

---

① e^{-z} 关于 z 的幂级数展开式可以从 e^z 的展开式以 $(-z)$ 代替 z 得出.

② 在下面的论证中,D 指复域(以点 $z=0$ 为心的圆)或实域(实轴上以点 $z=0$ 为心的线段)都可以.

$$f(z) \equiv \varphi_1(z) + \psi_1(z)$$

和

$$f(z) \equiv \varphi_2(z) + \psi_2(z) \tag{4.31}$$

其中函数 $\varphi_1(z)$ 和 $\varphi_2(z)$ 是偶函数，函数 $\psi_1(z)$ 和 $\psi_2(z)$ 是奇函数. 由所写的恒等式即得新的恒等式

$$\varphi_1(z) - \varphi_2(z) \equiv \psi_2(z) - \psi_1(z)$$

或

$$\Phi(z) \equiv \Psi(z) \tag{4.32}$$

其中函数 $\Phi \equiv \varphi_1 - \varphi_2$ 是偶函数，$\Psi \equiv \psi_2 - \psi_1$ 是奇函数. 在关系(4.32)中，令 z 变为$(-z)$，则得

$$\Phi(z) \equiv -\Psi(z) \tag{4.33}$$

于是，由式(4.32)及(4.33)，即得

$$\Phi(z) \equiv 0 \text{ 及 } \Psi(z) \equiv 0$$

即

$$\varphi_1(z) \equiv \varphi_2(z), \psi_1(z) \equiv \psi_2(z)$$

令 $f(x) \equiv e^z$，我们就可得出结论：双曲函数 ch z 和 sh z 不是别的，乃是函数 e^z 的偶部分和奇部分.

同理，令 $f(z) \equiv e^{iz}$，我们即得：

圆函数 $\cos z$ 和 $i\sin z$ 不是别的，乃是函数 e^{iz} 的偶部分和奇部分.

假若在复域中，正如我们已经看到的，在圆函数和指数函数之间出现了联系，那么，在双曲函数和圆函数之间也出现了非常简单的联系.

我们现在看到，这不过是在恒等式(4.26)中将 z 换为 iz，在右边即得到一个与恒等式(4.24)右边的式子相同的式子. 于是，二式的左边，即 ch iz 和 $\cos z$ 也恒等. 对于恒等式(4.27)和(4.25),情形亦同[①].

于是,圆函数和双曲函数可由恒等关系

$$\cos z = \operatorname{ch} iz \tag{4.34}$$

$$i\sin z = \operatorname{sh} iz \tag{4.35}$$

联系起来.

在上之关系中,令 z 变为 $(-iz)$ 并注意余弦为偶函数,正弦为奇函数,我们即可将这两个恒等式写成另外的形式:恒等式

$$\operatorname{ch} z = \cos iz \tag{4.36}$$

$$i\operatorname{sh} z = \sin iz \tag{4.37}$$

也成立.

上述关系(4.34)～(4.37)可以用来说明圆函数和双曲函数之间许许多多相似的地方. 假定三角中的公式都已经很熟悉,我们就可以很容易地从它们推出一些与双曲函数有关的公式. 例如在公式

$$\cos^2 z + \sin^2 z = 1$$

中,令 iz 代替 z,则由关系(4.34)和(4.35),我们现在即得

$$\operatorname{ch}^2 z - \operatorname{sh}^2 z = 1 \tag{4.38}$$

正弦函数和余弦函数在复域内的一些性质

在欧拉公式(4.10)中,令 $z = 2\pi$,我们即得等式

$$e^{2\pi i} = 1 \tag{4.39}$$

在该公式中分别令 $z = \pi$ 和 $z = \frac{\pi}{2}$,我们又有

① 另一方面,也可以将 iz 代入恒等式(4.24)和(4.25)中的 z,并与恒等式(4.26)和(4.27)比较.

$$e^{\pi i}=-1 \tag{4.40}$$

$$e^{\frac{\pi}{2}i}=i \tag{4.41}$$

等式(4.39)～(4.41)应该全部记住.

将等式(4.41)平方,即得等式(4.40),将等式(4.40)平方,即得等式(4.39).

1.函数 $\cos z$ 和 $\sin z$ 是周期函数,周期为 $\omega=2\pi$.

这个命题[①]需要证明,因为像

$$\cos(z+2\pi)=\cos z \tag{4.42}$$

这样的等式,它对于所有的实数值 z 成立,并不能因此(在现阶段)就推出它对于所有的复数值 z 也成立.

但我们现在看出,由公式(4.24),即得

$$\cos(z+2\pi)=\frac{e^{i(z+2\pi)}+e^{-i(z+2\pi)}}{2}=$$

$$\frac{e^{iz}\cdot e^{2\pi i}+e^{-iz}\cdot e^{-2\pi i}}{2}=$$

$$\frac{e^{iz}+e^{-iz}}{2}=\cos z$$

(对于正弦情形亦同).

2.若辐角增加半周期,则函数 $\cos z$ 和 $\sin z$ 各仅改变符号

$$\cos(z+\pi)=-\cos z,\sin(z+\pi)=-\sin z \tag{4.43}$$

事实上,我们有(例如)

$$\cos(z+\pi)=\frac{e^{i(z+\pi)}+e^{-i(z+\pi)}}{2}=\frac{e^{iz}\cdot e^{i\pi}+e^{-iz}\cdot e^{-i\pi}}{2}=$$

$$-\frac{e^{iz}+e^{-iz}}{2}=-\cos z$$

① 下面许多命题也是一样.

3. 当变量增加四分之一周期时，由函数 $\cos z$ 和 $\sin z$ 即产生下列公式

$$\cos\left(z+\frac{\pi}{2}\right)=-\sin z,\sin\left(z+\frac{\pi}{2}\right)=\cos z \tag{4.44}$$

例如

$$\cos\left(z+\frac{\pi}{2}\right)=\frac{e^{i\left(z+\frac{\pi}{2}\right)}+e^{-i\left(z+\frac{\pi}{2}\right)}}{2}=$$

$$\frac{e^{iz}\cdot e^{i\frac{\pi}{2}}+e^{-iz}\cdot e^{-i\frac{\pi}{2}}}{2}=$$

$$i\,\frac{e^{iz}-e^{-iz}}{2}=-\sin z$$

4. 恒等式

$$\cos^2 z+\sin^2 z=1 \tag{4.45}$$

成立.

实际上，由公式(4.22)和(4.23)，即得

$$\cos^2 z+\sin^2 z=(\cos z+i\sin z)(\cos z-i\sin z)=$$

$$e^{iz}\cdot e^{-iz}=1$$

5. 加法定理成立(对于任何复数值 z_1 和 z_2)

$$\cos(z_1+z_2)=\cos z_1\cos z_2-\sin z_1\sin z_2 \tag{4.46}$$

$$\sin(z_1+z_2)=\sin z_1\cos z_2+\cos z_1\sin z_2 \tag{4.47}$$

欲证明本定理，只需将正弦和余弦的指数函数表达式(4.24)和(4.25)同时代入式(4.46)和式(4.47)中直接加以验算即可.

6. 函数 $\sin z$ 只在形如 $n\pi$ 的点为 0；函数 $\cos z$ 只在形如 $\frac{\pi}{2}+n\pi$ 的点为 0.

我们只限于讨论函数 $\sin z$. 这个函数在 $z=n\pi$ 为 0,这在三角中就已经知道,但这也可直接从式(4.25)推出

$$\sin n\pi=\frac{e^{in\pi}-e^{in\pi}}{2i}=\frac{(-1)^n-(-1)^{-n}}{2i}=0$$

为要证明它在其他的点不为 0,我们现在来解方程

$$\sin z=0 \tag{4.48}$$

或(参看式(4.25))

$$e^{iz}-e^{-iz}=0$$

即

$$e^{2iz}=1$$

比较左、右两边的辐角,即得关系

$$2z=2n\pi$$

即

$$z=n\pi$$

于是,方程(4.48)除了上述之根外,别无其他的根.

对于余弦也可作出同样的验证.

7. 设 z 为复数($z=x+iy$),我们不难求出 $\sin z$ 的实部和虚部.

由式(4.47),并利用关系式(4.36)和(4.37),我们即得

$$\begin{aligned}\sin z=\sin(x+iy)=\sin x\cos iy+\cos x\sin iy=\\ \sin x\operatorname{ch} y+i\operatorname{sh} y\cos x\end{aligned} \tag{4.49}$$

因此

$$u=\operatorname{Re}\sin z=\sin x\operatorname{ch} y$$
$$v=\operatorname{Im}\sin z=\operatorname{sh} y\cos x$$

于是即易定出 $\sin z$ 的模

$$|\sin z|^2=(\sin x\operatorname{ch} y)^2+(\operatorname{sh} y\cos x)^2=\\ \sin^2 x+\operatorname{sh}^2 y$$

因而

$$|\sin z|=\sqrt{\sin^2 x+\operatorname{sh}^2 y} \tag{4.50}$$

上式为 0 的充分必要条件为 $\sin x$ 和 $\operatorname{sh} y$ 同时为 0，即当 $x=n\pi, y=0$ 时为 0，于是即得：$z=n\pi$. 我们又重新得到了在第 6 段中所述的结果.

由式(4.50)还可以看到，函数 $\sin z$ 当 y 趋于 $+\infty$ 或 $-\infty$ 时趋于 ∞，即

$$\lim_{|y|\to\infty}\sin z=\infty \tag{4.51}$$

对于函数 $\cos z$，类似的结果也成立.

8. 把形如 $z+2n\pi$（n 为整数）的点认为互为同调，并以(B_n')记“周期带”

$$(B_n')\begin{cases}2n\pi-\pi<x\leqslant 2n\pi+\pi\\ -\infty<y<+\infty\end{cases}$$

我们可以证明：在每一个这样的带中存在两个点，使得 $\sin z$ 在该两点取预先给定的值 $w_0(\neq 1)$.

事实上，方程

$$\sin z=w_0$$

或

$$\frac{e^{iz}-e^{-iz}}{2i}=w_0 \tag{4.52}$$

是 e^{iz} 的二次方程，它的两个解系由

$$e^{iz}=iw_0\mp\sqrt{1-w_0^2}$$

给出，在每一周期带(B_n)中，iz 有两个值，因而在每一周期带(B_n')中，z 有两个值. 假若 $w_0=1$，则得 $w_0^2=1$，$e^{iz}=i$，因而 $z=\frac{\pi}{2}+2n\pi$，于是，在每一周期带中，我们

就得到方程(4.52)的一个("二重")根.

9.对于任何 z_0，函数 $\sin z$ 关于 $z-z_0$ 展开的幂级数可从式(4.47)令 $z'=z-z_0$ 代入得出，所得的级数在全平面上收敛.即由

$$\sin z=\sin(z'+z_0)=\sin z'\cos z_0+\cos z'\sin z_0$$

然后，将 $\sin z'$ 和 $\cos z'$ 代以相应的 z' 的幂级数，适当地集项，并将变量代回去($z'=z-z_0$)即可.

同样的方法也可用于函数 $\cos z$.

4.3　欧拉公式应用举例

1.读者已经熟悉了所谓的"复数写成三角形式的写法"(参看第一章)

$$z=r(\cos\theta+\mathrm{i}\sin\theta) \tag{4.53}$$

另外，在欧拉公式(4.10)中，令复数 z 取实值 θ，则得

$$\mathrm{e}^{\mathrm{i}\theta}=\cos\theta+\mathrm{i}\sin\theta \tag{4.54}$$

在这里，右边刚好就是关系式(4.53)右边括号内的式子.显而易见，依照公式(4.54)，这个式子可以写得更简短一些，于是，写法(4.53)即可写成

$$z=r\mathrm{e}^{\mathrm{i}\theta} \tag{4.55}$$

这是"复数写成指数形式的写法".由于它的简便，这种写法在复变函数论中极为通用，在以后的叙述中，我们将经常用它.

特别，假若 $r=1$，即点是在单位圆上[①]，则有

---

① 所谓"单位圆"，就是以原点 O 为心，以 1 为半径的圆.

$$z=\mathrm{e}^{\mathrm{i}\theta} \tag{4.56}$$

其逆亦真. 于是,公式(4.56)即表示位于单位圆上的复数(点)的一般形式. 当θ从0增加到2π,点z即沿圆周从1起到1止,按正方向转了一个全周,对于区间$2\pi\leqslant\theta\leqslant 4\pi$等也是一样.

2. 重复运用指数函数的加法定理,即得

$$\mathrm{e}^{\mathrm{i}(\theta_1+\theta_2+\cdots+\theta_n)}=\mathrm{e}^{\mathrm{i}\theta_1}\cdot\mathrm{e}^{\mathrm{i}\theta_2}\cdot\cdots\cdot\mathrm{e}^{\mathrm{i}\theta_n}$$

然后令$\theta_1=\theta_2=\cdots=\theta_n=\theta$,即得

$$\mathrm{e}^{\mathrm{i}(n\theta)}=(\mathrm{e}^{\mathrm{i}\theta})^n$$

利用欧拉公式,我们可以将这个恒等式写成

$$\cos n\theta+\mathrm{i}\sin n\theta=(\cos\theta+\mathrm{i}\sin\theta)^n \tag{4.57}$$

这就是所谓的"棣莫弗(De Moivre)公式".

3. 很多时候我们需要(例如在求积分的时候)把$\cos^n\theta$或$\sin^n\theta$(n是正整数)表示成量$1,\cos\theta,\sin\theta,\cos 2\theta,\sin 2\theta,\cdots,\cos n\theta,\sin n\theta$等的线性组合. 在这种情形,最好是直接利用欧拉公式推出公式(4.24)和(4.25). 例如

$$\begin{aligned}\sin^6\theta=&\left(\frac{\mathrm{e}^{\mathrm{i}\theta}-\mathrm{e}^{-\mathrm{i}\theta}}{2\mathrm{i}}\right)^6=\\&\frac{1}{(2\mathrm{i})^6}(\mathrm{e}^{6\mathrm{i}\theta}-6\mathrm{e}^{4\mathrm{i}\theta}+15\mathrm{e}^{2\mathrm{i}\theta}-20+\\&15\mathrm{e}^{-2\mathrm{i}\theta}-6\mathrm{e}^{-4\mathrm{i}\theta}+\mathrm{e}^{-6\mathrm{i}\theta})=\\&-\frac{1}{2^5}\left(\frac{\mathrm{e}^{6\mathrm{i}\theta}+\mathrm{e}^{-6\mathrm{i}\theta}}{2}-6\cdot\frac{\mathrm{e}^{4\mathrm{i}\theta}+\mathrm{e}^{-4\mathrm{i}\theta}}{2}+\right.\\&\left.15\cdot\frac{\mathrm{e}^{2\mathrm{i}\theta}+\mathrm{e}^{-2\mathrm{i}\theta}}{2}-10\right)=\\&\frac{1}{32}(10-15\cos 2\theta+6\cos 4\theta-\cos 6\theta)\end{aligned}$$

一般,我们有

(1) 当 n 为偶数时($n=2m$)

$$\cos^{2m}\theta=\frac{1}{2^{2m-1}}\Big[\frac{1}{2}C_{2m}^{m}+C_{2m}^{m-1}\cos 2\theta+C_{2m}^{m-2}\cos 4\theta+\cdots+$$

$$C_{2m}^{1}\cos(2m-2)\theta+\cos 2m\theta\Big] \tag{4.58}$$

$$\sin^{2m}\theta=\frac{1}{2^{2m-1}}\Big[\frac{1}{2}C_{2m}^{m}-C_{2m}^{m-1}\cos 2\theta+C_{2m}^{m-2}\cos 4\theta-\cdots+$$

$$(-1)^{m-1}C_{2m}^{1}\cos(2m-2)\theta+(-1)^{m}\cos 2m\theta\Big]$$

(2) 当 n 为奇数时($n=2m+1$)

$$\cos^{2m+1}\theta=\frac{1}{2^{2m}}[C_{2m+1}^{m}\cos\theta+C_{2m+1}^{m-1}\cos 3\theta+$$

$$C_{2m+1}^{m-2}\cos 5\theta+\cdots+$$

$$C_{2m+1}^{1}\cos(2m-1)\theta+\cos(2m+1)\theta] \tag{4.59}$$

$$\sin^{2m+1}\theta=\frac{1}{2^{2m}}[C_{2m+1}^{m}\sin\theta-C_{2m+1}^{m-1}\sin 3\theta+$$

$$C_{2m+1}^{m-2}\sin 5\theta-\cdots+$$

$$(-1)^{m-1}C_{2m+1}^{1}\sin(2m-1)\theta+$$

$$(-1)^{m}\sin(2m+1)\theta]$$

不妨注意一下,所得的公式就是所与函数的傅里叶(Fourier)展开式[①].

4. 反过来,假若要求用 $\cos\theta$ 和 $\sin\theta$ 来表示 $\cos n\theta$ 或 $\sin n\theta$,那就可以直接利用欧拉公式. 例如

$$\cos 6\theta=\frac{e^{6i\theta}+e^{-6i\theta}}{2}=\frac{1}{2}[(e^{i\theta})^{6}+(e^{-i\theta})^{6}]=$$

---

① 读者最好注意转换的方法,这里所述的普遍公式乃是备检查之用.

$$\frac{1}{2}[(\cos\theta+\mathrm{i}\sin\theta)^6+(\cos\theta-\mathrm{i}\sin\theta)^6]=$$

$$\frac{1}{2}[(\cos^6\theta+6\mathrm{i}\cos^5\theta\sin\theta-$$

$$15\cos^4\theta\sin^2\theta-20\mathrm{i}\cos^3\theta\sin^3\theta+$$

$$15\cos^2\theta\sin^4\theta+6\mathrm{i}\cos\theta\sin^5\theta-\sin^6\theta)+$$

$$(\cos^6\theta-6\mathrm{i}\cos^5\theta\sin\theta-15\cos^4\theta\sin^2\theta+$$

$$20\mathrm{i}\cos^3\theta\sin^3\theta+$$

$$15\cos^2\theta\sin^4\theta-6\mathrm{i}\cos\theta\sin^5\theta-\sin^6\theta)]=$$

$$\cos^6\theta-15\cos^4\theta\sin^2\theta+15\cos^2\theta\sin^4\theta-\sin^6\theta$$

对于 $\sin 6\theta$ 情形亦同.

为了书写简便起见,我们经常多少改变一下写法. $\cos 6\theta$ 和 $\sin 6\theta$ 分别是 $\mathrm{e}^{6\mathrm{i}\theta}$ 或 $(\cos\theta+\mathrm{i}\sin\theta)^6$ 的实部和虚部. 因此,只需将后面一式去括号,然后"取实部和虚部"即可. 像下面的写法是可以的

$$\begin{aligned}\cos 6\theta=&\mathrm{Re}[(\cos\theta+\mathrm{i}\sin\theta)^6]=\\&\mathrm{Re}[\cos^6\theta+6\mathrm{i}\cos^5\theta\sin\theta-\\&15\cos^4\theta\sin^2\theta-20\mathrm{i}\cos^3\theta\sin^3\theta+\\&15\cos^2\theta\sin^4\theta+\\&6\mathrm{i}\cos\theta\sin^5\theta-\sin^6\theta]=\\&\cos^6\theta-15\cos^4\theta\sin^2\theta+\\&15\cos^2\theta\sin^4\theta-\sin^6\theta\end{aligned}$$

一般的公式为①

$$\cos n\theta=\cos^n\theta-\mathrm{C}_n^2\cos^{n-2}\theta\sin^2\theta+\mathrm{C}_n^4\cos^{n-4}\theta\sin^4\theta-\cdots \tag{4.60}$$

$$\sin n\theta=\mathrm{C}_n^1\cos^{n-1}\theta\sin\theta-\mathrm{C}_n^3\cos^{n-3}\theta\sin^3\theta+$$

① 参看 15 页脚注.

$$C_n^5\cos^{n-5}\theta\sin^5\theta-\cdots \tag{4.61}$$

5.设要计算积分

$$J_m=\int_0^{2\pi}\cos^{2m}\theta\,d\theta$$

众所周知,从寻求原函数的观点来看,这多少是有点困难的.

但是假若利用式(4.58)中的第一式,我们即容易得出

$$J_m=\int_0^{2\pi}\cos^{2m}\theta\,d\theta=\frac{1}{2^{2m-1}}\left(\frac{1}{2}C_{2m}^m\theta+C_{2m}^{m-1}\frac{\sin 2\theta}{2}+C_{2m}^{m-2}\frac{\sin 4\theta}{4}+\cdots+\frac{\sin 2m\theta}{2m}\right)\Big|_0^{2\pi}$$

当把限 0 和 2π 代入时,正如我们所容易看出,等式右边除了第一项之外,所有其余各项皆全为 0,于是我们立得最终的结果

$$J_m=\frac{1}{2^{2m}}C_{2m}^m[\theta]_0^{2\pi}=\frac{\pi}{2^{2m-1}}C_{2m}^m$$

但也可以不用式(4.58),而直接写下

$$J_m=\int_0^{2\pi}\left(\frac{e^{i\theta}+e^{-i\theta}}{2}\right)^{2m}d\theta=\frac{1}{2^{2m}}\int_0^{2\pi}(e^{i\theta}+e^{-i\theta})^{2m}d\theta$$

先注意,当积分时,在牛顿二项式展开式中,除了绝对项之外,其余各项皆为 0,我们即可得出结论:我们的积分化成了该绝对项的积分,即

$$J_m=\frac{1}{2^{2m}}\int_0^{2\pi}C_{2m}^m\,d\theta=\frac{\pi}{2^{2m-1}}C_{2m}^m$$

6.我们已经知道,函数 $f(x)$ 的傅里叶展开式通常可以写成

$$f(x)\sim\frac{a_0}{2}+\sum_{n=1}^{\infty}(a_n\cos nx+b_n\sin nx) \tag{4.62}$$

其中系数系由公式

$$a_n = \frac{1}{\pi}\int_{-\pi}^{\pi} f(\xi)\cos n\xi \, d\xi \quad (n \geqslant 0)$$

及

$$b_n = \frac{1}{\pi}\int_{-\pi}^{\pi} f(\xi)\sin n\xi \, d\xi \quad (n \geqslant 1) \qquad (4.63)$$

定义.

若不用三角函数而引入指数函数,则此展开式可以写成“指数式”.这可如下得出

$$f(x) \sim \frac{a_0}{2} + \sum_{n=1}^{\infty}\left(a_n \frac{e^{inx} + e^{-inx}}{2} + b_n \frac{e^{inx} - e^{-inx}}{2i}\right) =$$

$$\frac{a_0}{2} + \sum_{n=1}^{\infty}\left(\frac{a_n - ib_n}{2}e^{inx} + \frac{a_n + ib_n}{2}e^{-inx}\right)$$

若令

$$\begin{cases} \dfrac{a_0}{2} = c_0 \\ \dfrac{a_n - ib_n}{2} = c_n \qquad (n \geqslant 1) \\ \dfrac{a_n + ib_n}{2} = c_{-n} = \overline{c_n} \end{cases}$$

则所得的展开式又可写成

$$f(x) \sim \sum_{n=-\infty}^{+\infty} c_n e^{inx} \qquad (4.64)$$

此时,若 $n > 0$,则系数 c_n 由公式

$$c_n = \frac{a_n - ib_n}{2} = \frac{1}{2\pi}\int_{-\pi}^{\pi} f(\xi)(\cos n\xi - i\sin n\xi)d\xi =$$

$$\frac{1}{2\pi}\int_{-\pi}^{\pi} f(\xi)e^{-inx}\,d\xi \qquad (4.65)$$

定义.若 $n < 0$,则因 $c_n = \overline{c_{-n}}$,公式(4.65)仍旧不变,当 $n = 0$ 时,情形显然也是一样.

于是,“指数形”的傅里叶展开式就可写成一个既特别简便而且又对称的形式

$$f(x) \sim \sum_{n=-\infty}^{+\infty} c_n e^{inx}, c_n = \frac{1}{2\pi}\int_{-\pi}^{+\pi} f(\xi) e^{-inx} d\xi \quad (n \gtreqless 0) \tag{4.66}$$

7. 现设需要计算一个(在傅里叶级数论中要用到的)和数

$$S_n = \frac{1}{2} + \cos\theta + \cos 2\theta + \cdots + \cos n\theta$$

引入指数函数,我们即得到一个几何级数,它可按已知公式求和

$$S_n = \frac{1}{2} + \sum_{m=1}^{n} \frac{e^{im\theta} + e^{-im\theta}}{2} = \frac{1}{2}\sum_{m=-n}^{+n} e^{im\theta} =$$

$$\frac{1}{2}\frac{e^{-in\theta} - e^{i(n+1)\theta}}{1 - e^{i\theta}} =$$

$$\frac{1}{2}\left[\frac{e^{i\left(n+\frac{1}{2}\right)\theta} - e^{-i\left(n+\frac{1}{2}\right)\theta}}{2i} : \frac{e^{i\frac{\theta}{2}} - e^{-i\frac{\theta}{2}}}{2i}\right] =$$

$$\frac{1}{2}\frac{\sin\left(n+\frac{1}{2}\right)\theta}{\sin\frac{1}{2}\theta}$$

我们还要指出这项计算的一个更为简便的写法

$$S_n = \operatorname{Re}\left(\frac{1}{2} + \sum_{m=1}^{n} e^{im\theta}\right) = \operatorname{Re}\left(\frac{1}{2} + \frac{e^{i\theta} - e^{i(n+1)\theta}}{1 - e^{i\theta}}\right)$$

4.4　圆正切和双曲正切

所说的函数是由下列等式定义

$$\tan z \equiv \frac{\sin z}{\cos z} = \frac{1}{\mathrm{i}} \frac{\mathrm{e}^{\mathrm{i}z} - \mathrm{e}^{-\mathrm{i}z}}{\mathrm{e}^{\mathrm{i}z} + \mathrm{e}^{-\mathrm{i}z}} \tag{4.67}$$

$$\mathrm{th}\, z \equiv \frac{\mathrm{sh}\, z}{\mathrm{ch}\, z} = \frac{\mathrm{e}^{z} - \mathrm{e}^{-z}}{\mathrm{e}^{z} + \mathrm{e}^{-z}} \tag{4.68}$$

容易明白,圆正切函数和双曲正切函数皆可以把一个用另一个表出,因而在本质上乃是同一个函数

$$\tan z = \frac{1}{\mathrm{i}} \mathrm{th}(\mathrm{i}z), \mathrm{th}\, z = \frac{1}{\mathrm{i}} \tan(\mathrm{i}z) \tag{4.69}$$

不言而喻,这时在公式(4.67)中要假定 $\cos z \neq 0$,即 $z \neq \frac{\pi}{2} + n\pi$;在公式(4.68)中,要假定 $\mathrm{ch}\, z \neq 0$,即 $z \neq \mathrm{i}\frac{\pi}{2} + \mathrm{i}n\pi$.

关于函数 $\tan z$ 和 $\mathrm{th}\, z$ 在这些除外的点的附近的变化情形,以及它们是否可以展开成 $z - z_0$ 的幂级数(这里的 z_0 是一给定的数),我们将在后面论到(参看第八章,习题 1).

4.5 对　　数

w 的方程

$$\mathrm{e}^{w} = z \tag{4.70}$$

的所有的根叫作数 z 的(自然)对数.要想求出给定的数 z 的所有对数,必须求出所有使得指数函数 e^{w} 取值 z 的那种点.我们已经看到,指数函数决不取值 0.而所有其他的值,这个函数皆在无限多个点取到.由此已经可以看出,复变量 z 的对数乃是这个变量的一个无限多值函数,它除了 $z=0$ 这个值之外,对于所有其他的

值皆有定义.

上面的定义说道,在复域中(也如在实域中),对数是定义作指数函数的逆函数.

要想就给定的 z 从方程(4.70) 中求出 w,就必须关于 w 解出方程(4.70),即是说,要用 z 表示出它所有的根.换句话说,要用数 z 的实部和虚部(或模和辐角)表出这些根的实部和虚部(或模和辐角).根据指数的性质,最简单的办法是一方面引进未知数 w 的实部和虚部,另一方面,又引进已知数 z 的模和辐角.于是,令

$$w=u+\mathrm{i}v,z=r\mathrm{e}^{\mathrm{i}\theta}\quad(r>0)$$

由复等式

$$\mathrm{e}^{u+\mathrm{i}v}=r\mathrm{e}^{\mathrm{i}\theta}\tag{4.71}$$

先比较左右两边的模,然后比较它们的辐角,我们即得两个实等式

$$\begin{cases}\mathrm{e}^{u}=r\\ v=\theta+2k\pi\end{cases}$$

于此,k 表示任意一个整数.这也可改写成

$$\begin{cases}u=\ln r\\ v=\theta+2k\pi\end{cases}\tag{4.72}$$

这里的 $\ln r$ 是通常(在分析课中所知道的) 正数 r 的自然对数.于是,我们就得到

$$w=\ln r+\mathrm{i}(\theta+2k\pi)\tag{4.73}$$

我们现用 $\ln z$ 记关于 w 的方程(4.70) 的解的全体,同时我们并引进数 z 的模和辐角的普通记号

$$r=|z|,\theta+2k\pi=\arg z$$

于是,式(4.73) 就可以写成

$$\ln z=\ln|z|+\mathrm{i}\arg z\tag{4.74}$$

于是,不等于 0 的数的复对数等于它的模的通常

(自然)对数加上它的辐角乘上 i. 这时,辐角是多值的,因而可以推出复对数也是多值的.

例如

$$\ln(2+3\mathrm{i})=\ln\sqrt{13}+\mathrm{i}\arg(2+3\mathrm{i})=\\ 1.283\,4+\cdots+\\ \mathrm{i}(0.982\,7+\cdots+2k\pi)$$

我们现在特别来注意几个特殊情形

(1)z 是正数.

这时 $|z|=z$,$\arg z=2k\pi$,于是,为简便起见,令 $\ln z=w$,我们即得 $\ln z$ 的值如下

$$\cdots,w-4\pi\mathrm{i},w-2\pi\mathrm{i},w,w+2\pi\mathrm{i},w+4\pi\mathrm{i},\cdots$$

于是,式子 $\ln z$ 就有无限多个值,但其中只有一个是实的:这就是初等代数中所知道的对数 $\ln z$ 的值.

(2)z 是负数.

这时 $|z|=-z$,$\arg z=(2k+1)\pi$,于是,对于 $\ln z$ 我们即得下面的值

$$\cdots,w-3\pi\mathrm{i},w-\pi\mathrm{i},w+\pi\mathrm{i},\\ w+3\pi\mathrm{i},\cdots\quad(w=\ln|z|)$$

在这种情形,$\ln z$ 的值有无限多,但其中没有一个是实的.正是上面这种现象说明了为何(也就是初等代数所说的)“负数没有对数”.

(3)数 z 的模等于 1:$|z|=1$.

这种情形的特点是:(正如从式(4.74)中可以看出)z 的对数的一切值皆是虚数,即

$$\ln z=\mathrm{i}\arg z \tag{4.75}$$

对数的基本函数性质

$$\ln(z_1z_2)=\ln z_1+\ln z_2 \tag{4.76}$$

可以像在实域中一样证明它在复域中成立，根据指数函数的加法定理，由恒等式

$$e^{\ln z_1}=z_1 \text{ 和 } e^{\ln z_2}=z_2$$

即可推出恒等式

$$e^{\ln z_1+\ln z_2}=z_1 z_2$$

另外，因

$$e^{\ln(z_1 z_2)}=z_1 z_2$$

故

$$e^{\ln(z_1 z_2)}=e^{\ln z_1+\ln z_2}$$

于是即可证明（根据指数函数只有在相差 $2\pi i$ 的倍数的点才取同一数值）(4.76) 这种写法成立.

正如同在实域中一样，由等式(4.76) 可以得出若干推论，例如

$$\ln \frac{z_1}{z_2}=\ln z_1-\ln z_2, \ln z^n=n\ln z$$

等等.

从形如

$$Z_1=Z_2 \tag{4.77}$$

这样的等式到等式

$$\ln Z_1=\ln Z_2 \tag{4.78}$$

这种过程叫作求等式(4.77) 的对数. 求形如

$$e^{z_1}=e^{z_2}$$

这样的等式的对数，结果可以写成

$$z_1=z_2+2k\pi i$$

加上 $2k\pi i$ 一项是必要的，否则就不能指出在符号 ln 里面（如在等式(4.78) 中）所包含的东西.

4.6 任意的幂和根

式子 z^α(这里的 α 是一个任意的数,它不一定是实数,也可以是复数)正如在实域中一样是由等式

$$z^\alpha = e^{\alpha \ln z} \tag{4.79}$$

定义.因为 $\ln z$ 是一个无限多值的式子,所以一般说来,关于 z^α 情形也可能一样.但是这一回无限多值这种性质不是以(被)加项出现,而是以因子出现.那就是,假如令 $\ln_0 z$ 表示 $\ln z$ 的诸值中的任意一个值,则由公式

$$\ln z = \ln_0 z + 2k\pi i$$

我们即得出 $\ln z$ 的所有的值,因而 z^α 所有的值,可以用其中一个,即 $w_0 = e^{\alpha \ln_0 z}$,表出如下

$$z^\alpha = e^{\alpha(\ln_0 z + 2k\pi i)} = w_0 e^{2k\pi i\alpha} \tag{4.80}$$

我们现在来讨论一些个别的特殊情形

(1)α 是整数:$\alpha = n$

此时 $$e^{2k\pi i\alpha} = e^{2k\pi in} = e^{2(kn)\pi i} = 1$$

(因为 kn 是整数).于是,对于所说的这一特殊情形,式子 z^α 是单值的,而且,假若 $\alpha > 0$,它的值无异就是先前(第三章3.2节)所定义的,又若 $\alpha = -n < 0$,则显然有

$$z^{-n} = e^{-n\ln z} = \frac{1}{e^{n\ln z}} = \frac{1}{z^n}$$

最后,若 $\alpha = 0$,则

$$z^\alpha = 1$$

(2)α 是一有理分数:$\alpha = \frac{p}{q}\left(\frac{p}{q}\text{ 是既约分数}\right)$.

这时

$$e^{2k\pi i\alpha}=e^{2k\pi i\frac{p}{q}}$$

而这个式子只能取 q 个不同的值,即与 $k=0,1,2,\cdots,q-1$ 相应的值.其实,当$k=q$,我们即得 1,这也就是 $k=0$ 时的值,等等.

在这种情形,式子

$$w=z^{\frac{p}{q}}$$

正好能取 q 个可能不同的数值,即形如

$$w_0e^{2k\pi i\frac{p}{q}}\quad(0\leqslant k\leqslant q-1)\qquad(4.80')$$

的值,于是,w_0 是这些值当中的一个.所有这些值皆是(关于 w 的)q 次方程

$$w^q=z^p$$

的根,而且这个方程不可能有多于 q 个根.因之,数(4.80′),或者,也是一样

$$w_0\omega_p^k\quad(\omega_q=e^{\frac{2\pi i}{q}},k=0,1,2,\cdots,q-1)\ (4.81)$$

尽取了所有这些根的全体.

写成根式形式

$$w=\sqrt[q]{z^p}$$

的这种写法是具有多重意义的,它指上述所有的值的全体.

特别,若(例如)$q=2,p=1$,我们即得方程

$$w^2=z$$

设 w_0 是它的诸根(全部合起来记作$\sqrt{z}$)中任意的一个,试注意$\omega_2=e^{\pi i}=-1$,我们即可看到另外的一个根等于 $-w_0$.

若令 $q=3,p=1$,则得方程

$$w^3=z$$

它的根的全体记作$\sqrt[3]{z}$，假若其中的一个是w_0，则其余的两个是$w_0\omega_3$和$w_0\omega_3^2$，于此，$\omega_3=e^{\frac{2\pi i}{3}}=\frac{-1+i\sqrt{3}}{2}$.

假若$q=4,p=1$，我们即得方程

$$w^4=z$$

而$w=\sqrt[4]{z}$这一写法则含有四个值. 因为现在$\omega_4=e^{\frac{\pi i}{2}}=i$，故若令$w_0$记这些值当中的一个，则对其余的值我们即得$w_0 i,-w_0,-w_0 i$.

对于更高次的根式，情形亦复类似.

(3)α是一无理(或虚)数

这时，式子$e^{2ki\alpha\pi}$的所有的值各不相同. 事实上，(例如)由等式

$$e^{2k_1\pi i\alpha}=e^{2k_2\pi i\alpha}\quad(k_1\neq k_2)$$

可以推出

$$2k_1\pi i\alpha=2k_2\pi i\alpha+2k\pi i$$

(于此，k仍为整数)，或

$$(k_1-k_2)\alpha=k$$

因而在这样的情形，我们即得

$$\alpha=\frac{k}{k_1-k_2}$$

而这与α为无理(或虚)数这一假设相连. 于是，在我们所讨论的这种情形之下，式子z^α是无限多值的，而它所有的值皆由式(4.80)给出.

特别，由这个式子我们可以看到：若α是一无理实数，则z^α所有的值皆具有同样的模；若α是一纯虚数($\alpha=i\gamma,\gamma$为实数，$\gamma\neq0$)，则z^α所有的值皆具有同样的辐角，而模各不相同. 最后，对于最一般情形的虚值α，我们有$\alpha=\beta+i\gamma$，其中$\beta\neq0,\gamma\neq0$. 这时z^α的各个

值间的模和辐角都改变.

4.7 反三角函数和反双曲函数

正如我们已经看到,三角函数和双曲函数都可以非常简单的用指数函数表出. 因为对数是指数函数的逆函数,所以反三角函数和反双曲函数可以用对数非常简单的表出,这就没有什么值得奇怪了.

我们先从反正切开始. 记号

$$w=\arctan z$$

指的是方程

$$\tan w=z$$

的解(最好是说解的全体),我们将这方程改写成

$$\frac{1}{\mathrm{i}}\frac{\mathrm{e}^{\mathrm{i}w}-\mathrm{e}^{-\mathrm{i}w}}{\mathrm{e}^{\mathrm{i}w}+\mathrm{e}^{-\mathrm{i}w}}=z$$

的形状,而这又可写成

$$\mathrm{e}^{2\mathrm{i}w}=\frac{1+\mathrm{i}z}{1-\mathrm{i}z}$$

于是即得

$$2\mathrm{i}w=\ln\frac{1+\mathrm{i}z}{1-\mathrm{i}z}$$

最后即得

$$w=\frac{1}{2\mathrm{i}}\ln\frac{1+\mathrm{i}z}{1-\mathrm{i}z}$$

于是,就有恒等式(不学习复变函数很难看出它的存在)

$$\arctan z=\frac{1}{2\mathrm{i}}\ln\frac{1+\mathrm{i}z}{1-\mathrm{i}z}\tag{4.82}$$

同理,由关系

$$w=\arcsin z$$

或由和它等价的关系

$$\sin w=z$$

我们即得

$$z=\frac{e^{iw}-e^{-iw}}{2i}$$

于是得

$$e^{2iw}-2ize^{iw}-1=0$$

将这等式看作 e^{iw} 的二次方程,我们即得

$$e^{iw}=iz+\sqrt{1-z^2}$$

$$iw=\ln(iz+\sqrt{1-z^2})$$

$$w=\frac{1}{i}\ln(iz+\sqrt{1-z^2})$$

我们得到了恒等式

$$\arcsin z=\frac{1}{i}\ln(iz+\sqrt{1-z^2}) \qquad (4.83)$$

同理,对于反余弦,我们容易得出

$$\arccos z=\frac{1}{i}\ln(z+i\sqrt{1-z^2}) \qquad (4.84)$$

公式(4.82),(4.83)和(4.84)都是无限多值的,因为对数是无限多值的.此外,不应忽视,公式(4.83)和(4.84)中的根式是二值的.

我们现在来讨论双曲函数的逆(反)函数.

由等式(例如)

$$z=\operatorname{ch} w \text{ 或 } z=\frac{e^{w}+e^{-w}}{2}$$

我们即得(关于 w 解出方程)和它等价的等式

$$w=\ln(z+\sqrt{z^2-1})$$

于是

$$\operatorname{arch} z=\ln(z+\sqrt{z^2-1}) \tag{4.85}$$

同理,可得

$$\operatorname{arsh} z=\ln(z+\sqrt{z^2+1}) \tag{4.86}$$

和

$$\operatorname{arth} z=\frac{1}{2}\ln\frac{1+z}{1-z} \tag{4.87}$$

公式(4.85)～(4.87)的形状与(4.82)～(4.84)相似,它们可以完全用实域中的方法同样得出.但从复变函数论的观点,必须特别强调出它下面的特点:(1)自变量可以取任何复数值;(2)对数所指的是“复的”,无限多值的;(3)在两个公式(4.85)和式(4.86)中的根式是二值的.

习 题

1.试算出

$$e^{2+3i},2^{i},\sin i,\cos\frac{\pi}{2}i,\tan(1+i)$$

的实部和虚部,模和辐角.

2.试将函数

$$e^{z^2},xe^{z},z^2\cos z,\tan z,\ln z$$

的实部和虚部分开(将它们用 x,y 表出).

3.试算出:(1)cos 1;(2)cos i 等于什么(计算到小数后五位).

4.试解方程

$$(1)\sin z=2,(2)\operatorname{ch} z=0$$

试说明方程

$$(1)\text{th } z=1,(2)\tan z=0$$

有几个根.

5. 试证明下面的等式成立(其中系将所给的复数表成 $z=re^{i\theta}$ 的形式)

$$1+i=\sqrt{2}e^{i\frac{\pi}{4}},1+i\sqrt{3}=2e^{i\frac{\pi}{3}},$$

$$1-i\sqrt{3}=2e^{-i\frac{\pi}{3}},4+3i\approx 5e^{0.64i}$$

(求出第三位小数).

6. 试证明指数函数 e^z 可以用三角函数表成下面的形式

$$e^z=\cos iz-i\sin iz$$

7. 试算出不等式:$|\sin z|<1$.并在 z 平面上用虚线画出使得这不等式成立之区域.写出这区域的边界的方程式.

8. 试求出函数

$$\frac{1}{1-z},\frac{1}{1-iz},\frac{1}{\cos z-\sin z}$$

的奇部分和偶部分.

9. 试求出下列的数和式子的对数

$$-1,1+i,3-4i,z^2,e^z$$

10. 试证明

$$i^i=e^{-\frac{\pi}{2}}\cdot e^{2k\pi}$$

$$(-1)^i=e^{(2k+1)\pi}$$

$$(-1)^{\sqrt{2}}=\cos(2k+1)\pi\sqrt{2}+i\sin(2k+1)\pi\sqrt{2}$$

(k 是任意整数).

11. 试证明写法 $(z^{\alpha_1})^{\alpha_2}$,$(z^{\alpha_2})^{\alpha_1}$ 和 $z^{(\alpha_1\alpha_2)}$ 不完全等价.

12. 试证明,若 $\alpha=\beta+i\gamma(\beta\neq 0,\gamma\neq 0)$,则 $w=z^\alpha$ 的各种可能的值皆在 $w=Re^{iw}$ 平面上形如

$$R = Ce^{-\frac{\chi}{\beta}w}$$

的对数螺线上.

13. 注意 $\ln z$ 为多值函数，试证明指数函数 $a^z(a \neq 0)$ 也是多值函数.(但若 a 是正数,通常就只算对数的主值

$$\ln z = \ln r + \mathrm{i}\theta \quad (0 \leqslant \theta < 2\pi))$$

14. 设 z 为实数($z=x$),则在式(4.82)的右边我们就得到

$$\frac{1}{2\mathrm{i}}\ln\frac{1+\mathrm{i}x}{1-\mathrm{i}x} = \frac{1}{2\mathrm{i}}\left(\ln\left|\frac{1+\mathrm{i}x}{1-\mathrm{i}x}\right| + \mathrm{i}\arg\frac{1+\mathrm{i}x}{1-\mathrm{i}x}\right) = \arctan x$$

试就函数 $\arcsin x$ 和 $\arccos x$(自然要假定 $|x| \leqslant 1$)作同样的验算.

15. 试证明式子 $\cos n\arccos z$ 是单值的,并且是一 n 次多项式("切比雪夫多项式")

$$\cos n\arccos z = \frac{1}{2}[(z+\sqrt{z^2-1})^n + (z-\sqrt{z^2-1})^n]$$

导数及积分

第五章

5.1 复变函数导数的概念

设 $w=f(z)$ 是在 $z=z_0$ 点及其某一邻域 $|z-z_0|<\rho_0(\rho_0>0)$ 内定义的函数,这里的 z 是复变量.

我们现在来研究比值

$$\frac{f(z_0+h)-f(z_0)}{h}$$

这里的 h 是由不等式 $|h|<\rho$ 所规定的异于 0 的某一复数. 这个比是 h 的函数.

我们可以先提出这样的问题:当 h 趋于 0 时,这函数(比值)的极限是否存在,且等于什么?假若这样的极限存在且为有限,我们就说,函数 $f(z)$ 在 $z=z_0$ 点可以微分,且在该点具有导数,其值等于所说的极限. 函数 $f(z)$ 在 z_0 的导数记作 $f'(z_0)$,于是,它系由等式

$$f'(z_0)=\lim_{h\to 0}\frac{f(z_0+h)-f(z_0)}{h} \tag{5.1}$$

所定义.

就外表看来,复变函数论中导数的定义和实变函数论中的定义是一样的.但决不可不注意,由于关于极限的了解不同,这两者在本质上也就不同:我们现在就必须假定,对于无论什么样趋于0的复数列$\{h_n\}$,序列

$$\left\{\frac{f(z_0+h_n)-f(z_0)}{h_n}\right\}$$

必具有同一极限.换句话说,极限不以增量h接近于0的"方式"为转移,又因在复域中这种"方式"的选择异常复杂,所以在复变函数论中函数可以微分这一性质比起在实变函数论中来,给予人们的限制简直无法比较.

这可以用例子来说明.

例 5.1

$$f'(z)=\mathrm{e}^{-\frac{1}{z^2}} \quad (z\neq 0)$$

假若只在实域中来考虑这个函数(令$z=x+\mathrm{i}y$,$y=0$),我们即得

$$\lim_{x\to 0}f(w)=0$$

在点$x=0$,我们有一"可除去的"不连续点,因为若引进补充条件

$$f(0)=0 \tag{5.2}$$

我们即得一连续函数.我们容易证明,这函数在点$x=0$处,具有等于0的导数

$$f'(0)=0$$

因为对于实值h

$$\lim_{h\to 0}\frac{f(h)-f(0)}{h}=\lim_{h\to 0}\frac{1}{h}\mathrm{e}^{-\frac{1}{h^2}}=0$$

又若保留条件(5.2),我们在整个复平面上来考虑函数 $f(z)$,则得:假定 $z_0=0$,则当 h 为实数趋于 0 时

$$\frac{f(z_0+h)-f(z_0)}{h}=\frac{1}{h}e^{-\frac{1}{h^2}}\to 0$$

但当 h 为纯虚数($h=ik,k=|h|$)趋于 0

$$\left|\frac{f(z_0+h)-f(z_0)}{h}\right|=\frac{1}{k}e^{\frac{1}{k^2}}\to+\infty$$

这就是说,从复变函数的观点看,函数 $f(z)$ 在点 $z_0=0$ 没有导数.

例 5.2

$$f(z)=(x+y)+ixy$$

再假定 $z_0=0$,并设 $z_0+h=z(z=x+iy)$,则得

$$\frac{f(z_0+h)-f(z_0)}{h}\equiv\frac{f(z)-f(z_0)}{z-z_0}=\frac{(x+y)+ixy}{x+iy}$$

对于实的 z(即当 $y=0$ 时),若 $z\neq 0$,则所论的比值恒等于 1;对于纯虚的 z(即当 $x=0$ 时),则在同一条件 $z\neq 0$ 之下,它恒等于 $-i$. 在这种情形,极限(5.1)显然不存在.

我们要注意,在例 5.1 中,所论的函数 $f(z)$ 本身在 $z=0$ 点是不连续的;但在例 5.2 中,函数 $f(z)$ 在这点则为连续,可是两者都是不可微分的.

我们下面就将看到,要函数可以微分这一要求,使得函数的实部和虚部遭受到非常重大的限制(这些限制在上述的例题中皆没有得到满足).

注释 以后,除了在点 z_0 可微分这一概念之外,我们还将用到关于所给的集 E 一致可微分这一概念. 我们说在集 E 上可微分的函数 $f(z)$ 在该集上一致可微分,是说对于无论任何 $\varepsilon(>0)$,我们可以得出这样的一数 $\delta(>0)$,它使得对于 E 上的任何一点 z_0,从不

等式

$$|h|<\delta$$

即可推出不等式

$$\left|\frac{f(z_0+h)-f(z_0)}{h}-f'(z_0)\right|<\varepsilon \quad (5.3)$$

从 $f(z)$ 在 E 上一致可微分这一要求，可以推知，对于任何 $\varepsilon(>0)$，我们可以选取 $\delta(>0)$，使得只要 z 和 z_0 两点属于 E，则从不等式

$$|z-z_0|<\delta \quad (5.4)$$

即可推出不等式

$$\left|\frac{f(z)-f(z_0)}{z-z_0}-f'(z_0)\right|<\varepsilon \quad (5.5)$$

换句话说，在假定(5.4)之下，我们可以写

$$\frac{f(z)-f(z_0)}{z-z_0}-f'(z_0)=\theta\varepsilon \quad (\text{于此}, |\theta|<1)$$

或 $$f(z)=f(z_0)+(z-z_0)[f'(z_0)+\theta\varepsilon] \quad (5.6)$$

定理　若函数 $f(z)$ 在某一点 $z=z_0$ 可微分，则它在这点为连续.

这定理的证明和在实域中所作的证明一样，我们把它省去.

顺便提一下，这定理的意义是在于它可以使我们不必把证明函数为连续和证明函数可以微分这两件事分开来做：在证明可以求导数的时候，就已经证明了函数为连续.

有关函数微分的一些基本定理，可以完全如同在实域中一样给以陈述和证明.

例如：两函数 $f(z)$ 和 $\varphi(z)$ 之和在 $z=z_0$ 的导数存在且等于 $f'(z_0)+\varphi'(z_0)$，只要函数 $f(z)$ 和 $\varphi(z)$ 在该点具有导数.

在微分学中已经知道的关于二函数之差 $f(z)-\varphi(z)$，之积 $f(z)\varphi(z)$，之比$\dfrac{f(z)}{\varphi(z)}$的定理在复域中也成立(在论到二函数之比时，还须加上一句：$\varphi(z)$ 在所论之点 z_0 的值 $\varphi(z_0)$ 异于 0).

最后，关于函数的函数("复合函数")的微分定理也仍然有效.下面就是该定理的叙述

若函数 $w=\varphi(z)$ 在 $z=z_0$ 点具有导数 $\varphi'(z_0)$，又若函数 $f(w)$(自变量 w 的函数)在 $w_0=\varphi(z_0)$ 点具有导数 $f'(w_0)$，则复合函数 $f(\varphi(z))$ 在 $z=z_0$ 点具有导数，其值等于 $f'(w_0)\cdot\varphi'(z_0)$.

实域中的全部证明可以毫无任何外在变化的搬到复域中来：它们各自依据的是相应的极限定理.

我们现在不一一去证明上面这些定理，而只把最后一定理的证明的主要部分描述一下作为一个例子.

令 $F(z)=f(\varphi(z))$，则得

$$\frac{F(z_0+h)-F(z_0)}{h}=\frac{f(\varphi(z_0+h))-f(\varphi(z_0))}{h}=\frac{f(\varphi(z_0+h))-f(\varphi(z_0))}{\varphi(z_0+h)-\varphi(z_0)}\cdot\frac{\varphi(z_0+h)-\varphi(z_0)}{h}\tag{5.7}$$

若 h 趋于 0，则两个分数因子中的第二个因子$\dfrac{\varphi(z_0+h)-\varphi(z_0)}{h}$趋于 $\varphi'(z_0)$.至于第一个因子，假若除了 h 之外再引进新的变量

$$k=\varphi(z_0+h)-\varphi(z_0)$$

我们即得

$$\frac{f(\varphi(z_0+h))-f(\varphi(z_0))}{\varphi(z_0+h)-\varphi(z_0)}=$$

$$\frac{f(\varphi(z_0)+k)-f(\varphi(z_0))}{k}=$$

$$\frac{f(w_0+k)-f(w_0)}{k}$$

当 $h\to 0$ 时，必然(由于 $\varphi(z)$ 在 $z=z_0$ 为连续)$k\to 0$. 但在这种情形，当 $h\to 0$ 时，上式中的最后一个比趋于 $f'(w_0)$，因而它的最初一个比趋于 $f'(w_0)$. 于是，根据积的极限定理，式(5.7)右边趋于积 $f'(w_0)\cdot\varphi'(z_0)$，因而它的左边也趋于 $f'(w_0)\cdot\varphi'(z_0)$.

于是

$$F'(z_0)=f'(w_0)\cdot\varphi'(z_0)$$

这也就是我们所要证明的.

这定理中的变量 $w=\varphi(z)$ 适于叫作中间变量.

所给函数 $f(z)$ 在所给点 $z=z_0$ 的导数 $f'(z_0)$ 显然是某一复数. 但若我们需要去研究所给函数 $f(z)$ 在某一集 E_1 上的一切点 z_0 的导数，则导数 $f'(z_0)$ 就是一个在集 E_1 上定义的复变量 z_0 的函数. 但集 E_1 不是任意的集：它只能由函数 $f(z)$ 本身有定义的集 E 上的内点所组成. 事实上，若点 z_0 不是集 E 的内点，我们就不可能得出正数 ρ，使得圆片 $|z-z_0|<\rho$ 整个属于域 E，而在这种情形之下，就有一些逼近点的“方式”要除外，因而“在复变函数论的意义之下”，可微分这种性质所须具备的要求就没有完全满足.

在我们把导数看作点函数时，这时我们最好是用字母 z(无零圈)来记该点. 于是，我们就可用式子

$$f'(z)=\lim_{h\to 0}\frac{f(z+h)-f(z)}{h} \tag{5.8}$$

定义函数 $f(z)$ 在点 z 的导数，这只直接用于函数 $f(z)$ 的定义集 E 的内点.

令

$$w=f(z), h=\Delta z$$

$$f(z+h)-f(z)=\Delta w, f'(z)=\frac{\mathrm{d}w}{\mathrm{d}z}$$

则式(5.8)经常也用微分符号写成

$$\frac{\mathrm{d}w}{\mathrm{d}z}=\lim_{\Delta z\to 0}\frac{\Delta w}{\Delta z} \tag{5.9}$$

前面(第二章中)已经说过,所有的点皆为内点的集在复变函数论中叫作域.

设函数 $f(z)$ 在域 D 中有定义,若 $f(z)$ 在 D 内每一点皆可微分,我们就说它在这域内可以微分. 如是,可微分这种性质(正如同连续性一样)先可以关于点("局部的")定义,然后再关于域("大范围的")定义.

前面所述的一些定理可以直接从点的情形搬到集的情形上来. 例如:

若函数 $f(z)$ 在某一域内可以微分,则它在这域内为连续.

若函数 $f(z)$ 与 $\varphi(z)$ 在域 D 内可微分, 则和 $f(z)+\varphi(z)$ 在这域内也可微分,且有

$$[f(z)+\varphi(z)]'=f'(z)+\varphi'(z) \tag{5.10}$$

我们现在不再一一叙述关于二函数之差、之积、之比的类似定理,而只叙述关于复合函数的定理如下:

若函数 $\varphi(z)$ 在域 D 可以微分,又若(自变量 w 的)函数 $f(w)$ 在域 D_1 内可以微分,而且函数 $w=\varphi(z)$ 将域 D 映射到域 D_1,则函数 $F(z)\equiv f(\varphi(z))$ 在域 D 内可以微分,且有等式

$$[f(\varphi(z))]'=f'(\varphi(z))\cdot\varphi'(z) \tag{5.11}$$

上式可以用微分符号写成

$$\frac{\mathrm{d}F}{\mathrm{d}z}=\frac{\mathrm{d}F}{\mathrm{d}w}\cdot\frac{\mathrm{d}w}{\mathrm{d}z} \tag{5.12}$$

5.2 初等函数的导数

复域中初等函数的微分规则和实域中完全一样.我们现在把它们简单论述一下.这样做是必要的,特别是在某些情形,由于我们所用的定义不同,对于它们的推求或修改有必要加以补充说明.

1.正整数幂的微分规则

$$(z^n)'=nz^{n-1} \tag{5.13}$$

直接(如在实变函数论中一样)可由归纳法得出.

当 $n=1$ 时,式(5.13)是对的,因为显然有 $z'=1$.假定这公式对某一 n 是对的,我们来证明它对 $n+1$ 也是对的.事实上,作为乘积来微分,我们有

$$(z^{n+1})'=(z^n\cdot z)'=nz^{n-1}\cdot z+z^n\cdot 1=(n+1)z^n$$

这也就是我们所要证明的.

2.借助上节的定理,我们可以推出多项式的微分规则

$$(az^n+bz^{n-1}+\cdots+kz+l)'=$$
$$naz^{n-1}+(n-1)bz^{n-2}+\cdots+k \tag{5.14}$$

3.再有,若将任意分式有理函数看作多项式之比

$$R(z)=\frac{P(z)}{Q(z)}$$

我们即得

$$\left[\frac{P(z)}{Q(z)}\right]'=\frac{Q(z)P'(z)-P(z)Q'(z)}{Q^2(z)} \tag{5.15}$$

我们可以取整个复平面作为式(5.13)和式

(5.14) 的存在域 D,因而这两个式子对于任何 z 值皆成立:整有理函数处处可以微分.

至于分式有理函数,那么式(5.15) 对于任何使得 $Q(z)\neq 0$ 的 z 值皆成立.因而分式有理函数除了极点之外皆可微分,换句话说,把极点除掉之后的整个平面可以取来作为这里的域 D.

4.指数函数 $f(z)=e^z$ 已经被定义成级数之和,然后又确定了它的函数性质.利用这些性质,我们有

$$\frac{f(z+h)-f(z)}{h}=\frac{e^{z+h}-e^z}{h}=e^z\cdot\frac{e^h-1}{h}$$

上式中的第一个因子与 h 无关,要想证明 $f'(z)=e^z$,只需证明

$$\lim_{h\to 0}\frac{e^h-1}{h}=1$$

或证明

$$\lim_{z\to 0}\frac{e^z-1}{z}=1 \tag{5.16}$$

但由关系

$$\left|\frac{e^z-1}{z}-1\right|=\left|\frac{\left(1+\frac{z}{1!}+\frac{z^2}{2!}+\cdots\right)-1}{z}-1\right|=$$

$$\left|\frac{z}{2!}+\frac{z^2}{3!}+\cdots\right|\leqslant$$

$$r\left(\frac{1}{2!}+\frac{r}{3!}+\cdots\right)$$

式(5.16) 显然成立,因为(比如说) 当 $r<1$ 时,最后一个括号内的式子小于

$$\frac{1}{2!}+\frac{1}{3!}+\cdots=e-2<1$$

于是立得关系式(5.16).

于是,在全平面上,我们有公式

$$(\mathrm{e}^{z})'=\mathrm{e}^{z} \tag{5.17}$$

①

5. 当我们来求函数 $f(z)=\ln z$ 的导数时,我们必须:(1) 假设 $z\neq 0$(因为当 $z=0$ 时,函数 $\ln z$ 无意义);(2) 消除由于 $\ln z$ 为多值函数而引起的障碍.后面一点我们可以这样做到:即假设我们所选取的 $\ln z$ 的值满足不等式 $2k\pi<I\ln z<2(k+1)\pi$②.然后,在作增量 $\Delta w=\ln(z+h)-\ln z$ 时,我们又规定选取满足同样不等式

$$2k\pi<I\ln(z+h)<2(k+1)\pi$$

的值 $\ln(z+h)$,于是我们就得到

$$|I\Delta w|=|I\ln(z+h)-\mathrm{i}\ln z|=\left|I\ln\left(1+\frac{h}{z}\right)\right|<2\pi$$

因而有

$$\frac{\ln(z+h)-\ln z}{h}=\frac{1}{h}\ln\frac{z+h}{z}=\frac{1}{h}\ln\left(1+\frac{h}{z}\right) \tag{5.18}$$

(关于 $\ln z$ 的定义,可参考第四章习题13—— 译者)当 $h\to 0,z\neq 0$ 时,分数 $\frac{h}{z}$ 趋于0,同时(按照上面所作的取法),$\ln\left(1+\frac{h}{z}\right)$ 也趋于0.我们现在按照公式 $\frac{h}{z}=k$ 引入变量 k 以代替变量 h,则得

---

① 将级数逐项微分立刻可以得出同样的结果.有关级数微分的论述后面将要讲到(参看第六章).

② 若 $I\ln z$ 是 2π 的倍数,则下面的验证必须做一些修改(我们现在不予讨论).

$$\frac{1}{h}\ln\left(1+\frac{h}{z}\right)=\frac{1}{z}\cdot\frac{\ln(1+k)}{k} \tag{5.19}$$

现来证明

$$\lim_{k\to 0}\frac{\ln(1+k)}{k}=1 \tag{5.20}$$

令 $\ln(1+k)=u, k=e^u-1$

以引入新的变量，则得

$$\frac{\ln(1+k)}{k}=\frac{u}{e^u-1}$$

由关系 $k\to 0$ 即得 $u\to 0$.

依照关系(5.16)，有

$$\lim_{u\to 0}\frac{e^u-1}{u}=1$$

故得

$$\lim_{u\to 0}\frac{u}{e^u-1}=1$$

于是，式(5.20)已经证明. 根据这个式子并利用式(5.18)及式(5.19)，即得

$$(\ln z)'=\frac{1}{z} \tag{5.21}$$

于是，尽管函数为多值函数，但对数函数除了 $z=0$ 一点之外对于所有的 z 值皆可微分.

6. 设 $f(z)=z^\alpha$，α 为常数，但不是正整数. 由定义，我们有恒等式

$$z^\alpha=e^{\alpha\ln z}$$

假定 $z\neq 0$，则利用复合函数的微分定理，上式右边可以微分：因而左边也可微分，即

$$(z^\alpha)'=(e^{\alpha\ln z})'=e^{\alpha\ln z}\cdot(\alpha\ln z)'=e^{\alpha\ln z}\cdot\frac{\alpha}{z}=$$

$$z^{\alpha}\cdot\frac{\alpha}{z}=\alpha z^{\alpha-1} \tag{5.22}$$

特别,若(例如)$\alpha=\frac{1}{2}$,则得

$$(\sqrt{z})'=\frac{1}{2\sqrt{z}} \tag{5.23}$$

7. 三角函数的微分规则

$$(\sin z)'=\cos z,(\cos z)'=-\sin z$$

等等,可以完全同在实域中一样由关系

$$\lim_{z\to 0}\frac{\sin z}{z}=1 \tag{5.24}$$

推出,而且对于 z 的数值毫无限制.显而易见,正是上面这个关系有重新证明之必要,因为根据极限的定义,在复变函数论中只考虑实的"达限"(допределвные)值 z 是不够的.新的证明所根据的是把 $\sin z$ 定义成为一级数和,于是即有

$$\left|\frac{\sin z}{z}-1\right|=\left|\frac{1}{z}\left(\frac{z}{1!}-\frac{z^3}{3!}+\frac{z^5}{5!}-\cdots\right)-1\right|\leqslant$$
$$\frac{r^2}{3!}+\frac{r^4}{5!}+\cdots=r^2\left(\frac{1}{3!}+\frac{r^2}{5!}+\cdots\right)$$

下面的事情就很清楚,我们不再说明.

另外一种与复变函数的精神更为适应的想法是以采用公式

$$(\sin z)'=\left(\frac{e^{iz}-e^{-iz}}{2i}\right)'=\frac{e^{iz}+e^{-iz}}{2}=\cos z$$

$$(\cos z)'=\left(\frac{e^{iz}+e^{-iz}}{2i}\right)'=-\frac{e^{iz}-e^{-iz}}{2i}=-\sin z$$

等等作为根据的.

8. 正如在实域中一样,双曲函数的微分规则可以从这些函数的指数函数表达式得出.例如对于任何 z

值

$$(\mathrm{ch}\ z)' = \left(\frac{\mathrm{e}^z + \mathrm{e}^{-z}}{2}\right)' = \frac{\mathrm{e}^z - \mathrm{e}^{-z}}{2} = \mathrm{sh}\ z \tag{5.25}$$

9. 反三角函数(或反双曲函数)的导数完全可以借助它的指数表示自然求出. 例如由公式我们可得

$$(\arctan z)' = \left(\frac{1}{2\mathrm{i}}\ln\frac{1+\mathrm{i}z}{1-\mathrm{i}z}\right)' = \frac{1}{2}\left(\frac{1}{1+\mathrm{i}z} + \frac{1}{1-\mathrm{i}z}\right) = \frac{1}{1+z^2}\quad(z \neq \pm\mathrm{i}) \tag{5.26}$$

$$(\mathrm{arcth}\ z)' = \left(\frac{1}{2}\ln\frac{1+z}{1-z}\right)' = \frac{1}{2}\left(\frac{1}{1+z} + \frac{1}{1-z}\right) = \frac{1}{1-z^2}\quad(z \neq \pm 1) \tag{5.27}$$

同理,由公式可得

$$(\arcsin z)' = \left[\frac{1}{\mathrm{i}}\ln(\mathrm{i}z + \sqrt{1-z^2})\right]' = \frac{1}{\sqrt{1-z^2}}\quad(z \neq \pm 1) \tag{5.28}$$

$$(\mathrm{arcsh}\ z)' = [\ln(z + \sqrt{z^2+1})]' = \frac{1}{\sqrt{1+z^2}}\quad(z \neq \pm\mathrm{i}) \tag{5.29}$$

其中的根号是二值的,它的符号的取法取决于 $\arcsin z$(或 $\mathrm{arcsh}\ z$)的取法.

5.3 柯西-黎曼条件

前面曾经讲过,要复变函数可以微分这一要求是十分受限制的:满足这一要求的函数是非常狭小的一类. 设所论的函数是 $f(z) = u(x,y) + \mathrm{i}v(x,y)$. 则表示

这种要求,最清楚的莫过于 $u(x,y)$ 和 $v(x,y)$ 的偏导数

$$\frac{\partial u}{\partial x},\frac{\partial u}{\partial y},\frac{\partial v}{\partial x},\frac{\partial v}{\partial y} \tag{5.30}$$

所必须满足的一个特殊关系.

我们现在来证明:假若函数 $f(z)$(于此,$z=x+\mathrm{i}y$)在某一点可以微分,则(1)式(5.30)中所有的偏导数在这点都存在,而且(2)它们是由一个所谓"柯西-黎曼条件"互相联系起来的

$$\begin{cases}\dfrac{\partial u}{\partial x}=\dfrac{\partial v}{\partial y}\\[2mm] \dfrac{\partial u}{\partial y}=-\dfrac{\partial v}{\partial x}\end{cases} \tag{5.31}$$

假定在所论之点偏导数(5.30)之存在为已知,则要得出定理的第二部分就很容易.令 $z=x+\mathrm{i}y$,则在所论之点的邻近,关于 x 和 y,我们有恒等式

$$f(z)=u(x,y)+\mathrm{i}v(x,y) \tag{5.32}$$

我们现在将上式两边关于实变量 x 求微分,这时设想 z 为一中间变量而将左边作为一个复合函数微分[①]

$$f'(z)\cdot\frac{\partial z}{\partial x}=\frac{\partial u}{\partial x}+\mathrm{i}\frac{\partial v}{\partial x}$$

注意 $\frac{\partial z}{\partial x}\equiv 1$,即得

---

① 关于左边,我们采用 § 24 的最后一个定理:不过那里的 w 我们这里是用 z,此外,我们不写 $\frac{\mathrm{d}z}{\mathrm{d}x}$,而写 $\frac{\partial z}{\partial x}$,这为的是要表明文字 y 是视为一个常数而存在.

$$f'(z)=\frac{\partial u}{\partial x}+\mathrm{i}\frac{\partial v}{\partial x} \tag{5.33}$$

我们现在又将(5.32)的两边关于实变量 y 求微分,这时设想 z 为一中间变量而将左边作为一个复合函数微分

$$f'(z)\cdot\frac{\partial z}{\partial y}=\frac{\partial u}{\partial y}+\mathrm{i}\frac{\partial v}{\partial y}$$

注意$\frac{\partial z}{\partial y}\equiv\mathrm{i}$,即得

$$\mathrm{i}f'(z)=\frac{\partial u}{\partial y}+\mathrm{i}\frac{\partial v}{\partial y}$$

以 $-\mathrm{i}$ 乘两边,最后即得

$$f'(z)=\frac{\partial v}{\partial y}-\mathrm{i}\frac{\partial u}{\partial y} \tag{5.34}$$

由等式(5.33)和(5.34)可知,在所论之点的邻近,特别是在该点本身,有

$$\frac{\partial v}{\partial x}+\mathrm{i}\frac{\partial u}{\partial x}=\frac{\partial v}{\partial y}-\mathrm{i}\frac{\partial u}{\partial y}$$

于是,若将一个复等式代之以两个实等式,即得

$$\begin{cases}\frac{\partial u}{\partial x}=\frac{\partial v}{\partial y}\\ \frac{\partial v}{\partial x}=-\frac{\partial u}{\partial y}\end{cases}$$

这同方程组(5.31)是等价的.

至于所说定理的第一部分,即 $u(x,y)$ 和 $v(x,y)$ 的偏导数的存在问题,我们可以证明如下.

假定 h(特别是)取实数值,我们即可写出极限关系

$$\frac{f(z+h)-f(z)}{h}\rightarrow f'(z)$$

然后又可把它写成

$$\frac{u(x+h,y)-u(x,y)}{h}+\mathrm{i}\,\frac{v(x+h,y)-v(x,y)}{h}\to f'(z)$$

但若左边式子的极限存在，则它的实部和虚部极限也存在

$$\lim_{h\to 0}\frac{u(x+h,y)-u(x,y)}{h}=\operatorname{Re} f'(z)$$

$$\lim_{h\to 0}\frac{v(x+h,y)-v(x,y)}{h}=\operatorname{Im} f'(z)$$

(参看 §8 定理，但不是运用于序列，而是运用于函数). 但所写出来的极限不是别的，恰就是偏导数$\frac{\partial u}{\partial x}$和$\frac{\partial v}{\partial x}$.

要想同样地证明偏导数$\frac{\partial u}{\partial y}$和$\frac{\partial v}{\partial y}$存在，只需重复同样的论证，假定 h 为纯虚数，$h=\mathrm{i}k$，k 为实数即可. 于是即得(当 $k\to 0$)

$$\frac{f(z+\mathrm{i}k)-f(z)}{\mathrm{i}k}\to f'(z)$$

即

$$\frac{f(z+\mathrm{i}k)-f(z)}{k}\to \mathrm{i}f'(z)$$

或写成

$$\frac{u(x,y+k)-u(x,y)}{k}+\mathrm{i}\,\frac{v(x,y+k)-v(x,y)}{k}\to \mathrm{i}f'(z)$$

下面的事情就很清楚.

上述的定理带有一点“局部的”性质，因为在定理里只讲到柯西-黎曼条件在单个的点是否成立.但从它立刻也可以推出关系到区域的“大范围的”定理.

若函数 $f(z) \equiv u(x,y)+\mathrm{i}v(x,y)$ 在某一域 D 内可以微分,则

(1) 在这域内存在导数

$$\frac{\partial u}{\partial x},\frac{\partial v}{\partial x},\frac{\partial u}{\partial y},\frac{\partial v}{\partial y}$$

(2) 它们相互之间由一个在域 D 恒成立的柯西-黎曼条件(5.31)联系在一起.

例 5.1

$$f(z)=z^2$$

在这种情形

$$u=x^2-y^2,v=2xy$$

因而

$$\frac{\partial u}{\partial x}=2x,\frac{\partial u}{\partial y}=-2y$$

$$\frac{\partial v}{\partial x}=2y,\frac{\partial v}{\partial y}=2x$$

柯西-黎曼条件(正如所希望的)在全平面上恒成立.

例 5.2

$$f(z)=(x+y)+\mathrm{i}xy$$

设

$$u=x+y,v=xy$$

因而

$$\frac{\partial u}{\partial x}=1,\frac{\partial u}{\partial y}=1$$

$$\frac{\partial v}{\partial x}=y,\frac{\partial v}{\partial y}=x$$

柯西-黎曼条件只在

$$x=1,y=1$$

点成立.

仅是在这一点,$z=1-\mathrm{i}$,导数 $f'(z)$ 可能存在:实

际上,不难验证,在这一点导数是存在的,且有

$$f'(1-\mathrm{i})=1-\mathrm{i}$$

对于函数可微分这一点来说,柯西-黎曼条件成立是必要的.假若(作为在某一域内的恒等式)在“大范围内”来理解,它对于(在同一域内)可微分这一点来说也是充分的.但后面这一结果要到相当后面才讲到.

5.4　积分法的基本引理

这样的一个事实是十分初等的,即若函数 $f(z)$ 在某一域 D 内为一常数

$$f(z)\equiv C$$

则它在这域内具有导数,其值恒等于 0

$$f'(z)\equiv 0 \tag{5.35}$$

逆定理也成立(这对以后特别重要):

若在某一连通域 D 内函数 $f(z)$ 的导数存在,且恒等于 0,则这函数在该域内为一常数.

在实变函数论中,这一命题可以借助拉格朗日的“中值”定理来证明.但所说的定理不能直接推广到复域上去.因此,使我们感兴趣的这一定理需要另外加以证明.我们采用下面把函数的实部和虚部分开来的方法.

由复恒等式(5.35)(它是已经假定在域 D 内成立的),我们即可借助关系(5.33)和(5.34)推出在域 D 内恒成立的实恒等式

$$\begin{cases}\dfrac{\partial u}{\partial x}=\dfrac{\partial u}{\partial y}=0\\[2ex]\dfrac{\partial v}{\partial x}=\dfrac{\partial v}{\partial y}=0\end{cases}$$

所得到的前一对等式证明函数 $u(x,y)$ 在域 D 内为一常数：$u(x,y)\equiv A$；第二对等式可以引出类似结论：$v(x,y)\equiv B$. 于是，最后可以推知，对于整个域 D，有

$$f(z)\equiv C=(A+\mathrm{i}B)$$

注释　在本定理中，域须为连通域这一要求是很重要的. 例如说，若 D 是由两个无公共点的圆所组成，则函数 $f(z)$ 可以在这一圆内等于某一常数，而在另一圆内则等于另一与之相异的常数，但在两个圆内它的导数皆恒等于 0.

5.5　原　函　数

我们已经看到，对于在域 D 内定义的函数 $F(z)$，有时（假如函数在该域内可以微分）可以造出另外一个也在同一域内定义的函数 $f(z)$，适合下面的要求：在域 D 内恒满足关系

$$F'(z)=f(z) \tag{5.36}$$

根据函数 $F(z)$ 去求 $F(z)$ 的“导数”$f(z)$ 叫作微分. 显而易见，微分（只要它是可能的）是一种一义的（однозначной）手续.

我们现在来谈逆问题：根据在域 D 内定义的函数 $f(z)$ 去定出在同一域 D 内满足要求(5.36)的函数

$F(z)$.

这样提出的问题是求不定积分的问题.所求的函数 $F(z)$ 叫作 $f(z)$ 的原函数,也叫不定积分,或简称积分.记法如同实变函数论中一样

$$F(z)=\int f(z)\mathrm{d}z \tag{5.37}$$

一个已经给定的函数 $f(z)$ 可能有多少不同的原函数呢?

假若 $F_0(z)$ 是任意一个原函数,那么,无论对于任何复常数 C,函数 $F(z)\equiv F_0(z)+C$ 也是一个原函数.

另一方面,假若 $F_0(z)$ 和 $F(z)$ 是两个原函数,则差式

$$\Omega(z)\equiv F(z)-F_0(z)$$

具有恒等于 0 的导数

$$\Omega'(z)\equiv 0$$

因而根据 §27 的定理,函数 $\Omega(z)$ 本身为一常数,这就是说,$F(z)$ 与 $F_0(z)$ 不过差一常数

$$F(z)\equiv F_0(z)+C \tag{5.38}$$

我们现在可以回答所提出的问题:假若在域 D 内定义的函数 $f(z)$ 在 D 内具有原函数,则这种函数有无限多个,但其中任何两个只相差一复常数.

为了不使写法变得复杂,我们规定,在形如(5.37)的式子中,右边的积分既指单个的原函数,也指它们的全体(在后一种情形,假定常数项已为积分符号本身所隐含在内).

例如:

(1)$\int \mathrm{e}^z\mathrm{d}z=\mathrm{e}^z$,因为$(\mathrm{e}^z)'=\mathrm{e}^z$;

(2) $\int z^n \mathrm{d}z = \dfrac{z^{n+1}}{n+1}$ (n 为正整数, $n \neq 1$), 因为 $\left(\dfrac{z^{n+1}}{n+1}\right)' = z^n$;

(3) $\int \dfrac{\mathrm{d}z}{z^2} = -\dfrac{1}{z}$, 因为 $\left(-\dfrac{1}{z}\right)' = \dfrac{1}{z^2}$;

(4) $\int \dfrac{\mathrm{d}z}{z} = \ln z$[①], 因为 $(\ln z)' = \dfrac{1}{z}$.

对于已经给定的函数 $f(z)$,它的原函数是不是存在呢? 有时(例如在上述的例子中)可以从求出原函数这一事实得出肯定的回复;对于比较一般的情形,问题在以后(参看 §32 和 §47)还要加以研究.

我们没有必要去讨论复数域中求初等函数的不定积分的方法(技巧),因为它基本上是和实数域中一样的. 值得注意的是:在实数域中求积分,由于要求"避免虚数出现",就会有一些纠葛,而在复数域中,要给这种要求来牵制住就会是很不自然的. 例如在实数域中,我们写

$$\int \frac{\mathrm{d}z}{z^2+1} = \arctan z$$

而在复数域中,则可以"施行部分分式",因而有

$$\frac{1}{z^2+1} = \frac{1}{2\mathrm{i}}\left(\frac{1}{z-\mathrm{i}} - \frac{1}{z+\mathrm{i}}\right), \int \frac{\mathrm{d}z}{z^2+1} = \frac{1}{2\mathrm{i}}\ln\frac{z-\mathrm{i}}{z+\mathrm{i}}$$

但结果并无矛盾(参看第四章式(4.82)).

注释 对于以后来说,下面的论证决不可不予注意. 由定义,原函数在域 D 内是可微分的,因而也是连

---

① 所指的是函数 $\ln z$ 的哪一支,这是无所谓的,因为任意两支之差为一常数.

续的. 因此,假如所给函数的原函数是在某一域中进行讨论,则在该域上似乎不可避免的要加上某些限制. 我们现在用上述例子(1) ~ (4) 来说明这点.

在例题(1) 及(2) 中,所说的现象并没有在域 D 上引进任何的限制. 在例(3) 中,域 D 不应包含原点 $z=0$,因为函数 $f(z)=\frac{1}{z^2}$ 在这点不连续. 然而,没有什么可以妨碍我们把函数 $F(z)=-\frac{1}{z}$ 认为是 $f(z)$ 在(例如) 环状域 $R_1<|z|<R_2(0<R_1<R_2)$ 中的原函数.

至于例(4),那么,在这种情形,原点显然也要除外,但另外由于函数为多值而推出来的其他限制也是必需的(根据定义,函数 $F(z)$ 假定为单值的). 仅只是所说的环状域,对我们现在是不够的,因为(例如) 点 z 沿圆周 $|z|=R(R>0)$ 绕一全周,则 $\ln z$ 在连续变化之后,即增加 $2\pi\mathrm{i}$,因而单值性就破坏掉了. 反之,在不包含(例如) 正半轴($x\geqslant 0, y=0$) 上任何一点的整个域 D,函数 $F(z)=\ln z$ 为单值,因而就可以充当原函数. 正半轴可代之以任何从原点出发而趋于无穷(本身没有交叉点) 的曲线,例如对数螺旋线.

关于使得我们如何避免产生必要的限制的方法,我们下面将要谈到(在第七章中).

上面的(特别关系初等函数的) 例子指出,许多的初等函数皆有原函数:但有时必须限制所论的域,要求它们不包含某些个别的点,或不要跨出某些曲线之外(这时曲线的选择多少是有点随意的).

下面的定理告诉我们,在所给的域中具有原函数的函数类,它的范围是很受限制的.

定理　若复变函数

$$f(z)=u(x,y)+\mathrm{i}v(x,y) \tag{5.39}$$

在某一域 D 中定义，而且它的实部 $u(x,y)$ 和虚部 $\mathrm{i}v(x,y)$ 在这域中具有一阶连续偏导数

$$\frac{\partial u}{\partial x},\frac{\partial u}{\partial y},\frac{\partial v}{\partial x},\frac{\partial v}{\partial y}$$

又若在域 D 中，$f(z)$ 具有原函数

$$F(z)=U(x,y)+\mathrm{i}V(x,y) \tag{5.40}$$

则所给的函数在 D 内满足柯西-黎曼条件.

实际上，因为函数 $F(z)$ 具有导数 $f(z)$，故将恒等式(5.40)分别关于 x 和关于 y 微分，即得

$$F'(z)=\frac{\partial U}{\partial x}+\mathrm{i}\frac{\partial V}{\partial x}=\frac{\partial V}{\partial y}-\mathrm{i}\frac{\partial U}{\partial y}$$

将上之恒等式与恒等式(5.39)比较，即得

$$u=\frac{\partial U}{\partial x}=\frac{\partial V}{\partial y}$$

$$v=\frac{\partial V}{\partial x}=-\frac{\partial U}{\partial y} \tag{5.41}$$

分别关于 x 和关于 y 微分，即得

$$\frac{\partial u}{\partial x}=\frac{\partial^2 V}{\partial x\partial y},\frac{\partial v}{\partial y}=\frac{\partial^2 V}{\partial y\partial x}$$

$$\frac{\partial v}{\partial x}=-\frac{\partial^2 U}{\partial x\partial y},\frac{\partial u}{\partial y}=\frac{\partial^2 U}{\partial y\partial x} \tag{5.42}$$

由此即得

$$\begin{cases}\dfrac{\partial u}{\partial x}=\dfrac{\partial v}{\partial y}\\[2ex]\dfrac{\partial u}{\partial y}=-\dfrac{\partial v}{\partial x}\end{cases}$$

我们的定理即已证明[①].

例 5.3　因函数 $f(z)=(x+y)+\mathrm{i}xy$ 不满足柯西-黎曼条件,所以它不可能具有原函数.

5.6　复积分的概念

我们假定复变函数 $f(z)$ 在 z 平面内某一曲线 C 上有定义,又假定这条曲线是有向的,而且 A 和 B 是它的始点和终点,分别以 $z=a$ 和 $z=b$ 为附标,又设这条曲线具有有限长 L[②].

---

① U 和 V 的所有一阶导数皆存在,这可从 §26 的定理推出.关系(5.41)是可微分的,因为它的左边是可微分的.混合导数之相等

$$\frac{\partial^2 U}{\partial x \partial y}=\frac{\partial^2 U}{\partial y \partial x} \quad \text{及} \quad \frac{\partial^2 V}{\partial x \partial y}=\frac{\partial^2 V}{\partial y \partial x}$$

可以从分析中之一般定理推出(参看 Р. Г. Фнхтенголвц,微积分学,第一卷,§180),因为所有这些导数皆是连续的:这可根据等式(5.41)的左边为连续这项假定由该等式推出.

② 因之,即假定 C 为一可求长曲线.

所谓"曲线",这里指的是一个闭区间的连续映象.换句话说,指的是:"曲线"可以由参数方程

$$z=x+\mathrm{i}y,\begin{cases}x=x(t)\\ y=y(t)\end{cases}\quad(0\leqslant t\leqslant 1)$$

来定义,其中 $x(t)$ 和 $y(t)$ 是连续函数.我们假定

$$x(0)+\mathrm{i}y(0)=a,x(1)+\mathrm{i}y(1)=b$$

假若函数 $x(t)$ 和 $y(t)$ 对于所论区间中一切 t 值,或者,也可以除去其中有限多个点之外,皆有连续导数 $x'(t)$ 和 $y'(t)$,则要求弧长 L 存在和假定等式

$$\int_0^1 \sqrt{x'^2(t)+y'^2(t)}\,\mathrm{d}t=L$$

成立是等价的.

我们设想曲线 C 由相继分布的点 $z_0, z_1, z_2, \cdots, z_{n-1}, z_n$（其中 $z_0 = a, z_n = b$）分成 n 个弧段 $z_{k-1}z_k$，令 $z_k = x_k + \mathrm{i}y_k (k = 0, 1, 2, \cdots, n)$. 此外，我们更引进简写记号

$$\Delta z_k = z_k - z_{k-1} \quad (k = 1, 2, \cdots, n)$$

在每一个弧段 $z_{k-1}z_k$ 上，我们随意选取一点 ζ_k（特别，并不排除 $\zeta_k = z_{k-1}$ 或$\zeta_k = z_k$ 这种可能）.

我们现在规定把曲线 C 上的点 z_k 和 ζ_k 的全体叫作这曲线的“分割”，简记为$\{z_k, \zeta_k\}$（图 14）.

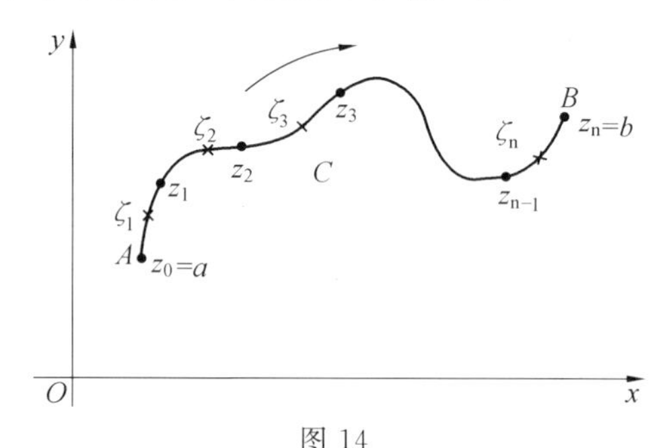

图 14

我们现在作一个与函数 $f(z)$ 和曲线 C 上我们所选取的分割$\{z_k, \zeta_k\}$ 有关系的“积分和”S

$$S = \sum_{k=1}^{n} f(\zeta_k) \Delta z_k$$

以 Δ_k 记弧段 $z_{k-1}z_k$ 的“直径”，即 $z_{k-1}z_k$ 上任意两点的距离中之最大者，以 Δ 记“分割” 的“直径”，即诸数 $\Delta_k (1 \leqslant k \leqslant n)$ 的最大者.

我们设想对于曲线 C 有一序列的“分割”，分别以符号

$$\{z_k^{(1)}, \zeta_k^{(1)}\}, \{z_k^{(2)}, \zeta_k^{(2)}\}, \cdots, \{z_k^{(N)}, \zeta_k^{(N)}\}, \cdots$$

记之，又设

$$S^{(1)}, S^{(2)}, \cdots, S^{(N)}, \cdots$$

分别表示按和数 S 的方式做起来的积分和，并设

$$\Delta^{(1)}, \Delta^{(2)}, \cdots, \Delta^{(N)}, \cdots$$

分别表示“分割的直径”. 现在，所考虑的一系列的分割所应满足的唯一要求就是：下列极限关系

$$\lim_{N\to\infty} \Delta^{(N)} = 0 \tag{5.43}$$

必须成立.

从这个要求我们可以推知，当数码 N 无限增大时，分割$\{z_k^{(N)}, \zeta_k^{(N)}\}$中的部分弧段的数目 n_N 也无限增大. 而且，对于任何预先给定的任意小的正数 δ，当 N 充分大时，分割的直径 $\Delta^{(N)}$ 将比 δ 来得小. 因而，关于以 $z_0^{(N)}, z_1^{(N)}, \cdots, z_{n_N}^{(N)}$ 为顶点的折线上任意一个弦的长 $\Delta z_k^{(N)}$，同样的事情也成立.

若在曲线 C 上定义的函数 $f(z)$ 在这曲线上为连续，则由条件(5.43)即可推出积分和存在有限极限，它与分割序列$\{z_k^{(N)}, \zeta_k^{(N)}\}$的选取无关.

这极限叫作函数 $f(z)$ 沿有向曲线 C 所取的复积分.

写作

$$\lim_{\Delta\to 0} S = \int_C f(z)\mathrm{d}z \tag{5.44}$$

或

$$\lim_{\Delta\to 0} S = \int_{AB} f(z)\mathrm{d}z \tag{5.45}$$

要证明复积分的极限存在，这可从这样的事实推出，即复积分是两个沿着实平面 Oxy 上同一曲线 C 所取的线积分之和.

事实上，若引入补充记号

$$z_k = x_k + \mathrm{i}y_k, \Delta z_k = \Delta x_k + \mathrm{i}\Delta y_k, \zeta_k = \xi_k + \mathrm{i}\eta_k$$

$$f(z) \equiv u(x, y) + \mathrm{i}v(x, y)$$

我们就可以把积分和 S 改写成下之形式

$$S=\sum_{k=1}^{n}[u(\xi_k,\eta_k)+\mathrm{i}v(\xi_k,\eta_k)](\Delta x_k+\mathrm{i}\Delta y_k)=$$
$$\sum_{k=1}^{n}[u(\xi_k,\eta_k)\Delta x_k-v(\xi_k,\eta_k)\Delta y_k]+$$
$$\mathrm{i}\sum_{k=1}^{n}[v(\xi_k,\eta_k)\Delta x_k+u(\xi_k,\eta_k)\Delta y_k]$$

不难证明,由函数 $f(z)$ 在曲线 C 上为连续,即可推知函数 $u(x,y)$ 和 $v(x,y)$ 在同一曲线上也为连续. 在这条件之下(我们假定读者从平面上线积分的理论中已经知道),后面两个和数当曲线分割的直径无限减小时,分别趋于积分

$$\int_C[u(x,y)\mathrm{d}x-v(x,y)\mathrm{d}y]$$

和

$$\int_C[v(x,y)\mathrm{d}x+u(x,y)\mathrm{d}y]$$

由此即可推知有限极限(5.44)存在,且有等式

$$\int_C f(z)\mathrm{d}z=\int_C[u(x,y)\mathrm{d}x-v(x,y)\mathrm{d}y]+$$
$$\mathrm{i}\int_C[v(x,y)\mathrm{d}x+u(x,y)\mathrm{d}y] \qquad (5.46)$$

它同时也表示把积分

$$\int_C f(z)\mathrm{d}z$$

分成实部和虚部.

复积分的存在也可以直接证明,无须引用线积分的理论,这种理论本身也是依赖于实域上的普通积分论. 我们现在来作出一个证明,它与集的上下限这些概念无关,它是按"归谬法"这项原则做出来的.

我们首先证明,对于任何任意小的数目 $\varepsilon(>0)$,

可以得出这样的$\delta(>0)$，使得任何两个积分和 S' 和 S'' 相差不到ε

$$|S'-S''|<\varepsilon \tag{5.47}$$

只需与它们的分割$\{z'_k\}$和$\{z''_k\}$相应的直径Δ'和Δ''小于 δ①

$$\Delta'<\delta,\quad \Delta''<\delta \tag{5.48}$$

因为曲线 C 是一闭集，我们就知道函数 $f(z)$(由假定，它在 C 上为连续) 在曲线 C 上同时也是一致连续. 因此，对于预先给定的正数$\frac{\varepsilon}{2L}$，我们可以选取 δ，使得对于 C 上的任何两点 z' 和 z''，只要

$$|z'-z''|<\delta \tag{5.49}$$

即得

$$|f(z')-f(z'')|<\frac{\varepsilon}{2L} \tag{5.50}$$

我们假定 δ 系按所说方法选取，并假定所给的分割$\{z'_k\}$和$\{z''_k\}$的直径满足不等式(5.49).

设$\{z_k\}$是由点集 z'_k和 z''_k的和集(即在分割$\{z'_k\}$上插入分割$\{z''_k\}$中之点) 中之点 z_k 产生出来的新分割. 显而易见，这分割的直径也满足不等式

$$\Delta<\delta \tag{5.51}$$

以 S 记与分割$\{z_k\}$相应的积分和，然后把积分和② S 与 S' 相比较

$$S'=\sum_{m=1}^{n'}f(\zeta'_m)\Delta z'_m,S=\sum_{v=1}^{n}f(\zeta_v)\Delta z_v$$

---

① 这里将 ζ_k 点略去不提，因为它的选取在后面是无关紧要的.

② 以后，区间的分点，分点的数目以及积分和中的直径等上面的小撇皆同积分和本身的记法一致，即对于和数 S' 是一撇，对于 S'' 是两撇，而对于 S 则没有撇.

因为每一个分点 z'_m 同时也是一个分点 z_v，所以每一个弧形区间 $z'_{m-1}z'_m$ 乃是分割 S 中几个相继的区间之和：我们用 $\Delta^{(m)}z_v$ 记差 $\Delta z'_m$ 中的各个组成部分，即

$$\Delta z'_m=\sum_{v}\Delta^{(m)}z_v$$

于是我们可以写

$$S'=\sum_{m=1}^{n'}f(\zeta'_m)\sum_{v}\Delta^{(m)}z_v=\sum_{m=1}^{n'}\sum_{v}f(\zeta'_m)\Delta^{(m)}z_v$$

同时也有（适当改变点 ζ'_m 的附标的编号）

$$S=\sum_{m=1}^{n'}\sum_{v}f(\zeta_v^{(m)})\Delta^{(m)}z_v$$

但这样一来

$$S-S'=\sum_{m=1}^{n'}\sum_{v}[f(\zeta_v^{(m)})-f(\zeta'_m)]\Delta^{(m)}z_v \tag{5.52}$$

点 $\zeta_v^{(m)}$ 和 ζ'_m 属于分割 $\{z'_k\}$ 中同一弧形区间 $z'_{m-1}z'_m$，故有

$$|\zeta_v^{(m)}-\zeta'_m|<\delta$$

因而有

$$|f(\zeta_v^{(m)})-f(\zeta'_m)|<\frac{\varepsilon}{2L}$$

于是

$$\begin{aligned}|S-S'|&\leqslant\sum_{m=1}^{n'}\sum_{v}\frac{\varepsilon}{2L}\cdot|\Delta^{(m)}z_v|=\\&\frac{\varepsilon}{2L}\sum_{m=1}^{n'}\sum_{v}|\Delta^{(m)}z_v|\leqslant\\&\frac{\varepsilon}{2L}\cdot L=\frac{\varepsilon}{2}\end{aligned} \tag{5.53}$$

同法可证

$$|S-S''|\leqslant\frac{\varepsilon}{2} \tag{5.54}$$

于是即可推出不等式(5.47)，这也就是我们所要证明的.

另一方面，由于 $f(z)$ 在 C 上为连续，故 $f(z)$ 之值的全体为有界

$$|f(z)|<M$$

因而积分和也为有界

$$|S|=\left|\sum_{k=1}^{n}f(\zeta_k)\Delta z_k\right|\leqslant M\sum_{k=1}^{n}|\Delta z_k|\leqslant ML$$

于是，任何一个积分和的序列皆不能有无限极限.

假定(归谬法)有某一个服从要求(5.43)的积分和序列没有有限极限，或者说，有两个积分和序列具有不同的极限，我们就可得出这样的结论，那就是存在这样的正数 ε^*，使得对于某些对分割，无论它们的直径如何小，相应的积分和之差的绝对值不小于 ε^*.

这样，我们得到了一个与不等式(5.47)相矛盾的结论，于是我们的定理即已证明.

例 5.4　我们来算积分

$$I=\int_C z^p\mathrm{d}z \tag{5.55}$$

于此，p 是正整数或 0，C 是任意一条以 $z=a$ 为始点以 $z=b$ 为终点长为 L 的曲线(a 与 b 是任意的复数).

我们现在利用一个富有技巧的方法. 设 $\{z_k\}_0^n$ 是曲线 C 的任意一个分割. 在这样情形之下，下之恒等式成立

$$b^{p+1}-a^{p+1}=\sum_{k=1}^{n}(z_k^{p+1}-z_{k-1}^{p+1})=$$

$$\sum_{k=1}^{n}(z_k^p + z_k^{p+1}z_{k-1} + \cdots + z_{k-1}^p)\Delta z_k =$$

$$\sum_{k=1}^{n} z_k^p \Delta z_k + \sum_{k=1}^{n} z_k^{p-1} z_{k-1}\Delta z_k + \cdots +$$

$$\sum_{k=1}^{n} z_k^m z_{k-1}^{p-m}\Delta z_k + \cdots + \sum_{k=1}^{n} z_{k-1}^p \Delta z_k \qquad (5.55')$$

最后一个式子的最初一个和最后一个和数是通常的积分和，只不过在前一个是令 $\zeta_k = z_k$，在后一个是令 $\zeta_k = z_{k-1}$. 因之，在施行积分手续时(此时弧形区间变得越来越小，并满足条件(5.43))，所说的每一个和皆趋于极限 I.

至于其他各和，那就是，虽然其中没有一个是通常的积分和，但正如我们立刻将要证明，当施行积分手续时，它们也都趋于极限 I.

事实上，若(比如说)将和数

$$S_n' = \sum_{k=1}^{n} z_k^m z_{k-1}^{p-m}\Delta z_k \quad (1 < m < p)$$

与和数

$$S_n = \sum_{k=1}^{n} z_{k-1}^p \Delta z_k$$

比较，我们即得

$$|S_n' - S_n| = \left|\sum_{k=1}^{n} z_{k-1}^{p-m}(z_k^m - z_{k-1}^m)\Delta z_k\right| =$$

$$\left|\sum_{k=1}^{n} z_{k-1}^{p-m}(z_k^{m-1} + z_k^{m-2}z_{k-1} + \cdots + z_{k-1}^{m-1})\Delta z_k^2\right| \leqslant$$

$$\sum_{k=1}^{n} |z_{k-1}|^{p-m}(|z_k|^{m-1} + |z_k|^{m-2}|z_{k-1}| + \cdots +$$

$$|z_{k-1}|^{m-1})|\Delta z_k|^2 \leqslant mR^p \sum_{k=1}^{n} |\Delta z_k|^2 \qquad (5.55'')$$

于此,R 是任意一个这样的数,它比从原点到曲线 C 上任意点的距离都大.

但当施行积分手续时,和数 $\sum_{k=1}^{n} |\Delta z_k|^2$ 趋于 0. 实际上

$$\sum_{k=1}^{n} |\Delta z_k|^2 = \sum_{k=1}^{n} |\Delta z_k| \cdot |\Delta z_k| \leqslant \Delta \sum_{k=1}^{n} |\Delta z_k| \leqslant \Delta L$$

而分割的直径 Δ 趋于 0.

由不等式(5.55″)可知,和数 S'_n 的极限与和数 S_n 的极限相同,即等于 I.

在恒等式(5.55′)中取极限,即得

$$b^{p+1} - a^{p+1} = (p+1)I$$

由此即可得出所求的积分 I 的值

$$I = \frac{1}{p+1}(b^{p+1} - a^{p+1}) \tag{5.56}$$

5.7 复积分的性质

1. 若函数 $f(z)$ 与 $g(z)$ 在曲线 C 上定义且连续,则对于任何复常数 A 与 B,常有等式

$$\int_C [Af(z) + Bg(z)]\mathrm{d}z = A\int_C f(z)\mathrm{d}z + B\int_C g(z)\mathrm{d}z \tag{5.57}$$

要证明上式,只需在恒等式

$$\sum_{k=1}^{n} [Af(\zeta_k) + Bg(\zeta_k)]\Delta z_k =$$

$$A\sum_{k=1}^{n} f(\zeta_k)\Delta z_k + B\sum_{k=1}^{n} g(\zeta_k)\Delta z_k$$

中令 $\Delta \to 0$ 取极限即可.

2. 若曲线 C_2 的始点与曲线 C_1 的终点一致,令 C 记曲线 C_1 与 C_2 合在一起所成的曲线,并保持其方向,假定函数 $f(z)$ 在曲线 C 上定义且连续,则有

$$\int_C f(z)\mathrm{d}z = \int_{C_1} f(z)\mathrm{d}z + \int_{C_2} f(z)\mathrm{d}z \quad (5.58)$$

这可从恒等式

$$\sum f(\zeta_k)\Delta z_k = \sum_{\mathrm{I}} f(\zeta'_k)\Delta z'_k + \sum_{\mathrm{II}} f(\zeta''_k)\Delta z''_k$$

得出,于此,$\{z'_k, \zeta'_k\}$ 是曲线 C_1 的分割,$\{z''_k, \zeta''_k\}$ 是曲线 C_2 的分割,而整个曲线 C 的分割则以 $\{z_k, \zeta_k\}$ 记之,它是由点 z'_k 与 z''_k 的全体以及点 ζ'_k 与 ζ''_k 的全体所组成.

3. 若曲线 C' 与曲线 C 仅只有方向不同(即是说,C' 与 C 是同一条曲线,但 C 以 a 为始点,b 为终点,而 C' 则相反),又若假定 $f(z)$ 在 C 上连续,则积分

$$\int_{C'} f(z)\mathrm{d}z$$

有意义,而且与积分 $\int_C f(z)\mathrm{d}z$ 仅有符号之差.

上述命题可以从恒等式

$$\sum_{k=1}^{n} f(\zeta_k)(z_k - z_{k-1}) = -\sum_{k=1}^{n} f(\zeta_k)(z_{k-1} - z_k)$$

推出.

4. 若函数 $f(z)$ 在长为 L 的曲线 C 上定义,并在 C 上连续且在 C 上满足不等式

$$|f(z)| \leqslant M$$

则

$$\left|\int_C f(z)\mathrm{d}z\right| \leqslant LM \quad (5.59)$$

事实上,这可由不等式

$$\left|\sum_{k=1}^{n} f(\zeta_k)\Delta z_k\right| \leqslant \sum_{k=1}^{n} |f(\zeta_k)| \cdot |\Delta z_k| \leqslant$$

$$M\sum_{k=1}^{n} |\Delta z_k| \leqslant ML$$

取极限得出.

5.复积分中的变量变换.

设 C 为一以 a 为始点以 b 为终点长 L 为有限的一条曲线;$w=\varphi(z)$ 是一个在曲线 C 上任何一点皆有连续导数 $\varphi'(z)$ 的函数.我们再假定:函数 $w=\varphi(z)$ 把 z 平面上的曲线 C 映照到 w 平面上的某一曲线 C_1,而 C_1 的始点为 A,终点为 B,因而

$$\varphi(a)=A, \varphi(b)=B$$

最后,我们假定自变量 w 的函数 $f(w)$ 在曲线 C_1 上连续.

在这些条件皆成立之下,我们有等式

$$\int_{C_1} f(w)\mathrm{d}w=\int_C f(\varphi(z))\varphi'(z)\mathrm{d}z \tag{5.60}$$

由左边的积分变到右边的积分(或反过来)的这种过程叫作积分的变量变换("置换").

我们现在来证明(5.60).在证明中,我们假定函数 $\varphi(z)$ 在包含曲线 C 的某一域内为一致可微分.

作曲线 C 的一分割 $\{z_k, \zeta_k\}$;在每一弧形区间中,我们可以取它的始点作为它的区间点 ζ_k:$\zeta_k=z_{k-1}$.于是,我们就来讨论曲线 C 的分割 $\{z_k, z_{k-1}\}$.令 $w_k=\varphi(z_k)(k=0,1,\cdots,n)$,我们也就得到了曲线 C_1 的一分割 $\{w_k, w_{k-1}\}$.我们来研究积分和

$$S=\sum_{k=1}^{n} f(w_{k-1})\Delta w_k$$

于此，$\Delta w_k = w_k - w_{k-1}$.

我们要注意，由于 $\varphi(z)$ 为一致可微分，故若分割的直径充分小，则有

$$\varphi(z_k) = \varphi(z_{k-1}) + (z_k - z_{k-1})[\varphi'(z_{k-1}) + \theta_k \varepsilon]$$

于此，ε 是一个预先给定的任意小的数，而 $|\theta_k| < 1$. 因之

$$\Delta w_k = w_k - w_{k-1} = \varphi(z_k) - \varphi(z_{k-1}) = [\varphi'(z_{k-1}) + \theta_k \varepsilon]\Delta z_k$$

同时，积分和则变成

$$\sum_{k=1}^{n} f(w_{k-1})\Delta w_k = \sum_{k=1}^{n} f(\varphi(z_{k-1}))\varphi'(z_{k-1})\Delta z_k + R \tag{5.61}$$

于此

$$R = \varepsilon \sum_{k=1}^{n} f(\varphi(z_{k-1}))\theta_k \Delta z_k \tag{5.61′}$$

函数 $f(w)$ 是在 C 上连续的，故可假定它在 C 上的绝对值不超过某一数 M，又假定 L 是 C 之长，则得

$$|R| \leqslant \varepsilon ML \tag{5.61″}$$

现在假定积分条件已经完成(即在(5.61′)中令分割的直径趋于0取极限)，则式(5.61)中的两个积分和分别趋于式(5.60)左右两边[①]的积分，而 R，正如我们从关系(5.61″)中可以看出，则趋于0.

由此即得出所要的结论.

利用等式(5.60)，假定它是从左到右，或从右到左，在计算复积分时，即可代以另外一个具有同样数值

---

① 在7.8节中我们将要证明，若函数为一致可微分，则它必然具有连续导数.

的积分.有时,经过一回代换,或经过一连串次数的代换,可以变到某一个不难直接算出的积分.

例 5.5　(1) 设有积分

$$\int_{\Gamma} \frac{\mathrm{d}w}{(w-a)^n}$$

其中曲线 Γ 是一条闭曲线[①],点 a 包含在它的内部,也可以改成另外一个说法,即曲线 Γ“包围”着点 a.

令 $w=z+a$,利用上述理论,我们可以把积分化成

$$\int_{C} \frac{\mathrm{d}z}{z^n}$$

其中 C 是一条闭曲线,它是由点 $z=w-a$,当点 w 过曲线 Γ 时所描成的曲线(保持原有方向):容易明白,从 Γ 经过沿向量 $\mathbf{0}$, $-\boldsymbol{a}$ 的平行移动可以得出 C,此时点 $z=0$ 包含在 C 的内部.

(2) 我们现在来研究积分

$$\int_{C_R} \frac{\mathrm{d}z}{z^n}$$

于此,n 是一整数,C_R 则是按正方向作出的以原点为心,以 R 为半径的圆.

(3) 代换 $z=Rw$ 把积分变成

$$\frac{1}{R^{n-1}}\int_{C_1} \frac{\mathrm{d}w}{w^n}$$

于此,C_1 是绕正向旋转的单位圆.

令 $w=\mathrm{e}^{\mathrm{i}z}$,我们即得 $w'=\mathrm{i}\mathrm{e}^{\mathrm{i}z}$,由此即得积分

---

① 若一曲线的终点 b 与始点 a 相同,这曲线叫作闭曲线.在这种情形之下,要想把方向确定下来,只需在曲线上再举出(至少)两点,并把它们按顺序安排即可,例如:$amna$,假若曲线本身不相交,用这种方式也可以说明它是否是正方向或反方向.

$$\frac{\mathrm{i}}{R^{n-1}}\int_0^{2\pi} \mathrm{e}^{-\mathrm{i}(n-1)z}\,\mathrm{d}z$$

积分路径应当如下定出：必须确定，假若要想使点 w 描过圆 C_1，点 $z=\frac{1}{\mathrm{i}}\ln w$ 将是如何移动的. 不难明白，要想这样，只需点 z 跑过实轴上(比如说)从 0 到 2π 这一线段即可.

在我们面前的，是一个复变函数沿着实轴上的一线段所取的积分. 要想把这积分算出，只需把被积分函数的实部和虚部分开：这可借助欧拉公式作出.

现在已经不难得出最后的结果.

若 $n=1$，则积分为：$\mathrm{i}\int_0^{2\pi}\mathrm{d}z$，它显然等于 $2\pi\mathrm{i}$.

若 $n\neq 1$，则积分等于 0，因为

$$\int_0^{2\pi}\cos(n-1)z\,\mathrm{d}z=0,\int_0^{2\pi}\sin(n-1)z\,\mathrm{d}z=0$$

关于一致可微分这一假定，我们须要注意，在例 5.5(1) 及(2) 中，这项假定之成立乃是显而易见的，因为变量 w 是 z 的线性函数，至于(3)，那就是，当 $\varphi(z)=\mathrm{e}^{\mathrm{i}z}$ 时，我们有(当 z 为实数时)

$$\left|\frac{\varphi(z+h)-\varphi(z)}{h}-\varphi'(z)\right|=$$

$$\left|\frac{\mathrm{e}^{\mathrm{i}(z+h)}-\mathrm{e}^{\mathrm{i}z}}{h}-\mathrm{i}\mathrm{e}^{\mathrm{i}z}\right|=\left|\frac{\mathrm{e}^{\mathrm{i}h}-1}{h}-\mathrm{i}\right|=$$

$$\left|-\frac{1-\cos h}{h}+\mathrm{i}\left(\frac{\sin h}{h}-1\right)\right|$$

而最后一个式子则与 z 无关，且随 $h\to 0$ 而趋于 0.

不难明白(比较例 5.5(1) ～ (3))，对于(1) 及(2) 中所讨论的积分，我们的结论都是一样的，即：

按正方向沿以 a 为心，以任意长为半径之圆周所

取之积分

$$\int \frac{\mathrm{d}z}{(z-a)^n}$$

视 n 等于 1 或等于不为 1 之整数，而等于 $2\pi i$ 或 0.

5.8　视作原函数增量的定积分

我们已经看到，要想函数 $f(z)$ 沿着某一条联结 a,b 两点长为有限的曲线 C 所取的积分存在，只需要求函数 $f(z)$ 为连续即可. 在最一般的情形，设函数 $f(z)$ 在某一域 D 内已经预先给定，且在 D 内为连续，又设在 D 内已经给定两点 a 和 b，照说，应该预先可以看得到，根据积分"路径"的不同，也就是说，根据我们进行积分的联结 a,b 两点的曲线之不同，积分(5.46)将取不同之值.

然而，用一些简单的例子就可以证明，在某些情形，积分之值与积分路径的选择无关. 比如在 §29 的例子中，我们已经看到，若把整个复平面取作域 D，则可证明，积分的值仅与始点和终点 a,b 有关，而与路径毫不相干. 这个例子使得我们想到，在这种情况之下，所论的积分到底等于什么. 下面的定理成立：

定理　若在连通域 D 中定义之函数 $f(z)$ 在 D 内具有原函数 $F(z)$，则由点 a 到点 b 沿某一条全部属于域 D 的曲线 C 所取的积分

$$J=\int_C f(z)\mathrm{d}z \tag{5.62}$$

与这曲线的选择无关. 它等于原函数 $F(z)$ 从点 a 转到点 b 的增量

$$J = F(b) - F(a) \tag{5.63}$$

下面所作的证明是从这样的一个假定出发，即函数 $F(z)$ 在所论之域内为一致可微分. 以后我们将要阐明，这项假定是不关重要的，由原函数 $F(z)$ 的存在即可推出所与函数 $f(z)$ 为解析，因而函数 $F(z)$ 也为解析，而由所论之函数为解析，即可推出它在所论域中的任何闭域内为一致可微分.

设 C 是域 D 内一条联结 a,b 两点的曲线，又设 $\{z_k,\zeta_k\}$ 是它的一个分割($z_0=a,z_n=b$)，假定 $\zeta_k=z_{k-1}(k=1,2,\cdots,n)$.

我们有

$$F(b) - F(a) = \sum_{k=1}^{n}[F(z_k) - F(z_{k-1})] \tag{5.64}$$

若分割的直径很小，则由 $F(z)$ 为一致可微分，即得等式

$$F(z_k) = F(z_{k-1}) + (z_k - z_{k-1})[f(z_{k-1}) + \theta_k\varepsilon] \tag{5.65}$$

于此，ε 是预先给定的一个任意小的正数，而 $|\theta_k|<1(k=1,2,\cdots,n)$.

我们可以把等式(5.65)写成

$$F(z_k) - F(z_{k-1}) = f(z_{k-1})\Delta z_k + \varepsilon\theta_k\Delta z_k$$

在这种情况之下，式(5.64)即变为

$$F(b) - F(a) = \sum_{k=1}^{n} f(z_{k-1})\Delta z_k + \varepsilon\sum_{k=1}^{n}\theta_k\Delta z_k$$

上式右边第一个和数是一积分和，因而在进行积分时，其极限即趋于一积分，第二和数就绝对值而言可以使之任意小，即趋于 0. 结果我们就得到(取极限并交换等式两边的位置)

$$\int_C f(z)\mathrm{d}z = F(b) - F(a) \tag{5.66}$$

5.6 节中所论的求非负整数幂的积分的例子很清楚的说明了所证明的定理.

设 $p \neq 1$,我们现在还来研究一个关于负整数 $-p$ 幂的例子

$$f(z) = \frac{1}{z^p}$$

这类函数在全部 z 平面上除去原点 $z=0$ 之后所成之域中具有原函数

$$F(z) = -\frac{1}{p-1} \cdot \frac{1}{z^{p-1}}$$

因此,假若曲线 C 不穿过原点,而无任何另外的限制(当然 C 必须为可求长的),则可证明

$$\int_C \frac{\mathrm{d}z}{z^p} = \frac{1}{p-1}\left(\frac{1}{a^{p-1}} - \frac{1}{b^{p-1}}\right) \tag{5.67}$$

最后,设 $p = +1$,即得

$$f(z) = \frac{1}{z}$$

在这种情形,并不是对于任何域 D,即使不包含原点,可以证明其中存在一个一意定义的原函数.但却有(例如)这样的特殊结果:在从全平面除去正半轴 Ox 后所得之域 D 中,存在原函数 $F(z) = \ln z$(“主”自然对数).因此,假若曲线 C 与半轴 Ox 没有公共点,则有公式

$$\int_C \frac{\mathrm{d}z}{z} = \ln \frac{b}{a} \tag{5.68}$$

以后,这问题还将在 5.11 节中得到阐明.

5.9　复积分与积分路径无关的条件

前面已经证明过，假若函数 $f(z)$ 在域 D 中具有原函数，则积分 $\int_C f(z)\mathrm{d}z$ 与积分路径 C 无关，而只与函数 $f(z)$ 本身以及曲线 C 的始点和终点有关（只要 C 不跑到 D 的外面去）.

我们现在设法来说明：在什么样的条件之下可以证明在域 D 中存在 $f(z)$ 的原函数.

为此，我们只需把复积分的实部和虚部分开并利用一下线积分的性质即可.

我们已经看到，要想原函数存在，必须所给的函数满足柯西-黎曼条件 5.5 节，我们现在来证明，这些条件同时也是原函数存在的充分条件.

假若我们只限于讨论单连通域，我们现在先来说明，要想沿着这域中从 $z=a$ 点到 $z=b$ 点的某一曲线 C 所取的积分

$$J=\int_C f(z)\mathrm{d}z \qquad (5.69)$$

与曲线 C 的选择无关，则必要且充分的条件是什么. 正如我们已经看到，由于等式

$$J=\int_C[u(x,y)\mathrm{d}x-v(x,y)\mathrm{d}y]+\mathrm{i}\int_C[v(x,y)\mathrm{d}x+u(x,y)\mathrm{d}y]$$

成立，故所说的要求与两个线积分

$$\int_C [u(x,y)\mathrm{d}x - v(x,y)\mathrm{d}y]$$

及

$$\int_C [v(x,y)\mathrm{d}x + u(x,y)\mathrm{d}y] \tag{5.70}$$

与曲线 C 之选择无关这一要求等价.

众所周知,要想线积分

$$\int_C [P(x,y)\mathrm{d}x + Q(x,y)\mathrm{d}y]$$

与积分路径无关,则必须(若域 D 为单连通域,则也是充分的[①])"可积条件"

$$\frac{\partial P}{\partial y} \equiv \frac{\partial Q}{\partial x}$$

(恒)成立.

对于积分(5.70),这条件变成

$$\frac{\partial u}{\partial y} = -\frac{\partial v}{\partial x}, \frac{\partial v}{\partial y} = \frac{\partial u}{\partial x} \tag{5.71}$$

所得的方程组不是别的,而正是柯西-黎曼条件.

于是,我们就得到了所谓的柯西基本定理:若函数 $f(z)$ 在单连通域 D 内具有连续导数 $f'(z)$,则积分(5.69)与积分路径 C 之选择无关,它只与函数 $f(z)$ 以及与路径 C 的始点和终点有关.

实际上,若函数 $f(z) \equiv u(x,y) + \mathrm{i}v(x,y)$ 具有连续导数 $f'(z)$,则 $u(x,y)$ 和 $v(x,y)$ 的一阶连续偏导数存在,而且满足条件(5.71).

---

① 参看 Г. М. Фихтенгольц,微积分学,中译本,第三卷第一分册 50 页.偏导数$\frac{\partial P}{\partial y}$和$\frac{\partial Q}{\partial x}$之存在且连续,这里已经预先假定.

柯西基本定理推广了上节中所说的事实.

我们现在注意，若在某一单连通域 D 中，积分(5.69) 与积分路径 C 无关，则在积分号下就没有必要说明这一路径. 因此，在这种情形之下，写法(5.69) 可以写成

$$J=\int_a^b f(z)\mathrm{d}z \tag{5.72}$$

最后，在规定采用这种写法之下，我们可以证明下之

定理 若在某一单连通域 D 中，函数 $f(z)$ 为连续，且积分

$$F(z)=\int_{z_0}^{z} f(\zeta)\mathrm{d}\zeta^{①} \tag{5.73}$$

(于此，z_0 为域 D 内之一固定点) 与积分之路径无关 (如果路径属于 D 的话)，则这积分是函数 $f(z)$ 的原函数.

我们必须指出，在域 D 中之任何一点 z

$$F'(z)\equiv\frac{\mathrm{d}}{\mathrm{d}z}\int_{z_0}^{z} f(\zeta)\mathrm{d}\zeta=f(z) \tag{5.74}$$

作函数 $F(z)$ 的增量与其变量的增量之比

$$\frac{F(z+h)-F(z)}{h}=\frac{1}{h}\left[\int_{z_0}^{z+h} f(\zeta)\mathrm{d}\zeta-\int_{z_0}^{z} f(\zeta)\mathrm{d}\zeta\right]$$

注意右边第一个积分与积分路径之选择无关，我们即可把这路径选择得使它穿过点 z，而且这条路径中联结点 z 和点 $z+h$ 的部分为一直线段：假若 $|h|$ 相

① 积分变量所用的文字改变了，为的是不致与积分的上限引起混淆.

当小，使得点 $z+h$ 落在以点 z 为心，以 $\rho<\delta$（这里的 δ 是由点 z 到域 D 的边界的距离）为半径的圆内（图 15），则这是可能的.

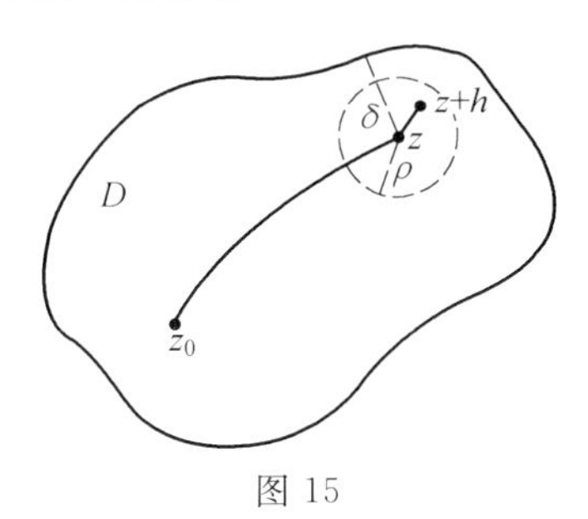

图 15

在这种情形，从 z_0 到 z 符号相反的两个积分互相抵消了，我们即得到

$$\frac{F(z+h)-F(z)}{h}=\frac{1}{h}\int_{z}^{z+h}f(\zeta)\mathrm{d}\zeta$$

由此即得

$$\left|\frac{F(z+h)-F(z)}{h}-f(z)\right|=$$
$$\left|\frac{1}{h}\int_{z}^{z+h}[f(\zeta)-f(z)]\mathrm{d}\zeta\right|\leqslant$$
$$\frac{1}{|h|}\cdot|h|\cdot\max|f(\zeta)-f(z)|=$$
$$\max|f(\zeta)-f(z)|$$

其中最大值是就固定的 z 关于以 z 和 $z+h$ 为端点的线段上一切可能的位置 ζ 而取的. 因为在所论之点满足柯西-黎曼条件的函数 $f(z)$ 在该点也为连续，所以这项极大值可以使它变得小于任意 $\varepsilon(>0)$，只需量 $|h|$ 充分小.

换句话说，我们已经证明了

$$\lim_{h\to 0}\frac{F(z+h)-F(z)}{h}=f(z)$$

(这也就是所要证明的).

于是,我们已经证明了(至少是对于单连通域)函数下列的两个性质等价:(1) 原函数存在;(2) 复积分 $\int f(z)\mathrm{d}z$ 与积分路径无关. 具备这两种性质的函数 $f(z)$ 叫作可积函数. 我们已经证明了,在单连通域 D 中,要函数 $f(z)$ 可积,只需函数在 D 内存在连续导数("连续可微分")即可(这可将 5.3 节与 5.9 节中之定理加以比较得出).

最后,我们要注意,我们也已经证明了,在复数域中,微分和积分这两个运算是互逆的:它们可以由下之等式表出

$$\frac{\mathrm{d}}{\mathrm{d}z}\int_{z_0}^{z} f(\zeta)\mathrm{d}\zeta=f(z),\int_{z_0}^{z} f'(\zeta)\mathrm{d}\zeta=f(z)-f(z_0) \tag{5.75}$$

5.10 闭曲线上的积分

下面的两个命题 A 和 B,正如我们所证明,完全是等价的.

A. 在单连通域 D 内的积分 $\int_C f(z)\mathrm{d}z$ 与积分路径无关.

更确切些:对于域 D 内的任意两点 a 和 b,以及任意两条具有公共的始点 a 和公共的终点 b 的曲线 C_1 和 C_2,沿这两条曲线所取的积分相等

$$\int_{C_1} f(z)\mathrm{d}z = \int_{C_2} f(z)\mathrm{d}z$$

B. 沿域 D 内任意一条闭曲线 Γ 所取的积分 $\int_{\Gamma} f(z)\mathrm{d}z$ 皆等于 0[①].

更确切些：对于任意一条整个属于单连通域 D 内之曲线 Γ，只要它的始点和终点相同，则沿这曲线所取的积分

$$\int_{\Gamma} f(z)\mathrm{d}z$$

等于 0[②].

我们现在先从 A 推出 B.

设已经给定了闭曲线 Γ. 在它上面我们取两个不同的点 a 和 b. 这两点（如我们在图 16 中所看到的）把曲线 Γ 分成两个有向弧：即以 a 为始点，b 为终点的弧 amb，及以 b 为始点，a 为终点的弧 bna（图 16）[③]. 由 A，我们有

$$\int_{amb} f(z)\mathrm{d}z = \int_{anb} f(z)\mathrm{d}z$$

于是即得

$$\int_{amb} f(z)\mathrm{d}z = -\int_{bna} f(z)\mathrm{d}z$$

$$\int_{amb} f(z)\mathrm{d}z + \int_{bna} f(z)\mathrm{d}z = 0$$

---

① 若无特别申明，闭曲线的转向皆假定是这样取法：即当沿曲线移动时，曲线的内部总保持在左边（“正向”）.

② 自然，对于形如 $\int (P\mathrm{d}x + Q\mathrm{d}y)$ 的实的线积分，命题 A 和 B 也同样是等价.

③ m 和 n 分别是所说的第一个弧和第二个弧的内点.

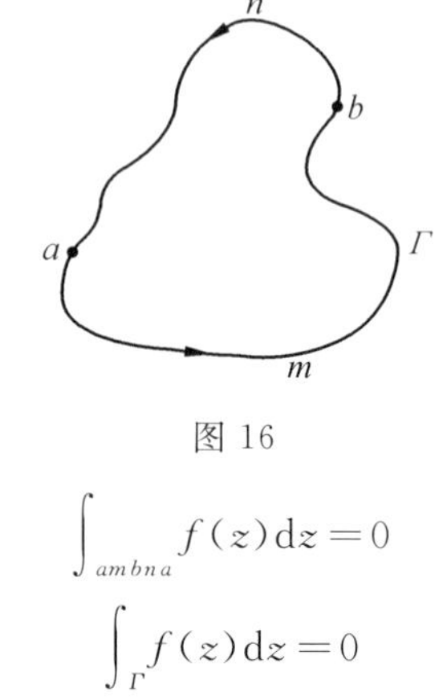

图 16

即
$$\int_{ambna} f(z)\mathrm{d}z=0$$

或
$$\int_{\Gamma} f(z)\mathrm{d}z=0$$

我们现在从 B 推出 A. 设已给定两点 a 和 b，及两条不同的曲线 C_1 和 C_2，对于其中每一条，a 皆为始点，b 皆为终点.

正如从图 17 中可以看出，由弧 amb 和 bna[1] 所组成的曲线（其中 amb 与 C_1 一致，bna 与 C_2 仅有方向之差）是一条闭曲线，因而由 B，即得

$$\int_{ambna} f(z)\mathrm{d}z=0$$

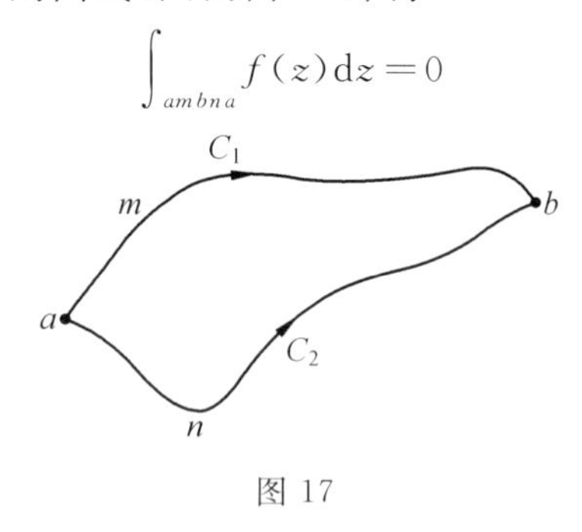

图 17

① m 与 n 分别是曲线 C_1 和 C_2 的两个内点.

但这时

$$\int_{amb} f(z)\mathrm{d}z + \int_{bna} f(z)\mathrm{d}z = 0$$

于是即得

$$\int_{amb} f(z)\mathrm{d}z - \int_{anb} f(z)\mathrm{d}z = 0$$

即

$$\int_{amb} f(z)\mathrm{d}z = \int_{anb} f(z)\mathrm{d}z$$

或

$$\int_{C_1} f(z)\mathrm{d}z = \int_{C_2} f(z)\mathrm{d}z = 0$$

这也就是我们所要证明的.

注释 无论是曲线 Γ 可能有的自己相交,或者是曲线 C_1 和 C_2 的相交,都将使证明变得复杂,但不会改变结果.我们在这方面并不感兴趣.

定理 设 Γ_1 为一闭曲线,Γ_2 为在 Γ_1 之内的一条闭曲线.若函数 $f(z)$ 在一个包含曲线 Γ_1 和 Γ_2,以及 Γ_1 和 Γ_2 之间的整个环状区域的域内具有连续导数,则有等式

$$\int_{\Gamma_1} f(z)\mathrm{d}z = \int_{\Gamma_2} f(z)\mathrm{d}z \tag{5.76}$$

我们在曲线 Γ_1 上任取一点 p_1,在曲线 Γ_2 上任取一点 p_2,用一条整个属于环状区域之内的曲线 γ 把它们联结起来.环状区域内不属于 γ 之点所成之集是一个单连通域 Δ,它是由曲线 $p_1q_1r_1p_1p_2r_2q_2p_2p_1$ 所围而成(图 18).以 Γ 记此曲线,根据柯西定理,则有

$$\int_{\Gamma} f(z)\mathrm{d}z = 0$$

$$\int_{p_1q_1r_1p_1} f(z)\mathrm{d}z + \int_{p_1p_2} f(z)\mathrm{d}z +$$

$$\int_{p_2 r_2 q_2 p_2} f(z)\mathrm{d}z + \int_{p_2 p_1} f(z)\mathrm{d}z = 0$$

第一个积分是就(换另一句话说)曲线 Γ_1 取的,第三个是就曲线 Γ_2 取的,但是依相反方向,第二和第四显然互相抵消,因为是沿着同一曲线但依不同的方向所取的.

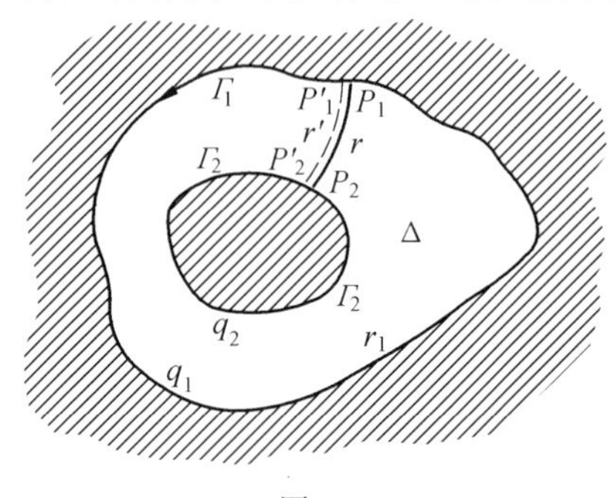

图 18

于是

$$\int_{\Gamma_1} f(z)\mathrm{d}z - \int_{\Gamma_2} f(z)\mathrm{d}z = 0$$

由此即得等式(5.76).

注释 对于用来围区域Δ的曲线,弧 γ 是"双边周界"这一点,读者可能感到惶惑.然而这种现象无碍于我们采用柯西定理.事实上,设端点 p_1' 和 p_2' 在曲线 Γ_1 和 Γ_2 上的弧 γ'(图 18)与 γ 不相交,则毫无妨碍的可以证明,沿曲线 $p_1' q_1 r_1 p_1 p_2 r_2 q_2 p_2' p_1'$ 所取的积分为 0,令 γ"靠近"γ(其中 $p' \to p, p_2' \to p_2$),取极限,即得我们所要的结果[①].

① 对于证明关系

$$\int_{\gamma'} f(z)\mathrm{d}z \to \int_{\gamma} f(z)\mathrm{d}z$$

成立所必要的一切形式上的手续,我们留交读者.

例 5.6 沿任意一条包围点 a 的闭曲线 Γ 所取的积分

$$\int_{\Gamma} \frac{\mathrm{d}z}{(z-a)^n}$$

视 n 等于 1 或等于异于 1 的整数而等于 $2\pi \mathrm{i}$ 或 0(参看 5.7 节).

5.11 由积分来定义对数

在任何包含点 $z=1$ 但不包含原点 $z=0$ 的单连通域中,积分

$$F(z)=\int_1^z \frac{\mathrm{d}\zeta}{\zeta} \tag{5.77}$$

是变量 $z=r\mathrm{e}^{\mathrm{i}\theta}$ 的一个一意定义的函数. 不难证明,在条件 $z\neq 0, 0\leqslant\theta<\pi$ 之下,这函数与对数的主值

$$F(z)=\ln z \tag{5.78}$$

相同.

实际上,若在式(5.77) 中沿着由:(1) 从 1 到 r 的直线段,及(2) 以点 O 为心,r 为半径,r 和 z 为端点的圆弧这两条线所组成的路径求积分,在这样情形之下,若用 x 记在直线段上求积分时的变量,用 $\zeta=r\mathrm{e}^{\mathrm{i}\varphi}$ 记在圆弧上求积分时的变量,则得

$$\int_1^z \frac{\mathrm{d}\zeta}{\zeta}=\int_1^r \frac{\mathrm{d}\zeta}{\zeta}+\int_r^z \frac{\mathrm{d}\zeta}{\zeta}=\int_1^r \frac{\mathrm{d}x}{x}+\mathrm{i}\int_0^\theta \mathrm{d}\varphi=$$
$$\ln r+\mathrm{i}\theta=\ln z$$

(参看图 19).

根据柯西定理,式(5.78) 中的结果经常成立,只要从 1 到 z 所引的这一条积分路径不环绕原点即可.

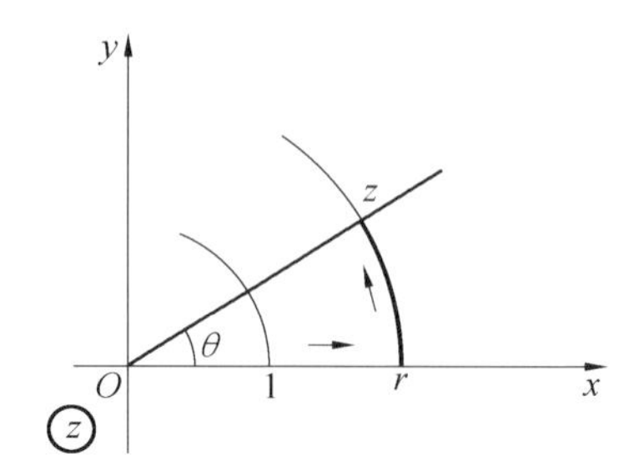

图 19

这时，我们要注意，要使得式(5.78)成立，并不需要积分路径上全部的点一起不绕过原点：例如对于图 20 中所画的积分路径 C_1 和 C_2，就有同样的结果(5.78)，因为沿着画有阴影的那些区域的周界所取的积分等于0.

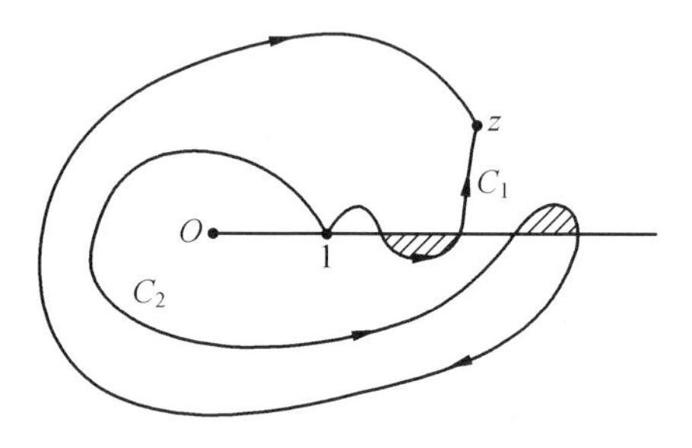

图 20

假若积分路径环绕原点，结果就会改变. 我们现在来看(例如)图 21(a) 中的路径 C，我们有

$$\begin{aligned}\int_C \frac{d\zeta}{\zeta} &= \int_{1mnz} \frac{d\zeta}{\zeta} = \int_{1mn} \frac{d\zeta}{\zeta} + \int_n^z \frac{d\zeta}{\zeta} = \\ &\int_{1mn} \frac{d\zeta}{\zeta} + \int_n^1 \frac{d\zeta}{\zeta} + \int_1^n \frac{d\zeta}{\zeta} + \int_n^z \frac{d\zeta}{\zeta} = \\ &\int_{1mn1} \frac{d\zeta}{\zeta} + \int_{1nz} \frac{d\zeta}{\zeta}\end{aligned}$$

右边第一个积分，正如上面所证明，等于 $2\pi i$，依照式(5.78)，第二个积分之值等于 $\ln z$. 于是，假若积分路径依正方向绕原点转过一周，则得

$$\int_C \frac{d\zeta}{\zeta} = \ln z + 2\pi i$$

同理，假若依正方向绕原点转过两周(图 21(b))，则有

$$\int_C \frac{d\zeta}{\zeta} = \ln z + 4\pi i$$

一般言之，若转过正的 n 转，则得结果：$\ln z + 2n\pi i$.

另一方面，假若是按反方向来环绕原点，如图 21(c) 中那样，则得

$$\int_C \frac{d\zeta}{\zeta} = \int_{1mnz} \frac{d\zeta}{\zeta} = \int_{1mn1} \frac{d\zeta}{\zeta} + \int_{1nz} \frac{d\zeta}{\zeta}$$

因为右边第一个积分等于 $-2\pi i$，故总起来得 $\ln z - 2\pi i$.

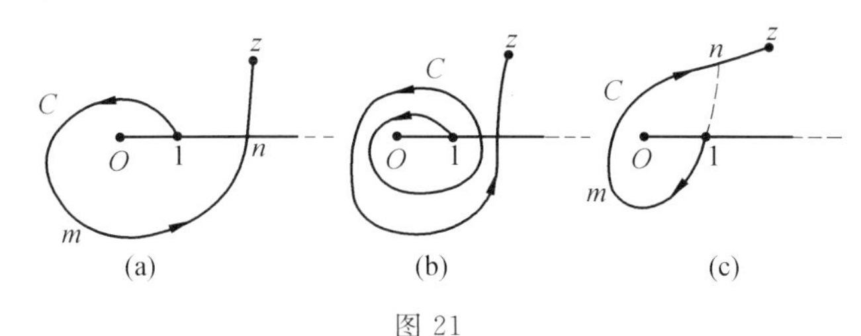

图 21

在最一般的情形(只要积分路径不穿过原点)，从 1 到 z 所取的积分之值如

$$\ln z + 2N\pi i \tag{5.79}$$

于此，N 为积分路径绕过原点的回数，这种回数是依代数来理解(即指正转的回数与负转的回数之差).

但式(5.79)恰好就和 $\frac{1}{z}$ 的原函数 $\ln z$ 的普通公

式相同.

于是,沿着不穿过原点的路径所取的积分

$$\int_1^z \frac{d\zeta}{\zeta} \tag{5.80}$$

恰好等于原函数 $\ln z$ 的一个值. 这时,值的选取完全由积分路径来决定:即是说,积分等于 $\ln z + 2N\pi i$,这里的 N 是路径绕过原点的回数,这种回数是依代数来理解.

从下述的观点来看,我们所研究的例子是值得注意的:

(1) 它指出,作为(积分的) 上限的函数来理解的积分,它是如何因为所与区域为多连通域而为多值函数的:在某种程度上,积分取决于路径;

(2) 它阐明了 §21 中所说的对数函数为多值函数这一现象;

(3) 就现在而言,我们遇到了最简单的分式有理函数的积分.

5.12 求有理函数的积分

假设已经给定了一个有理函数 $R(z)$,而另一方面,又任意给定一条从某一点 a 到某一点 b 的曲线 C,但 C 绕开了 $R(z)$ 所有的极点(假若它有极点的话). 我们现在来研究如何算出积分

$$I = \int_C R(z) dz \tag{5.81}$$

对于整有理函数(多项式) 的积分,我们不难根据 5.8 节中的公式(5.66) 借助原函数求出. 因此,我们就

把注意力集中在分式有理函数的情形上面. 而且,我们可以只限于讨论真分式.

因为真分式可以写成初等分式之和的形式(3.4节). 因此,我们只需分开来专门研究各个初等分式的积分.

至于形如

$$\int_C \frac{\mathrm{d}z}{(z-z_0)^n}$$

的积分,那就是,若 $n \neq 1$,则它可用与 §33 同样的方法计算,但若 $n=1$,则经变换 $z-z_0=z'$,即可把它变成

$$\int_{C'} \frac{\mathrm{d}z'}{z'}$$

而上面这一积分则已经在前面 §34 中讨论过了.

特别重要的是 Γ 为一次经过的简单(本身无交点的)闭曲线的情形,这时必须假定它的终点和始点相同. 在这种情形, 整有理函数的积分为 0, 形如 $\frac{1}{(z-z_0)^n}$ 的初等分式的积分也为 0,这里的 $n>1$,若 z_0 在曲线 Γ 的外部,则形如$\int_\Gamma \frac{\mathrm{d}z}{z-z_0}$ 的积分也为 0,若点 z_0 在曲线 Γ 的内部,则积分等于 $2\pi\mathrm{i}$(参看 §33).

于是,若将函数展开成初等分式,则在求展开式中与(例如) 极点 a 相应的主要部分

$$A(z)=\frac{A_0}{(z-a)^\alpha}+\frac{A_1}{(z-a)^{\alpha-1}}+\cdots+\frac{A_{\alpha-1}}{z-a}$$

的积分时,所有分式的积分皆为 0,除了最后一个之外,假若点 a 在积分路径内部的话. 于是,$(z-a)^{-1}$ 的系数 $A_{\alpha-1}$ 的值就很明显,这个系数称为对应于极点 a 的残数(或作留数).

对于每一极点运用同样的论证，我们就得到了下面的定理（一般柯西残数定理的特殊情形）：

设 $R(z)$ 为一有理函数，Γ 为一条不穿过 $R(z)$ 的极点的单闭曲线，依正方向沿 Γ 所取的 $R(z)$ 的积分(5.81)等于 $2\pi\mathrm{i}$ 乘上与 Γ 内部的极点相应的残数之和.

例 5.7 试计算沿圆 $|z|=2$ 所取的积分

$$I=\int_{\Gamma}\frac{(z+1)\mathrm{d}z}{z^{2}(z-1)(z-3)}$$

在圆 Γ 内，被积函数有两个极点：0（二重极点）和 1（一重极点）. 在点 0 附近，被积函数有一个关于 z 的幂级数展开式，它的主要部分等于

$$\frac{1}{3}\cdot\frac{1}{z^{2}}+\frac{7}{9}\cdot\frac{1}{z}$$

在点 1 的附近，同一函数有一个关于 $z-1$ 的方幂的展开式，它的主要部分等于

$$-\frac{1}{z-1}$$

因之，积分之值等于

$$I=2\pi\mathrm{i}\left(\frac{7}{9}-1\right)=-\frac{4}{9}\pi\mathrm{i}$$

习　　题

1. 将下列函数的实部和虚部分开，并验证它们满足柯西-黎曼条件：

$$(1)z^{3};(2)\ \frac{1}{z};(3)\mathrm{e}^{z};(4)\sin z;(5)\ln z.$$

2. 试证明,在极坐标之下,柯西-黎曼条件变成

$$\begin{cases}\dfrac{\partial u}{\partial r}=\dfrac{1}{r}\dfrac{\partial v}{\partial \theta}\\[2mm] \dfrac{1}{r}\dfrac{\partial u}{\partial \theta}=-\dfrac{\partial v}{\partial r}\end{cases}$$

并用第1题中之例(1),(2),(3)就此公式加以验算.

3. 将复积分$\int_C z^p \mathrm{d}z$(p 为正整数)的实部和虚部表成线积分的形式,并直接验算所得的线积分与积分路径无关.

4. 试利用变量变换证明等式

$$\frac{1}{2\pi \mathrm{i}}\int_\Gamma \frac{\mathrm{e}^z \mathrm{d}z}{z}=\frac{1}{\pi}\int_0^\pi \mathrm{e}^{\cos \theta}\cos(\sin \theta)\mathrm{d}\theta$$

于此 Γ 是任意一条包围原点的闭曲线.

5. 利用前面的等式证明

$$\int_0^\pi \mathrm{e}^{\cos \theta}\cos(\sin \theta)\mathrm{d}\theta=\pi$$

6. 设 C 是点 z 依正方向所经过的圆 $|z|=1$,试从积分和的分点皆为等距

$$z_k=\mathrm{e}^{\frac{k\pi \mathrm{i}}{n}}\quad (k=0,1,2,\cdots,2n-1)$$

这样一个特别假定出发,证明等式

$$\int_C \frac{\mathrm{d}z}{z}=2\pi \mathrm{i}$$

成立.

7. 试证明函数

$$F(z)=\int_0^z \mathrm{e}^{\zeta^2}\mathrm{d}\zeta$$

是函数 $f(z)=\mathrm{e}^{z^2}$ 的原函数.并证明,若 $|x|\geqslant |y|$,则有不等式

$$|F(z)|\leqslant \sqrt{x^2+y^2}\cdot \mathrm{e}^{x^2-y^2}$$

8. 试计算沿圆 $|z|=2$ 所取的积分

$$J_1=\int_C \frac{(z+1)\mathrm{d}z}{z(z-1)^2(z-3)}$$

及

$$J_2=\int_C \frac{(z+1)\mathrm{d}z}{z(z-1)(z-3)^2}$$

第六章 函数列和函数级数

6.1 关于一致收敛的一般知识

上几章中我们曾多少详细研究过的那些函数，它们的总范围并不是很大的：它们是整有理函数和分式有理函数（第三章）以及初等超越函数（第四章）．在本章中，我们将要说明一种方法，它可以用来造出非常广泛的一类新函数；我们将要引入取极限这一运算来做到这一点．这种运算已经使得我们引进了初等超越函数；现在乃是从这种特殊的例子转到比较一般的理论．

在第二章中，我们已经介绍过了取复数列的极限这一概念（或者说，介绍过了关于无穷数字级数之和的研究，这并没有原则上的差别）；但是现在我们要去注意的，则是基于我们现在是去处理函数（而不是数字）列和函数级数这一事实而推演出来的一些情况．

我们必须立刻指出，今后我们将特别注意函数列在某一个区域内是否一致收敛. 我们将假定，集 E 包含有无限多个点，而且其中有内点；后面这一假定无疑是要求集 E 包含有一个半径为有限的圆全部在内.

一致收敛乃是最简单的一种收敛. 假如说，函数列 $\{f_n(z)\}$ 在某一集 E 中一致收敛于极限函数 $f(z)$，那么，这就是说，无论对于任意小的 $\varepsilon(>0)$，总可得出一仅与 ε 有关的 N，使得当 $n>N$ 时，对于 E 中所有的点 z 必有不等式

$$|f_n(z)-f(z)|<\varepsilon \tag{6.1}$$

“简单”(就是说，不必是一致) 收敛乃是较为复杂的一种收敛，它比较不大受到我们的注意. 简单收敛的定义与一致收敛的定义差别在于它不要求 N 仅与 ε 有关，即允许 N 也可以与(属于集 E 中的) z 的值有关.

假若集 E 是由有限多个点 $z_1,z_2,\cdots,z_p$ 所组成，则函数列 $\{f_n(z)\}$ 在这集上的收敛(假若它是的话) 必为一致收敛. 事实上，由假定，函数 $\{f_n(z_k)\}$(这里的 k 是表示从 1 到 p 的诸整数当中的任意一个) 具有极限 $f(z_k)$：这就是说，存在着 N_k，使得当 $n>N_k$ 时，不等式

$$|f_n(z_k)-f(z_k)|<\varepsilon \quad (1\leqslant k\leqslant p) \tag{6.2}$$

成立. 于是，只需在诸数

$$N_1,N_2,\cdots,N_p$$

中选取最大的一个，并取之作 N，则当 $n>N$ 时，不等式(6.2) 对于所有的 k 皆成立，而这也就是我们所要证明的.

至于集 E 的内点的重要性，那我们暂时只提一下：只有当内点存在的时候，对于极限函数的性质我们才

能作深入的研究.

为了表示函数列$\{f_n(z)\}$在集 E 上一致收敛于函数 $f(z)$,通常是采用记号

$$f_n(z) \rightrightarrows f(z)(E)$$

我们现在来研究几个一致收敛的例子(其中 E 取全平面).

例 6.1

$$f_n(z)=\frac{1}{1+n^2z^2}$$ ①

若 $z=0$,则易看出,$f_n(z)$ 以 1 为极限;但若 $z\neq 0$,则变形

$$f_n(z)=\frac{1}{n^2z^2}\cdot\frac{1}{1+\frac{1}{n^2z^2}}$$

指出:$f_n(z)$ 以 0 为极限. 于是,则本例题中,极限函数 $f(z)$ 系由下之等式所定义

$$f(z)=\begin{cases}1 & \text{当 } z=0\\ 0 & \text{当 } z\neq 0\end{cases}$$

例 6.2

$$f_n(z)=\frac{n}{1+n^2z^2}$$

因 $f_n(0)=n$,故当 $z=0$ 时,序列$\{f_n(0)\}$以 ∞ 为极限;另一方面,当 $z\neq 0$ 时,我们得到(如同例 6.1)极限 0.

于是,在全平面上,除了点 $z=0$ 之外,皆收敛于极

---

① 麻烦之处不在于 $f_n(z)$ 具有极点,因而在点 $z=\pm\frac{\mathrm{i}}{n}$"失去意义".

限函数 $f(z)\equiv 0$,而在 $z=0$ 点,则(就精确的意义而言)不收敛.

例 6.3

$$f_n(z)=\frac{1}{1+n^2\left(z-\frac{1}{\sqrt{n}}\right)^2}$$

于此,当 $z=0$ 时,我们有:$f_n(0)=\frac{1}{1+n}$,因而 $f_n(0)$ 趋于 0. 但若 $z\neq 0$,则由变形

$$f_n(z)=\frac{1}{n^2z^2}\cdot\frac{1}{\frac{1}{n^2z^2}+\left(1-\frac{1}{z\sqrt{n}}\right)^2}$$

即可看出,$f_n(z)$ 仍旧趋于 0. 因之,对于一切 z 值,极限函数 $f(z)$ 毫无例外地等于 0.

在例 6.1 ~ 6.3 中,没有一个函数列在 $z=0$ 的附近为一致收敛. 这可从这样的事实直接看出,即在该点附近,函数 $f_n(z)$ 当 n 充分大时可以取任何异于 0 的值,而这与不等式(6.1)自然是不相容的.

下面的定理以及它的证明皆和实变函数论中相应的定理相似.

定理 6.1 若函数列$\{f_n(z)\}$中的函数在 E 上的任何点皆为连续,又若此函数列一致收敛于函数 $f(z)$,则函数 $f(z)$ 在 E 的任何点亦为连续.

设 z_0 是 E 的任意一点,又设 z_0+h 亦属于 E. 则

$$\begin{aligned}&|f(z_0+h)-f(z_0)|\leqslant\\&|f(z_0+h)-f_n(z_0+h)|+\\&|f_n(z_0+h)-f_n(z_0)|+\\&|f_n(z_0)-f(z_0)|\end{aligned}\tag{6.3}$$

取 n 甚大,使得对于 E 中任何一点 z 不等式(6.1)

皆成立.则(6.3)中右边第一项和第三项皆小于$\frac{\varepsilon}{3}$;然后再取h适当小,由于$f_n(z)$为连续,可以使得第二项小于$\frac{\varepsilon}{3}$,只需$|h|$充分小.最后,式(6.3)右边,因而它的左边即小于任意小的正数ε.

要想证明上述例题6.1和6.2中之函数列非一致收敛,只需引用定理6.1即可;但对于例6.3,这却是不够的.

定理6.2 在定理6.1的条件之下,若曲线C属于集E,则关系

$$\int_C f_n(z)\mathrm{d}z = \int_C f(z)\mathrm{d}z \tag{6.4}$$

成立.

这可由下之积分估值得出

$$\left|\int_C f_n(z)\mathrm{d}z - \int_C f(z)\mathrm{d}z\right| = \left|\int_C [f_n(z) - f(z)]\mathrm{d}z\right| \leqslant L \cdot \max_C |f_n(z) - f(z)|$$

于此,L为C之长.对于充分大的n值,无论是E中任何一点z,差数$f_n(z) - f(z)$的绝对值皆小于ε;因而它在C上的极大模也小于ε.

对于这定理,我们还可补充如下

定理6.2′ 假若除了上述条件之外,集E尚包有域D,所有的函数$f_n(z)$在D中皆为可积[①],则函数$f(z)$在D中亦为可积.

事实上,若Γ为属于域D的一闭曲线,则由关系

① “可积”一词是按照5.12节中所下的定义来理解.

$$\int_{\Gamma} f_n(z)\mathrm{d}z = 0 \quad (n = 1, 2, \cdots)$$

即得(由式(6.4))

$$\int_{\Gamma} f(z)\mathrm{d}z = 0$$

定理6.3 假若除了定理6.1的条件之外,集E尚包有域D,所有的函数$f_n(z)$在D中具有连续导数$f'_n(z)$,而且函数列$\{f'_n(z)\}$在域D中一致收敛

$$f'_n(z) \rightrightarrows f_*(z) \tag{6.5}$$

则函数$f(z)$在D中可微分,而且它的导数与$f_*(z)$相同

$$f'(z) \equiv f_*(z) \tag{6.6}$$

事实上,(依照定理6.2,6.2′)将关系(6.5)沿D中从点z_0到点z的某一曲线积分,则得

$$\lim\{f_n(z) - f_n(z_0)\} = \int_{z_0}^{z} f_*(\xi)\mathrm{d}\xi$$

另一方面,由假定,$f_n(z)$一致收敛于$f(z)$,即得

$$\lim\{f_n(z) - f_n(z_0)\} = f(z) - f(z_0)$$

于是

$$\int_{z_0}^{z} f_*(\xi)\mathrm{d}\xi = f(z) - f(z_0)$$

或

$$f(z) = \int_{z_0}^{z} f_*(\xi)\mathrm{d}\xi + f(z_0) \tag{6.7}$$

由定理6.1,函数$f_*(z)$在D中为连续;故等式(6.7)之右边关于z的导数存在;这就是说,左边关于z之导数也存在,而等式(6.6)于是证明.

注 定理6.3中的条件在以后将被减弱,而结论则大为推广(参看7.8节).因此,本定理上面的这种表达形式对于复域来说则是平凡无奇的,但刚才我们是

希望指出,所有在实变函数论中成立的定理 6.1 ～ 6.3 在复变函数论中连同它们的证明一起一并有效.

对于那种非常重要的情形,即当所谈论的是函数级数(因而考虑到由该级数的部分和所作成的序列)是否收敛时,一致收敛这一要求可表示为:

对于在集 E 上定义的函数做成的级数

$$\sum u_n(z) \equiv u_1(z) + u_2(z) + \cdots + u_n(z) + \cdots$$

假若无论 $\varepsilon(>0)$ 如何小,总可得出一 N,它仅与 ε 有关,使得当 $n > N$ 时,对于 E 中所有之点 z 皆有不等式

$$|f_n(z) - f(z)| < \varepsilon$$

则称这级数在集 E 上一致收敛于函数 $f(z)$,于此 $f_n(z)$ 是表示级数的部分和

$$f_n(z) \equiv \sum_{k=1}^{n} u_k(z) \quad (n=1,2,0) \qquad (6.8)$$

倘注意到每一序列皆容易写成级数的形式,而对每一级数,则又有它的部分和做成的序列和它密切相关,所以我们可以直接陈述关于级数情形的定理 6.4 ～6.6 而不必加以证明:

定理 6.4 若函数级数 $\sum u_n(z)$ 的每一项 $u_n(z)$ 在 E 中所有(非孤立)的点皆为连续,又若在 E 上,级数一致收敛于函数 $f(z)$,则级数和 $f(z)$ 在 E 中所有(非孤立)的点也为连续.

定理 6.5 在同样条件之下,若曲线 C 属于集 E,则沿该曲线,"级数可以逐项积分"

$$\int_C \left[\sum_{n=1}^{\infty} u_n(z)\right] \mathrm{d}z = \sum_{n=1}^{\infty} \int_C u_n(z) \mathrm{d}z$$

定理 6.5′ 假若除此之外,集 E 尚包有一域 D,在 D 中,所有的函数 $u_n(z)$ 皆为可积,则在该域中,级数

和 $f(z)$ 亦为可积.

定理 6.6 在定理 6.4 条件之下,假若除此之外,集 E 尚包有域 D,在 D 中,所有的函数 $u_n(z)$ 皆具有连续导数 $u'_n(z)$,又若由这些导数做成的级数在 D 中为一致收敛,则在域 D 中可以"逐项微分"

$$\left(\sum_{n=1}^{\infty} u_n(z)\right)' \equiv \sum_{n=1}^{\infty} u'_n(z)$$

正如在实变函数论中一样,对此还必须加上一个非常简单而重要的(充分)检定法,用来判断级数是否一致收敛:

假若存在一正项收敛级数 $\sum_{n=1}^{\infty} U_n$,它在集 E 上"控制了"所给的级数 $\sum_{n=1}^{\infty} u_n(z)$,即是说,对于所有 E 中之点 z,不等式

$$|u_n(z)| \leqslant U_n \quad (n=1,2,\cdots) \qquad (6.9)$$

皆成立,则级数 $\sum_{n=1}^{\infty} u_n(z)$ 在集 E 上一致收敛.

实际上:① 正项级数 $\sum |u_n(z)|$ 的收敛可以从关系(6.9)将一般项 $|u_n(z)|$ 和 U_n 加以比较得出,而 $\sum u_n(z)$ 的收敛则可从 $\sum |u_n(z)|$ 的收敛得出.

② 令

$$\sum_{n=1}^{\infty} u_n(z) = f(z); \sum_{k=1}^{\infty} u_k(z) = f_n(z) \quad (n=1,2,\cdots)$$

则有

$$|f_n(z) - f(z)| = \left|\sum_{k=n+1}^{\infty} u_k(z)\right| \leqslant \sum_{k=n+1}^{\infty} |u_k(z)| \leqslant \sum_{k=n+1}^{\infty} U_k$$

而右边最后一个级数，则由级数 $\sum U_n$ 为收敛，当 n 充分大时，可以使之小于任意的数 $\varepsilon(>0)$，因而我们就得到了不等式

$$|f_n(z)-f(z)|<\varepsilon$$

它对于 E 中任何点皆成立.

为了要造出新的函数，下面的两种无限过程皆同样是适用的：这就是直接从所给的序列取极限以及求函数（项）级数之和. 我们不需要利用别的无限过程（其中最简单的可以列举出无限乘积，无限连分数，无限多阶的行列式，等等）.

至于级数，那我们要注意，在研究了它的各种类型之后，我们所特别加以注意的是各项为变量 z 的整有理函数的级数（"多项式级数"）：我们规定用记号 $\sum_{n=1}^{\infty}P_n(z)$ 或 $\sum_{n=0}^{\infty}P_n(z)$ 来记这种级数的一般形状. 在多项式级数中，幂级数占有特殊的位置，所谓幂级数，就是它的一般项系由形如

$$P_n(z)\equiv c_n(z-a)^n$$

的公式所定义的级数（这里的 a 是一复常数）.

我们现在来详细研究幂级数的性质.

6.2　幂级数和它的性质

所有形如

$$\sum_{n=0}^{\infty}c_n(z-a)^n\equiv c_0+c_1(z-a)+c_2(z-a)^2+\cdots+c_n(z-a)^n+\cdots \tag{6.10}$$

的级数,无论它的系数 c_n 是什么样的数字复数,皆叫作"按 $z-a$ 的非负整数幂展开的"幂级数,为简便起见,我们把数 a 叫作级数的中心.

利用变量变换

$$z-a=z'$$

则具有任意中心的幂级数即化为中心在原点 $z=0$ 的幂级数.因此,当只研究一个单独取出来的幂级数时,不失其普遍性,我们可以假定 $a=0$,即级数的中心与原点一致.

特别值得我们注意的问题是:(1) 对于什么样的(复)数值 z,所给的级数 $\sum_0^\infty c_n z^n$ 为收敛?

(2) 对于什么样的 z 值它为绝对收敛?

(3) 关于什么样的集 E,我们可以肯定:级数 $\sum_0^\infty c_n z^n$ 在 E 上为一致收敛?

显而易见,这些问题的答案和所给级数的系数 $c_n(n=1,2,\cdots)$ 有关."所给级数"一词应该理解成"具有已给系数的级数".

我们首先要注意,系数 c_n 可能会是这样的:(1) 级数对于所有的(复)数值 z 皆收敛;(2) 级数除了 $z=0$ 一值外,对于任何 z 值皆不收敛(当 $z=0$ 时,级数一定是收敛的,因为除了首项可能不为 0 之外,所有其余各项皆为 0).比如

$$\sum_{n=0}^\infty \frac{z^n}{n!}=1+\frac{z}{1!}+\frac{z^2}{2!}+\cdots+\frac{z^n}{n!}+\cdots$$

和 $\sum_0^\infty n!\ z^n=1+1!\ z+2!\ z^2+\cdots+n!\ z^n+\cdots$

就可用来作为这样的例子.

上述的级数中前一级数我们已经遇见过(参看第四章),而且我们知道,它“在全平面上”(即对于一切 z 值)绝对收敛;现在我们还要更加证明,它在一切有界集 E 上为一致收敛.实际上,假若 R 是 E 中之点的模的上确界,则有不等式

$$\left|\frac{z^n}{n!}\right| \leqslant \frac{R^n}{n!}$$

由此即可得出命题,因为级数 $\sum_0^{\infty} \frac{R^n}{n!}$ 是收敛的(以 e^R 为其和).

相反,第二级数对于任何 $z \neq 0$ 皆为发散,因为它的一般项不趋于 0①.

为要得出更进一步的结果,我们现在利用下面的引理(阿贝尔引理):

引理　若级数 $\sum_{n=0}^{\infty} c_n z^n$,当 $z = z_0 (\neq 0)$ 时收敛,则它对于所有满足不等式 $|z| < |z_0|$ 的 z 值皆为收敛,而且是绝对收敛.

证明　由级数 $\sum_{n=0}^{\infty} c_n z_0^n$ 收敛,即可推知它的一般

---

① 实际上,令 $|z| = r > 0$, $a_n = |n!\ z^n| = n!\ r^n$,则得

$$\frac{a_{m+1}}{a_m} = (m+1)r$$

若 $m > \frac{1}{r}$,则

$$\frac{a_{m+1}}{a_m} > 1 + r, a_{m+1} > (1+r)a_m$$

于是(当 $n > m$)

$$a_n > (1+r)^{n-m} a_m$$

上式当 $n \to \infty$ 时趋于无限.

项趋于0,因而对于充分大的$n(n>n_0)$,此一般项就模而言小于1

$$|c_n z_0^n|<1$$

于是,令$|z_0|=r_0$,则得

$$|c_n|<\frac{1}{r_0^n}$$

现在我们假定$|z|=r<r_0$而来研究级数$\sum c_n z^n$. 当$n>n_0$时,我们有

$$|c_n z^n|=|c_n|\cdot r^n<\frac{1}{r_0^n}\cdot r^n=\left(\frac{r}{r_0}\right)^n$$

将级数$\sum|c_n z^n|$与级数$\sum\left(\frac{r}{r_0}\right)^n$(这是一个收敛的几何级数)比较,即可推知$\sum|c_n z^n|$收敛,即$\sum c_n z^n$绝对收敛.

推论 若级数$\sum\limits_{n=0}^{\infty}c_n z^n$当$z=z_0$时发散,则它对于所有满足不等式$|z|>|z_0|$的$z$皆发散.

实际上,若级数$\sum c_n z^n$对于$z=z_1$收敛,于此,$|z_1|>|z_0|$,则(按引理)级数当$z=z_0$时也收敛.

定理 6.7 若级数$\sum\limits_{n=0}^{\infty}c_n z^n$不是对于所有的(复)数值$z$,但也不仅对于一个唯一的值$z=0$为收敛,则存在正数$R$,使得所论的极数对于所有满足条件$|z|<R$的$z$值皆为(绝对)收敛,对于所有满足条件$|z|>R$的$z$值皆为发散.

证明 我们首先只讨论属于正实半轴上的点. 在每一个这样的点,我们的级数或为收敛,或为发散. 于是,半轴上所有的点就分成两类,而且只分成两类,我们分别以A和B记之. A类中的任何一点皆在B类中

任何一点的左边(否则就会与上面的引理,或者是它的推论发生矛盾)同时,(依照定理的条件)每一个类皆不是空类.在这样的情况之下,根据由所有非负实数作成之集的连续性,存在一个而且只有一个正数 R,它或者是 A 类中最大的数,或者是 B 类中最小的数.

今设 z 是任一复数.我们来证明,若 $|z|<R$,则在点 z 我们的级数为收敛.依条件 $|z|<R_1<R$ 取正数 R_1.因为 $R_1<R$,故 R_1 属于 A 类,因而级数在点 R_1 收敛;但这样一来,根据不等式 $|z|<R_1$,由引理,它也在点 z 为绝对收敛.

同理,设 $|z|>R$.这时我们按条件 $|z|>R_2>R$ 取正数 R_2.因为 $R_2>R$,故 R_2 属于 B 类,因为级数在点 R_2 发散;又由不等式 $|z|>R_1$,它在点 z 也发散(参看"推论").

若 R 属于 A 类,则级数在点 R 收敛;若 R 属于 B 类,则它在点 R 发散.可以用例子证明,可能会发生模棱两可的情形:对于使得 $|z|=R$ 的那种点 z,级数是收敛抑是发散这一问题,只根据本定理中的条件是不可能得到任何的结论.

圆 $|z|\leqslant R$ 叫作收敛圆;域 $|z|<R$ 叫作收敛圆的内部;圆周 $|z|=R$ 是收敛圆的边界①;数 R 本身叫作收敛半径②.

(在适当的给定级数的系数之后)收敛半径可以

---

① 在初等数学中,众所周知,通常把"圆"和"圆周"这两个几何概念分得很清楚,但在复变函数论中通常就不说"收敛圆周".

② 正如由前面的论证可以看到,利用上确界和下确界的观念,收敛半径可以定义作:使得级数收敛的实点 $z(z\geqslant 0)$ 所成之集 A 的上确界,或定义作:使得级数发散的点 $z(z\geqslant 0)$ 所成之集 B 的下确界.除了集 A 和 B 的上、下确界之外,还可以分别利用这两个集的上、下限.

取任何预先给定的正数值. 例如幂级数

$$\sum_{0}^{\infty}\left(\frac{z}{R}\right)^{n}$$

就可证实这种说法. 这是一个几何级数，它当 $\left|\frac{z}{R}\right|<1$ 时，即 $|z|<R$ 时收敛，而当 $\left|\frac{z}{R}\right|>1$ 时，即 $|z|>R$ 时发散.

为方便计，我们规定，假若级数在全平面上收敛，则认为它的收敛半径“等于无限大”($R=\infty$)；若它只在 $z=0$ 一点收敛，则认为它的收敛半径“等于 0”($R=0$).

采用这项规定之后，我们就可以断言：每一幂级数 $\sum_{n=0}^{\infty}c_nz^n$ 必有某一唯一的收敛半径 $R(0\leqslant R\leqslant\infty)$ 与之相应. 级数在收敛圆内(当 $|z|<R$)收敛，在收敛圆外(当 $|z|>R$)发散. 特别，若 $R=0$，则在收敛圆“内”一个点也没有：若 $R=\infty$，则在收敛圆“外”一个点也没有(在前一种情形，收敛圆化成了一点，在后一种情形，全平面都是“收敛圆的内部”).

幂级数的收敛半径当然与级数的系数 $c_n(n=0,1,2,\cdots)$ 有关. 存在有一个直接由系数表出 R 的公式①

$$R=\frac{1}{\overline{\lim\limits_{n\to\infty}}\sqrt[n]{|c_n|}}\tag{6.11}$$

我们先假定分母中的上限为有限且异于 0. 设 $0\neq|z|<R$，于此 R 是由等式(6.11)所定义. 把等式

① 这公式先由柯西预先揣度出来，后由法国学者阿达马(Hadamard)在 1893 所证明.

(6.11) 改写成

$$\overline{\lim_{n\to\infty}}\sqrt[n]{|c_n|}=\frac{1}{R}$$

由序列上限的定义,可知

(1) $$\sqrt[n]{|c_n|}<\frac{1}{R}+\varepsilon,\varepsilon>0 \tag{6.12}$$

对于任意小的 ε 及充分大的 $n(n>n_\varepsilon)$ 皆成立

(2) $$\sqrt[n]{|c_n|}>\frac{1}{R}-\varepsilon,\varepsilon>0 \tag{6.13}$$

对于任意小的 $\varepsilon\left(0<\varepsilon<\frac{1}{R}\right)$ 及无限多个 $n(n=n_1,n_2,n_3,\cdots,n_i\to\infty)$ 皆成立.不等式(6.12) 和(6.13) 可以写成

$$|c_n|<\left(\frac{1}{R}+\varepsilon\right)^n \tag{6.14}$$

$$|c_n|>\left(\frac{1}{R}-\varepsilon\right)^n \tag{6.15}$$

设 $|z|<R$. 假定 ε 是按照条件:$\varepsilon<\frac{1}{2}\left(\frac{1}{|z|}-\frac{1}{R}\right)$ 取出,因而 $|z|<\frac{R}{1+2\varepsilon R}$.

于是可知,当 $n>n_\varepsilon$ 时

$$|c_nz^n|<\left(\frac{1}{R}+\varepsilon\right)^n\left(\frac{R}{1+2\varepsilon R}\right)^n=\left(\frac{1+\varepsilon R}{1+2\varepsilon R}\right)^n$$

因
$$\frac{1+\varepsilon R}{1+2\varepsilon R}<1$$

故级数 $\sum c_nz^n$ 为收敛,且为绝对收敛.

另一方面,设

$$|z|>R$$

假定 ε 是按照条件

$$\varepsilon < \frac{1}{2}\left(\frac{1}{R} - \frac{1}{|z|}\right)$$

取出，因而 $|z| > \dfrac{R}{1-2\varepsilon R}$. 于是对于任意大的 n，有

$$|c_n z^n| > \left(\frac{1}{R} - \varepsilon\right)^n \left(\frac{R}{1-2\varepsilon R}\right)^n = \left(\frac{1-\varepsilon R}{1-2\varepsilon R}\right)^n$$

因

$$\frac{1-\varepsilon R}{1-2\varepsilon R} > 1$$

故级数 $\sum c_n z^n$ 的一般项不趋于 0，这就是说，级数为发散.

于是，对于上限 $\overline{\lim\limits_{n\to\infty}} \sqrt[n]{|c_n|}$ 为有限但异于 0 的情形定理已经证明.

假若这上限为无限，这时容易证明级数 $\sum c_n z^n$ 对于所有的 $z \neq 0$ 皆为发散，即 $R=0$. 实际上，在这种情形，对于任何正数 M 有无限多个 n，使得除了(6.15)之外，不等式

$$\sqrt[n]{|c_n|} > M \tag{6.16}$$

即

$$|c_n| > M^n \tag{6.17}$$

也成立. 设选取 M 满足不等式

$$M < \frac{2}{|z|}$$

因而

$$|z| < \frac{2}{M}$$

在这种情形，对于无限多个 n，我们有

$$|c_n z^n| > M^n \left(\frac{2}{M}\right)^n = 2^n$$

即级数 $\sum c_n z^n$ 发散.

最后，我们假定 $\overline{\lim\limits_{n\to\infty}} \sqrt[n]{|c_n|} = 0$. 这时所论的级数

在全平面上收敛,即收敛半径等于无限.实际上,对于所有充分大的 n

$$\sqrt[n]{|c_n|} < \varepsilon$$

即
$$|c_n| < \varepsilon^n$$

设 $z \neq 0$,并取 ε 满足条件

$$\varepsilon < \frac{1}{2|z|}$$

因而
$$|z| < \frac{1}{2\varepsilon}$$

于是可知,对于充分大的 n

$$|c_n z^n| < \varepsilon^n \left(\frac{1}{2\varepsilon}\right)^n = \frac{1}{2^n}$$

因而级数 $\sum c_n z^n$ 收敛.

于是,柯西-阿达马定理对于所有的情形皆已证明.

我们现在假定,级数 $\sum_{n=0}^{\infty} c_n z^n$ 具有一异于0且为有限的收敛半径 $R: 0 < R < \infty$;我们要来看,这级数在它的收敛圆 $|z| = R$ 上如何变化.

上面已经说到的例子 $\sum_{n=1}^{\infty} \left(\frac{z}{R}\right)^n$ 证明,幂级数可能在它收敛圆的边界上所有的点皆为发散.

另一方面,例如 $\sum_{n=1}^{\infty} \frac{z^n}{n^2 R^n}$ 这样的级数在它收敛圆的边界上所有的点皆为收敛(而且是绝对收敛),事实上,当 $|z| = R$,我们有

$$\sum_{n=1}^{\infty} \left|\frac{z^n}{n^2 R^n}\right| \leqslant \sum_{n=1}^{\infty} \frac{1}{n^2}$$

而右面的级数,正如大家所知道的,是一个收敛级数;

显而易见，收敛半径不可能小于 R；但也不可能大于 R，因为当 $z=R'>R$ 时，我们得到了发散级数 $\sum_{n=1}^{\infty}\frac{1}{n^2}\left(\frac{R'}{R}\right)^n$（运用达朗贝尔判别法）.

最后，我们再来研究级数 $\sum_{n=1}^{\infty}\frac{z^n}{nR^n}$. 我们立刻可以看到，当 $z=R$ 时，这级数变成了发散（调和）级数 $\sum_{n=1}^{\infty}\frac{1}{n}$；当 $z=-R$ 时，反过来，它又变成了收敛级数 $\sum_{n=1}^{\infty}\frac{(-1)^n}{n}$. 于是已经可以推知，收敛半径不可能异于 R. 除此之外，我们的例子还指出，幂级数可能在收敛圆的边界上这一点收敛，而在另一点发散.

由上所说可以推知：

(1) 若幂级数在全平面上收敛（$R=\infty$ 的情形），则它在全平面上绝对收敛；

(2) 若幂级数有一个半径为 R 的有限收敛圆 Γ，R 不为 0，则使得这级数收敛的那种点所成之集系由圆 Γ 的内部 Δ 及属于 Γ 的某一集 Γ' 所组成；而使得级数为绝对收敛的那种点所成之集，则是由圆 Γ 的内部 Δ 及属于 Γ' 的某一 Γ'' 所组成（不排除 $\Gamma'\equiv\Gamma$，$\Gamma''\equiv\Gamma'$ 以及 $\Gamma\equiv\Gamma'\equiv\Gamma''$ 这几种可能情形）.

在本书里，对于幂级数在它收敛圆上的情况，我们将不作更为详细的研究.

现在我们再来谈幂级数的一致收敛问题.

定理 6.8 (1) 若级数 $\sum_{n=0}^{\infty}c_n z^n$ 对于所有的 z 值皆为收敛（即收敛半径 R 为无穷），则无论正数 ρ 如何大，这级数在圆 $|z|\leqslant\rho$ 中皆为一致收敛.

(2) 若级数 $\sum_{n=1}^{\infty} c_n z^n$ 具有有限收敛半径 $R(>0)$，则对于任何小于 R 的正数 ρ，级数在圆 $|z| \leqslant \rho$ 中皆为一致收敛.

现在先证明命题(2).

设 z_0 为满足不等式

$$\rho < |z_0| < R \tag{6.18}$$

的一数.根据右边的不等式，级数 $\sum_{0}^{\infty} c_n z^n$ 当 $z = z_0$ 收敛，因而根据阿贝尔引理，对于充分大的 n 我们即得(令 $|z_0| = r_0$)

$$|c_n z^n| < \left(\frac{r}{r_0}\right)^n$$

于此 $r = |z|$.

今设 $|z| \leqslant \rho$；此时我们有

$$|c_n z^n| < \left(\frac{\rho}{r_0}\right)^n \tag{6.19}$$

正如从式(6.9)的右边可以推知，由上之不等式可知级数 $\sum |c_n z^n|$ 为一在圆 $|z| \leqslant \rho$ 内收敛的几何级数所控制，因而在这圆内一致收敛.

定理的(1)也可以同样证明：不同的只是在证明中所选取的点 z_0 只需满足更宽一点的条件

$$\rho < |z_0| \tag{6.20}$$

上述定理的(1)和(2)包含于下述的命题之中，从外表上看，这命题似乎广泛一些，然而在实际中，它们却是互相等价的：

幂级数在任何全部属于收敛圆内部的闭域内一致收敛.

实际上，我们先假定收敛半径 R 为有限；设 $\overline{D}$ 是任

意一个包含在圆 $|z|=R$ 之内的闭域. 以 $\delta(>0)$ 记圆 $|z|=R$ 与 $\overline{D}$ 之间的距离,而来讨论满足不等式

$$R-\delta\leqslant\rho<R\text{(图 22)}$$

的数 ρ.

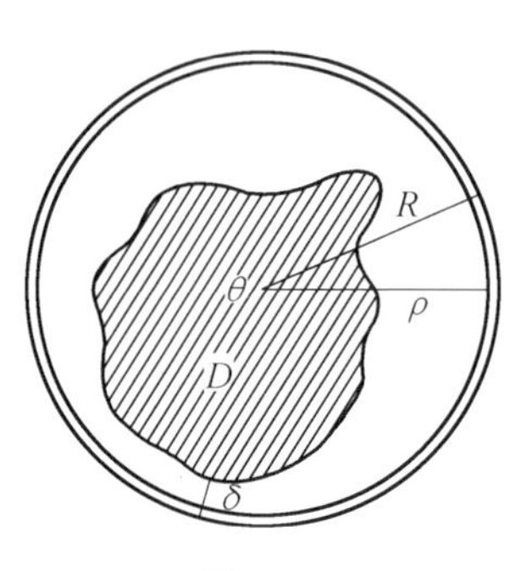

图 22

圆 $|z|\leqslant\rho$ 包含域 $\overline{D}$,而且,由前面的定理 6.8,所论的级数在该圆内一致收敛:显而易见,在 $\overline{D}$ 内的收敛也是一致的.

假若收敛半径 R 是无限,则可取任何使得圆 $|z|\leqslant\rho$ 包含整个域 $\overline{D}$ 的数作为 ρ.

但在上述的命题中,对于一般具有有限收敛半径 R 的幂级数,假若有人认为"整个属于收敛圆 $|z|\leqslant R$ 内部的闭域"这一句话可以代之以属于收敛圆 $|z|\leqslant R$ 的闭域或(尤其是)此圆本身,那就是错的.

顺便提一下,上面所说的定理带有一种"一致收敛的充分条件"的性质,因而在一些特别的幂级数中,刚才所说的这种代替(代之以)是可能的.

例如对于级数 $\sum\limits_{n=1}^{\infty}\frac{1}{n^2}\left(\frac{z}{R}\right)^n$,整个包含边界在内的收敛圆 $|z|\leqslant R$ 皆是一致收敛域. 实际上,在这域的范围内,我们的级数由数字级数

$$\sum_{n=1}^{\infty} \frac{1}{n^2}$$

所控制.

我们现在来研究身为幂级数之和的那种函数，并阐明它们的一些基本性质.

定理 6.9　在收敛圆内，即在域 $|z|<R, 0<R\leqslant\infty$ 中，级数和

$$f(z)=\sum_{n=0}^{\infty} c_n z^n$$

是变量 z 的连续函数.

设 $|z_0|<R$. 我们要求证明函数 $f(z)$ 在 $z=z_0$ 点连续. 取数 ρ 满足不等式

$$|z_0|<\rho<R$$

依照定理 6.8，级数 $\sum\limits_{0}^{\infty} c_n z^n$ 在圆 $|z|\leqslant\rho$ 中为一致收敛，因而(按定理 6.1) 它的和在这圆内是一连续函数；特别，它在点 z_0 也连续.

但点 z_0 只受到 $|z_0|<R$ 这样一个限制；这就是说，函数 $f(z)$ 在整个域 $|z|<R$ 内为连续.

将幂级数逐项积分或微分，我们重新得到一个幂级数. 说明这些级数的收敛域为何，证明经过逐项积分所得级数之和就是原级数之和的积分，以及经过逐项微分所得级数之和就是原级数之和的导数等，这些都是重要的事情.

定理 6.10　将所给级数 $\sum\limits_{n=0}^{\infty} c_n z^n$ 逐项积分所得的级数 $\sum\limits_{n=0}^{\infty} c_n \dfrac{z^{n+1}}{n+1}$ 与原级数具有同样的收敛半径 $R(0\leqslant$

$R \leqslant \infty$). 在收敛圆 $|z| < R$ 的内部,级数 $\sum_{n=0}^{\infty} c_n \frac{z^{n+1}}{n+1}$ 之和是所给级数 $\sum_{n=0}^{\infty} c_n z^n$ 之和的积分.

推论 在收敛圆内,幂级数之和是一可积函数[①].

现设所论的值 z_0 满足不等式 $|z_0| < R$. 取数 ρ,使得 $|z_0| < \rho < R$. 在圆 $|z| \leqslant \rho$ 内,所给的级数一致收敛,因而在该圆内可以逐项(沿圆内任意一条路径从 0 到 z_0)积分.

因为点 z_0 是任意的,它只受到唯一的一个限制 $|z_0| < R$,故上述的命题对收敛圆 $|z| < R$ 内部的任意点皆成立. 于是可知,级数 $\sum c_n \frac{z^{n+1}}{n+1}$ 的收敛半径不小于 R. 直到现在我们还没有证明这收敛半径不大于 R.

定理 6.11 将所给级数 $\sum_{n=0}^{\infty} c_n z^n$ 逐项微分所得的级数 $\sum_{n=1}^{\infty} nc_n z^{n-1}$ 与原级数具有同样的收敛半径 R($0 \leqslant R \leqslant \infty$). 在收敛圆 $|z| < R$ 内,级数 $\sum_{n=1}^{\infty} nc_n z^{n-1}$ 之和是所与级数 $\sum_{n=0}^{\infty} c_n z^n$ 之和的导数.

推论 在收敛圆内,幂级数之和是一可微函数.

设 $0 < \rho < R$,并设 z_0 是满足关系 $\rho < |z_0| = r_0 < R$ 的一点. 于是,所与级数 $\sum_{n=0}^{\infty} c_n z^n$ 在点 $z = z_0$ 收敛,因

---

① 参看 194 页脚注.

而对于充分大的 n（参看阿贝尔引理），我们有

$$|c_n|<\frac{1}{r_0^n}$$

如是，设 $|z|=r\leqslant\rho$，则得

$$|nc_nz^{n-1}|=n|c_n|\cdot r^{n-1}<n\frac{r^{n-1}}{r_0^n}\leqslant n\frac{\rho^{n-1}}{r_0^n}$$

于是可知，级数 $\sum nc_nz^{n-1}$ 在圆 $|z|\leqslant\rho$ 中一致收敛，因为由不等式 $\rho<r_0$ 即得级数 $\sum n\frac{\rho^{n-1}}{r_0^n}=\frac{1}{r_0}\sum n\left(\frac{\rho}{r_0}\right)^{n-1}$ 收敛的缘故.

由 §36 定理 6.3，可知级数 $\sum c_nz^n$ 在圆 $|z|\leqslant\rho$ 中可逐项微分；但 ρ 只需满足唯一的条件 $\rho<R$ 即可，而这也就是说，级数 $\sum c_nz^n$ 的逐项微分在半径为 R 的收敛圆内皆可施行. 因而证明了：级数 $\sum nc_nz^{n-1}$ 的收敛半径不小于 R；至于这半径不大于 R，现在还未证明. 根据“反证”法，用一个非常简单的论证，即可将定理 6.10 及 6.11 的证明完成.

假若级数 $\sum c_n\frac{z^{n+1}}{n+1}$ 的收敛半径大于 R，则根据定理 6.11 中已证明的部分，从级数 $\sum c_n\frac{z^{n+1}}{n+1}$ 经过微分之后所得的级数 $\sum c_nz^n$ 的收敛半径也要不小于 R（即大于 R）；而这与假设相连.

假若级数 $\sum nc_nz^{n-1}$ 的收敛半径大于 R，则根据定理 6.10 中已经证明的部分，从级数 $\sum nc_nz^{n-1}$ 经过积分得到的级数 $\sum c_nz^n$ 的收敛半径也要不小于 R（即

大于 R);而这与假设相连.

附注 两个级数(所给的级数以及经过积分所得到的级数,或所给的级数以及经过微分所得到的级数)的收敛圆具有同样的收敛半径这种现象不能解释成为它们在同样的点集上收敛:在边界上的点可能不一致.例如级数 $\sum_{n=0}^{\infty} z^n$ 在边界 $|z|=1$ 上所有的点皆发散,而在经过积分之后我们就得到了级数 $\sum_{n=0}^{\infty} \frac{z^{n+1}}{n+1}$,它当 $z=-1$ 时收敛.

推论 假若幂级数的收敛半径在经过一次微分运算(或积分运算)之后不变,则在经过多次之后显然也不变.因此,在幂级数的收敛圆内可以施行任意次数的微分(积分自然也是一样).

6.3 泰勒级数

用幂级数的和来表示幂级数的系数

我们现在假定幂级数的中心就是坐标系的原点.但是,正如上面所说,所有前面的定理对于任意中心 a 的情形也成立.不同之处只是:对于中心为 a 的情形,收敛圆系由不等式 $|z-a|\leqslant R$ 所定义;它的边界是由等式 $|z-a|=R$ 所定义.任何级数 $\sum_{n=0}^{\infty} c_n(z-a)^n$ 在所有包含在圆 $|z-a|<R$ 中的闭域内皆为一致收敛;例如在圆 $|z-a|\leqslant \rho$(于此,ρ 为小于 R 的任意一数)内

就是这样.

设 $f(z)$ 是级数 $\sum_{n=0}^{\infty} c_n(z-a)^n$ 在收敛圆内之和，因而恒等式

$$f(z) \equiv \sum_{n=0}^{\infty} c_n(z-a)^n \quad (|z-a|<R) \tag{6.21}$$

成立.

原来，系数 c_n 可以很简单的由函数 $f(z)$ 表出. 将式(6.21)微分一次，两次，…，n 次，等等，我们就得到了一系列的恒等式，我们把它们详细(不加省略)写出

$$\begin{aligned}
f(z) &= c_0 + c_1(z-a) + c_2(z-a)^2 + \cdots + \\
&\quad c_n(z-a)^n + \cdots \\
f'(z) &= c_1 + 2c_2(z-a) + \cdots + nc_n(z-a)^{n-1} + \cdots \\
f''(z) &= 1 \cdot 2c_2 + \cdots + (n-1)nc_n(z-a)^{n-2} + \cdots \\
&\vdots \\
f^{(n)}(z) &= 1 \cdot 2 + \cdots + nc_n + \cdots \\
&\vdots
\end{aligned} \tag{6.22}$$

根据已经证明的事实，上式中每一等式当 $|z-a|<R$ 皆成立.

今于所有得到的恒等式中令 $z=a$

$$\begin{aligned}
f(a) &= c_0 \\
f'(a) &= 1!\ c_1 \\
f''(a) &= 2!\ c_2 \\
&\vdots \\
f^{(n)}(a) &= n!\ c_n \\
&\vdots
\end{aligned}$$

于是即得

$$c_0=f(a),c_1=\frac{f'(a)}{1!}$$

$$c_2=\frac{f''(a)}{2!},\cdots,c_n=\frac{f^{(n)}(a)}{n!},\cdots$$

或简写为

$$c_n=\frac{f^{(n)}(a)}{n!}\quad(n=0,1,2,\cdots)\qquad(6.23)$$

于是,要想能够算出中心在点 $z=a$ 的幂级数的系数,只需知道级数在这点附近的和即可. 这由公式(6.23)即可得出.

特别:以同一点 $z=a$ 为中心的两个幂级数,若在该点的附近有同样的和,则无论对于任何 $n(n=0,1,2,\cdots)$,$(z-a)^n$ 恒有同样的系数.

换句话说:假若当 $|z-a|<R(R>0)$ 时,有

$$\sum_{n=0}^{\infty}c_n(z-a)^n\equiv\sum_{n=0}^{\infty}c'_n(z-a)^n$$

则

$$c_0=c'_0,c_1=c'_1,c_2=c'_2,\cdots,c_n=c'_n,\cdots$$

在引入"函数在所给的点被展开成幂及数"(或将函数在所给点展成幂级数)这样的术语(措辞)之后,上述的命题还可以换另一种方式来叙述."函数 $f(z)$ 在点 $z=a$ 被展开成级数 $\sum_{n=0}^{\infty}c_n(z-a)^n$"一语乃表示:

(1) 存在数 $R(>0)$,使得当 $|z-a|<R$ 时,级数 $\sum_{n=0}^{\infty}c_n(z-a)^n$ 收敛;

(2) 它的和等于 $f(z)$(今后一起都按写法(6.23)来理解).

于是,我们就可以说:假若一函数在所给的点可以展成幂级数,则只有一种展法(所谓"展法",系指系数的选择方法而言).

下面是一个很特殊的命题:假若一以点 $z=a$ 为中心的幂级数在这点的附近为收敛,且其和恒等于 0,则它所有的系数皆为 0①.

换言之:若当 $|z-a|<R(R>0)$ 时,有

$$\sum_{n=0}^{\infty} c_n (z-a)^n \equiv 0$$

则

$$c_0=0, c_1=0, c_2=0, \cdots, c_n=0, \cdots$$

上面所述的这些命题指出了:幂级数,根据它的许多性质来看,乃是整有理函数的一直接推广.

我们现来把上面所证明的命题进一步加以解释.读者在分析课程中无疑已经知道,根据式(6.23)计算出来的幂级数的系数 c_n,称为"泰勒系数";而级数 $\sum_{n=0}^{\infty} c_n (z-a)^n$,假若它的系数是按照这公式来计算的,则称为以 $z=a$ 为中心"关于函数 $f(z)$ 的泰勒级数"("рядтзйлора", с центром $z=a$, "связанный с функцией $f(z)$").要想从函数 $f(z)$ 能够作出在点 $z=a$ 关于它的泰勒级数,只需要求这函数在点 $z=a$ 能无限次微分就行.

函数 $f(z)$ 与其在点 $z=a$ 的泰勒级数之间的关系是用写法

① 试与多项式的唯一性定理(第三章)相比较

$$f(z) \sim \sum_{n=0}^{\infty} \frac{f^{(n)}(a)}{n!}(z-a)^n \qquad (6.24)$$

来表示.

在而且只有在已经知道了函数 $f(z)$ 在点 $z=a$ 的邻域 $|z-a|<R$ 之内可以展成级数 $\sum_{n=0}^{\infty} \frac{f^{(n)}(a)}{n!}(z-a)^n$ 的时候,“对应”符号“$\sim$”才可以代之以通常的等号(表示当 $|z-a|<R$ 时恒等,于此,R 为某一正数).这时,通常我们就把这一事实简单(而不十分正确的)说成是:“函数 $f(z)$ 在点 $z=a$ 可以展开成泰勒级数”.

根据上面所述,我们可以得出这样的结论:若函数 $f(z)$ 在点 $z=a$ 可以展成幂级数,则此级数是这函数的泰勒级数.

或者:所有的幂级数,假若它在它的中心的某一邻域内收敛,则是它的和的泰勒级数.

幂级数在中心的零点・它的重数・孤立性

假若形如

$$f(z) = \sum_{n=0}^{\infty} c_n (z-a)^n \quad (|z-a|<R, R>0)$$

的恒等式成立,而且

$$c_0 = c_1 = \cdots = c_{p-1} = 0, c_p \neq 0 \qquad (6.25)$$

那么,我们就说,函数 $f(z)$ 在点 $z=a$ 具有 p 重零点.

注意等式(6.23)以及后来关于泰勒级数所说的一切,我们就可以对零点的重数另外下一个定义.

对于函数 $f(z)$,假若在点 $z=a$,关系

$$f(a)=0, f'(a)=0, \cdots, f^{(p-1)}(a)=0, f^{(p)}(a) \neq 0 \qquad (6.26)$$

成立,则称 $f(z)$ 在点 a 有 p 重零点.

容易明白,对于一个不恒为0而且在点 $z=a$ 可以展成泰勒级数的函数 $f(z)$,是有可能按照在所说的点的零点重数作详尽的分类.那就是,展开式的所有系数 c_n 不可能同时为0(否则函数 $f(z)$ 恒为0);这就是说,在这些系数中可以找到第一个不为0者,设为 c_p;对于这种情形,我们在点 $z=a$ 就得到了一个 p 重零点.这时,我们准许使用下述推广了的措辞:若 $p=0$,则 $c_0\neq 0$;这时 $f(a)\neq 0$,在这种情形,我们规定把点 a 叫作"零重"零点(为简便计,我们说:点 $z=a$ 不是零点).

定理6.12 假若一不恒为0的函数 $f(z)$ 在点 $z=a$ 可展成泰勒级数

$$f(z)\equiv\sum_{n=0}^{\infty}c_n(z-a)^n \quad (|z-a|<R,R>0)$$

则可得出数 $\delta(0<\delta<R)$,使得当 $z\neq a$, $|z-a|<\delta$ 时,我们有

$$f(z)\neq 0 \tag{6.27}$$

设点 $z=a$ 是一 $p(p\geqslant 0)$ 重零点.则可得

$$f(z)\equiv(z-a)^p[c_p+\varphi(z)] \tag{6.28}$$

于此,$c_p\neq 0$,$\varphi(z)=\sum\limits_{n=p+1}^{\infty}c_n(z-a)^{n-p}$,而且这级数当 $|z-a|<R$ 时收敛,且显然有 $\varphi(a)=0$.被表成幂级数的函数 $\varphi(z)$ 在它的中心 a 为连续,因而 $\lim\limits_{z\to a}\varphi(z)=0$.

于是,我们可以找到 $\delta(>0)$,使得当 $|z-a|<\delta$ 时,有

$$|\varphi(z)|<|c_p|$$

于是有 $c_p+\varphi(z)\neq 0$,又据假定,$z\neq a$,故式(6.28)右

边的乘积也不为 0，即函数 $f(z)$ 本身也不为 0.

上面所说的结果通常简单的说成是：可展成泰勒级数的函数的零点具有孤立这种性质. 一般的函数不一定具有零点必为孤立这种特性.

6.4 幂级数的演算方法

在这里，我们根据上面所说的定理来研究一系列的例子，用来说明幂级数的演算方法.

为了达成这种或那种的目的，我们经常要做的事情是：把所给的函数 $f(z)$ 按变量 z 的幂展开成幂级数. 问题还可以提得窄一些，如求出展开式中一定数目的项，求出首（第一个异于 0 的）项，等等，或者，提得广一些，就是求出直接而且以明显的形式通过项的号数 n 来表达出第 n 项的系数的公式，这里的 n 是任意的正整数.

在这里，我们来处理下列的题（1）—（13），在这些题中，我们的目的是要把所给的函数 $f(z)$ 按 z 的幂展开（并证明这是可能的）.

（1） $$f(z)=\frac{1}{1-z}+e^z$$

利用级数的加法定理，由展开式，即得

$$f(z)=(1+z+z^2+z^3+\cdots)+\left(1+\frac{z}{1!}+\frac{z^2}{2!}+\frac{z^3}{3!}+\cdots\right)=2+2z+\frac{3}{2}z^2+\frac{7}{6}z^3+\cdots$$

或

$$f(z)=\sum_{n=0}^{\infty}z^n+\sum_{n=0}^{\infty}\frac{z^n}{n!}=\sum_{n=0}^{\infty}\left(1+\frac{1}{n!}\right)z^n$$

(2) $$f(z)=(1-z+z^2)\mathrm{e}^z$$

我们现在须要用到级数的乘法定理，不过只用到这定理的最简单的情况，即所给的级数中有一级数为有限和的情形.假若不是有限和而是幂级数，则由所说的乘法定理，我们可以像处理多项式一样去处理级数："各项乘各项"，然后"合并同类项".我们有

$$f(z)=(1-z+z^2)\left(1+z+\frac{z^2}{2}+\frac{z^3}{6}+\cdots\right)=$$

$$1+\frac{1}{2}z^2+\frac{2}{3}z^3+\cdots$$

或

$$f(z)=(1-z+z^2)\sum_{n=0}^{\infty}\frac{z^n}{n!}=$$

$$\sum_{n=0}^{\infty}\frac{z^n}{n!}-\sum_{n=0}^{\infty}\frac{z^{n+1}}{n!}+\sum_{n=0}^{\infty}\frac{z^{n+2}}{n!}=$$

$$\sum_{n=0}^{\infty}\frac{z^n}{n!}-\sum_{n=1}^{\infty}\frac{z^n}{(n-1)!}+\sum_{n=2}^{\infty}\frac{z^n}{(n-2)!}=$$

$$1+\sum_{n=2}^{\infty}\left[\frac{1}{n!}-\frac{1}{(n-1)!}+\frac{1}{(n-2)!}\right]z^n=$$

$$1+\sum_{n=2}^{\infty}\left(1-\frac{1}{n}\right)\frac{z^n}{(n-2)!}$$

(3) $$f(z)=\mathrm{e}^z\cos z$$

我们现在还是运用同样的方法，不过这回两个级数都是无限级数.

假若要求我们求到六次项，我们就可以写出

$$f(z)=\left(1+z+\frac{1}{2}z^2+\frac{1}{6}z^3+\frac{1}{24}z^4+\right.$$

$$\frac{1}{120}z^5+\frac{1}{720}z^6+\cdots\Big)\times$$

$$\left(1-\frac{1}{2}z^2+\frac{1}{24}z^4-\frac{1}{720}z^6+\cdots\right)=$$

$$1+z-\frac{1}{3}z^3-\frac{1}{6}z^4-\frac{1}{30}z^5+0\cdot z^6+\cdots$$

系数构成的一般规律可以这样来求出

$$f(z)=\sum_{p=0}^{\infty}\frac{z^p}{p!}\sum_{q=0}^{\infty}\frac{(-1)^q z^{2q}}{(2q)!}=$$

$$\sum_{p,q=0}^{\infty}(-1)^q\frac{z^{p+2q}}{p!\ (2q)!}=$$

$$\sum_{n=0}^{\infty}\left[\sum_{p+2q=n}(-1)^q\frac{1}{p!\ (2q)!}\right]z^n=$$

$$\sum_{n=0}^{\infty}\left[\sum_{q=0}^{\left[\frac{n}{2}\right]}\frac{(-1)^q}{(2q)!\ (n-2q)!}\right]z^n$$①

(4) $$f(z)=\mathrm{e}^{-z^2}$$

我们先从恒等式

$$\mathrm{e}^t=\sum_{n=0}^{\infty}\frac{t^n}{n!}=1+\frac{t}{1!}+\frac{t^2}{2!}+\frac{t^3}{3!}+\cdots$$

出发.

在这恒等式中,若将 t 代以 $(-z^2)$,显然是行得通的,在代入之后,我们就得一个新的恒等式,它就是我们所要求的

$$\mathrm{e}^{-z^2}=\sum_{n=0}^{\infty}\frac{(-1)^n z^{2n}}{n!}=1-\frac{z^2}{1!}+\frac{z^4}{2!}-\frac{z^6}{3!}+\cdots$$

这一结果是利用一个较为简短的方法,不根据系

① 在(2)及(3)中,假若先根据关于系数的一般泰勒公式来处理,我们就不得不利用所谓"莱布尼兹公式"(乘积的任何次数的导数).

数的泰勒公式而得出的;但由幂级数展开式的唯一性定理可以知道,最终的结果与选取的方法无关①.

(5) $$f(z)=\frac{1}{1+z^2}$$

我们可以像先前所指示的那样来做.

但下面是一个比较简单而且很快就达到目的的方法:在公式

$$\frac{1}{1-t}=1+t+t^2+t^3+\cdots \quad (|t|<1) \tag{6.29}$$

中,以 $-z^2$ 代 t,即得

$$\frac{1}{1+z^2}=1-z^2+z^4-z^6+\cdots$$

在这里,我们必须假定不等式 $|-z^2|<1$ 成立;这不等式也和不等式 $|z|<1$ 等价.

(6) $$f(z)=\arctan z$$

我们容易得出

$$(\arctan z)'=\frac{1}{1+z^2}$$

在这样情形之下,既然由公式已经知道了函数 $\frac{1}{1+z^2}$ 的幂级数展开式,我们就可以经过从0到 z 积分(参看6.1节定理6.2),利用它来得到展开式

$$\arctan z=\int_0^z \frac{\mathrm{d}z}{1+z^2}=z-\frac{z^3}{3}+\frac{z^5}{5}-\frac{z^7}{7}+\cdots \tag{6.30}$$

在这等式之中,我们当然须假定 $|z|<1$.

---

① 在(1)～(4)中,变量 z 的范围毫无限制.

(7) $$f(z)=\frac{1}{\sqrt{1-z}}$$

(假定当 $z=0$ 时,我们取根的值等于 $+1$,而其他的根值则“根据连续性”来定义.)

在现阶段,我们将不去说明为什么可以预先断定:将所论的函数在点 $z=0$ 的某一邻域之内展成幂级数是可能的.

但是我们现在要设法选取数 c_n,使得在某一这样的领域之内,恒等式

$$f(z)\equiv\sum_{n=0}^{\infty}c_n z^n$$

成立;换句话说,要使得恒等式

$$\left(\sum_{n=0}^{\infty}c_n z^n\right)^2\equiv\frac{1}{1-z}$$

成立.

试注意

$$\frac{1}{1-z}\equiv 1+z+z^2+\cdots\quad(|z|<1)$$

利用级数的乘法规则,并引用唯一性定理,我们就得到无限多个等式

$$c_0^2=1$$
$$c_0c_1+c_1c_0=1$$
$$c_0c_2+c_1^2+c_2c_0=1$$
$$c_0c_3+c_1c_2+c_2c_1+c_3c_0=1$$
$$c_0c_4+c_1c_3+c_2^2+c_3c_1+c_4c_0=1$$
$$\vdots$$

由第一个等式,根据所采用的条件,我们就得出了绝对项 $c_0=+1$. 这一组等式的结构是这样的:即从这些等式,我们可以逐一的唯一定出以后的系数

$$c_1=\frac{1}{2},c_2=\frac{3}{8},c_3=\frac{5}{16},c_4=\frac{35}{128},\cdots$$

一般有

$$c_n=\frac{1\cdot 3\cdot 5\cdots(2n-1)}{2\cdot 4\cdot 6\cdots 2n}=\frac{(2n)!}{2^{2n}\cdot(n!)^2}$$

所得的展开式

$$\frac{1}{\sqrt{1-z}}=\sum_{n=0}^{\infty}\frac{(2n)!}{2^{2n}\cdot(n!)^2}z^n \tag{6.31}$$

当 $|z|<1$ 时收敛.

(8)　　　　$f(z)=\frac{1}{\sqrt{1-z^2}}$

(关于根值的选择还是根据前一题中同样的条件).

只需在式(6.31)中以 z^2 代 z,即得展开式

$$\frac{1}{\sqrt{1-z^2}}\sum_{n=0}^{\infty}\frac{(2n)!}{2^{2n}\cdot(n!)^2}z^{2n}\quad(|z|<1) \tag{6.32}$$

(9)　　　　$f(z)=\arcsin z$

由式(6.28)容易得出

$$(\arcsin z)'=\frac{1}{\sqrt{1-z^2}}$$

式中的根值必须这样选取,使得它当 $z=0$ 时为 $+1$.

于是,将上之等式从 0 到 z 积分,即得

$$\arcsin z=\int_0^z\frac{\mathrm{d}z}{\sqrt{1-z^2}}=$$

$$\sum_{n=0}^{\infty}\frac{(2n)!}{(2n+1)\cdot 2^{2n}(n!)^2}z^{2n+1}\quad(|z|<1) \tag{6.33}$$

(10)　　　　$f(z)=\ln(1+z)$

最好是利用求幂级数积分的方法.那就是,注意

$$\ln(1+z)=\int_1^{1+z}\frac{\mathrm{d}\zeta}{\zeta}=\int_0^z\frac{\mathrm{d}\zeta}{1+\zeta}$$

则由展式

$$\frac{1}{1+z}=1-z+z^2-z^3+\cdots\quad(|z|<1)\tag{6.34}$$

即得

$$\ln(1+z)=z-\frac{z^2}{2}+\frac{z^3}{3}-\frac{z^4}{4}+\cdots\quad(|z|<1)\tag{6.35}$$

(11) $f(z)=\dfrac{1}{(1-z)^p}$ (p 是正整数)

将展式 $\dfrac{1}{1-z}=\sum\limits_0^{\infty}z^n$ 施行多次微分,则(在除以适当因子之后)得一列在 $|z|<1$ 时为收敛的展式

$$\frac{1}{(1-z)^2}=1+2z+3z^2+\cdots=\sum_{n=0}^{\infty}(n+1)z^n$$

$$\frac{1}{(1-z)^3}=1+3z+6z^2+\cdots=\sum_{n=0}^{\infty}\frac{(n+1)(n+2)}{1\cdot 2}z^n$$

一般有

$$\frac{1}{(1-z)^{p+1}}=1+(p+1)z+\frac{(p+2)(p+1)}{1\cdot 2}z^2+\cdots=$$

$$\sum_{n=0}^{\infty}\frac{(n+p)(n+p-1)\cdots(n+1)}{1\cdot 2\cdots p}z^n\tag{6.36}$$

(试将这种推理方法与第二章中所使用的繁复而又不自然的方法加以比较.)

(12) $f(z)=\tan z$

根据函数展成幂级数的唯一性定理,我们就可以使用待定系数法.令

$$\tan z = c_1 z + c_3 z^3 + c_5 z^5 + \cdots \tag{6.37}$$

(因为函数 $\tan z$ 是一个奇函数,所以事先可以预见到偶次项的系数为0).

等式(6.37)必然要在某一圆 $|z| < R$ 内恒成立,这圆的半径 R 我们暂时尚不知道,当然也不排除这样的可能性,即恒等式(6.37)对于任何正数 R 皆不成立.

假定等式(6.37)在某一圆 $|z| < R$ 恒成立,则在这圆内我们就有恒等式

$$\sin z = (c_1 z + c_3 z^3 + c_5 z^5 + \cdots)\cos z$$

或

$$z - \frac{z^3}{6} + \frac{z^5}{120} - \cdots =$$

$$(c_1 z + c_3 z^3 + c_5 z^5 + \cdots)\left(1 - \frac{z^2}{2} + \frac{z^4}{24} - \cdots\right)$$

于是,在比较 z 的同次幂的系数之后,即得

$$c_1 = 1$$

$$-\frac{1}{2}c_1 + c_3 = -\frac{1}{6}$$

$$\frac{1}{24}c_1 - \frac{1}{2}c_3 + c_5 = \frac{1}{120}$$

$$\vdots$$

由这些等式,我们逐一的就得到了

$$c_1 = 1, c_3 = \frac{1}{3}, c_5 = \frac{2}{15}, \cdots \tag{6.38}$$

于是,在现阶段,我们就可以得出结论:若函数 $f(z) = \tan z$ 在点 $z = 0$ 可以展成幂级数,则这级数必为

$$\tan z = z + \frac{1}{3}z^3 + \frac{2}{15}z^5 + \cdots \tag{6.39}$$

但是我们暂时还不知道这级数的收敛半径 R(我

们现在回到这个问题上来)，而且要想利用有限多次初等运算求出系数的一般运行规律(以 n 明确的表出 c_n)，这大致是不会成功的.

上述的这些题所讲的都是关于将所给函数按自变量 z 的幂(即在点 $z=0$)展成幂级数.假若要求将函数按同样的方式在点 $z=a$(即按 $z-a$ 的幂)展开，则在实际运算上只需取 $z-a$ 作为新变量

$$z-a=z',z=z'+a$$

然后将函数 $f(z'+a)$ 按 z 的幂展开，再重新回到原有变量即可.

这方法是我们已经学过的(参考第三章).

下面是一个用这方法来做的例子：

(13) $$f(z)=\ln z$$

要求将 $\ln z$ 按 $z-a(a\neq 0)$ 的幂展开.

我们现在作一个变换，使得可以去利用展开式(6.35)

$$\ln z=\ln[(z-a)+a]=\ln a+\ln\left(1+\frac{z-a}{a}\right)=$$

$$\ln a+\sum_{n=1}^{\infty}\frac{(-1)^{n+1}}{n}\left(\frac{z-a}{a}\right)^{n}$$

上式在条件 $\left|\frac{z-a}{a}\right|<1$，即 $|z-a|<|a|$ 之下是可能的；即收敛半径 R 等于 $|a|$.

关于幂级数，我们现在要做一些最后的解释.

对于正面问题："级数给定了；要求出它的和"，我们很少给以注意，最简单的理由是：一般说来，只有在某些比较稀有的情形，级数的和才可以由初等函数表出，因而对于这问题，我们很少有所说的；然而幂级数照例还是一种使得我们可以(在收敛条件之下)构造

出新的复变函数的工具.

至于反面问题:"函数给定了,要把它在所与的点展开幂级数",那我们就要给以注意:然而在现阶段,我们还没有一个一般的判别方法,可以使得我们知道,所提出的问题能否有解,顺便提一下,我们已经知道不可能有两个不同的答案.

作为寻求展开式中未知系数的一种实际可行的方法,我们当然并不是不能利用泰勒公式(6.23);然而通常最为方便的则是去结合已经知道的展开式.

6.5 在所与区域内为一致收敛的由一般形状的多项式做成的级数(和序列)

正如已经指出的,级数和序列之间并没有什么原则上的差别;因此,在谈到级数的一致收敛时,我们将同时考虑序列.

一致收敛的多项式级数(和序列)是一种异常精确的解析工具,利用它,正如我们在实变函数论中所证明的,可以(在有限区间上)"表出"或"描出"任何的连续函数.(稍后一点,在第七章中)我们将证明,在复域中远非所有的连续函数皆可由多项式级数(或序列)表出或描出.

现在的目的就是通过一系列的例子去证明:一致收敛的级数(或序列)在和它的特殊情形——幂级数——比起来,具有更为普遍的性质.这里所谈的主要是关于收敛域和收敛性质(绝对收敛,非绝对收敛).

例 6.1 多项式序列$\{z^n\}$在圆$|z|<1$内收敛于

函数 $f(z)\equiv 0$，而且在条件 $|z|\leqslant\rho(\rho<1)$ 之下为一致收敛.

实际上 $$|z^n|\leqslant\rho^n\to 0$$

例 6.2 多项式序列$\{\Pi_n(z)\}$，于此

$$\Pi_n(z)=\left(1+\frac{z}{n}\right)^n\quad(n=1,2,3,\cdots)$$

在全平面内收敛，而且在任何有限域(例如以任意点为心，任意长为半径的圆，比如 $|z|\leqslant R$) 内为一致收敛. 极限是指数函数 e^z.

我们已经知道(§17)，多项式

$$P_n(z)=1+\frac{z}{1!}+\frac{z^2}{2!}+\cdots+\frac{z^n}{n!}\quad(n=1,2,3,\cdots)$$

这是指数函数的幂级数展开式的部分和，它也具有上述的性质. 我们现在要来利用这一事实. 我们将多项式 $\Pi_n(z)$ 和 $P_n(z)$ 加以比较：它们的绝对项是一样的，而差式 $P_n(z)-\Pi_n(z)$ 中 z^k(若 $k\geqslant 2$) 的系数则等于

$$\frac{1}{k!}-\frac{1}{n^k}C_n^k=$$

$$\frac{1}{k!}\left[1-\left(1-\frac{1}{n}\right)\left(1-\frac{2}{n}\right)\cdots\left(1-\frac{k-1}{n}\right)\right]$$

这式子则小于

$$\frac{1}{k!}\left[1-\left(1-\frac{k-1}{n}\right)^{k-1}\right]<\frac{(k-1)^2}{k!\ n}<\frac{1}{(k-2)!\ n}$$ ①

因此，当 $|z|\leqslant R$ 时，有

---

① 左边的不等式是由于在显然的不等式(当 $0<a<b$)

$$b^m-a^m<mb^{m-1}(b-a)$$

中令 $$m=k-1;a=1-\frac{k-1}{n};b=1$$

$$
\begin{aligned}
|\Pi_n(z)-P_n(z)| &< \frac{1}{n}\sum_{k=2}^{n}\frac{R^k}{(k-2)!}= \\
&\frac{R^2}{n}\sum_{k=2}^{\infty}\frac{R^{k-2}}{(k-2)!}= \\
&\frac{1}{n}\cdot R^2 e^R
\end{aligned}
$$

若 $n\to\infty$，则右边趋于 0；这就是说，在任何有限域中，$\Pi_n(z)$ 与 $P_n(z)$ 一致趋于同一极限，即函数 e^z.

例 6.3　我们现在来讨论多项式级数

$$\sum_{n=0}^{\infty}(1-z^2)^n$$

因为这级数是一个几何级数(但绝不是幂级数!)，所以不难求出它的收敛域和它的和.

根据几何级数的性质，我们的级数当 $|1-z^2|<1$ 时收敛，而且当 $|1-z^2|<\rho(\rho<1)$ 时为一致收敛，且其和为

$$\frac{1}{1-(1-z^2)}=\frac{1}{z^2}$$

不等式 $|1-z^2|<1$ 可以改写成

$$|z-1|\cdot|z+1|<1$$

由此可以看出，它定义了一个焦点为 ± 1 的双纽线的内部. 在任何与这双纽线无论怎样靠近的笛卡儿卵形线内，即在双纽线内部的任何闭域内，一致收敛皆成立.

于是，在这例题中，与任何幂级数相反，收敛域不是圆.

例 6.4　现来讨论多项式级数

$$f(z)\equiv\sum_{n=0}^{\infty}\frac{T_n(z)}{n!} \tag{6.40}$$

于此，$T_n(z)=\cos n(\arccos z)$. 函数 $T_n(z)$ 是一 n 次多项式(所谓“切比雪夫多项式”). 事实上，令

$$\arccos z=t, z=\cos t, \sqrt{1-z^2}=\sin t$$

则得

$$T_n(z)=\cos nt=\frac{1}{2}(e^{int}+e^{-int})=$$

$$\frac{1}{2}[(\cos t+i\sin t)^n+(\cos t-i\sin t)^n]=$$

$$\frac{1}{2}[(z+i\sqrt{1-z^2})^n+(z-i\sqrt{1-z^2})^n]=$$

$$\frac{1}{2}[(z+\sqrt{z^2-1})^n+(z-\sqrt{z^2-1})^n]$$

要想证明 $T_n(z)$ 是一 n 次多项式，只需设想将最后一式中所有的括号解开即可. 根值如何选择反正都是一样:重要的只是两项中的根值都要是一样的.

重新将所得到的 $T_n(z)$ 的式子代入所与的级数中，我们就得到了这级数的一个新的表达式

$$f(z)=\frac{1}{2}\sum_{n=0}^{\infty}\frac{1}{n!}[(z+\sqrt{z^2-1})^n+(z-\sqrt{z^2-1})^n]$$

现在已经可以清楚地看到，这级数对于任何 z 值皆为收敛，且具有和数

$$f(z)=\frac{1}{2}(e^{z+\sqrt{z^2-1}}+e^{z-\sqrt{z^2-1}})=$$

$$\frac{1}{2}e^z(e^{\sqrt{z^2-1}}+e^{-\sqrt{z^2-1}})=$$

$$e^z\operatorname{ch}\sqrt{z^2-1}$$

不难明白，最后所得的式子尽管有根号出现，但在全平面上却是单值的.

例 6.5

$$f(z)=\sum_{n=0}^{\infty}\left(\frac{1}{\rho}\right)^{n}T_{n}(z)$$

于此,$T_n(z)$ 仍是切比雪夫多项式,ρ 则是任何大于 1 的数.

恰如在例 6.4 中一样,我们有

$$f(z)=\frac{1}{2}\sum_{n=0}^{\infty}\left(\frac{1}{\rho}\right)^{n}[(z+\sqrt{z^{2}-1})^{n}+(z-\sqrt{z^{2}-1})^{n}] \tag{6.42}$$

再假定

$$\left|\frac{1}{\rho}(z\pm\sqrt{z^{2}-1})\right|<1$$

即

$$|z\pm\sqrt{z^{2}-1}|<\rho$$

即得 $f(z)$ 为一分式线性函数

$$f(z)=\frac{1}{2}\left(\frac{1}{1-\frac{z+\sqrt{z^{2}-1}}{\rho}}+\frac{1}{1-\frac{z-\sqrt{z^{2}-1}}{\rho}}\right)=\frac{\rho(\rho-z)}{1-2\rho z+\rho^{2}}$$

要想确定收敛域的形状,我们令

$$z=x+\mathrm{i}y,w=z+\sqrt{z^{2}-1}=R\mathrm{e}^{\mathrm{i}\varphi}$$

$$\frac{1}{w}=z-\sqrt{z^{2}-1}=\frac{1}{R}\mathrm{e}^{-\mathrm{i}\varphi}$$

由此即得

$$z=\frac{1}{2}\left(w+\frac{1}{w}\right)=\frac{1}{2}\left(R\mathrm{e}^{\mathrm{i}\varphi}+\frac{1}{R}\mathrm{e}^{-\mathrm{i}\varphi}\right)$$

因而有

$$x=\frac{1}{2}\left(R+\frac{1}{R}\right)\cos\varphi$$

$$y=\frac{1}{2}\left(R-\frac{1}{R}\right)\sin\varphi$$

因之，在 z 平面上使得 $|w|=|z+\sqrt{z^2-1}|=R$ $(=\text{const})$ 的点 z 的轨迹是由等式

$$\frac{x^2}{\left[\frac{1}{2}\left(R+\frac{1}{R}\right)\right]^2}+\frac{y^2}{\left[\frac{1}{2}\left(R-\frac{1}{R}\right)\right]^2}=1$$

所规定.

这是一个以 ± 1 为焦点，以

$$\begin{cases}a=\frac{1}{2}\left(R+\frac{1}{R}\right)\\ b=\frac{1}{2}\left(R-\frac{1}{R}\right)\end{cases}$$

为半轴的椭圆.

变量 R 的几何意义不难说明：将上之等式相加，即得 $R=a+b$，故 R 是椭圆的两个半轴之和. 当 ρ 从 1 增大到 ∞，则椭圆即由线段 $(-1,+1)$ 开始逐渐扩大，而焦点则停留不变.

于是，展开式(6.41)的收敛域是一以 ± 1 为焦点，半轴之和等于 ρ 的椭圆的内部.

容易看出，椭圆在右边的顶点乃是函数 $f(z)$ 唯一的一个极点.

例 6.6 设 D 是 z 平面上的任意一个闭域，$\{P_n(z)\}$ 是任意一个不恒等于 0 的多项式序列. 我们经常总可以选取一个正数序列 $\{\alpha_n\}$，使得当 $|c_n|\leqslant\alpha_n$ 时，级数

$$f(z)=\sum_{n=1}^{\infty}c_nP_n(z)$$

在预先给定的域 D 内一致收敛. 我们可以用无限多种

方法做到这一点.

比如说,假定 M_n 记 $|P_n(z)|$ 在域 D 内的极大值,因而对于 D 中的任何 z

$$|P_n(z)| \leqslant M_n \quad (n=1,2,3,\cdots)$$

又假定 $\{\varepsilon_n\}$ 为一正数序列,它使得级数 $\sum \varepsilon_n$ 收敛.

于是,只需令

$$\alpha_n = \frac{\varepsilon_n}{M_n} \tag{6.43}$$

即可.在这条件之下,我们有

$$\sum_{n=1}^{\infty} |c_n P_n(z)| \leqslant \sum_{n=1}^{\infty} \alpha_n |P_n(z)| \leqslant \sum_{n=1}^{\infty} \frac{\varepsilon_n}{M_n} M_n = \sum_{n=1}^{\infty} \varepsilon_n$$

因而级数 $\sum_{n=1}^{\infty} c_n P_n(z)$ 在域 D 内为一致收敛,而且是绝对收敛.

自然,所说的级数收敛条件决不是必要条件.

6.6 分式有理函数做成的级数(序列)

1.按差式 $z-a$(这里的 a 是一常数)的负整数幂排列的级数非常容易碰到.这一类的级数形如

$$\sum_{n=0}^{\infty} \frac{c_n}{(z-a)^n} = c_0 + \frac{c_1}{z-a} + \frac{c_2}{(z-a)^2} + \cdots + \frac{c_n}{(z-a)^n} + \cdots \tag{6.44}$$

而经过变换 $z-a=\frac{1}{z'}$ 则化为按 z' 的正数幂排列的级数.

这个变换还使得我们可以判断形如(6.44)的级数的收敛性质以及如何决定它的和.

我们还可以得出：

对于形如(6.44)的每一级数，有一收敛半径 $R'(0\leqslant R'\leqslant\infty)$ 与之相应. 级数在收敛圆的外部（当 $|z|>R'$）收敛，而在它的内部（当 $|z|<R'$）发散. 特别，假若 $R'=\infty$，则没有一点使得级数收敛（但也可以在形式上把它说成是在 $z=\infty$ 点“收敛”，并以 c_0 为其和）；若 $R'=0$，则级数在全平面上收敛（点 $z=a$ 除外，组成级数的各分式在这一点显然皆无意义）.

在圆 $|z-a|=R'$ 上可能有各种不同的情形.

容易明白，级数 $\sum_{n=0}^{\infty}\frac{c_n}{(z-a)^n}$ 的收敛半径 R' 和级数 $\sum_{n=0}^{\infty}c_nz^n$ 的收敛半径 R 之间存在关系

$$R'=\frac{1}{R} \tag{6.45}$$

再有：

形如(6.44)的级数在 $|z-a|>R'$ 时绝对收敛，且在任何形如 $|z-a|\geqslant\rho$ 的域内为一致收敛，于此 $\rho>R'$（当 $R'>0$ 时）；但若 $R'=0$，则对任何 $\rho>0$ 皆为一致收敛.

例如级数 $\sum_{n=0}^{\infty}\left(\frac{2}{z-3}\right)^n$ 当 $\left|\frac{2}{z-3}\right|<1$ 收敛，即在以 3 为心以 2 为半径的圆外收敛，并以 $\frac{z-3}{z-5}$ 为其和；从

级数 $\sum_{n=0}^{\infty}\frac{z'^n}{n!}$ 经变换 $z'=\frac{1}{z}$ 得到的级数 $\sum_{n=0}^{\infty}\frac{1}{n!\ z^n}$ 对于所有的 z 值(除 $z=0$ 之外)皆为收敛,并以 $e^{\frac{1}{z}}$ 为其和.

最后,还须讲一下双边级数,即按 $z-a$ 的一切整数幂(正的和负的)排列的级数

$$\sum_{n=-\infty}^{+\infty}c_n(z-a)^n=\cdots+\frac{c_{-n}}{(z-a)^n}+\cdots+\frac{c_{-1}}{z-a}+ c_0+c_1(z-a)+\cdots+ c_n(z-a)^n+\cdots \tag{6.46}$$

这类级数的和是被定义作两个级数的和之和

$$\sum_{n=-\infty}^{+\infty}c_n(z-a)^n=\sum_{n=0}^{\infty}c_n(z-a)^n+\sum_{n=1}^{\infty}\frac{c_{-n}}{(z-a)^n} \tag{6.47}$$

假若后面的两个级数都收敛的话.

级数 $\sum_{n=-\infty}^{+\infty}c_nz^n$ 可算是这种级数的一个例子,于此,系数 c_n 是由公式

$$c_n=\begin{cases}\frac{1}{2^n} & 当\ n\geqslant 0\\ 1 & 当\ n<0\end{cases}$$

所定义.这级数的 $\sum_{n=0}^{\infty}\left(\frac{z}{2}\right)^n$ 部分当 $|z|<2$ 时收敛,并以 $\frac{2}{2-z}$ 为其和.级数的另一部分 $\sum_{n=1}^{\infty}\left(\frac{1}{z}\right)^n$ 当 $|z|>1$ 时收敛,并以 $\frac{1}{z-1}$ 为其和.

在上述条件(即把双边级数看作两个级数之和的和)之下,这双边级数可以认为是在环状区域 $1<|z|<2$ 之内收敛,并以

$$\frac{2}{2-z}+\frac{1}{z-1}=\frac{z}{(z-1)(2-z)}$$

为其和.

下面是另外的一个例子. 若令

$$c_n=\begin{cases}0 & 当\ n=0\\ \dfrac{1}{n^2} & 当\ n\neq 0\end{cases}$$

则得级数 $\sum\limits_{n=1}^{\infty}\frac{1}{n^2}\left(z^n+\frac{1}{z^n}\right)$. 在这里，这级数的 $\sum\limits_{n=1}^{\infty}\frac{z^n}{n^2}$ 部分在 $|z|\leqslant 1$ 时收敛，而另一部分 $\sum\limits_{n=1}^{\infty}\frac{1}{n^2 z^n}$ 则当 $|z|\geqslant 1$ 时收敛. 因此，所论的双边级数只在圆 $|z|=1$ 上收敛.

除了 $z-a$ 的正数幂之外还包含负数幂的级数，即形如(6.44) 或(6.47) 的级数叫作洛朗(Laurent) 级数.

2. 作为级数个别的项的极点的那种点(以及它们的极限点) 将不予考虑.

例如关于级数

$$f(z)=\sum_{n=1}^{\infty}\frac{1}{n(n-z)}=$$

$$\frac{1}{1-z}+\frac{1}{2(2-z)}+\cdots+\frac{1}{n(n-z)}+\cdots$$

的和，我们就可以说，对于正整数以外的一切 z 值，它有定义，而且是一连续函数.

实际上，令 $D\equiv D_{M,\delta}$ 是从圆 $|z|\leqslant M$ 内除去以正整数为心，以 δ 为半径的小圆 $|z-n|<\delta$ 之后所得到的域；于是，假定 z 属于 D，则有

$$\left|\frac{1}{n(n-z)}\right|=\frac{1}{n^2\left|1-\frac{z}{n}\right|}<\frac{1}{n^2\eta} \tag{6.48}$$

于此，η 乃表示量 $\left|1-\frac{z}{n}\right|$ 当 z 跑过域 D 及 n 跑过正整数时所取的最小数值. 不等式(6.48)已经足以肯定级数在 D 内一致收敛，以及它的和 $f(z)$ 在 D 内连续. 于是，函数 $f(z)$ 除了值 n 之外，处处为连续，因为 M 可以任意大，而 δ 可以任意小.

假若 z 接近整数值，例如 N，则 $f(z)$ 趋于无穷. 实际上，设

$$f(z)\equiv\frac{1}{N(N-z)}+f_N(z)$$

我们即可看出右边的第一项无限增大，而第二项则在点 N 的附近为连续，因而为有限.

3. 设 C 为任意一条有限长的曲线，$\varphi(\zeta)$ 为在 C 上定义的连续函数. 于是，假设 D 是由平面上除去曲线 C 后所成的域，则积分

$$I\equiv f(z)\equiv\int_C\frac{\varphi(\zeta)\mathrm{d}\zeta}{\zeta-z} \tag{6.49}$$

即为 D 内的有理函数列的极限

$$I=\lim_{n\to\infty}\sum_{k=1}^{n}\frac{\varphi(\zeta_k^{(n)})}{\zeta_k^{(n)}-z}\cdot\Delta\zeta_k^{(n)}\quad(\Delta\zeta_k^{(n)}=\zeta_k^{(n)}-\zeta_{k-1}^{(n)})$$

这里的点列 $\{\zeta_k^{(n)}\}(0\leqslant k\leqslant n)$，正如在一切积分和中一样，乃是弧 C 上的一“分割”，把 C 分成 n 份，而且我们还假定 $\max|\Delta\zeta_k^{(n)}|$ 当 $n\to\infty$ 时趋于 0.

要把弧 C 上的点除去，这是必要的，因为在这些点变量 ζ 的函数

$$\frac{\varphi(\zeta)}{\zeta - z}$$

不再连续，因而积分过程就不能再保证收敛.

6.7 另外的级数和序列

下面，我们将讨论一些序列和级数，它们的项是变量 z 的函数，但不一定是有理函数. 我们限定，这些函数都属于初等函数.

1. 我们现在来讨论形如

$$\sum_{n=0}^{\infty} c_n \mathrm{e}^{-nz} \tag{6.50}$$

的级数.

这类级数可由幂级数 $\sum\limits_{n=0}^{\infty} c_n z'^n$ 经变换 $z' = \mathrm{e}^{-z}$ 得出. 因之，假若以 R 记这幂级数的收敛半径，我们就可以说，级数(6.50) 当 $|\mathrm{e}^{-z}| < R$ 时收敛，当 $|\mathrm{e}^{-z}| > R$ 时发散. 但因

$$|\mathrm{e}^{-z}| = |\mathrm{e}^{-x-\mathrm{i}y}| = \mathrm{e}^{-x}$$

所以换句话说，级数(6.50) 当 $x > \xi$ 时收敛，当 $x < \xi$ 时发散，于此，$\xi = \ln \dfrac{1}{R}(\xi \leqslant 0)$.

于是，级数(6.50) 的收敛域是一个半平面：$\xi = -\infty$ 和 $\xi = +\infty$ 这两种情形也不除外，数 ξ 叫作级数(6.50) 的收敛横标.

同理，利用同样的变换，形如

$$\sum_{n=-\infty}^{+\infty} c_n \mathrm{e}^{-nz} = \sum_{n=0}^{\infty} c_n \mathrm{e}^{-nz} + \sum_{n=-1}^{-\infty} c_n \mathrm{e}^{-nz} \tag{6.51}$$

的级数可以化成双边幂级数

$$\sum_{n=-\infty}^{+\infty} c_n z'^n = \sum_{n=0}^{\infty} c_n z'^n + \sum_{n=-1}^{-\infty} c_n z'^n$$

以 R 及 R' 分别记右边两个级数的收敛半径，我们就可以证明，所与的级数(6.51) 在带形域

$$\xi < x < \xi'$$

内收敛，于此，我们是假定 $\xi = \ln \frac{1}{R}$，$\xi' = \ln \frac{1}{R'}$，当 $\xi = -\infty$ 或 $\xi' = +\infty$ 时，这带形域就变成了半平面；假若同时有 $\zeta = -\infty$ 和 $\xi' = +\infty$，则它就变成了全平面，若 $\xi = \xi'$，则级数只可能在直线 $x = \xi$ 的点收敛；$\xi > \xi'$ 这一情形不除外(这时无一处收敛).

2. 级数

$$\zeta(z) = \sum_{n=1}^{\infty} \frac{1}{n^z} \tag{6.52}$$

当条件 $x > 1$ 成立时收敛，且为绝对收敛，这是因为

$$\left| \frac{1}{n^z} \right| = | \mathrm{e}^{-z\ln n} | = \mathrm{e}^{-x\ln n} = \frac{1}{n^x}$$

因而级数(正如大家在分析中所知道的) $\sum \frac{1}{n^x}$，当 $x > 1$ 收敛. 但级数(6.52)，当 $x \leqslant 0$ 时发散，因为在这假定之下，级数的一般项不趋于 0.

我们还可以证明，级数 $\zeta(z)$ 在带形域 $0 < x \leqslant 1$ 中也发散.

于是，函数 $\zeta(z)$ 在半平面 $x > 1$ 内已由级数(6.52) 定义.

这函数(所谓的黎曼"ζ - 函数")(读为黎曼泽塔函数) 在素数的分布理论中占有非常重要的地位.

3. 级数

$$\sum_{n=1}^{\infty}\frac{(-1)^n}{n^z} \tag{6.53}$$

正如前面一个级数一样，显然当 $x>1$ 时绝对收敛，当 $x\leqslant 0$ 时发散. 但我们要注意，它在带形域 $0<x\leqslant 1$ 是条件收敛(просто сходяшимся)(我们现在不来证明这点). 例如对于满足不等式 $0<z\leqslant 1$ 的实值 z，按照著名的“莱布尼兹规则”，它为收敛；这时当然很清楚，它不是绝对收敛.

级数不仅在它的绝对收敛域内为条件收敛，而且在域外也为条件收敛这一现象，我们还是初次碰到. 在下面的第四段中，我们将根据一些理论来掌握这种现象.

4. 我们现在来研究比(6.50)，(6.52) 及(6.53) 的形式更为一般的级数

$$\sum_{n=1}^{\infty} c_n e^{-\lambda_n z} \tag{6.54}$$

于此，$\{\lambda_n\}$ 是一正项增加序列，且 $\lim \lambda_n=+\infty$. 当 $\lambda_n=n$ 时，我们就得到了形如(6.50) 的级数.

在一般情形，级数(6.54)(假若数 λ_n 互相不可通约) 不可能经过变换化为幂级数. 我们现在设法关于级数(6.54) 重复在 §37 的引理中所作的论证.

假定级数(6.54) 当某一值 $z=z_0$ 收敛. 在这样假定之下，级数的一般项 $c_n e^{-\lambda_n z_0}$ 趋于 0，因而当 n 充分大时，它的模小于 1

$$|c_n e^{-\lambda_n z_0}|<1$$

这不等式与(令 $z_0=x_0+iy_0$)

$$|c_n|<e^{\lambda_n x_0}$$

是等价的.但这样一来,对于充分大的 n 和任意的 $z=x+\mathrm{i}y$,我们有

$$|c_n e^{-\lambda_n z}|<e^{-\lambda_n(x-x_0)}$$

由此即可看出,欲所与的级数(6.54)为绝对收敛,只需级数

$$\sum e^{-\lambda_n(x-x_0)} \tag{6.55}$$

收敛.

我们现在来研究几个具有代表性的情形:

(1)
$$\frac{-\lambda_n}{\ln n}\to\infty$$

这时无论对于任何 $x(>x_0)$,皆可找到这样的大的 N,使得当 $n>N$ 时,我们有

$$\frac{\lambda_n}{\ln n}>\frac{2}{x-x_0}$$

因而

$$e^{-\lambda_n(x-x_0)}<\frac{1}{n^2}$$

这就是说,级数(6.55)对任意的 $x>x_0$ 为收敛,即级数(6.54)对于半平面$\mathrm{Re}\ z>\mathrm{Re}\ z_0=x_0$ 中的任何 z 皆为收敛.

在这种情形,我们就证明了:存在某一收敛横标,它具有例1中同样的性质.

(2)对于任何任意小的 $\varepsilon(>0)$,存在正数 Λ,使得对于所有 n

$$\frac{\lambda_n}{\ln n}<\Lambda$$

而且对于无限多的 n,不等式

$$\frac{\lambda_n}{\ln n} > \Lambda - \varepsilon$$ [1]

成立.

但这时对于所有的这些 n,我们有

$$e^{-\lambda_n(x-x_0)} < \frac{1}{n(x-x_0)(\Lambda-\varepsilon)}$$

因而级数(6.55)在条件

$$(x-x_0)(\Lambda-\varepsilon) > 1$$

或

$$x > x_0 + \frac{1}{\Lambda-\varepsilon}$$

之下收敛.

注意 ε 为任意小,我们即可得出结论:在假定(2)之下,若级数(6.54)在点 $z_0(=x_0+\mathrm{i}y_0)$ 收敛,则它在半平面

$$\mathrm{Re}\ z > x_0 + \frac{1}{\Lambda}$$

内为绝对收敛.

于是,在理论上可能发生这样的事情:级数(6.55)在某一半平面 $\mathrm{Re}\ z > \xi$ 内绝对收敛,而它又在这半平面之外但与这半平面的边界相距不大于 $\frac{1}{\Lambda}$ 的某些点为条件收敛.

(3) $$\frac{\lambda_n}{\ln n} \to 0$$

在这项假定之下,使得级数为条件收敛的点与绝对收敛半平面的边界相距可能到任意远(或者说,这样

---

① 换言之,Λ 是序列 $\left\{\frac{\lambda_n}{\ln n}\right\}$ 的上限.

的半平面一般不存在).

5.形如

$$\sum_{n=-\infty}^{+\infty} c_n e^{inz} \tag{6.56}$$

的级数的情形与(6.51)那种情形无重大差别.级数(6.56)可以利用变换 $z'=e^{iz}$ 化成双边幂级数

$$\sum_{n=-\infty}^{+\infty} c_n z'^n$$

若以 R 及 R' 分别记级数 $\sum_{n=0}^{\infty} c_n z'^n$ 和 $\sum_{n=1}^{\infty} c_n z'^{-n}$ 的收敛半径,我们就可以证明:级数(6.56)的收敛域可由不等式

$$R' < |e^{iz}| < R$$

或

$$\alpha < y < \beta$$

定出,于此

$$\alpha = -\ln R, \beta = -\ln R'$$

于是,这是一个与实轴平行的带形域.特别,它可能变成半平面(当 $\beta=\infty$,或 $\alpha=-\infty$)或平面($\alpha=-\infty$ 和 $\beta=+\infty$),或“退化成直线”($\alpha=\beta$),或收敛域可能不存在($\alpha>\beta$).

假若 e^{inz} 和 e^{-inz} 的系数为共轭

$$c_{-n}=\bar{c}_n \quad (n \geqslant 0)$$

则易证明,收敛带形域关于 Ox 轴为对称

$$\beta \geqslant 0, \alpha=-\beta$$

习 题

1.试将函数 $z^2 \sin z$ 展成 z 的幂级数,展成 $z-1$ 的

幂级数，展成 $z+1$ 的幂级数. 试按泰勒公式和别的方法（利用圆函数的定义）而为之；试将所得结果比较.

2. 试将函数 $\sin^2 z$ 和 $\cos^2 z$ 按 z 的幂展开.

提示：利用“倍角关系”.

3. 试将函数 $\ln(1+e^z)$ 按 z 的幂展开. 试按两种方法而为之：(1) 直接按泰勒公式；(2) 令 $e^z=t$，将 $\ln(1+t)$ 展开，然后以 e^z 的幂级数展开式代 t. 试将所得结果比较. 可以限于 z 的不高于 $n=5$ 或 6 次方.

4. 将函数 $\dfrac{e^z}{e^z+1}$ 按上题中同样之方法展成幂级数.

5. 试将函数 $\ln\cos z$ 按 z 的幂展开. 除了按泰勒公式计算系数之外，试利用方法

$$\ln\cos z=\ln(1+t)$$

于此 $t=\cos z-1$（参看习题 3）.

6. 二项级数. 试利用泰勒公式将 $(1+z)^\alpha$ 按 z 的幂展开：试注意所得级数

$$(1+z)^\alpha \sim 1+\frac{\alpha}{1}z+\frac{\alpha(\alpha-1)}{1\cdot 2}z^2+\cdots+$$

$$\frac{\alpha(\alpha-1)\cdots(\alpha-n+1)}{1\cdot 2\cdots n}z^n+\cdots$$

中系数的结构.

确定所得级数的收敛域.

7. 级数

$$\sum_{n=1}^{\infty}\frac{\sin nz}{2^n}$$

对于什么样的 z 值收敛？它的和是什么？

8. 试确定级数

$$\sum_{n=0}^{\infty}(n+1)\left(\frac{z^2}{1+z^2}\right)^n$$

之收敛域及和.

9.试确定级数

$$\sum_{n=1}^{\infty}\frac{(n-1)z^{n-1}-nz^n}{(1+nz^n)[1+(n-1)z^{n-1}]}$$

之收敛域及和.

第七章 柯西积分、解析函数的概念

7.1 与参数有关的积分

假若二元复变函数 $F(z,\zeta)$ 已经给定，又若我们把它就变量 ζ 在两个定限之间取积分，则一般说来，所得结果是一单复变量 z 的函数. 这又是构造“新的”复变函数的一条路径.

为了适应我们以后所追求的目的，我们现在要把问题提得更加清楚一些.

我们将假定关系

$$w=F(z,\zeta) \tag{7.1}$$

是按照下面的方式来理解. 设在复平面 ζ 上已经给定了一条具有有限长度 L 的曲线 C；另一方面，又设 D 为复平面 z 上的某一区域. 我们假定，对于域 D 内的每一 z 值和曲线 C 上的每一 ζ 值，式(7.1)必与某一复数 w 相应；我们又假定，

函数 $F(z,\zeta)$ 关于曲线 C 上的变量 ζ 为连续. 在这样情形之下,我们就可以把积分

$$f(z)=\int_C F(z,\zeta)\mathrm{d}\zeta \tag{7.2}$$

看作是域 D 内的变量 z 的函数.

我们现在来阐明,在什么样(充分)的条件下,在域 D 内定义的函数 $f(z)$ 可以依照公式

$$f'(z)=\int_C F'_z(z,\zeta)\mathrm{d}\zeta \tag{7.3}$$

在 D 内微分.

显而易见,在 D 内必须假定函数 $F(z,\zeta)$ 对于曲线 C 上的任何 ζ 关于 z 可以微分.

设 z 为域 D 内的一定点. 则当 h 充分小($h\neq 0$)时[①],有公式

$$\frac{f(z+h)-f(z)}{h}=\int_C \frac{F(z+h,\zeta)-F(z,\zeta)}{h}\mathrm{d}\zeta \tag{7.4}$$

设函数 $F(z,\zeta)$ 在所论之点关于 z 具有导数 $F'_z(z,\zeta)$,它关于曲线 C 上的 ζ 值为连续;又设这微分关于各个 h 值皆为一致的. 这就是说,函数

$$\theta(h)=\max_{\zeta}\left|\frac{F(z+h,\zeta)-F(z,\zeta)}{h}-F'_z(z,\zeta)\right|$$

当 $h\to 0$ 时趋于 0. 在这样的情况下,我们有等式

$$\frac{F(z+h,\zeta)-F(z,\zeta)}{h}=F'_z(z,\zeta)+\omega(z,\zeta)\theta(h)$$

其中函数 $\omega(z,\zeta)$ 之绝对值不超过 1. 于是,我们可以把等式写成

① 小到使点 $z+h$ 在域 D 之内.

$$\frac{f(z+h)-f(z)}{h}=\int_C[F'_z(z,\zeta)+\omega(z,\zeta)\theta(h)]\mathrm{d}\zeta$$

但由此可得

$$\left|\frac{f(z+h)-f(z)}{h}-\int_C F'_z(z,\zeta)\mathrm{d}\zeta\right|=$$

$$\left|\int_C\omega(z,h)\theta(h)\mathrm{d}\zeta\right|\leqslant L\theta(h)$$

又因当 $h\to 0$ 时,右边趋于 0,故左边亦然.由此即得公式(7.3).

此外,假若函数 $F'_z(z,\zeta)$ 关于域 D 内的 z 为连续,则在该域内导数 $f'(z)$ 也为连续.

我们现在来讨论一种特别值得注意的情形,即

$$F(z,\zeta)\equiv\frac{\varphi(\zeta)}{(\zeta-z)^p}\qquad(7.5)$$

的情形(p 是正整数),其中函数 $\varphi(\zeta)$ 在曲线 C 上连续,而域 D 则与这曲线无公共点,于是 $F(z,\zeta)$ 具有所要求的连续性质.

对于上面所说的函数 $F(z,\zeta)$,我们有

$$\theta(h)=$$

$$\max_{\zeta}\left[|\varphi(\zeta)|\cdot\left|\frac{\dfrac{1}{(\zeta-z-h)^p}-\dfrac{1}{(\zeta-z)^p}}{h}-\frac{\partial}{\partial z}\frac{1}{(\zeta-z)^p}\right|\right]$$

试注意 $|\varphi(\zeta)|$ 由于 $\varphi(\zeta)$ 在 C 上为连续,故为有界,并注意对于充分小的 h,$|\zeta-z|$ 与 $|\zeta-z-h|$ 始终大于某一个(即使也很小)正数 δ,我们就可以证明 $\lim\limits_{h\to 0}\theta(h)=0$.

我们现在就 $p=1$ 和 $p=2$ 这两个例子来估计第二个因子

$$\left|\frac{\dfrac{1}{\zeta-z-h}-\dfrac{1}{\zeta-z}}{h}-\frac{\partial}{\partial z}\frac{1}{\zeta-z}\right|=$$

$$\left|\frac{1}{(\zeta-z-h)(\zeta-z)}-\frac{1}{(\zeta-z)^2}\right|=$$
$$\left|\frac{h}{(\zeta-z-h)(\zeta-z)^2}\right|\leqslant\frac{|h|}{\delta^3}$$
$$\left|\frac{\frac{1}{(\zeta-z-h)^2}-\frac{1}{(\zeta-z)^2}}{h}-\frac{\partial}{\partial z}\frac{1}{(\zeta-z)^2}\right|=$$
$$\left|\frac{3h(\zeta-z)-2h^2}{(\zeta-z-h)^2(\zeta-z)^3}\right|\leqslant$$
$$\frac{6|h|R+2|h|^2}{\delta^5}$$

于此,R 记 $|z|$ 在 D 内和 $|\zeta|$ 在 C 上的极大值.

于是,若 $\varphi(\zeta)$ 在 C 上连续,则由形如

$$\Phi(z)=\int_C\frac{\varphi(\zeta)\mathrm{d}\zeta}{(\zeta-z)^p}\tag{7.6}$$

的式子所定义的函数 $\Phi(z)$(p 为正整数)在复平面上任何不属于曲线 C 的点皆可微分.导数可从被积函数关于 z 微分得出

$$\Phi'(z)=p\int_C\frac{\varphi(\zeta)\mathrm{d}\zeta}{(\zeta-z)^{p+1}}\tag{7.7}$$

这导数在任何不属于 C 上的点皆为连续.

后面一种说法可以从这样的一个事实推出,即式(7.7)右边的式子与式(7.6)右边的式子相似;因而它为可微,故亦为连续.

既已经确立所要证明的事实对于分母为二项式的任何(正整数)p 次幂皆成立之后,我们现在就取 $p=1$;对于所论的函数的导数逐次运用前面的一个命题,我们现在就可以作出下面的结论:

由形如

$$f(z)=\int_C\frac{\varphi(\zeta)\mathrm{d}\zeta}{\zeta-z}\tag{7.8}$$

所定义的函数 $f(z)$ 在全平面上所有不属于曲线 C 的点具有任何 $n(n=1,2,3,\cdots)$ 次导数，于此，$\varphi(\zeta)$ 在曲线 C 上为连续. 这些导数可由积分号下的函数关于 z 作适当次数的微分提出

$$f^{(n)}(z)=n!\int_C\frac{\varphi(\zeta)\mathrm{d}\zeta}{(\zeta-z)^{n+1}} \tag{7.9}$$

但还可以证明得更多一些：

对于不属于曲线 C 上的任何一点 $z=a$，依式(7.8)定义的函数 $f(z)$ 可以展成一以 a 为心，以 R 为收敛半径的幂级数，这 R 至少等于从点 a 到曲线 C 的距离.

“至少”这一按语并不是多余的. 例如我们可以设想曲线 C 是弧 $PQRS$(图 23)，而函数 $\varphi(\zeta)$ 在它的 QR 部分恒等于 0. 于是，沿曲线 C 的积分即化成了沿弧 PQ 和 RS 的积分和，这时所论的级数的收敛半径即大于 ρ.

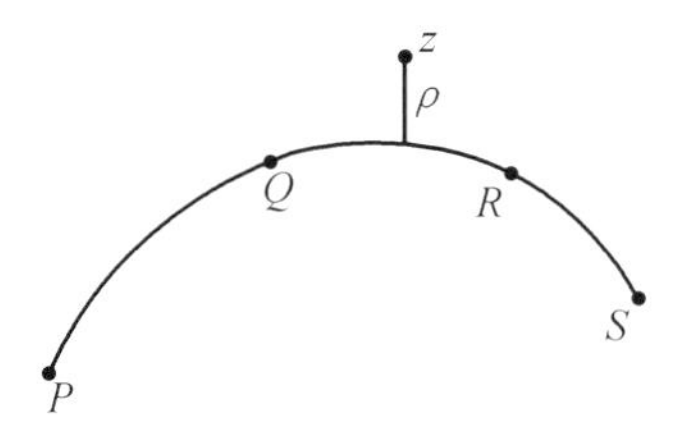

图 23

这一结论可以由函数 $\frac{1}{\zeta-z}$ 展开成级数得出

$$\frac{1}{\zeta-z}=\frac{1}{\zeta-a}+\frac{z-a}{(\zeta-a)^2}+\cdots+\frac{(z-a)^n}{(\zeta-a)^{n+1}}+\cdots \tag{7.10}$$

这级数在条件 $|z-a|<|\zeta-a|$ 之下成立.

设点 z 在以 a 为心以 ρ 为半径的圆 Γ 内(图 24). 则无论对于 C 上的任何一点 ζ，不等式

$$\left|\frac{z-a}{\zeta-a}\right|<q$$

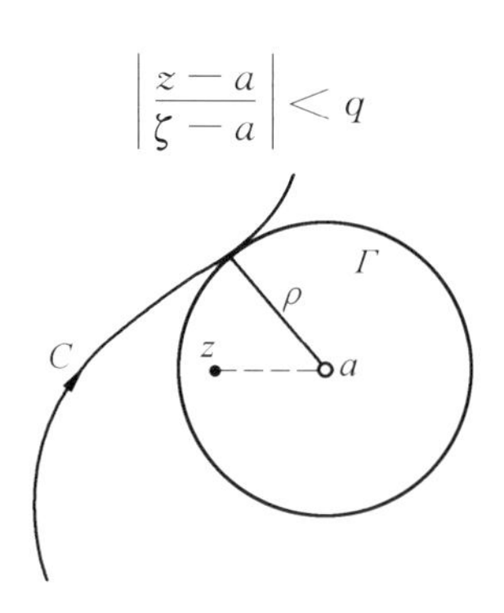

图 24

成立，于此，q 是某一真分数. 在这样的条件之下，式(7.10)右边关于曲线 C 上的点 ζ 为一致收敛，因而在以 $\varphi(\zeta)$ 乘等式(7.10)以后，我们就可以(§36)沿曲线 C 关于 ζ 取积分. 结果即得出函数 $f(z)$ 按 $z-a$ 的幂展开的展开式

$$f(z)=\int_C \frac{\varphi(\zeta)\mathrm{d}\zeta}{\zeta-a}+(z-a)\int_C \frac{\varphi(\zeta)\mathrm{d}\zeta}{(\zeta-a)^2}+\cdots+$$

$$(z-a)^n\int_C \frac{\varphi(\zeta)\mathrm{d}\zeta}{(\zeta-a)^{n+1}}+\cdots \tag{7.11}$$

或简写成

$$f(z)=c_0+c_1(z-a)+\cdots+c_n(z-a)^n+\cdots \tag{7.12}$$

于此

$$c_n=\int_C \frac{\varphi(\zeta)\mathrm{d}\zeta}{(\zeta-a)^{n+1}}\quad(n=0,1,2,\cdots) \tag{7.13}$$

在证明这定理时，也可以利用另外的想法. 既然在点 $z=a$，函数 $f(z)$ 的各次导数皆存在(如前面所证)，所以我们就可作出以点 a 为中心关于这函数的泰勒级数

$$f(z) \sim \sum_{n=0}^{\infty} \frac{f^{(n)}(a)}{n!}(z-a)^n \tag{7.14}$$

其中$(z-a)^n$的系数$c_n=\dfrac{f^{(n)}(a)}{n!}$,按照式(7.9),可以由式(7.13)定出.于是,式(7.14)的右边与式(7.11)的右边相同,因而只需证明,在条件$|z-a|<\rho$之下,式(7.14)中之对应符号可代之以等号.我们必须求级数的和.级数中直到$(z-a)^n$项为止的前面$n+1$项之和$f_n(z)$等于

$$f_n(z)=$$

$$\int_C \varphi(\zeta)\left[\frac{1}{\zeta-a}+\frac{z-a}{(\zeta-a)^2}+\cdots+\frac{(z-a)^n}{(\zeta-a)^{n+1}}\right]\mathrm{d}\zeta=$$

$$\int_C \varphi(\zeta)\left[1-\left(\frac{z-a}{\zeta-a}\right)^{n+1}\right]\frac{\mathrm{d}\zeta}{\zeta-z} \tag{7.15}$$

因$\left|\dfrac{z-a}{\zeta-a}\right|<q<1$,故余项趋于0

$$\left|\int_C \varphi(\zeta)\left(\frac{z-a}{\zeta-a}\right)^{n+1}\frac{\mathrm{d}\zeta}{\zeta-z}\right| \leqslant q^{n+1}\int_C\left|\varphi(\zeta)\frac{\mathrm{d}\zeta}{\zeta-z}\right| \to 0$$

因之等式(7.15)的右边趋于$f(z)$,因而左边亦趋于$f(z)$.

于是,当$|z-a|<\rho$时,函数$f(z)$可以展成级数(7.11).

注释 要想清楚地懂得刚才所证明的定理的意义,就必不能忽略:由式(7.8)所定义的函数$f(z)$对于曲线C上的点根本没有确定,而且当z沿着与C相交的路径移动时,也不一定连续变动.正好相反,一般说来,在它们的交点函数有一突变.

我们现在用两个例子来说明这点.

1. 曲线C是联结-1和$+1$两点的直线段,$\varphi(\zeta)\equiv$

1. 这时,我们容易算出

$$f(z)=\int_{-1}^{+1}\frac{\mathrm{d}\zeta}{\zeta-z}=\ln\frac{1-z}{-1-z}=\ln\frac{z-1}{z+1}$$

对数值的选择是根据条件 $\lim\limits_{z\to\infty}f(z)=0$ 来决定的,而且在选择时还要求函数在由整个 z 平面除去线段 $(-1,+1)$ 之后所成之域 D 内为连续(图 25).

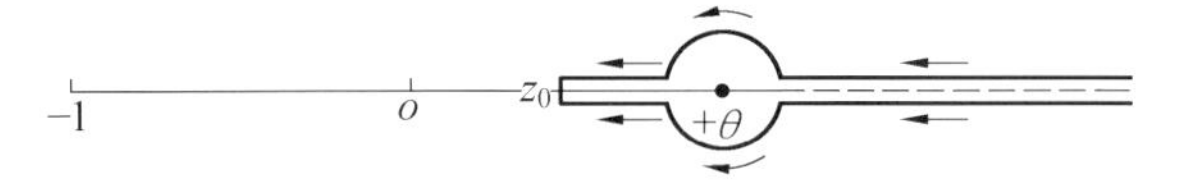

图 25

至于点 z_0(z_0 为实数,$|z_0|<1$),我们可以找到两条在本质上不相同的路径来达到,这里所说的"本质上不相同",是根据把路径想象成位于线段的"上边"或"下边"而言.在前一种情形,我们现在把路径明确描述如下(参看图 25 中上面的线):我们沿正半轴从 $+\infty$ 到 $1+\varepsilon$,然后依正方向沿半径为 ε 的圆绕点 1 转过半圈,最后再从点 $1-\varepsilon$ 到 z_0("沿域 D 的边").在第二种情形,路径也很相似,不过是沿负方向绕半圆(参看下面的线).在依正方向绕半圆的时候,所论函数的辐角即增加 π;在依负方向绕半圆的时候,它即减少 π,函数在同一点(不过分别想象成位于域 D 的这一"边"和另一"边")所取的值之差总共等于 $2\pi\mathrm{i}$.

2. 曲线 C 是单位圆;$\varphi(\zeta)\equiv 1$. 这时,正如我们已经知道的

$$f(z)\equiv\begin{cases}0 & 若\ |z|>1\\ 2\pi\mathrm{i} & 若\ |z|<1\end{cases}$$

7.2　多项式情形的柯西积分

设 $P(z)$ 是任意的一个 n 次多项式，a 是任意的一个复数.

由贝祖恒等式（第三章(3.4)），可知

$$P(z) \equiv P(a) + (z-a)P_1(z)$$

$$\frac{P(z)}{z-a} \equiv P_1(z) + \frac{P(a)}{z-a} \tag{7.16}$$

设 Γ 是 z 平面上任意一条不过点 a 的闭曲线；将恒等式(7.16)的两边沿这条线取积分，即得

$$\int_\Gamma \frac{P(z)}{z-a}\mathrm{d}z = \int_\Gamma P_1(z)\mathrm{d}z + P(a)\int_\Gamma \frac{\mathrm{d}z}{z-a} \tag{7.17}$$

由 §31 中之定理，右边第一个积分等于 0. 更假定曲线 Γ 本身不相交，则我们即有两种情形：

(1) 点 a 在曲线 Γ 之外. 此时式(7.17)右边的第二积分亦为 0；这就是说，左边的积分也等于 0.

(2) 点 a 在曲线 Γ 之内. 这时(§33)右边的积分等于 $2\pi\mathrm{i}$，于是，将此数除两边，我们即有公式

$$P(a) = \frac{1}{2\pi\mathrm{i}}\int_\Gamma \frac{P(z)}{z-a}\mathrm{d}z \tag{7.18}$$

(1)与(2)两段可以总写成

$$\frac{1}{2\pi\mathrm{i}}\int_\Gamma \frac{P(z)\mathrm{d}z}{z-a} = \begin{cases} 0 & \text{若 } a \text{ 在 } \Gamma \text{ 之外} \\ P(a) & \text{若 } a \text{ 在 } \Gamma \text{ 之内} \end{cases}$$

或者，在以 ζ 记积分变量，以 z 代 a 时，即得

$$\frac{1}{2\pi\mathrm{i}}\int_\Gamma \frac{P(\zeta)\mathrm{d}\zeta}{\zeta-z} = \begin{cases} 0 & \text{若 } z \text{ 在 } \Gamma \text{ 之外} \\ P(z) & \text{若 } z \text{ 在 } \Gamma \text{ 之内} \end{cases} \tag{7.19}$$

必须注意，式(7.19)左边的积分与参数 z 有关，因而是 z 的函数，这函数在 Γ 的外部和内部分别以不同的公式来表示，而在曲线 Γ 本身则生一间断. 所说的现象与 7.1 节中之结果相合.

我们当前的任务就在说明：对于什么样的比多项式类更为广泛的复变函数类 $\{f(z)\}$，关于闭曲线 Γ 内部的任何一点 z，公式

$$f(z)=\frac{1}{2\pi \mathrm{i}}\frac{f(\zeta)\mathrm{d}\zeta}{\zeta-z}(\text{“柯西积分”}) \qquad (7.20)$$

成立.

下面，我们将从这公式得出一系列各种各样的有用的推论.

7.3　以柯西积分表示复变函数的条件

在这里，我们来证明两个不同的定理.

定理 7.1　若在包含于闭曲线 Γ 内的域 Δ 中，以及在曲线 Γ 上函数 $f(z)$ 是一个一致收敛的多项式序列的极限

$$f(z)=\lim_{n\to\infty}P_n(z) \qquad (7.21)$$

则公式(7.20)成立.

证明所根据的是：假若点 z 位于 F 内，则式(7.20)对于所有的多项式无条件成立. 于是，对于任何 n

$$P_n(z)=\frac{1}{2\pi \mathrm{i}}\int_\Gamma\frac{P_n(\zeta)\mathrm{d}\zeta}{\zeta-z}\quad(n=1,2,3,\cdots)$$

既然点 z 在 Γ 内，故无论对于 Γ 上的任何 ζ，我们皆有 $|\zeta-z|>\delta>0$. 因之，$\frac{P_n(\zeta)}{\zeta-z}$ 一致趋于 $\frac{f(\zeta)}{\zeta-z}$，因而

整个右边趋于极限$\frac{1}{2\pi i}\int_{\Gamma}\frac{f(\zeta)d\zeta}{\zeta-z}$，左边 $P_n(z)$ 则趋于极限 $f(z)$.

总起来我们就得到了公式(7.20).

定理 7.2 设函数 $f(z)$ 在域 D 内有连续导数，又设曲线 Γ 在 D 内. 则式(7.20) 成立.

设 γ_ρ 是一以 z 为心以 ρ 为半径的圆，ρ 很小，使得此圆全部在 Γ 内(图 26). 变量 ζ 的函数 $f(\zeta)$ 具有连续导数；关于函数$\frac{f(\zeta)}{\zeta-z}$，同样的情形也成立(点 $\zeta=z$ 除外)；因之，这函数$\frac{f(\zeta)}{\zeta-z}$ 在 Γ 与点 z 之间的环内关于 ζ 可以积分. 故(据 116 页定理)，曲线 Γ 可以“收缩”到曲线 γ_ρ 而不改变积分之值

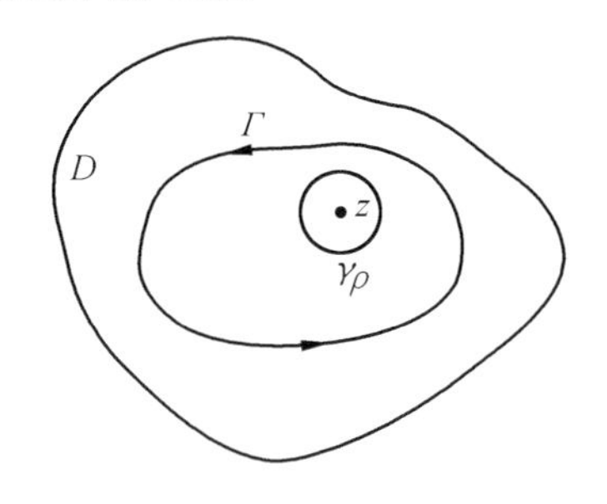

图 26

$$\frac{1}{2\pi i}\int_{\Gamma}\frac{f(\zeta)d\zeta}{\zeta-z}=\frac{1}{2\pi i}\int_{\gamma_\rho}\frac{f(\zeta)d\zeta}{\zeta-z} \tag{7.22}$$

再，我们在分数的分子上加减 $f(z)$，同时把积分分而为二，则得

$$\frac{1}{2\pi i}\int_{\gamma_\rho}\frac{f(\zeta)d\zeta}{\zeta-z}=$$
$$\frac{1}{2\pi i}\int_{\gamma_\rho}\frac{f(\zeta)-f(z)}{\zeta-z}d\zeta+\frac{f(z)}{2\pi i}\int_{\gamma_\rho}\frac{d\zeta}{\zeta-z}=$$

$$\frac{1}{2\pi i}\int_{\gamma_\rho}\frac{f(\zeta)-f(z)}{\zeta-z}d\zeta+f(z) \tag{7.23}$$

最后一个积分与 ρ 无关，因为我们可以继续“收缩”曲线，使半径 ρ 趋于 0. 借助估值

$$\left|\int_{\gamma_\rho}\frac{f(\zeta)-f(z)}{\zeta-z}d\zeta\right|\leqslant 2\pi\rho\cdot\frac{\max|f(\zeta)-f(z)|}{\rho}=2\pi\max|f(\zeta)-f(z)| \tag{7.24}$$

我们可以证明该积分为 0.

因为函数 $f(\zeta)$ 在点 z 可以微分，故它在这点为连续，即

$$\lim_{\zeta\to z}f(\zeta)=f(z)$$

根据上式之确切意义，这就指出，式子

$$\max|f(\zeta)-f(z)|$$

(式中假定 $|z-\zeta|=\rho$) 当 $\rho\to 0$ 时趋于 0，而这也就是说，可以使之小于任何预先给定之正数. 从不等式 (7.24) 可以推知，关于左边的积分同样的事实也成立. 但因这积分与 ρ 无关，故它不可能取异于 0 之值，即

$$\int_{\gamma_\rho}\frac{f(\zeta)-f(z)}{\zeta-z}d\zeta=0 \tag{7.25}$$

比较式(7.22)，(7.23) 及(7.25)，即得式(7.20).

7.4 将复变函数展成幂级数

我们现在来讨论几个推论，这是由于我们已经可以用柯西积分来表示函数这一事实而推导出来的.

只需看一看给出这种表示的式(7.20)，我们立可得出这样的结论：

一函数若可以用柯西积分(7.20)来表示,则它在曲线 Γ 内的值可以由它在 Γ 上的值完全决定.

换言之:要想能够借助柯西公式去算出函数 $f(z)$ 在积分曲线 Γ 内任何一点的值,只需知道这函数在 Γ 上各点之值即可.

特别,我们有这样的命题:

若一可以用柯西积分(7.20)表示的函数 $f(z)$ 在曲线 Γ 上各点之值皆为 0,则它在曲线内恒为 0.

在实域中没有与上述定理相类似的定理,而且容易清楚,也不可能会有这类定理. 在实变函数论中,一般说来,函数在域内的值决不由它在域的边界上的值所决定:没有一个二元函数在闭曲线内的值是由它在这曲线上的值所决定的,没有一个一元函数在区间内的值是由它在端点的值所决定的.

我们现在把式(7.20)的右边与式(7.8)的右边相比较. 容易看出,我们现在所处理的函数 $f(z)$ 是所证明的式(7.8)函数 $f(z)$ 的一个特殊情形. 即式(7.20)中积分号下的分数的分子,已经不是一般形状的连续函数 $\varphi(\zeta)$,乃是函数 $\frac{f(\zeta)}{2\pi i}$,而函数 f 则就是公式左边的函数. 这种现象一点也不改变 7.1 节中的结论.

于是,我们可以说出下面的结论:

若函数 $f(z)$ 在由曲线 Γ 所范围的域 D 中可以用柯西积分(7.20)来表示,则它在这域中具有连续导数 $f'(z)$[①].

---

① 这是定理 7.2 的逆定理,虽然并不完全,因为导数的存在仅只对于内点得到证明.

依照 5.10 节中之定理，导数可以用一个积分来表示，这积分是将被积函数关于 z 微分而得

$$f'(z)=\frac{1}{2\pi i}\int_{\Gamma}\frac{f(\zeta)d\zeta}{(\zeta-z)^2}$$

根据同一定理，我们可以作下列的多次微分

$$f''(z)=\frac{2!}{2\pi i}\int_{\Gamma}\frac{f(\zeta)d\zeta}{(\zeta-z)^3}$$

一般

$$f^{(n)}(z)=\frac{n!}{2\pi i}\int_{\Gamma}\frac{f(\zeta)d\zeta}{(\zeta-z)^{n+1}}\quad(n=3,4,\cdots)\tag{7.26}$$

复变函数论中的这项结果也引起我们要把它与实变函数论作一番比较. 我们已经证明过(参看 7.3 节，定理 7.2)，若在域 D 中连续导数 $f'(z)$ 存在，则高次连续导数 $f^{(n)}(z)$ 也存在($n\geqslant 2$). 众所周知，在实变函数论中(在线段上)没有什么可以与之相似.

但我们还要更进一步，并来利用这个定理.

假定式(7.20)对曲线 Γ 内的任何一点 z 皆成立，即可推知函数 $f(z)$ 可以展成以 a(a 为 Γ 内的任一点)为心，以 R(R 不小于从点 a 到曲线 Γ 的距离 δ)为半径的幂级数(必然就是这函数的泰勒级数).

读者可以自己(依据 7.3 节中的定理 7.1 及 7.2)证明：若函数 $f(z)$ 在曲线 Γ 上所有与 a 的距离等于 δ 的那种点的邻近具有连续导数，或者，假若它在一个除了包含 Γ 的内部还包含整个所说邻域在内的域中可以展成一致收敛的多项式级数，则收敛半径 R 必然大于 δ.

将这结论与“一函数可用柯西公式表示”的充分条件(这已经在 7.3 节中得出)相比较，我们就可以叙述下面的两个基本定理，它们已经不再提到证明中所使用的工具——柯西积分.

定理 7.3 假若函数 $f(z)$ 在某一域 D 内以及包围它的曲线上是一个一致收敛的多项式序列的极限，则它在所有属于域 D 的点 a 具有各次连续导数，并可展成泰勒级数，这级数在一半径不小于从点 a 到域的周界的距离的圆内收敛.

定理 7.4 若函数 $f(z)$ 在某一域 D 内具有连续导数，则它在 D 内任意一点 a 也具有各次导数，并可展成泰勒级数，这级数在一半径不小于从点 a 到这域的周界的距离的圆内收敛.

对于那些希望按照实变函数论的式样来建造复变函数论的读者，定理 7.3 的叙述似乎是特别令人惊奇的. 实际上，在实变函数论中，不只是幂级数之和，而且是任何的连续函数(比如具有角点的，等等)皆可表成一致收敛的多项式序列的极限.

自然，我们不应当忽视，在实变函数论与复变函数论之间出现的这样鲜明的，而且可能是出人意料的差别乃是以这样的一个事实作为先决条件，即在这两种理论中的两个术语“导数”与“域”，虽然在形式上仍然相似，但却具有不同的含义.

7.5 解析(正则)函数的概念

在定义复变函数论的基本概念(在某一域中的解析函数或正则函数的概念)之前，我们必须预先指出，这一概念可以用一系列非常重要的，而且是相当复杂

的在逻辑上互相等价的性质来加以说明. 证明这些性质(或其中较为重要的部分)互相等价,这在复变函数论的讲授过程中是一个非常重要的课题,这时,讲述系统显然决定于下面这件事,即哪一个性质是用来作为定义的,和其他的性质是按哪一种程序由这概念推出来的. 为了确保叙述的对称性成为可能,我们现在宁可暂时不引进"解析函数"一词,而预先在几个基本性质之间建立一些必要的联系,以便在引入解析函数这一概念时,除了指出它们相互等价之外,并能把它们同时并列. 于是,在今后留下来的就是把另外的性质加到原有的表上去,假若已经证明了该项性质与原来表中任何一种性质等价的话. 显而易见,每一种性质(原来表中的或经过添增后的)皆可取来作为定义.

开始时,我们所谈的是在某一连通域而且是单连通域 D 内为解析的函数. 在定义解析函数时,域为连通这一性质具有十分重要的地位. 至于域是否为单连通这一问题,则由解析拓展研究(7.9 节),解析函数这一概念将要被推广到多连通域上去.

可以用来说明一函数 $f(z)$ 在一域 D 中是否为解析(正则)的诸性质中,下面是几个最重要的性质. 为了叙述的简便,每一性质用一特别文字来记;为什么要选择这些文字,则在下面说明.

性质 C′　函数 $f(z)$ 在域 D 内每一点具有导数 $f'(z)$,而且导数 $f'(z)$ 在 D 内为连续.

性质 R　在域 D 中,函数 $f(z)$ 的实部 $u(x,y)$(于此,$z=x+\mathrm{i}y$)和虚部 $v(x,y)$ 具有一次连续偏导数

$$u'_x, u'_y, v'_x, v'_y$$

它们在 D 内满足恒等条件

$$\begin{cases} u'_x = v'_y \\ u'_y = -v'_x \end{cases} \tag{R}$$

性质 J 这项性质预先假定了函数 $f(z)$ 在域 D 内为连续;下面,我们把它用两种不同方式(J_1 和 J_2)叙述出来,这两种方式之为等价则在 §33 中已给以证明.

J_1:无论对于域 D 内的任何两点 a 和 b,沿 D 内从 a 到 b 所引的(有限长)曲线 C 所取的积分 $\int_C f(z)\mathrm{d}z$ 与积分的路径无关,而仅与函数 $f(z)$ 和始点 a 及终点 b 有关.

J_2:对于域 D 内的任何(有限长)闭曲线 Γ,沿这曲线所取的积分 $\int_\Gamma f(z)\mathrm{d}z$ 等于 0.

性质 W 对于域 D 内的任何一点 a,函数 $f(z)$ 在点 a 可展成一幂级数. 详言之:对于域 D 内的任何一点 a,存在一列系数 $c_0, c_1, c_2, \cdots, c_n, \cdots$(与 a 有关),使得级数

$$\sum_{n=0}^{\infty} c_n (z-a)^n$$

在某一圆 $|z-a|<R$(圆的半径 R 与 a 有关)内收敛,且其和等于 $f(z)$.

在 §26 中,我们已经从性质 C′ 推出性质 R(C′ → R).

在 §32 中,我们已根据线积分理论从性质 R 推出性质 J(R → J).

性质 W 则可从性质 J 借助柯西积分在 §46 中推出(定理 7.4).

最后,性质 C′ 则可从性质 W 作为幂级数论的一个

推论得出($W \to C'$)(参看 §37).

这样一来,循环过程即告完成(关闭),因而 C',R,J,W 四种性质之互相等价即告证明.

大多数作者所采用来作为讲授基础的古典方案

$$\begin{array}{ccc} C' & \to & R \\ \uparrow & & \downarrow \\ W & \leftarrow & J \end{array}$$

也已经在本书中反映出来.

上面所说的方案还没有规定出复变函数论的讲述次序,因为讲述还须取决于这四个性质中何者取来作为讲述的基础,即何者取来作为定义.

对于复变函数论的创始人——法国的大数学家柯西(A. Cauchy,1784—1857)来说,出发点就是可微分这一种性质,但在19世纪初叶数学的严格性并没有太高的水平,柯西没有看出有必要强调出导数须为连续.

如是,作为定义,柯西就利用了:

性质 C　函数 $f(z)$ 在域内每一点具有导数 $f'(z)$.

对于与柯西同时的人黎曼(B. Riemann,1826—1866)来说(他与柯西无关地在德国奠定了复变函数论的基础),出发点就是关系

$$\begin{cases} U'_x = V'_y \\ U'_y = -V'_x \end{cases}$$

这在后来通行叫作"柯西-黎曼条件"(或欧拉-达朗贝尔条件).

对于比较靠近20世纪的德国学者维尔斯特拉斯(K. Weierstrass,1855—1897)来说(他除了几个其他

的数学科目之外，并对复变函数论建立起坚实的基础），出发点是可以展开成幂级数这种性质（性质 W）.

最后，从近代的数学方法论的观点来看，在建立复变函数论的时候，采用解析函数的积分性质（性质 J）可能有很大的优越性，这是因为在很快得出柯西积分之后，就可以从它进而导出可微分性，以及可以展成幂级数性等.

关于可微分性的一点注释

我们容易了解，柯西-黎曼关系已经可以从性质 C（不一定要从性质 C′）推出；但从 C 并不能推出函数 u 和 v 的偏导数为连续这一性质，这在前面证明积分与路径无关时是曾用到过的（性质 J_1，参看 §32）. 假设导数 $f'(z)$ 为连续，亦即利用性质 C′ 代 C，则叙述可以大为化简；但这种假设本身不是必要的. 如果说可微分这一性质 C 显然是“连续可微分”这一性质 C′ 的一个形式上的推论（C′ → C），那么，性质 C′ 也可以反过来从性质 C 得出（C → C′）. 换言之，假若函数 $f(z)$ 在域 D 内的每一点具有导数，则这导数必为连续. 这已经由柯西的同国人，著名的分析教程的著者 E. 古尔萨（E. Goursat）所证明，他直接从导数的存在能推出[①]积分性质（C → J）.

必须指出，苏联数学家明晓夫（Д. Е. Менвшов）

① 除了所说的分析教程以外，相应的证明可以在 И. И. 普里瓦洛夫（Привалов）的《复变函数引论》中（第四章，§2）以及 A. N. 马库雪维奇（Маркушевнч）的讲义中（*Злементы теории аналитицескнх функций*，160—164 页；或《解析函数论》，第三章，§2）找到.

更大大跨进了一步,他说出了一个很微弱的条件,在这条件之下就足以(而且显然也是必要的)使所与的函数在所与的域内为解析(参看下面 §61).

前面我们已经提到,假若根据基本循环 C′ → R → J → W → C′ 已经在四个性质 C′,R,J,W 之间建立起相互等价的关系,则其中任何一个可以从其余的推导出来.当然,关于基本循环的做成,这四者当中的任何一个并不是不可能从任何别的一个按某种另外的次序推出.莫雷拉(Morera)定理就是一个例子:

若函数 $f(z)$ 在域 D 内可积,则它在域内每一点具有连续导数(J → C′,或更确切些,J_1 → C′).

我们来描述一下定理的证明.假若函数 $f(z)$ 为连续且为可积,则与积分路径无关的积分 $\int_{z_0}^{z} f(\zeta)\mathrm{d}\zeta$ 是变量 z 的一个函数 $F(z)$,而且具有导数 $F'(z) \equiv f(z)$.但这样一来,在 D 内的每一点又存在(7.4 节)有二次连续导数,即 $F''(z) \equiv f'(z)$.定理于是证明.

审查了原来的四个基本性质之后,我们还可以添入一个补充性质.实质上,我们所说的只不过是把性质 J 的意义解释一下.即就是,域 D 内的解析函数类可以由下述的性质来说明:

性质 P　函数 $f(z)$ 在域 D 内连续,且存在(至少一个)函数 $F(z)$,它在 D 内可微,并恒满足条件

$$F'(z) = f(z) \tag{7.27}$$

从性质 J 出发,在第五章,5.9 节中,我们已经证明了原函数 $F(z)$ 存在;反之,积分与路径无关这一点又已在 5.8 节中从原函数的存在推出.

为不同作者用来作为"解析"(analytic)函数这一

术语的同义语的有："正则"(regular)函数，"全纯"(holomorphic)函数等，也有用"域 D 内的整"函数一语的.

注释 有时我们也说"函数 $f(z)$ 在闭集 Δ 上为解析(正则)". 这样的措辞的确切意义是说：函数 $f(z)$ 在 Δ 的某一邻域内为解析. 例如说到："$f(z)$ 在点 $z=a$ 为解析"，意思是说，它在以 a 为心的某一圆内为解析.

假若函数 $f(z)$ 在域 D 内为解析，则它显然也在 D 的每一点为解析，逆命题也成立，但需要加以证明：需要指出，以 D 内一切可能的点为心作成的圆所成之集盖满整个域 D，并且利用解析函数的特征性质 W 或 C(C′).

7.6 用多项式逼近解析函数

假设函数 $f(z)$ 在某一集 E 上已经定义，又设对于任何任意小的正数 $\varepsilon(>0)$，我们可以选取多项式 $P(z)$，使得在集 E 上每一点不等式

$$|P(z)-f(z)|<\varepsilon \tag{7.28}$$

皆成立，则称 $f(z)$ 在集 E 上可以"利用多项式近逼"[1].

上面所说的要求和下面的说法完全等价：函数在集 E 上是某一一致收敛多项式序列 $\{P_n(z)\}$ 的极限

$$P_n(z) \rightrightarrows f(z)$$

事实上，设 ε 已经给定，又设一致收敛于 $f(z)$ 的

[1] 又称："近迫"，"逼近".

多项式序列$\{P_n(z)\}$也已经给定，则存在 $N \equiv N_n$，使得当 $n > N$ 时

$$|P_n(z) - f(z)| < \varepsilon$$

多项式 $P_n(z)(n > N)$ 中的任何一个皆可取来作为不等式(7.28)中的多项式 $P(z)$. 反之，设函数 $f(z)$ 可以“利用多项式近逼”. 我们取一列趋于 0 的 ε 值

$$\varepsilon_1, \varepsilon_2, \cdots, \varepsilon_n, \cdots, \varepsilon_n \to 0$$

并对其中每一个选取一多项式满足相应的要求(7.28)

$$|P_n(z) - f(z)| < \varepsilon \quad (n=1,2,\cdots)$$

于是，多项式序列$\{P_n(z)\}$一致收敛于函数 $f(z)$.

在域 D 内的解析函数类也可以(补充前面的)这样“局部的”特别标志出来：

性质 B　对域 D 内任何一点皆可得出正数 $\rho \equiv \rho(z, f)$，使得在圆 $|z-a| \leqslant \rho$ 内，函数 $f(z)$ 可利用多项式近逼.

利用性质 W，我们容易证明这一性质是解析性的一必然推理：若 R 是函数 $f(z)$ 在点 a 展开成的幂级数的收敛半径，依条件 $\rho < R$ 取 ρ，则得圆 $|z-a| \leqslant \rho$，在这圆内，幂级数为一致收敛(6.2 节)，因而当 n 充分大时，它的部分和 S_n 与 $f(z)$ 之差的绝对值小于预先给定的数 ε.

至于这性质乃是函数为解析的一充分性质，这可从这样的事实推出：(如上所说)既然函数 $f(z)$ 在圆 $|z-a| < \rho$ 内可以利用多项式近逼，则它在这圆内更可展开成一致收敛的多项式级数，而这也就是说(参看7.3节，定理7.1)，可以展成幂级数. 于是，性质 W 即可完成.

但函数 $f(z)$ 在域 D 内为解析这一性质的特征判

别法也可以陈述如下（“大范围的”）：

性质 B′ 对于属于所与域 D 内的任何闭域 Δ，函数 $f(z)$ 于其中可以利用多项式近逼.

这一判别法的充分性可以参照上面所引到的 7.3 节中的定理 7.1 推出，它的必要性可述为：对于所与的（D 内的）闭域 Δ，有一多项式序列 $\{P_n(z)\}$ 与之相应，它在 Δ 内一致收敛于函数 $f(z)$. 这一命题的证明较为复杂. 我们在这里将不予证明①.

再有，要想函数 $f(z)$ 在有限单连通域内为解析，则必要与充分的条件是它在这域内可展成多项式级数，这级数在域 D 内的任何闭域 Δ 内一致收敛. 在证明上面这一判别法的必要性时，我们作一个属于 D 内的任何闭域 Δ 内一致收敛. 在证明上面这一判别法的必要性时，我们作一个属于 D 的闭域序列 $\{\Delta_n\}$，使得(1) 每一域 Δ_{n+1} 包含它前面的域 Δ_n，(2) 它们全部一起取尽了域 D；然后，在取定一列正的而且趋于 0 的数 $\{\varepsilon_n\}$ 之后，我们又选取一列多项式 $\{P_n(z)\}$，使得不等式

$$|P_n(z)-f(z)|<\varepsilon_n \tag{7.29}$$

在域 Δ_n $(n=1,2,3,\cdots)$ 内成立. 上述判别法的充分性可从 7.3 节中定理 7.1 立刻推出.

假若本节开头所说的集 E 是一闭集（即包含它所有的极限点），则不等式(7.29)（这不等式对 E 中每一点皆成立一事必须预先说明）可代之以更简单的不等

① 在作者所著 *Теория интерполирования и приближения фукции*（ГТТИ，1954）一书中曾载有一个最简单的证明，它是属于法国数学家宾列夫（约 1900 年）的. 这一证明的主要想法是：运用柯西积分，则一般性命题可化成函数取 $\frac{1}{z-a}$ 形状的特殊情形.

式

$$\max_{E} | P(z) - f(z) | < \varepsilon \qquad (7.30)$$

于此，$\max_{E} | \Phi(z) |$ 表示 $| \Phi(z) |$ 在集 E 上的最大值，在所说的特别情形，这样的值一定存在.

“函数的最佳近逼论”的基本任务是：(1) 在条件：多项式的次数 n 已经给定之下，计算式子

$$\varepsilon_n(f, E) \equiv \max_{E} | P(z) - f(z) | \qquad (7.31)$$

的极小值，及(2) 寻求使得这项极小值能够实现的一切多项式 $P(z)$. 这种多项式有“最佳近逼多项式”之名. 假若序列 $\{P_n(z)\}$ 中的多项式服从附带条件：$P_n(z)$ 的次数等于(即不超过)n，则对于每一 n，取一“最佳近逼多项式”作为 $P_n(z)$，我们即得一系列，它在 E 上不仅是一致收敛于函数 $f(z)$，而且比其他的都要来得快.

关于利用多项式(在实域上和复域上) 近逼函数研究，C. H. 伯恩斯坦(Бернштейн) 院士的工作大有促进之功. 利用多项式近逼函数一事可以用来作为实变函数和复变函数统一分类的基础.

7.7　解析函数的性质

因为在某一域 D 内解析的函数 $f(z)$ 可以用几种不同的方法特别标志出来，故由此可知，有关解析函数的定理可以根据定义的选择而有各种不同的证明.

自然，并不是对于所有的情形，在用来作为定义的那种性质的选择上都是一视同仁的：恰好相反，定理的证明往往视性质选取得怎样而变得复杂或简单.

我们要指出，作为解析性的判别方法，多半以性质 C(C′)，W 和 B 最为恰当.

下述诸结论可以用来阐明上面所说；但我们只详细分析其中第一个结论.

1. 域 D 内的二解析函数 $f_1(z)$ 和 $f_2(z)$ 之和也是这域内的解析函数.

我们现在参照所选取的解析性的特征性质而用不同的方法来证明本定理.

C：若函数 $f_1(z)$ 和 $f_2(z)$ 在域 D 内某一(任意的)点 z 可微分，则对于它们的和 $f_1(z)+f_2(z)$，同样的事实也成立.

C′：采用同样的论证，但作如下的补充：若 $f'_1(z)$ 及 $f'_2(z)$ 在域 D 内连续，则和 $f'_1(z)+f'_2(z)$ 亦为连续.

R：设

$$f_1(z)=u_1(x,y)+\mathrm{i}v_1(x,y)$$
$$f_2(z)=u_2(x,y)+\mathrm{i}v_2(x,y)$$

则有

$$f_1(z)+f_2(z)=[u_1(x,y)+u_2(x,y)]+\mathrm{i}[v_1(x,y)+v_2(x,y)]$$

由假定，函数 u_1,u_2,v_1,v_2 的一次偏导数存在且连续；因而关于函数 u_1+u_2,v_1+v_2 同样的事实也成立. 此外，由关系

$$\begin{cases}\dfrac{\partial u_1}{\partial x}=\dfrac{\partial v_1}{\partial y}\\ \dfrac{\partial u_1}{\partial y}=-\dfrac{\partial v_1}{\partial x}\end{cases} \quad 及 \quad \begin{cases}\dfrac{\partial u_2}{\partial x}=\dfrac{\partial v_2}{\partial y}\\ \dfrac{\partial u_2}{\partial y}=-\dfrac{\partial v_2}{\partial x}\end{cases}$$

即得关系

$$\begin{cases}\dfrac{\partial(u_1+u_2)}{\partial x}=\dfrac{\partial(v_1+v_2)}{\partial y}\\[2ex]\dfrac{\partial(u_1+u_2)}{\partial y}=-\dfrac{\partial(v_1+v_2)}{\partial x}\end{cases}$$

J:对于域 D 内的任何闭曲线 Γ,等式

$$\int_\Gamma f_1(z)\mathrm{d}z=0 \quad 及 \quad \int_\Gamma f_2(z)\mathrm{d}z=0$$

成立;因而亦有等式

$$\int_\Gamma [f_1(z)+f_2(z)]\mathrm{d}z=0$$

W:若幂级数

$$f_1(z)=\sum_0^\infty c'_n(z-a)^n \quad 及 \quad f_2(z)=\sum_0^\infty c''_n(z-a)^n$$

在域 D 内的某一(任意的)点 a 的附近收敛,并分别以 $f_1(z)$ 及 $f_2(z)$ 为其和,则关于和级数

$$f_1(z)+f_2(z)=\sum_0^\infty (c'_n+c''_n)(z-a)^n$$

同样的命题也成立(参看 §10).

P:若在域 D 内存在函数 $F_1(z)$ 及 $F_2(z)$,并在此域中满足恒等式

$$F'_1(z)=f_1(z) \quad 及 \quad F'_2(z)=f_2(z)$$

则也存在函数 $F(z)$,满足恒等式

$$F'(z)=f_1(z)+f_2(z)$$

例如可令

$$F(z)\equiv F_1(z)+F_2(z)$$

B:设 a 为域 D 内某一(任意的)点.因为在它的邻域 $|z-a|<\rho$ 内,函数 $f_1(z)$ 和 $f_2(z)$ 分别可以用多项式近逼,故函数 $f_1(z)+f_2(z)$ 亦可用多项式近逼.例如在预先根据条件

$$|f_1(z)-p_1(z)|<\frac{\varepsilon}{2}, \quad |f_2(z)-p_2(z)|<\frac{\varepsilon}{2}$$

取定多项式 $p_1(z)$ 和 $p_2(z)$ 之后，我们即可取 $p(z)\equiv p_1(z)+p_1(z)$ 作为满足要求

$$|f_1(z)+f_2(z)-p(z)|<\varepsilon$$

的多项式 $p(z)$.

2. 关于差，类似的定理也成立.

3. 关于二函数之积，类似的定理也成立.

对于读者来说，若设法把各种类型的证明重做一次，将会是有益的. C 型不会引起困难，B 型也是一样(假若引入一致收敛关系 $\rightrightarrows$ 代替“ε 不等式”而重新造出证明)；W 及 R 型的证明，虽然较为麻烦，但必然会得出应有的结果. 定义 J 和 P 对于定理的证明是不恰当的.

4. 设 $f_2(z)$ 在域 D 内不为 0，则关于分数 $\frac{f_1(z)}{f_2(z)}$，类似的定理也成立.

最简单的证明是 C 型的证明. 然而单是本定理的 W 型的证明就可用来作为一个例子，说明在系统地实施维尔斯特拉斯的原则之下，复变函数论会变得多么难懂(尽管它在理论的明晰上有优越之处).

例：函数 $\tan z=\frac{\sin z}{\cos z}$ 除了在使分母为 0 的点外，亦即除了形如

$$z=\frac{\pi}{2}+k\pi$$

的点外，在全平面上为解析.

我们现在仔细的来注意一个关于“复合函数”的特别重要的定理；它可简述如下：

5.解析函数的解析函数仍是解析函数.

下面是详细的说法:

$5'$.若函数 $w=\varphi(z)$ 在域 D 内为解析,又若函数 $f(w)$ 在域 D_1 内为解析,且函数 $\varphi(z)$ 将域 D 映照到域 D_1,则函数 $f(\varphi(z))$ 在域 D 内为解析.

我们已经看到(参看 7.5 节末尾注释),在证明时,我们可以站在"局部的"观点.因此,我们只需证明:

$5''$.若函数 $w=\varphi(z)$ 在某一点 z_0 为解析,函数 $f(w)$ 在点 $w_0=\varphi(z_0)$ 为解析,则函数 $f(\varphi(z))$ 在点 z_0 为解析.

假若证明是按照C型作出,则它可立刻从"复合函数的微分规则"得出。无论是按 W 型("级数代入级数")或 B 型,定理的证明皆相当复杂.

$5'$ 可以从 $5''$ 作为一推论得出.

例:(1) 函数 $\tan z^2$ 除了使得 z^2 变为形如 $\frac{\pi}{2}+k\pi$ 之点外,亦即除了形如 $\pm\sqrt{\frac{\pi}{2}+k\pi}$ 之点外,处处解析.

(2) 函数 $\tan^2 z$ 除了使得 $\tan z$ 不为解析之点外,亦即除了形如 $\frac{\pi}{2}+k\pi$ 之点外,处处解析.

(3) 函数 $\cos\sqrt{z}$ 除了使得 $\sqrt{z}$ 不为解析之点外,亦即除了 $z=0$ 点外,处处解析.但从展开式

$$\cos\sqrt{z}=1-\frac{(\sqrt{z})^2}{2!}+\frac{(\sqrt{z})^4}{4!}-\frac{(\sqrt{z})^6}{6!}+\cdots=$$

$$1-\frac{z}{2!}+\frac{z^2}{4!}-\frac{z^3}{6!}+\cdots$$

(即完全按照另外的想法)可以看出,它在这一点也是

解析.于是,这函数在全平面为解析.

6.代数函数的解析性的局部性定理.设 $P(z,w)$ 是两个变量 z 和 w 的多项式.若 $P(z_0,w_0)=0$,而 $P'_w(z_0,w_0)\neq 0$,则在点 z_0 的邻域内存在函数 $w=w(z)$,它在点 z_0 为解析,且满足恒等式 $P(z,w(z))\equiv 0$.

为了增加知识的缘故,我们把这结论告知读者,并介绍如何使用它;但证明则从略.

例:设已给定方程 $P(z,w)\equiv z^2+w^2-1=0$.令 $z_0=0,w_0=1$,我们即可看出,函数 $w=\sqrt{1-z^2}=1-\frac{1}{2}z^2+\cdots$ 在点 $z=0$ 的邻域为解析,且恒满足所与的方程.将此函数乘上 -1 之后所得的函数也满足同样的方程.

7.在域 D 内解析的函数,它的任意次导数仍是这域内的解析函数.

8.在域 D 内解析的函数的积分仍是这域内的解析函数.

在 §43 中我们已见到,结论 7 可从柯西积分表示式导出;结论 8 亦然.这两个结论也可(引用性质 W)从关于幂级数的定理推出(6.2 节).

9.设已给定微分方程

$$w'=f(z,w)$$

并设函数 $f(z,w)$ 在点(z_0,w_0)为解析[1].在这样情形之下,存在函数 $w=w(z)$,具有下列性质:

(1)$w_0=w(z_0)$;

[1] 二元复变解析函数的概念须另外定义,但此处不加引用.

(2)$w(z)$ 在点 z_0 为解析;

(3)$w'(z)=f(z,w(z))$(在点 z_0 的某邻域内恒成立).

这是一阶微分方程有积分存在的局部"解析"定理.对于高阶微分方程,类似的定理也存在.在微分方程的解析理论中有它们的证明.

7.8　维尔斯特拉斯关于解析函数列极限的定理

我们现在来讨论函数列$\{f_n(z)\}$,其中的函数皆在同一域 D 内为解析.我们假定这函数列一致收敛于某一极限函数 $f(z)$.这函数是否也在 D 内为解析呢?

假若函数 $f_n(z)$ 为多项式,我们已经有了肯定的答复(性质 B′,7.3 节中的定理).

但在所说的一般情形,我们也有肯定的答复.证明亦如定理 7.1:因为(按照定理 7.1)在 Γ 内有

$$f_n(z)=\frac{1}{2\pi i}\int_\Gamma \frac{f_n(\zeta)d\zeta}{\zeta-z} \tag{7.32}$$

于是,若注意 $f_n(z)$ 一致趋于 $f(z)$,取极限则得

$$f(z)=\frac{1}{2\pi i}\int_\Gamma \frac{f(\zeta)d\zeta}{\zeta-z} \tag{7.33}$$

但这样一来,函数 $f(z)$ 为解析(在 Γ 内,因而也在 D 内).

于是,在解析函数上施行一致收敛于极限的过程并没有跑到解析函数类的范围外面去.在某种意义上说,这个类是闭的.

不难证明,极限关系

$$f_n(z) \rightrightarrows f(z) \tag{7.34}$$

在微分运算之下仍旧保持. 实际上，将式(7.32) 微分，即得

$$f'_n(z) = \frac{1}{2\pi i}\int_\Gamma \frac{f_n(\zeta)\mathrm{d}\zeta}{(\zeta - z)^2} \tag{7.35}$$

今令 $n \to \infty$ 取极限，我们即可看到右边一致趋于极限

$$\frac{1}{2\pi i}\int_\Gamma \frac{f_n(\zeta)\mathrm{d}\zeta}{(\zeta - z)^2} \rightrightarrows \frac{1}{2\pi i}\int_\Gamma \frac{f(\zeta)\mathrm{d}\zeta}{(\zeta - z)^2}$$

微分(7.33)，又可得出同样的结果

$$f'(z) = \frac{1}{2\pi i}\int_\Gamma \frac{f(\zeta)\mathrm{d}\zeta}{(\zeta - z)^2}$$

于是，当 $n \to \infty$ 时，式(7.35) 的右边一致趋于 $f'(z)$，这就是说，左边也一致趋于 $f'(z)$(这也就是所要证明的).

对于一个固定内点所证明的事实显然对于整个 Γ 的内部也成立，即对于 D 也成立.

我们当然可以将式(7.34) 微分任何次.

对于由一致收敛函数级数的部分和做成的序列运用已经证明的定理，我们即可陈述下面的维尔斯特拉斯定理：

设 $u_n(z)(n=1,2,\cdots)$ 在某一域 D 内为解析，又设函数级数 $\sum_{n=1}^{\infty} u_n(z)$ 在 D 内一致收敛，并以 $f(z)$ 为其和

$$f(z) = \sum_{n=1}^{\infty} u_n(z) \tag{7.36}$$

则函数 $f(z)$ 在 D 内亦为解析. 同时，这级数(7.36) 可以在域 D 内逐项微分任何次

$$f^{(k)}(z)=\sum_{n=1}^{\infty}u_n^{(k)}(z)\quad(k=1,2,3,\cdots)\quad(7.37)$$

特别,对于多项式级数和多项式序列,维尔斯特拉斯定理成立.

因而在复域内,幂级数的性质 —— 可以无限制地施行逐项微分,可以推广到一致收敛的多项式级数上去.

注释　假若利用解析函数的性质 B,则不必用到柯西积分,即可以直接证明①:(在域 D 内)一致收敛的解析函数列 $\{f_n(z)\}$ 取极限仍得一解析函数 $f(z)$. 实际上:设 $\{\varepsilon_n\}$ 为一趋于 0 的正数序列

$$\varepsilon_n\to 0$$

对每一预先给定的 n,我们取一多项式 $P_n(z)$,使得在所论点的某一邻域内,有

$$|P_n(z)-f_n(z)|<\varepsilon_n$$

于是,因

$$|P_n(z)-f(z)|<|P_n(z)-f_n(z)|+|f_n(z)-f(z)|\to 0$$

故(在同一邻域之内)$P_n(z)$ 一致趋于 $f(z)$.

我们把前面所讲的东西(7.7 节和 7.8 节)在这里作一次总结,将会是有益处的.

1. 在复变量和常数上面施行初等运算,结果只能产生初等函数. 所有的"初等"函数皆是解析函数(除了个别的点之外,而这些个别的点可以预先知道).

所谓"解析"运算,我们规定所指的是从函数构造

① 根据由关系式 $E''CE'$ 所表出的一般拓扑原理,于此,E' 和 E'' 分别表示集 E 的一次导集和二次导集.

函数的运算(其中所指的已经不必是初等函数,而是一般的解析函数[①]),系数为自变量 z 的函数的代数方程的解,微分,积分,解析微分方程的积分;在这里,还须添上在解析函数的序列上面取一致极限这一运算. 在这样情形之下,我们有:

2. 在解析函数上施行解析运算,结果仍得解析函数.

由此还可得出这样的结论:

在复域[②]内要想从解析函数出发作出非解析函数,除了在它们上面施行非解析运算之外,别无他法.

关于自变量不要求一致性而取极限这一手续即可用来作为非解析运算之一例.

同时还须记住,在不列入"复平面上的域"这一范畴的点集上,即使是取一致极限,也可能导致非解析函数. 在实变函数论中所研究的许许多多的例子都说明这点.

在属于解析函数的正则域 D 内的任何闭集 Δ 中,该函数为一致连续且一致可微.

在 D 内作闭曲线 Γ 将 Δ 整个包围在内.

于是,对于 Δ 内的任何 z 值,我们有柯西积分

$$f(z)=\frac{1}{2\pi \mathrm{i}}\int_{\Gamma}\frac{f(\zeta)\mathrm{d}\zeta}{\zeta-z}$$

1. 若 z' 和 z'' 两点皆属于 Δ,则有

$$f(z')=\frac{1}{2\pi \mathrm{i}}\int_{\Gamma}\frac{f(\zeta)\mathrm{d}\zeta}{\zeta-z'}$$

---

① "解析函数"(不提固定区域)一词应该在这样的意义之下来理解,即假定函数是在某一域内为解析.

② 这一术语必须在确切的意义上来理解.

及

$$f(z'')=\frac{1}{2\pi i}\int_{\Gamma}\frac{f(\zeta)d\zeta}{\zeta-z''}$$

于是

$$f(z')-f(z'')=\frac{1}{2\pi i}\int_{\Gamma}f(\zeta)\frac{(z'-z'')d\zeta}{(\zeta-z')(\zeta-z'')}$$

令 δ 记从 Γ 到 Δ 的距离，则有

$$|f(z')-f(z'')|<$$

$$|z'-z''|\frac{1}{2\pi}\int_{\Gamma}\left|f(\zeta)\frac{d\zeta}{(\zeta-z')(\zeta-z'')}\right|<$$

$$|z'-z''|\frac{LM}{2\pi\delta^2}$$

于此，L 为 Γ 之长，M 为 $f(z)$ 在 Γ 上的极大模.

于是即可得出一致连续性.

2. 由 7.7 节已经知道，对于 Δ 内的 z，有

$$f'(z)=\frac{1}{2\pi i}\int_{\Gamma}\frac{f(\zeta)d\zeta}{(\zeta-z)^2}$$

因之(若 $z+h$ 属于 Δ)

$$\frac{f(z+h)-f(z)}{h}-f'(z)=$$

$$\frac{1}{2\pi i}\int_{\Gamma}\left[\frac{1}{h}\left(\frac{1}{\zeta-z-h}-\frac{1}{\zeta-z}\right)-\frac{1}{(\zeta-z)^2}\right]f(\zeta)d\zeta=$$

$$\frac{1}{2\pi i}\int_{\Gamma}\frac{hf(\zeta)d\zeta}{(\zeta-z)^2(\zeta-z-h)}$$

这就是说

$$\left|\frac{f(z+h)-f(z)}{h}-f'(z)\right|\leqslant\frac{1}{2\pi}|h|\frac{LM}{\delta^3}$$

由此即可得出一致可微分性.

7.9 解析拓展

在实变函数论中,所讨论的函数只是在它的定义域之内才被看作是存在的:对于函数定义域以外的点,所作的论证就不能以任何一种形式谈论函数在这些点的数值.这完全是合法的,因为在实变函数论中,自变量的值与函数值之间是"借助单纯对应关系"来联系的.比如在单实变量的情形,我们可以在 a 到 b 这一区间内用某一公式定义函数,在 b 到 c 这一区间内又用另一公式定义函数,而前一公式和后一公式不必有任何相干之处.

复变函数论的目的是研究在某一区域内解析的函数.解析性这一要求就使得在区域 D_1 内解析的函数的数值与在另一与 D_1 紧接的区域 D_2 内解析的函数的数值之间建立起这样的一种紧密的有机联系,那就是我们根据谈不到:"随意"给定了函数在 D_1 或 D_2 内的数值之后,就得到了在区域 D_1 和 D_2 的和集之内为解析的函数.

所谓"紧接"的区域,我们是指两个具有公共部分的区域,这公共部分也是一个区域,即是说,这公共部分包含有一个有限半径的圆.

定理 7.5 若函数 $f_1(z)$ 在连通域 D_1 内为解析,又若连通域 D_2 与域 D_1 有公共部分(记作 $D_{1,2}$),则在 D_2 内最多存在一个函数 $f_2(z)$,它在域 D_2 内为解析,且在公共部分 $D_{1,2}$ 内满足恒等式

$$f_2(z) \equiv f_1(z)$$

这类命题可从解析函数零点的性质推出.

事实上,设在域 D_2 内存在着两个完全不相同的解析函数

$$f_2(z) \quad 与 \quad f_2^*(z)$$

两者在域 $D_{1,2}$ 之内皆等于 $f_1(z)$. 则差函数

$$F(z) \equiv f_2(z) - f_2^*(z)$$

是 D_2 内的解析函数,它在 $D_{1,2}$ 内恒等于 0,但在域 D_2 内并不恒为 0. 这与 6.3 节的末尾所建立起来的解析函数的性质相矛盾[①].

由等式

$$f(z) \equiv \begin{cases} f_1(z)(在域 D_1 内) \\ f_2(z)(在域 D_2 内) \end{cases}$$

① 更精确些说,这矛盾可以证明如下. 设 a 和 b 是域 D_2 中之二点,点 a 属于域 $D_{1,2}$,点 b 不属于 $D_{1,2}$. 我们现在来考虑曲线 C,它从点 a 经过 D_2 的内部到达点 b(图 27). 在曲线 C 上,我们可以求一点 ζ(曲线 C 的诸参数值的分划所对应的点),它具有下面的性质:在它的任何邻域之内可以选取一列点 z,使 $F(z)$ 于此处为 0,及另外的一列点 z,使 $F(z)$ 于此处都不为 0,且此两个点列都以 ζ 为极限点. 由于解析函数为连续,故这点为函数 $F(z)$ 的一 0 点. 根据性质 W,函数在点 ζ 的邻域 $|z-\zeta|<\rho$ 之内可以展成 $z-\zeta$ 的幂级数. 无论圆的半径如何小,根据上面所说,在这圆之内包含有函数 $F(z)$ 的无限多个 0 点,但 $F(z)$ 不恒为 0. 而这与定理 7.5 相连.

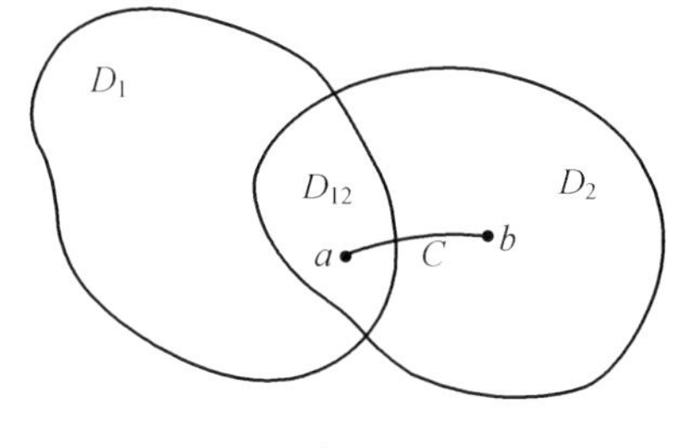

图 27

所定义的函数 $f(z)$(在公共部分之内,两个等式皆可使用)显然是两个域 D_1 和 D_2 的和集内的解析函数.要证明这一点,可以引用性质 C 或性质 W 或性质 B,结果都同样成功.

但上面的定理 7.5 指出,这种函数,若它存在的话,必然只有一个.因此,这函数在域 D_1 上的值和它在 D_2 上的值之间不仅(如上面所说)"存在着联系",而且这函数在域 D_2 内的值由它在域 D_1 内的值完全确定.

把上面所证明的定理的意义阐明一下将是有用的(用记号 d 代 D_1,D 代"D_1 与 D_2 的和集",等等.此外,并假定 $D_{1,2} \equiv D_1$):

若函数 $f(z)$ 在域 d 内解析,则在更广[①]的域 D 内最多存在一个函数 $F(z)$,它在域 D 内解析,且在域 d 内与函数 $f(z)$ 完全一致.

在这种情况下,函数 $F(z)$,若它存在的话,我们称之为函数 $f(z)$ 在域 D 上的解析拓展.

在复变函数论中,我们不再用另一个记号来记所与函数的解析拓展,我们把解析拓展和所与的函数看成一个东西,虽然定义域是扩大了.

可能发生这样的事情:一个函数,它本身是某一所与解析函数的解析拓展,但它还可以在更为宽广的域内作进一步的解析拓展.

解析拓展这一步骤可以无限的继续进行;但反过

① "更广"这一词应当在这样的意义下来了解,那就是 d 中所有的点皆属于 D,若 D 中不存在不属于 d 的点,则所引出的论断是显而易见的,此时这论断便毫无用处.因此,我们将假定在"更广"的域 D 中含有不属于所给的域 d 之点.

来,也可能在某一步之后,进一步的解析拓展便不能再继续下去.

若一在某一域 D 内解析函数 $f(z)$ 不能再解析拓展,我们就说函数 $f(z)$"在它的整个存在域之内"已经完全定义.这时,这一域 D 是该函数的"存在域",它的周界是该函数的"存在域的周界".

在阐明维尔斯特拉斯学派的解析函数论时,幂级数是用来定义函数和拓展这函数的"典型"工具.每一个幂级数在它的收敛圆之内皆是函数的某一"函数元";而这函数本身也无非是"一些函数元的全体",这些函数元可以互相由解析拓展得到.

设第一个"函数元 e"(幂级数)的形式是

$$f(z) \equiv \sum_{n=0}^{\infty} c_n (z-a)^n \tag{7.38}$$

假定它的收敛半径 R 为有限,我们现在在收敛圆上任取一点(图 28)

$$\zeta = a + R\mathrm{e}^{\mathrm{i}\omega}$$

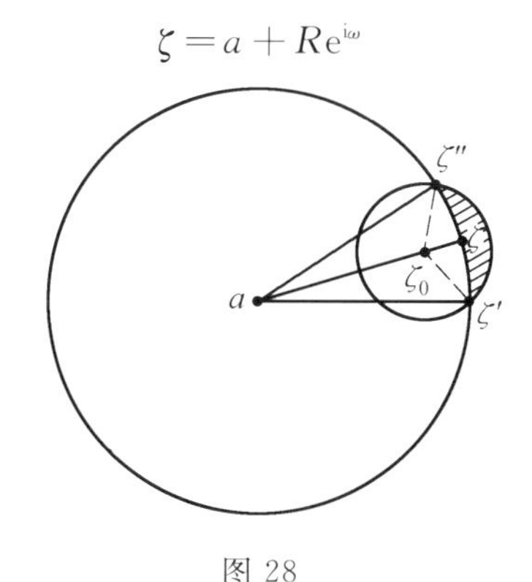

图 28

我们来考察两个假定:(1) 或者函数 $f(z)$ 可以解析拓展"到点 ζ",也就是说,可解析拓展到包含点 ζ 的某一域之内,因而也就是在原来的收敛圆边界之外的某一域之内可以解析拓展;(2) 或者这种假定不成立.

在情形(1),收敛圆上存在一完整的弧段 $z=a+Re^{i\theta}$,$\omega-\delta\leqslant\theta\leqslant\omega+\delta$,在这弧段上,函数 $f(z)$ 可以解析拓展;在情形(2),不存在这种弧段. 不难辨别这两种情形(1) 或(2) 中哪一种发生. 要想做到这点,我们只需以 a 和 ζ 之间的半径 $a\zeta$ 上一点 ζ_0 为圆心作函数 $f(z)$ 的“函数元”. 这是可能的,因为展开式(7.38) 可以使我们算出函数 $f(z)$ 和它的各次导数在点 ζ_0 的值. 所得到的新的幂级数的收敛半径(按定理 7.4) 不可能小于线段 $\zeta_0\zeta$.

若这收敛半径大于距离 $\zeta_0\zeta$,在这种情形,则“在点 ζ”的解析拓展存在,即在图 28 中用阴影所画出的新月形内存在解析拓展,这新月形以两个圆弧为界,以点 ζ' 及 ζ'' 为角点. 但若函数 $f(z)$ 在点 ζ_0 的展开式的收敛半径等于距离 $\zeta_0\zeta$,则“在点 ζ” 的解析拓展不存在. 事实上,若在以点 ζ 为圆心,与原有的圆相交于点 ζ' 和 ζ'' 的(用阴影线画出的) 圆内存在解析拓展(图 29),则以 ζ_0 为心的“函数元”的收敛半径不小于 $\zeta_0\zeta'=\zeta_0\zeta''(>\zeta_0\zeta)$.

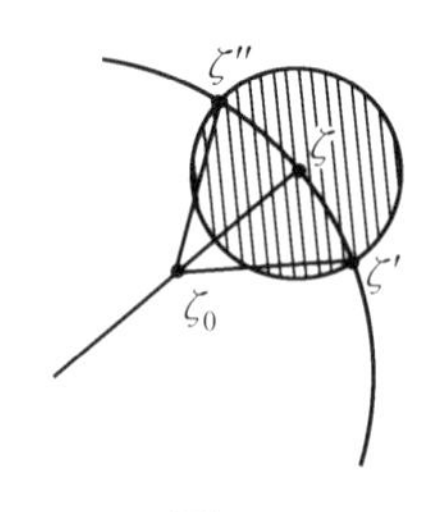

图 29

因此,幂级数这一工具足够阐明函数在点 ζ 是否

可以解析拓展.圆周(或由有限个圆弧做成的周线)上的任何一点皆可同样的借助幂级数来加以研究.

域的周界上的一点 ζ 算作在周界内部所定义的函数的正则点或奇点,要看我们是否可以按照上述方法作出该函数在这一点的解析拓展而定.

定理 7.6 在任何(半径为有限数 R 的)收敛圆周上至少存在函数的一个奇点.

证明 设定理不成立.我们假定函数元 (e) 的收敛圆周上所有的点 $\zeta=a+Re^{i\varphi}(0\leqslant\varphi<2\pi)$ 皆是正则点.以点 $a+Re^{i\varphi}$ 为圆心的收敛圆的半径是角 φ 的连续函数[①]

$$\rho=\rho(\varphi)$$

在收敛圆(闭集)上,这函数取到它的极小值 ρ_0,ρ_0 不能等于 0:$\rho_0>0$.在这种情况之下,由于解析拓展的结果,由函数元 (e) 所定义的函数在圆 $|z-a|<R+\rho_0$ 内为解析.但由 §46 的定理,这时级数(7.38)的收敛半径必须大于 R,而这与假设相连.

推论 若函数 $f(z)$ 在某一点 a 可以展开成幂级数,则这级数的收敛半径等于点 a 到与之最近的奇点的距离.

由上面的说明可以推知,解析函数的奇点可以在它的解析拓展的过程中定出.但在许多情形(例如初等函数),奇点在事先就可找出.对于这种函数,上述的这条推论具有特别重要的实践意义.

---

① 若我们注意到对于充分小的 $|h|$,以 $\zeta'=a+Re^{i(\varphi+h)}$ 为心的函数元的收敛半径不小于点 ζ' 到以 $\zeta=a+Re^{i\varphi}$ 为心的收敛圆周的距离(图 30),则详细的情况即可由初等方法容易证明.

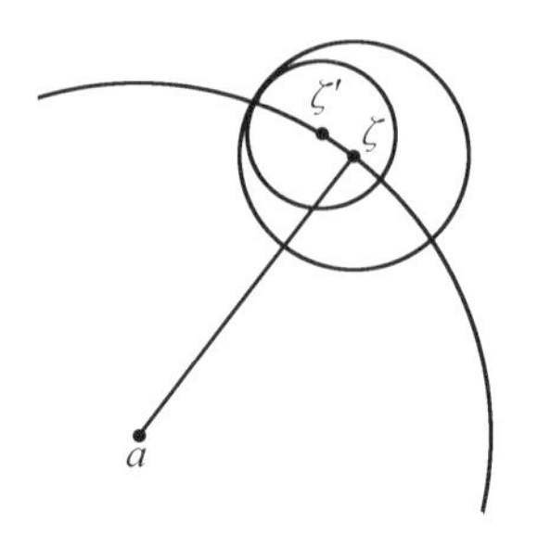

图 30

设(e_0)是以a_0为心的“函数元”,L是从a_0到收敛圆之外所引的某一条有向“线路”,(e_0)的拓展一般方案可以描述如下:设D_0为函数元(e_0)的收敛域.在线路L上取一异于a_0之点a_1,它在D_0之内,且与域的边界很接近,作以a_1为心的函数元(e_1),若函数元(e_1)的收敛域D_1超出了D_0之外,则在L上取一异于a_1之点a_2,它在D_1之内(但在D_0之外),且与D_1之边界很接近,作以a_2为心的函数元(e_2),等等.若无论与圆D_n的周界如何接近,我们在L上皆不能找到一点a_{n+1},使得以这点为心的函数元(e_{n+1})在D_n外部的线路L上(指与D_n邻接的部分)收敛,这项过程即告中断.

我们现在来研究几个按维尔斯特拉斯所指出的规则作起来的解析拓展的例子.我们的注意力主要集中在初等函数上面;必须附带说明,作所给定的维尔斯特拉斯“函数元”的解析拓展,其目的应该说是在寻求有关函数在它的种种更为宽广的存在域之内的解析表示,由于这种原因,初等例题正好没有太大的意义,因为初等函数往往是在它的整个存在域内直接由一些并不是维尔斯特拉斯“函数元”的解析式子所定义.因此,描述初等函数的解析拓展似乎是“没有目的”的,

但它可以用来说明上面所指出的解析拓展的理论.

例 7.1　假定函数 $f(z)=\dfrac{1}{z}$ 的第一个函数元(e_0)以 $a_0=1$ 为中心,它的半径 R_0 等于从 a_0 到极点 $z=0$ 的距离,即 $R_0=1$. 我们取点 $a_1=\dfrac{3}{2}$ 作为下一个函数元(e_1)的中心,它的半径为 $R_1=\dfrac{3}{2}$. 我们取以 $a_2=2$ 为心,2 为半径的函数元(e_2);然后又取以 $a_3=3$ 为心,3 为半径的(e_3)等. 就这样拓展过去,即是说,跟着正实轴的方向拓展过去,我们就可借助"函数元"(幂级数)在整个右半平面 $\mathrm{Re}\,z>0$ 上定义出函数 $f(z)$.

另一方面,我们现在将第一个函数元(e_0)依正方向沿着圆 $|z|=1$"拓展". 例如我们可以选取中心序列

$$a_1=\frac{1}{\sqrt{2}}(1+\mathrm{i}),a_2=\mathrm{i},\cdots,a_n=\left(\frac{1+\mathrm{i}}{\sqrt{2}}\right)\quad(0\leqslant n\leqslant 7)$$

而收敛半径 R_n 则恒等于 1. 结果,函数将在一区域内"定义",这区域是由一些圆弧所围成,它包含圆 $|z|\leqslant\sqrt{2+\sqrt{2}}\sim 1.85$[①].

我们可以沿某一螺旋线"拓展",使得直至包含整个平面(点 $z=0$ 当然除外).

例 7.2　设函数 $f(z)=\dfrac{1}{4+z^2}$. 我们现在从以点 $a_0=0$ 为心,以这点到极点$\pm 2\mathrm{i}$的距离 $R_0=2$ 为半径的函数元(e_0)出发,用同样的方法来处理 $f(z)$. 取点

---

① 我们建议读者在本例题以及下面的例题中写出所有的"函数元"(e_0),(e_1),(e_2),等等.

$a_1=1$ 为下一个函数元(e_1)的心,我们就得到以 $R_1=\sqrt{5}$ 为半径的收敛圆.其中有一点 $z=3$;取它作为函数元(e_2)的心 a_2,我们就看到相应的半径 $R_2=\sqrt{13}$.再下去,我们可以令 $a_3=6$ 等.像这样的沿着正实轴的方向拓展,我们就可以用一系列半径递增的圆盖满整个半平面 $\mathrm{Re}\, z>2$.

但也可以先绕一个极点作半圆,再沿虚轴向远处移去.

例 7.3 我们现在来研究函数 $f(z)=\tan z$.关于这函数,我们可以说(依据可微分这一性质及性质 C),除了使分数

$$\tan z=\frac{\sin z}{\cos z}$$

的分母等于 0 的点外,亦即除 $z=\frac{\pi}{2}+k\pi$ 外,它处处为解析.因为分数的分子在这些点不为 0,故在这些点(也正如从三角书上所知道的)不连续,因而函数不可能为解析.于是,奇点在事先就已经知道.

虽然实际去计算幂级数展开式的系数要遇到困难(参看 6.4 节(12)),但在理论上,这些系数应当认为是已经知道的.依据(定理 7.6 的)推论,我们也可以非常简单的定出展开式的收敛半径.比如说,若我们从以点 $z=0$ 为心的函数元(e_0)开始,则相应的半径 R_0 等于这点到最邻近的奇点 $\pm\frac{\pi}{2}$ 的距离,即$\frac{\pi}{2}$.图 31 表示出沿着某一条给定的曲线解析拓展的过程.

例 7.4 $f(z)=\dfrac{1}{1-z^p}$(p 是一正整数).

这是一个有理函数,它的奇点就是它的极点

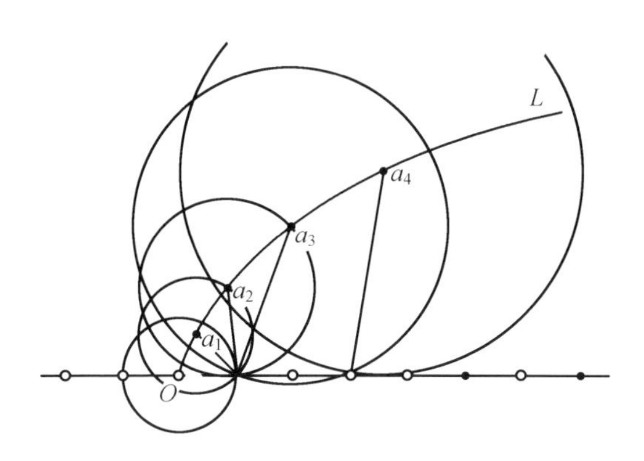

图 31

$$z_k = \mathrm{e}^{\frac{2\pi k\mathrm{i}}{p}} \quad (k=0,1,2,\cdots,p-1)$$

这些极点以等距离分布在圆周 $|z|=1$ 上,所说的距离随 p 的增大而无限减小.

我们取在原点展开的展开式

$$f(z)=1+z^p+z^{2p}+\cdots+z^{np}=\sum_{n=0}^{\infty} z^{np} \tag{7.39}$$

作为第一个函数元.沿着任何不穿过极点的曲线皆可作解析拓展.

例 7.5

$$f(z)=\sum_{n=0}^{\infty} z^{n!} \tag{7.40}$$

函数 $f(z)$ 是由函数元(e_0)所定义,这函数元以 $z=0$ 为心,恰如前例一样,以 $R_0=1$ 为半径.

我们可以证明,这函数的解析拓展不存在,那就是

说，圆 $|z|=1$ 上所有的点皆是这函数的奇点[1]．

要想证明这点，只需先注意两件事情：

(1) 若两个幂级数除了有限多个系数之外，完全一致(就系数相等的意义而言)，则这两个幂级数具有同样的奇点．

实际上，只需回忆一下，级数的收敛与否并不因级数的有限多个项的改变而改变．

(2) 若一个由幂级数所定义的函数的奇点在这收敛圆处处稠密(即该圆的任意一段弧上至少有一个这种点)，则收敛圆上所有的点都是奇点．

事实上，若收敛圆上有某一个点 ζ 不是奇点，则函数在这点为解析，因而在它的某一邻域内为解析，特别，在收敛圆上包含 ζ 的某一段弧上为解析；然而这样一来，在这段弧上就没有奇点．

回到证明上来，我们从恒等式

$$f(ze^{2\pi i\frac{p}{q}}) \equiv P(z) + f(z) \qquad (7.41)$$

立可得出证明，这里的 $\frac{p}{q}$ 是一既约分数，$P(z)$ 是多项式，其次数小于 $q!$ (当在公式(7.40)中以 $ze^{2\pi i\frac{p}{q}}$ 代 z 时，和数中所有指标 $n \geqslant q$ 的各项皆不动，即是说，函数 $f(z)$ 改变得不会多于一个次数低于 $q!$ 的多项式)．

函数 $f(z)$ 在圆 $|z|=1$ 上至少有一个奇点：设它为 z_0．在这种情形之下，由注意(1)，这点是式(7.41)右边的奇点，因而也是左边的奇点．但函数 $f(ze^{2\pi i\frac{p}{q}})$ 不能沿联结原点与 z_0 的直径拓展到圆 $|z|=1$ 的外面

[1] 请注意，在展开式(7.40)中，指数比展开式(7.39)中的指数无论对任何 p 来说都要增长得快．

去的这种说法,并无异于函数 $f(z)$ 不能沿联结原点与 $z_0 e^{2\pi i \frac{p}{q}}$ 的半径拓展到这圆的外面去的这种说法. 故点 $z_0 e^{2\pi i \frac{p}{q}}$ 也是奇点.

但这里的 p 和 q 是任意两个互素的整数. 这就是说,奇点在收敛圆上处处稠密. 于是,根据注意(2),奇点填满整个的收敛圆周.

若一曲线 C 上所有的点都是函数 $f(z)$ 的奇点,则这曲线叫作函数的奇异曲线或(存在的) 自然境界.

我们已经研究了在圆 $|z|=1$ 内定义且以此圆为自然境界的解析函数的例子.

借助保角映象[①],容易证明,任何闭曲线 Γ 皆是某一个在 Γ 内解析的函数的自然境界.

初等函数可以有任意多的奇点,但不能有奇异曲线.

上述函数“拓展” 这一概念是以下面的解析原理作为它的基础:在拓展函数的时候,不得破坏函数的解析性质.

自然会发生这样的问题:是不是可以取某一种另外的原理,它也如同解析原理一样保证了拓展的唯一性,来作为函数拓展的基础呢?

比如说,连续原理就不能用来作为这种原理:所有在某一(实的或复的) 区域内连续的函数皆可用各种方法把它作无限多种连续拓展,拓展到区域的外面去. 连续性这一要求的约束力是不够的. 很值得说明一下,是不是可以提出一种要求,它不像解析性这一要求这

① 参看第九章,9.1 和 9.5 节.

样限制人，但它也可以保证拓展的唯一性.

把解析函数这一概念在所说的这个方向上加以推广原来是可能的：例如法国数学家当茹瓦(A. Denjoy)在1924年提出了亚解析函数类(quasianalytic function)，它是由在逐次导数的最大模的增大程度上面加以限制来特别规定的；别恩希坦因(С. Н. Бернштейн)院士从另一方面提出了其他的亚解析函数类，它的特点是对于个别由近逼多项式的次数所成的序列，最佳逼近下降得非常快.

7.10 黎曼曲面

现在我们比较集中地来讨论一下在前面讲到解析拓展时曾经避而未谈的一种现象.

假定我们把函数 $f(z)$ 的一个以 a_0 为中心的函数元 (e_0) 进行解析拓展时所沿的曲线是一条仍旧绕回到点 a_0 的闭曲线 L. 很可能，当我们再度以这一点作为某个函数元 (e_n) 的中心时，我们得到了一个与函数元 (e_0) 重合的函数元(幂级数展开式！).

但是，情况也可能不是这样. 相反地，与函数元 (e_0) 有同一中心的函数元 $(e_n)\equiv(e'_0)$，可能不同于函数元 (e_0). 即使函数元 (e_0) 与 (e_n) 在点 a_0 的值(绕行曲线 L 以前与以后的值)一致，在与 a_0 任意接近的其他点，这两个函数元的值未必相同，于是，在同一个点，我们得到函数的两个不同的函数元.

当然，上面所说的现象是同把函数理解为单值的对应关系(实变函数论所采取的)有所矛盾的！但是，

复变函数论里所采取的,把函数理解为某一给定的初始函数元的解析拓展的看法,却与它并无矛盾.

这样,在复变函数论里,多值函数的出现就成为不可避免,不能说在实变函数论里就无需引入多值函数;但是,通常在实变函数里采取了取出函数“单值分支”的办法来消除多值性.达到这个目的的方式是把所考虑的区域分成若干块,并引入了一类(从复变函数论的观点看来)不很“自然”的边界.

在复变函数论里用来消除多值性的办法之一就是:把函数 $f(z)$ 在已给点 z 的值看作依赖于由某一个起点 a_0 联到这一点来的线路 L.更精确地说:L 就是那一条线路,以 a_0 为中心的函数元(e_0)正是沿着它施行解析拓展而达到这点 z 来的.函数论在它历史发展的早期局限于上述的这种表示法,其一部分原因是由于在一些简单的例子里,所研讨的函数是用积分表示出来的.

后来通行的是一种非常直观的特殊几何表示法(为黎曼所引入)这种表示法用扩张或“改良”自变量变动区的手段使函数关系可以“恢复单值性”.这里所指的是所谓的“黎曼曲面”.

黎曼曲面的想法如下:按解析拓展过程中所发生非单质现象的性质引进自变量平面的一些新的“模型”(或“叶”),并且将这些模型同时与原来那一片模型相连接(如果不是纯粹理解为一种过程,可以说成把一片片的模型互相“黏合”),使得当一点移动时,它可以自动地由一叶过渡到另外一叶上面去.

我们现在举少数的例子来进一步说明黎曼曲面的构造.

再作一个预备性的说明. 若将函数 $f(z)$ 沿着闭曲线 L 作解析拓展,从以 a_0 为中心的函数元(e_0)达到仍然以这一点为中心但是不同于(e_0)的函数元(e'_0),则在曲线 L 的内部至少存在一个奇点[①]. 若包含在 L 内部的奇点不止一个,有时得将它们以很小的闭线路分离开,使得每个小的闭线路之内只包含一个奇点.

我们限于考虑那样的例子,其中总共只有一个奇点出现,或至多有有限个奇点出现. 我们经常假设这些奇点都是"支点",就是说,沿着适当小的闭线路而绕着这一点环行一周,函数值将变更.

为简便起见,把 $f(z)$ 记作 w.

例 7.6 $w^2=z, w=\sqrt{z}$(在实平面 zOw 上,这是抛物线).

这里所给的函数 w 是二值的;它在每一点的两个值差一个因子 -1,并且仅在 $z=0$ 这一点二值相等. 这一点是奇点,因为当 $z=0$ 时,w' 不存在. 在所有其他的点 $z=a(\neq 0)$ 可以造两个函数元,只相差一个正负号,而幂级数的收敛半径等于点 a 到唯一的奇点(即原点)的距离:$R=|a|$.

我们取在点 $z=1$ 相当于正值($w=+1$)的幂级数展开式作为第一个函数元. 沿着正轴以及沿着任何围绕原点而行的线路把这个函数元施行解析拓展,将不至于碰到阻碍. 但是如果绕着原点而环行一次(譬如说,沿着正方向环行),点 z 回到正轴上原来的位置时,所得的函数元就不是原来的了,而与原来的差一个符

---

① 这就是所谓"单值性定理".

号.如果再环行一周,函数元的正负号又变一次,于是得到最初的那个函数元[①].

为了要补救在这个例子中自变量变动区域内的点与函数值变动区域的点之间单值对应关系被破坏的缺点,我们来制作黎曼曲面.

要达到这目的可按下列方式进行.造 z 平面的两个模型:① 与 ②(图 32);将这两个平面各沿着正轴"切开"(想象的);把边 a 与边 d,边 b 与边 c"黏合"(也是想象的)[②].于是这个函数的黎曼面就作成了.

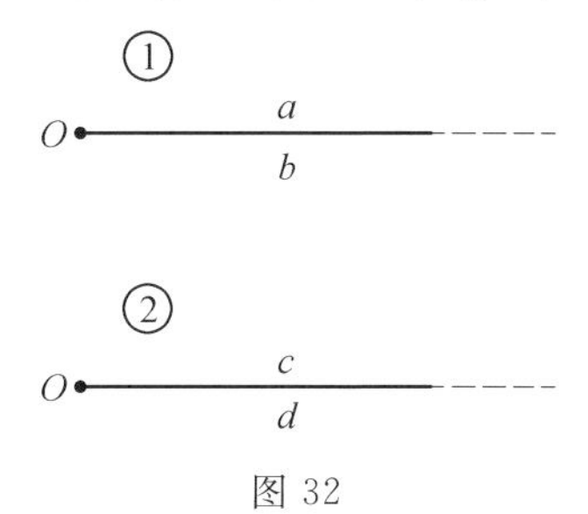

图 32

所造出的黎曼曲面上的点与函数值之间的单值对应关系是按下述的方式来实现的.令平面 ① 上的点 z 单值地对应于那样的 w,它们的辐角是不超过 π 的;平面 ② 上的同一个 z 则对应于辐角处于 π 与 2π 之间的值 z.

当点 z 在平面 ① 上沿着一个以原点为中心,r 为半径的圆按正方向运行由边 a 到边 b 时,w(在它自己

① 在这个例子里,沿着绕过原点的线路施行解析拓展,与沿着同样的线路而施行连续拓展,但加上附带条件 $w^2=z$,所得的结果是一样的(以下的几个例子也有类似的性质).

② "黏合"两个平面时,应避免二平面的自己相交(以下同此).

的平面上）也按同一方向跑过了半径为$\sqrt{r}$ 的“上”半圆；当z继续在平面②上运行由边c达到边d时，w跑过“下”半圆而回到它最初的位置.

例 7.7 $w^n=z, w=\sqrt[n]{z}$（n是正整数）. 这个例子是前一个例子的推广，前一个例子相当于$n=2$的情形.

奇点仍然是点$z=0$；在所有其他的点z_0，函数有n个值，像下面的样子

$$w_0, w_0\omega, w_0\omega^2, \cdots, w_0\omega^{n-1} \quad (\omega=e^{\frac{2\pi i}{n}})$$

这里w_0是这些函数值中的一个.

当绕着原点施行解析拓展而环行一周时，所有的函数元都乘上了因子ω，环行两周时，乘上了ω^2，等等；最后，环行n周以后，乘上因子ω^n，就是说，初始的函数元又重新出现.

为了要制作所考虑的函数w的黎曼曲面，需取z平面的n个模型来：①，②，…，ⓝ（图 33），把它们都沿着正轴切开，并把边b_1与边a_2黏合，边b_2与a_3黏合，等等；最后，把边b_n与边a_1黏合.

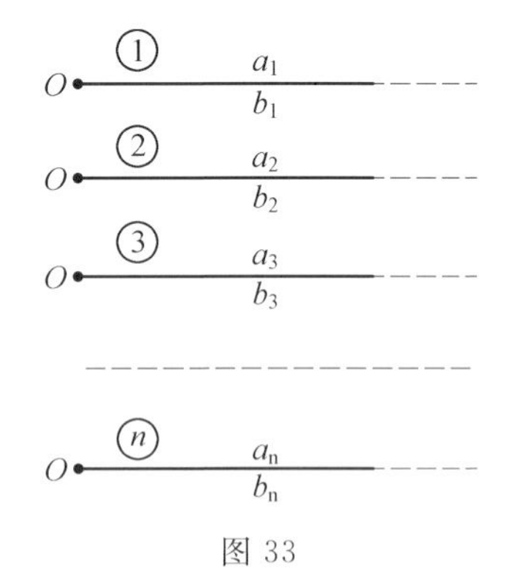

图 33

为了要建立这样得到的“螺旋形”黎曼曲面上的

点与函数值 w 之间的单值对应关系，只需将第 k 叶上的每个点 z 对应于辐角 Φ 满足下列不等式的值$\sqrt[n]{z}$

$$\frac{2(k-1)\pi}{n} \leqslant \Phi < \frac{2k\pi}{n} \quad (k=1,2,\cdots,n)$$

例 7.8　$w=\ln z$.

点 $z=0$ 是奇点，因为函数 w 在这一点不连续；在其他所有的点 z_0，函数有无穷多个值，形式如下

$$w_0+2n\pi\mathrm{i} \quad (n \text{ 是} \gtrless 0 \text{ 的整数})$$

其中 w_0 是这些函数值之一.

除 $z=0$，没有其他的奇点（见第五章公式 5.21）.

绕着原点施行解析拓展，当按正方向环行一周后，每个函数元都增加 $2\pi\mathrm{i}$，一般地说，环行 m 周以后，增加的值是 $2m\pi\mathrm{i}$.

要制作黎曼曲面，必需有无穷多叶模型. 把它们这样的排列起来，使它们与（按负数，零，正数而排列的）整数成一一对应，并将每叶所对应的整数作为它自己的编号（图 34）.

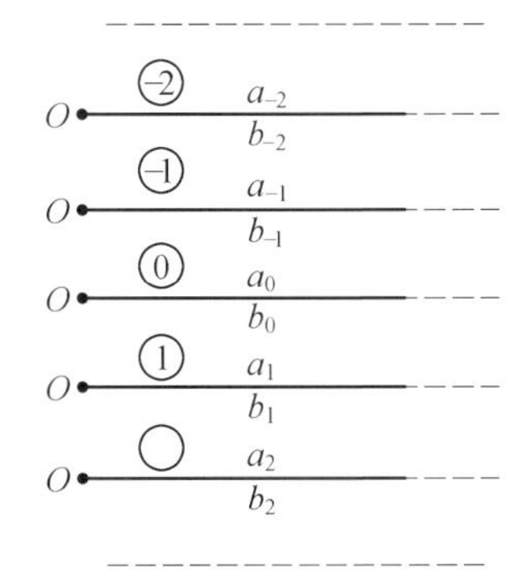

图 34

每叶如同前面一样切开以后，应该按下列的方式

黏合起来：边 b_0 与边 a_1 结合，b_1 与 a_2，b_{-1} 与 a_0 结合，等等；一般地说，边 b_m 与边 a_{m+1} 结合（$-\infty < m < +\infty$）. 所得的曲面仍是“螺旋形”的，但是两头都无尽地延展出去①.

在编号为 m 的那一叶上的点与这样的对数值相对应，此对数值的辐角 Φ 满足不等式

$$2m\pi \leqslant \Phi < 2(m+1)\pi$$

例 7.9 $z^2+w^2=1, w=\sqrt{1-z^2}$（在实平面 Ozw 上是一圆周）.

每个 z 值对应了两个 w 值（如同例 7.6），它们相差一个因子 -1. 点 $z=\pm 1$ 是例外点. 它们是奇异点，因为在这两点 w 的导函数不存在. 沿着一切不通过这两点的线路进行解析拓展不会碰到阻碍.

注意，点 ± 1 中的每一个都是一个支点.（在解析拓展的过程中）绕着其中的一点环行一周时，式子

$$w=\sqrt{1-z}\cdot\sqrt{1+z}$$

中相应的那个因子改变了正负号，而另外一个因子的正负号保持不变；因此，函数元 w 的正负号改变了. 若围绕两点而环行一周，则函数元不变.

要制作黎曼曲面只需取两叶模型 ① 与 ② 来，但把它们黏合的方式却与以前不同（图 35）.

把点 $z=0$ 对应于函数值 $w=+1$ 的那个函数元，我们取来作初始的函数元；我们令这个值对应于平面 ① 上的点 0. 平面 ① 沿着实轴上的线段 $(+1, +\infty)$ 与 $(-1, -\infty)$ 切开以后，在它上面施行解析拓展就毫无

① 这时用不着考虑避免自己相交，因为根本不会发生.

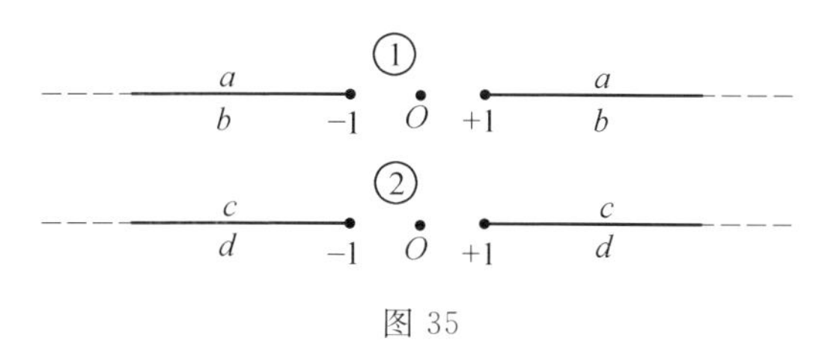

图 35

阻碍，并且是单值的；但是沿着上述的两条割线的两岸，每点同它对岸那一点的函数值 w 差一个因子 -1.

令已切开后的平面 ① 上的点 z 对应于按上述解析拓展而得的值 w.

既然在上述割线的两岸，函数值 w 只差一个因子 -1，于是也可以使解析拓展越过这两条割线；但是，要完成这样的拓展，需得把平面 ② 这样地与平面 ①"黏合"，使得边 b 与边 c，边 d 与边 a 黏合；同样，使边 b' 与边 c'，边 d' 与边 a' 黏合. 平面 ② 上每一点 z 所对应的值 w，将是平面 ① 中相当于 z 的那一点所对应的值乘以因子 -1：例如，在平面 ② 上，$z=0$ 的值 w 等于 -1.

注　在例 7.6 ～ 7.9 里，并不一定需要完全用直线来把平面切开. 容易理解，如果我们用任意的曲线从相应的点出发，通向无穷远而将平面割开，然后将各断面的边按前面所述的次序黏合，则我们仍得到同样的曲面.

7.11　解析函数与解析表示

在维尔斯特拉斯理论中，解析函数是定义为某些"函数元"(幂级数) 的全体，这些函数元可以从某一个初始函数元经过解析拓展的方式而得到.

从更一般的观点看来,每一函数元可以用多项式所成的任何一致收敛级数(或序列)来代替.或者,更普遍些,由在所给的单连通区域(不必是圆)内解析的函数所成的一致收敛级数(或序列)来代替.由这种"广义函数元"的全体,解析函数即在由所有给出的区域接合而成的区域内得到定义[①].

"广义函数元"也可以在多连通区域内定义,只要在这区域中一义地定义了解析函数(例如:$w=\frac{1}{z}$,任何有理函数).

在掌握了解释得这样广泛的解析函数观念之后,我们应告诉读者,不要把解析函数与解析式这两个概念混淆在一起.这时,所谓"解析式"乃是指一个可以说明数学(或逻辑)运算程序的公式,它可以把给定的自变量的值与函数的某一个值对应起来.

下面的想法可以使所说的这种混淆不致发生.

首先,不同的解析式可以定义同一个解析函数.所说的还不仅是

$$z^2+z \text{ 与 } z(z+1)$$

这样简单的例子,这时一个解析式(在所给的这个情形是代数式)可以经过恒等变换从另一个得出;而且也有不恒等的那种例子,甚至使得所讨论的两个解析式"有意义"的那两个区域根本就没有公共点

$$\sum_{n=0}^{\infty}(-f)^n(z-1)^n \text{ 与 } -\sum_{n=0}^{\infty}(z+1)^n$$

① 这一区域可以是全平面,或其一部分,或是某一黎曼曲面.

定义同一个解析函数 $\frac{1}{z}$，虽然其中前一个在圆 $|z-1|<1$ 内"有意义"(收敛)，而第二个则是在圆 $|z+1|<1$ 内"有意义"，而且这两个圆没有公共点. 问题在于：这两个"函数元"中的每一个可以借助解析拓展从另一个得出(顺便说一下，这解析拓展可以利用上面所说的式子 $\frac{1}{z}$ 简单地得出).

不用说，解析式并不是在任何区域内都经常"有意义"的，有时它根本不定义任何函数(例如 $\sum\limits_{n=-\infty}^{\infty} z^n$)，有时定义了一个非解析的函数(例如 $\mathrm{Re}\, z$).

另一方面，也可能出现这样的事情：同一个解析式在不同的区域之内(或者在不同的集合上)定义不同的解析函数. 要作这种例子时，最好是利用非一致收敛的过程.

例 7.10　解析式

$$\lim_{n\to\infty}\frac{1}{1+z^n}=\frac{1}{1+1}+\left(\frac{1}{1+z}-\frac{1}{1+1}\right)+\left(\frac{1}{1+z^2}-\frac{1}{1+z}\right)+\cdots+\left(\frac{1}{1+z^n}-\frac{1}{1+z^{n-1}}\right)+\cdots$$

在圆 $|z|<1$ 内定义了一个恒等于1的解析函数，又在圆外($|z|>1$)定义了一个恒等于0的解析函数.

例 7.11　解析式

$$\lim_{n\to\infty}\left(\frac{2^z}{1+2^{nz}}+\frac{2^{-z}}{1+2^{-nz}}\right)$$

在半平面 $\mathrm{Re}\, z<0$ 内定义了一个解析函数 2^z，在半平面 $\mathrm{Re}\, z>0$ 内定义了一个解析函数 2^{-z}.

例 7.12　设 Γ 为一闭曲线，$f(z)$ 为在 Γ 内及 Γ 上（也就是在某一包含 Γ 在内的区域内）解析的函数. 则解析式

$$\frac{1}{2\pi \mathrm{i}}\int_{\Gamma}\frac{f(\zeta)}{\zeta - z}\mathrm{d}\zeta$$

正如我们所知道的(7.3 节)，依 z 在 Γ 内或 Γ 外而取值 $f(z)$ 或 0.

习　　题

1. 辨明下列的级数是否收敛

$$\sum_{n=0}^{\infty}\left(\frac{z-1}{z+1}\right)^{n}$$

收敛区域是怎样的？级数的和是什么？是否存在解析拓展？

2. 根据解析性的性质 R 证明，如果函数 $\varphi(z)$ 解析，则函数 $\mathrm{e}^{\varphi(z)}$ 解析.

3. 根据解析性的性质 W 证明，如果函数 $\varphi(z)$ 解析并且不取值 1，则函数 $\dfrac{1}{1-\varphi(z)}$ 是解析的.

提示　若 $|\varphi(z)<1|$，则证明不困难. 如果函数值 $w=\varphi(z)$ 限于圆 $|w-A|<R$ 之内，而这个圆又不含有点 $w=1$，则可利用变换 $\dfrac{w-A}{R}=w_1$. 一般的情形可以化为这种情形.

4. 问函数

$$f(z)=\lim_{n\to\infty}\frac{2^{-n}+\sin^{n}z}{2^{-n}-\sin^{n}z}$$

是否是解析的？在怎样的区域里？

5. 证明：函数

$$f(z)=\sum_{n=0}^{\infty}e^{in^2 z}$$

在半平面 $\mathrm{Im}\, z>0$ 内解析.

6. 怎样制作函数

$$W=\sqrt{z(z^2-1)}$$

的黎曼曲面？

7. 下列的函数是否是多值的：

$$(1)e^{\sqrt{z}};(2)\sqrt{e^z};(3)\sqrt{z}\sin\sqrt{z}$$

8. 如我们所知（§22），当 α 为非整数时，式子 z^α 是多值的. 在这种情形之下，函数 e^z 是否就不是多值的呢？

答：事实上，如果能够把这个函数的一枝经过解析拓展而达到另外的分支，则这个函数可以看作是多值的. 但这样的拓展是不可能的，所得的只是无穷多个互不相连的，都在全平面解析的函数，它们之中的一个（即当 $z=1$ 时取值 e 的那一个）记作 e^z.

奇点、复变函数论在代数和分析上的应用

第八章

在本章中,我们将只研究在定义域 D 内为单值的函数 $f(z)$. 换言之,我们将假定,沿域 D 内任一闭曲线 Γ 施行解析拓展,在绕完曲线之后,仍然得出最初的函数元.

8.1 整函数及其在无限远点的变化

在全平面上解析的函数,亦即没有一个奇点的函数 $f(z)$,叫作整函数. 它可以在全平面上表示成一幂级数,这一幂级数对自变量的任何值皆为收敛. 这级数的中心可以随意选取;例如若取原点为中心,则得表示式

$$f(z)=\sum_{n=0}^{\infty}c_nz^n \qquad (8.1)$$

假若存在数 p,使得当 $n > P$ 时所有的系数 c_n 皆为 0

$$c_{p+1} = c_{p+2} = \cdots = 0$$

则函数 $f(z)$ 为一有理整式或多项式

$$f(z) = \sum_{n=1}^{p} c_n z^n$$

若这样的 p 不存在,则称之为超越整式.

初等函数 e^z,$\cos z$,$\sin z$ 等就是超越整式的最简单的例子.

我们已经看到(§13),任何多项式 $f(z)$ 皆具有

$$\lim_{z\to\infty} f(z) = \infty$$

这一性质;换言之,无论数 $N(>0)$ 如何大,皆可得出一 $R(>0)$,使得当 $|z|>R$ 时,有不等式

$$|f(z)| > N$$

但超越整函数则具有一些与此多少相反的性质.

它也有一些与多项式多少共同之处,如:

定理 8.1　任何不能化为常数的整函数皆不能保持有界,即对于所有的 z 值,形如

$$|f(z)| < W \tag{8.2}$$

的不等式不能经常成立,于此 W 为某一正数.

我们来证明更为一般的定理:

定理 8.2　设 $M > 0$,$m \geqslant 0$.若不等式

$$|f(z)| \leqslant Mr^m \quad (r = |z|) \tag{8.3}$$

对于所有的 z 值皆成立,则 $f(z)$ 是一次数不超过 m 的多项式.

简言之,所有的超越整函数比 $|z|$ 的任何方次皆增长得快.

我们只需证明定理 8.2 即可,因为定理 8.1 是它

当 $m=0$ 时的特殊情形.

试注意幂级数(8.1)是一泰勒级数(§37－38),我们有

$$c_n=\frac{f^{(n)}(0)}{n!}$$

于是,利用柯西积分(§45),即得

$$c_n=\frac{1}{2\pi i}\int_{\Gamma}\frac{f(\zeta)d\zeta}{\zeta^{n+1}} \tag{8.4}$$

于此,Γ 为任一包围坐标轴原点的闭曲线.设这是一个以原点为中心,以 ρ 为半径的圆;则由式(8.4),即得

$$|c_n|\leqslant\frac{1}{2\pi}\cdot 2\pi\rho\cdot\frac{\max\limits_{|\zeta|=\rho}|f(\zeta)|}{\rho^{n+1}}=\frac{\max\limits_{|\zeta|=\rho}|f(\zeta)|}{\rho^n}$$

但由不等式(8.3),有 $\max\limits_{|\zeta|=\rho}|f(\zeta)|\leqslant M\rho^m$;因之,若不等式(8.3)成立,则由此即得

$$|c_n|<M\rho^{m-n}\quad(n=0,1,2,\cdots)$$

因为这里的 ρ 可以任意大,故若设 $n>m$ 而对 $\rho\to\infty$ 取极限,我们就会得出结论 $c_n=0(n=m+1,m+2,\cdots)$,即函数 $f(z)$ 化为一次数 $\leqslant m$ 的多项式.

下述的性质把超越整函数与多项式大大的区别开来.

定理 8.3 当 $|z|$ 无限增大时,超越整函数 $w=f(z)$ 所取的值在 w 平面上处处稠密;换言之,无论 $\eta(>0)$ 如何小,在 w 平面上不能找出一个圆

$$|w-c|<\eta$$

使得当 $|z|$ 充分大时($|z|>r_0$),函数 $f(z)$ 不取这圆中的任何值.

实际上,若不然,设函数 $f(z)$ 当 $|z|>r_0$ 时满足不等式

$$|f(z)-c|\geqslant\eta$$

则下面人为地制造出来的函数

$$F(z)\equiv\frac{1}{f(z)-c}$$

当 $|z|>r_0$ 时为解析，因为它的分母在这条件之下为一不取 0 值的解析函数.

至于圆 $|z|\leqslant r_0$，那么方程

$$f(z)-c=0 \tag{8.5}$$

在它里面只能有有限个根；否则根所成之集在这圆内有极限点，而这是不可能的，因为解析函数 $f(z)-c$ 的零点都是孤立点(参看第 6.3 节).

设方程(8.5)在圆 $|z|\leqslant r_0$ 内的根为

$$a,b,\cdots,l$$

其重数分别为　$\alpha,\beta,\cdots,\lambda$

令　$P(z)=(z-a)^{\alpha}(z-b)^{\beta}\cdots(z-l)^{\lambda}$[①]

函数　$\Phi(z)\equiv P(z)F(z)=\dfrac{P(z)}{f(z)-c}$

在这种情况之下是一整函数，而且没有 0 点；实际上，$F(z)$ 的极点与多项式 $P(z)$ 的零点互相"抵消"了[②].

当 $|z|>r_0$ 时，对于函数 $\Phi(z)$ 我们已经得到了估值

$$|\Phi(z)|=\frac{|P(z)|}{|f(z)-c|}<\frac{|P(z)|}{\eta}<Mr^{m}$$

于此，$m=\alpha+\beta+\cdots+\lambda$，$M$ 为一充分大的数.

在这样情形之下，由定理 8.2，函数 $\Phi(z)$ 为一次

---

① 若方程 $f(z)-c=0$ 没有零点，则 $P(z)$ 即理解为 1.

② 函数 $\Phi(z)$ 在点 $a,b,\cdots,l$ 未"被定义"，但可解析地拓展到这些点.

数不大于 m 的多项式；但由前面所说，它没有零点，故（据代数学基本定理）为一常数．于是

$$\Phi(z)\equiv K(\neq 0),\frac{P(z)}{f(z)-c}\equiv K$$

因而函数

$$f(z)\equiv c+\frac{P(z)}{K}$$

是一有理多项式．但这与 $f(z)$ 为超越整函数的假定相矛盾．

还有一个深入得多的著名的皮卡（E. Picard）定理（1883 年）．

定理 8.4 任一超越整函数 $w=f(z)$ 在半径任意大的圆外 $|z|>r_0$ 所取的值做成之集包括了 w 复平面上所有的点，可能有一点除外．

“除外的皮卡值”是可能有的，这由指数函数 $f(z)=\mathrm{e}^z$ 这一最简单的例子即可证明，指数函数无论何时皆不会为 0．另一方面，另外一个也是同样简单的例子 $f(z)=\sin z$ 指出，“除外的值”也可能不存在．

皮卡定理的证明相当复杂，这里不予证明．

8.2 单值函数的孤立奇点、极点和本性奇点

我们必须把精力集中在这样一个非常重要的情形，即所论的函数 $f(z)$ 的奇点 a 是孤立的情形，即它具有这样的性质：在点 a 的某一邻域

$$|z-a|<\rho\quad(\rho>0)$$

内，函数 $f(z)$ 除了点 a 本身之外处处解析．

这时我们要附带说明，读者不要产生这样的一种

思想,认为单值函数所有的奇点都必然是孤立奇点.由初等函数 $f(z)=\tan\frac{1}{z}$ 这一例子就足以说明这种想法的错误,对于这个函数,不仅所有形如 $z=\frac{2}{(2n+1)\pi}$(这里的 n 是整数)的点都是奇点,而且它们的极限点 $z=0$ 也是奇点.所以后面这一奇点不是一孤立奇点.

奇点也可以填满整个一条连续曲线,7.9 节中所述就是这样的一个例子(已经不是初等的).

单值函数的孤立奇点可以分成两类:

(1)若在 $z=a$ 的某一邻域 $|z-a|<\rho(\rho>0)$ 内,函数 $f(z)$ 可以有形如

$$f(z)=\sum_{n=-p}^{\infty}c_n(z-a)^n=\frac{c_{-p}}{(z-a)^p}+\frac{c_{-(p-1)}}{(z-a)^{p-1}}+\cdots+\frac{c_{-1}}{z-a}+c_0+c_1(z-a)+\cdots \tag{8.6}$$

于此,$c_{-p}\neq 0$.

的解析表示,则点 a 叫作 $f(z)$ 的极点(полыс,pole).

这时数 p 叫作极点的次数.

(2)若在 $z=a$ 的某一邻域 $|z-a|<\rho(\rho>0)$ 内,函数 $f(z)$ 可以解析表示成

$$f(z)=\sum_{-\infty}^{\infty}c_n(z-a)^n=\cdots+\frac{c_{-n}}{(z-a)^n}+\cdots+\frac{c_{-1}}{z-a}+c_0+c_1(z-a)+\cdots+c_n(z-a)^n+\cdots \tag{8.7}$$

且在系数 $c_{-n}(n>0)$ 中有无限多个异于 0，则点 a 称为 $f(z)$ 的本性奇点(существенно особенны точка，существенны，особенность，essontial singularity).

(关于"向两边扩张的"级数应如何理解，以及这种形式的收敛区域如何，已在第六章，6.6 节中论到).

在函数 $f(z)$ 的展开式(8.6)及(8.7)中，所有 $z-a$ 的非负数幂的项作成的和，即

$$\varphi(z) \equiv \sum_{n=0}^{\infty} c_n (z-a)^n = c_0 + c_1(z-a) + \cdots + c_n(z-a)^n + \cdots \tag{8.8}$$

叫作展开式的解析(正则)部分；而所有负数幂的各项所成之和则叫作展开式的主要部分，这在极点的情形，为

$$\psi(z) \equiv \sum_{n=-p}^{-1} c_n (z-a)^n = \frac{c_{-p}}{(z-a)^p} + \frac{c_{-(p-1)}}{(z-a)^{p-1}} + \cdots + \frac{c_{-1}}{z-a} \tag{8.9}$$

而在本性奇点的情形，则为

$$\psi(z) \equiv \sum_{n=-\infty}^{-1} c_n (z-a)^n = \cdots + \frac{c_{-n}}{(z-a)^n} + \cdots + \frac{c_{-1}}{z-a} \tag{8.10}$$

下述的定理即谈到了函数在极点的邻域以及在本性奇点的邻域内的变化情形.

定理 8.4 若点 $z=a$ 是函数 $f(z)$ 的一极点，则当 $z\to a$ 时，函数 $f(z)$ 无限增大

$$\lim_{z\to a} f(z) = \infty \tag{8.11}$$

这可从这样的一个事实推出,即在展开式的主要部分(8.9)中,作变换$\frac{1}{z-a}=z'$,则得一关于新变量z'的p次多项式

$$\psi(z)=\sum_{n=-p}^{-1}c_n z'^{-n}=\sum_{n=1}^{p}c_{-n}z'^{n}$$

当$z\to a$,即当$z'\to\infty$时,这多项式趋于无限(参看第三章).而展开式的正则部分(8.6)当$z\to a$时趋于c_0;于是可知,$f(z)$的值趋于无限.

由定理8.4,我们就可叙述下面的规则,用以判定点$z=a$是函数$f(z)$的一个p重极点:

点$z=a$是函数$f(z)$的一个$p(>0)$重极点的充分而必要的条件是函数

$$f_1(z)\equiv(z-a)^p f(z)\tag{8.12}$$

在点$z=a$为解析[①]且异于0.

实际上,由式(8.6)立可推知,函数$f_1(z)$在点a的邻域内可以表示成级数

$$f_1(z)\equiv c_{-p}+c_{-(p-1)}(z-a)+\cdots\tag{8.13}$$

故在点a的邻域内为解析;且有$f_1(a)=c_{-p}\neq 0$.

反之,若上面所说的条件成立,即在点a的邻域内有形如(8.13)的展式,且$c_{-p}\neq 0$,则由此可以推知函数$f(z)$在点a的邻域内(当$z\neq a$时)可以展成形如(8.6)的级数.

有时我们简单地说(甚至简写):函数在极点$z=a$"为无限",或"等于无限"

---

① 函数$f(z)$和$f_1(z)$在点$z=a$的值未经定义;但我们假定函数$f_1(z)$已经解析拓展到该点.

$$f(a)=\infty$$

关于本性奇点,事情就完全两样.

定理 8.5 若点 $z=a$ 是函数 $f(z)$ 的一个本性奇点,则在这点的任何任意小的邻域 $|z-a|<\rho(\rho>0)$ 之内,函数 $f(z)$ 取与任何预先给定的复数 c 相差任意小的数值.

这定理原先曾经错误地归功于 K. 维尔斯特拉斯. 事实上,它是属于 Ю. В. 索哈茨基[①](Сохоцкий) 的.

假若我们注意一下下述的一个重要事实,我们即可从 8.1 节定理 8.5 推出这一定理:

函数在本性奇点 $z=a$ 的邻域内的展开式的主要部分是变量 $z'=\dfrac{1}{z-a}$ 的一个超越整函数.

这一展开式形如

$$f(z)=\varphi(z)+\psi(z)$$

由此,主要部分 $\psi(z)$ 和正则部分 $\varphi(z)$ 分别系由级数(8.10) 和(8.8) 所定义,而根据假定,这两个级数在由关系

$$0\neq|z-a|<\rho$$

所定义之域内收敛.

我们已经看到(参看第六章,6.6 节),按负数幂展开的级数(8.10) 一般是在形如 $|z-a|>R'$ 的"圆形域"之内收敛,于此,R' 是一个量,它等于按 z' 的正数幂展开的级数

$$\psi(z')=\psi\left(\frac{1}{z-a}\right)=\sum_{n=1}^{\infty}c'_n z'^n$$

① 参看 А. И. Маркушевнч,解析函数论,1950,中译本原序.

的收敛半径 R 的倒数.

若函数 $\psi(z')$ 不是整函数，则收敛半径 R 是一有限数，这时函数 $\psi(z)$ 的展开式(8.10) 的收敛半径 R' 也是一有限数；但这与级数对于所有充分小的值 $|z-a|(\neq 0)$ 皆为收敛这一假设相矛盾.

故 $\psi(z)$ 是变量 $z'=\frac{1}{z-a}$ 的一整函数.

我们现在回转来证明定理 8.5.

在式(8.8) 中，函数 $\varphi(z)$ 在点 a 为解析，因而为连续；而且 $\varphi(a)=c_0$. 因之，无论 $\varepsilon(>0)$ 如何小，我们皆可得出一 δ，使得当 $|z-a|<\delta$ 时，有

$$|\varphi(z)-c_0|<\varepsilon \tag{8.14}$$

因为函数 $\psi(z')$ 是一超越整函数，故无论 r_0 如何大，及 $\eta(>0)$ 如何小，根据 8.1 节定理 8.3，当 $|z'|>r_0$ 时，它取圆 $|w-(c-c_0)|<\frac{\eta}{2}$ 内至少一个值. 换言之，在条件 $|z-a|<\frac{1}{r_0}$ 之下，函数 $\psi(z)$ 取同一圆内至少一值.

我们现在取 ε 不超过 $\frac{\eta}{2}$，并选取适当的 δ. 在条件：$|z-a|$ 小于 δ 和 $\frac{1}{r_0}$ 两者之中的最小者之下，由不等式

$$|\varphi(z)-c_0|<\frac{\eta}{2} \text{ 及 } |\psi(z)-(c-c_0)|<\frac{\eta}{2}$$

即得不等式

$$\begin{aligned}|f(z)-c|=&|[\varphi(z)+\psi(z)]-c|=\\&|[\varphi(z)-c_0]+[\psi(z)-(c-c_0)]|\leqslant\\&|\varphi(z)-c_0|+|\psi(z)-(c-c_0)|<\end{aligned}$$

$$\frac{\eta}{2}+\frac{\eta}{2}=\eta$$

即函数 $f(z)$ 取圆 $|w-c|<\eta$ 内的值.

8.3 在孤立奇点邻域内的洛朗展开式

当我们在上文中讨论两类孤立奇点(极点和本性奇点)时,我们曾经留下一个问题需要解决,即这两类奇点是否已经把所有的孤立奇点全部包括进去.

关于这问题的肯定答复,可以从在环状区域内为解析且单值的函数的洛朗展开理论得出.我们现在就来说明这种理论.

定理 8.6(洛朗,Laurent) 设函数 $f(z)$ 在某一包含在两个同心圆之间的环状区域

$$(\Gamma_1)\ |z-a|=R_1$$

和

$$(\Gamma_2)\ |z-a|=R_2 \quad (R_1<R_2)$$

内为解析且单值.则在这域内 $f(z)$ 可以表示成双边幂级数

$$f(z)=\sum_{-\infty}^{\infty}c_n(z-a)^n \quad (R_1<|z-a|<R_2) \tag{8.15}$$

其中系数 c_n 唯一定义.

我们先证明函数 $f(z)$ 表成形如(8.15)的级数的表示法是可能的.

设 Γ'_1 及 Γ'_2 为两个分别以 a 为心,以 R'_1 及 R'_2 为半径的同心圆,其中数 R'_1 和 R'_2 满足不等式

$$R_1 < R'_1 < | z - a | < R'_2 < R_2 \qquad (8.16)$$

而所论变量 z 的(固定的)值则以文字 z 记之(参看图 36),因为函数在曲线 $S \equiv KLMNPQK$(沿图中箭头所示方向所引的;假定 $K \equiv P, L \equiv N$)内为解析,故可利用柯西积分

$$f(z) = \frac{1}{2\pi \mathrm{i}} \int_S \frac{f(\zeta) \mathrm{d}\zeta}{\zeta - z}$$

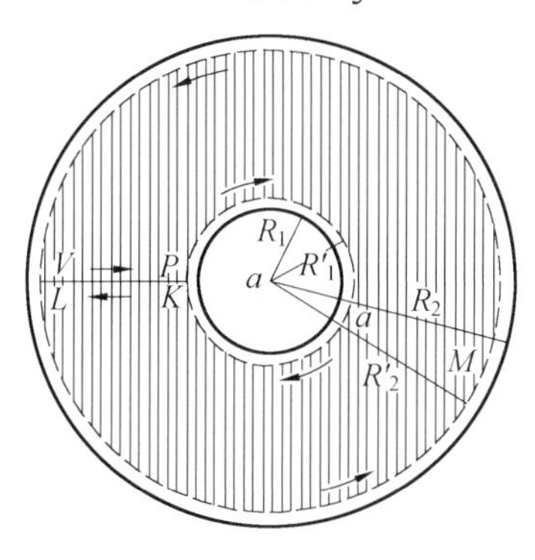

图 36

沿线段 KL 和 NP 所取的积分(由于函数为单值)相互抵消:留下的就只有沿圆周 Γ'_1 和 Γ'_2 但按相反的方向所取的积分. 于是,最后我们就得到

$$f(z) = \frac{1}{2\pi \mathrm{i}} \int_{\Gamma_2} \frac{f(\zeta) \mathrm{d}\zeta}{\zeta - z} - \frac{1}{2\pi \mathrm{i}} \int_{\Gamma_1} \frac{f(\zeta) \mathrm{d}\zeta}{\zeta - z} \qquad (8.17)$$

(在上式中,两个积分皆系按依正方向绕过原点的道路而取的).

现在容易证明,前一积分可以展成 $z-a$ 的正数幂的级数,后一积分可以展成 $z-a$ 的负数幂的级数.

事实上,若 ζ 在 Γ'_2 上,则(关于 ζ 一致地)有

$$\left| \frac{z-a}{\zeta - a} \right| = \left| \frac{z-a}{R'_2} \right| < 1$$

因而有

$$\frac{1}{\zeta - z} = \frac{1}{(\zeta - a) - (z - a)} =$$

$$\frac{1}{\zeta - a} + \frac{z - a}{(\zeta - a)^2} + \cdots + \frac{(z - a)^n}{(\zeta - a)^{n+1}} + \cdots$$

然后留下的就是求积分.

同理,若 ζ 在 Γ'_1 上,则(也是一致地)有

$$\left|\frac{\zeta - a}{z - a}\right| = \frac{R'_1}{|z - a|} < 1$$

$$\frac{1}{\zeta - z} = \frac{1}{(\zeta - a) - (z - a)} =$$

$$-\frac{1}{z - a} - \frac{\zeta - a}{(z - a)^2} - \cdots - \frac{(\zeta - a)^n}{(z - a)^{n+1}} - \cdots$$

留下的就是求积分.

总之,我们就得到了形如(8.10)的展开式,且不难写出系数 c_n 由 $f(z)$ 表出的表示式.这个式子(以及式中的积分)与半径 R'_1 和 R'_2 的选取无关,只需不等式(8.16)保持有效.

要想证明定理的后一部分,我们现作相反的假定,即设在环

$$R_1 < |z - a| < R_2$$

内,函数 $f(z)$ 有两个互相恒等的展开式

$$\sum_{n=-\infty}^{+\infty} c_n (z - a)^n \equiv \sum_{n=-\infty}^{+\infty} c'_n (z - a)^n \quad (8.18)$$

于是,令 $c_n - c'_n = d_n (-\infty < n < +\infty)$,则在该环之内,即得恒等式

$$\sum_{-\infty}^{+\infty} d_n (z - a)^n \equiv 0$$

将这一致收敛的级数(预先用 $(z - a)^{-(n+1)}$ 乘上之后)沿以 a 为心,以 $\rho = |z - a|$ 为半径的圆 Γ_ρ 积分,

即得

$$d_n = 0$$

而这里的 n 可以是任何的整数.

但这样一来,无论对任何 n,恒等式(8.18)的左、右两边的 $z-a$ 的同次幂的系数 c_n 和 c'_n 相同(这也就是所要证明的).

回过来谈由刚才所证明的定理导出的与我们直接相关的推论,我们要注意,若点 a 是一孤立奇点,则在固定半径 R_2 之后,可以将半径 R_1 无限变小($R_1 \to 0$).

总之,我们可以得出结论:在点 a 的整个邻域

$$|z-a| < R_2$$

(点 a 除外)之内,所得到的展开式(8.15)恒成立.

根据 $z-a$ 的负数幂的系数 c_n 只有有限个异于0,或有无限个异于0,我们就在点 a 得到了一个极点或本性奇点.

我们要注意(为不放过任何一种可能性),若所有的系数 $c_{-n}(n=1,2,3,\cdots)$ 皆等于0,则函数 $f(z)$ 在圆 $|z-a| < R_2$(圆心已经除掉!)内可表成一正则幂级数;因而这级数就给出了函数 $f(z)$ 在点 a 的解析拓展,同时也就说明了函数 $f(z)$ 在这点为解析.

于是:

单值函数所有的孤立奇点或为极点,或为本性奇点.

我们还要做一点最后的注释:单值函数的孤立奇点不可能同时是极点和本性奇点.

这不仅可从洛朗展开式定理的第二部分推出,而且也可以从函数在极点的邻域和本性奇点的邻域内的变化情形之不同得出(参看上节).

8.4 柯西残数定理

我们知道(3.5 节及 5.12 节),单值函数 $f(z)$ 在孤立奇点 a 的邻域内按 $z-a$ 的幂展开的展开式中 -1 次幂的系数 c_{-1} 叫作函数 $f(z)$ 在点 a 的残数;我们也已经知道了何以这个系数特别重要的原因.

下列属于柯西的相当一般性的残数定理值得特别注意.

设函数 $f(z)$ 在某一域 D 内除有限多个孤立奇点

$$a,b,\cdots,l \tag{8.19}$$

之外为解析,在这些奇点分别具有残数

$$A,B,\cdots,L \tag{8.20}$$

则沿 D 内某一包围(8.19) 中所有奇点的闭曲线 Γ 所取的积分

$$J=\frac{1}{2\pi\mathrm{i}}\int_{\Gamma} f(z)\mathrm{d}z \tag{8.21}$$

等于相应的残数之和

$$J=A+B+\cdots+L \tag{8.22}$$

我们将(8.19) 中之点分别用小圆

$$\gamma_a,\gamma_b,\cdots,\gamma_l \tag{8.23}$$

围起来,这些小圆的半径取得很小,使得每一小圆只包含(8.19) 中的一个点,而且两两之间以及其中每一个与曲线 Γ 之间皆不相交(图 37). 然后,将(8.23) 中的每一个圆分别用弧段

$$\delta_a,\delta_b,\cdots,\delta_l \tag{8.24}$$

与曲线 Γ 连接.

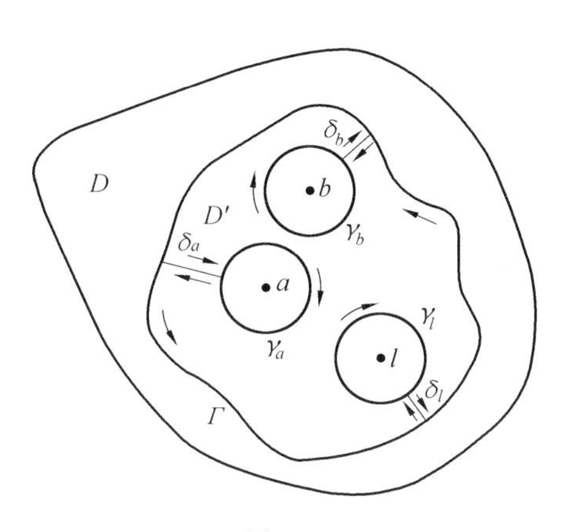

图 37

设闭曲线 T 是由

(1) 依正方向所引的曲线 Γ;

(2) 所有用来连接的弧段(8.24),其中每一个引两次,其方向正好相反(即来往各一次);

(3) 依反方向所引的小圆(8.23)

所构成的曲线.我们进而讨论由 T 所范围的域 D'.

在这域 D' 中,函数 $f(z)$ 是解析的,若按柯西基本定理,等式

$$\int_T f(z)\mathrm{d}z=0 \tag{8.25}$$

成立,或更详言之,有

$$\int_\Gamma f(z)\mathrm{d}z+$$

$$\left[\int_{\gamma_a} f(z)\mathrm{d}z+\int_{\gamma_b} f(z)\mathrm{d}z+\cdots+\int_{\gamma_l} f(z)\mathrm{d}z\right]+$$

$$\sum\int_\delta f(z)\mathrm{d}z=0$$

其中沿(8.23)中的小圆所取的积分系按反方向而取者.

注意一下沿(8.24)中的弧段所取的积分互相抵消,我们即可把这等式改写成

$$\int_{\Gamma} f(z)\mathrm{d}z=\int_{\gamma_a} f(z)\mathrm{d}z+\int_{\gamma_b} f(z)\mathrm{d}z+\cdots+\int_{\gamma_l} f(z)\mathrm{d}z=0$$

(本式中沿(8.23)中的小圆所取的积分已经按正方向而取),或

$$\frac{1}{2\pi\mathrm{i}}\int_{\Gamma} f(z)\mathrm{d}z=\frac{1}{2\pi\mathrm{i}}\int_{\gamma_a} f(z)\mathrm{d}z+\frac{1}{2\pi\mathrm{i}}\int_{\gamma_b} f(z)\mathrm{d}z+\cdots+\frac{1}{2\pi\mathrm{i}}\int_{\gamma_l} f(z)\mathrm{d}z$$

为要计算右边的积分,我们在积分中将函数 $f(z)$ 代以一个与之不同的解析式子,即它在相应的奇点的邻域内的双边洛朗级数展开式.

于是就很清楚,每一积分等于函数在相应的点的残数

$$\frac{1}{2\pi\mathrm{i}}\int_{\gamma_a} f(z)\mathrm{d}z=A$$

$$\frac{1}{2\pi\mathrm{i}}\int_{\gamma_b} f(z)\mathrm{d}z=B$$

$$\vdots$$

$$\frac{1}{2\pi\mathrm{i}}\int_{\gamma_l} f(z)\mathrm{d}z=L$$

留下来的事情就是将所得的结果加起来,以得到所要的积分值

$$\frac{1}{2\pi\mathrm{i}}\int_{\Gamma} f(z)\mathrm{d}z=A+B+\cdots+L$$

不妨注意一下,上述定理包含有下面的结果作为其特殊情形:

(1) 关于在复平面上沿闭曲线所取的积分的柯西基本定理;所指的是这样的情形,即在曲线 Γ 内根本没有一个奇点,这时等式(8.22)的右边为 0;

(2) 柯西积分公式:只需将所证明的定理运用于变量 ζ 的函数 $\frac{f(\zeta)}{\zeta-z}$ 即可(假设 z 为固定,且在曲线 Γ 之内,并属于函数 $f(\zeta)$ 的解析区域之内).所论的函数在曲线 Γ 内具有唯一的一个奇点——以 $f(z)$ 为残数的极点 z,于是

$$\frac{1}{2\pi i}\int_{\Gamma}\frac{f(\zeta)}{\zeta-z}d\zeta=f(z)$$ [①]

8.5 沿闭曲线所取的对数导数的积分·多项式在所与曲线内零点的数目·代数学的基本定理

我们假定,函数 $f(z)$ 在某一域 D 内,除了极点之外没有别的奇点[②].

今考虑沿 D 内某一闭曲线 Γ 所取的积分

$$I=\frac{1}{2\pi i}\int_{\Gamma}\frac{f'(z)}{f(z)}dz \tag{8.26}$$

我们并假定 Γ 不穿过函数 $f(z)$ 的零点和极点.

积分 I 的值等于什么,这可立刻从柯西残数定理

① 所述的论证系假定 $f(z)\neq 0$;但容易证明,当 $f(z)=0$ 时,所得到的公式也同样成立.

② 在这种情形,我们就说函数 $f(z)$ 在域 D 内为半纯的(meromorphic).

推出：只需分析一下函数

$$F(z) \equiv \frac{f'(z)}{f(z)}$$

的奇点如何，并计算相应的残数即可.

若函数 $f(z)$ 在某一点 a 为解析，并在该点不为 0，则函数 $F(z)$ 在该点也为解析.

若 $f(z)$ 在某一点 a 为解析，并在该点具有 p 重零点，则可证明(参看 6.3 节)，恒等式

$$f(z) = (z-a)^p \varphi(z)$$

成立，这里的函数 $\varphi(z)$ 在点 a 也为解析，且异于 0. 于是容易看出，对数导数

$$\frac{f'(z)}{f(z)} = \frac{p}{z-a} + \frac{\varphi'(z)}{\varphi(z)}$$

在点 a 具有一次极，其残数等于函数 $f(z)$ 在该点的零点的重数 p.

最后，若函数 $f(z)$ 在点 a 具有 p 重极点，则可记为(参看 8.2 节)

$$f(z) = \frac{\varphi(z)}{(z-a)^p}$$

于此，$\varphi(z)$ 在点 a 为解析，且异于 0；于是，对数导数

$$\frac{f'(z)}{f(z)} = \frac{-p}{z-a} + \frac{\varphi'(z)}{\varphi(z)}$$

显然在该点具有一次极，并且有残数$(-p)$.

试将上面的说明与柯西残数定理比较，我们即可看到，积分 I 必然等于函数 $f(z)$ 在 Γ 内的所有零点的重数之和减去该函数在 Γ 内的所有极点的重数之和. 简言之，所论的积分等于 Γ 内的零点数与极点数之差，

各按重数计算[1]

$$\frac{1}{2\pi i}\int_{\Gamma}\frac{f'(z)}{f(z)}dz=N_{\Gamma}-P_{\Gamma} \tag{8.27}$$

(N_{Γ} 是 $f(z)$ 在 Γ 内的零点个数，P_{Γ} 是其极点个数).

特别，若预先已经知道函数 $f(z)$ 在 Γ 内为解析，因而没有极点，式(8.27)即变成

$$\frac{1}{2\pi i}\int_{\Gamma}\frac{f'(z)}{f(z)}dz=N_{\Gamma} \tag{8.28}$$

故在这种情形之下，这积分即给出函数 $f(z)$ 在 Γ 内的零点的个数.

我们将上面所得到的结果运用于函数 $f(z)$ 为多项式 $P(z)$ 的情形，而曲线 $\Gamma\equiv\Gamma_R$ 则为(譬如)以原点为心，以 R 为半径的圆，于是则得

$$\frac{1}{2\pi i}\int_{\Gamma_R}\frac{P'(z)}{P(z)}dz=N_{\Gamma_R} \tag{8.29}$$

要想知道多项式 $P(z)$ 在全平面上零点的总数 N 是多少，我们只需令 $R\to\infty$ 取极限

$$N=\lim_{R\to\infty}N_{\Gamma_R}=\lim_{R\to\infty}\frac{1}{2\pi i}\int_{\Gamma_R}\frac{P'(z)}{P(z)}dz \tag{8.30}$$

若多项式 $P(z)$ 的次数 n 为已知，则不难算出上式右边的极限. 显然有

$$\begin{aligned}P(z)&\equiv Az^n+Bz^{n-1}+\cdots+Kz+L\\P'(z)&\equiv nAz^{n-1}+(n-1)Bz^{n-2}+\cdots+K\end{aligned}\qquad(A\neq 0)$$

于是最后即得

$$\frac{P'(z)}{P(z)}\equiv\frac{n}{z}\cdot\frac{1+\frac{n-1}{n}\frac{B}{A}\frac{1}{z}+\cdots+\frac{1}{n}\frac{K}{A}\frac{1}{z^{n-1}}}{1+\frac{B}{A}\frac{1}{z}+\cdots+\frac{L}{A}\frac{1}{z^n}}\equiv$$

---

[1] 即视每一零点和每一极点的重数为多少，即算多少次.

$$\frac{n}{z}[1+\varepsilon(z)]$$

于此,$\varepsilon(z)$ 表示某一函数,它当 $z\to\infty$ 时一致趋于 0.

在这种情形之下,即得

$$\frac{1}{2\pi i}\int_{\Gamma_R}\frac{P'(z)}{P(z)}dz=\frac{n}{2\pi i}\left[\int_{\Gamma_R}\frac{dz}{z}+\int_{\Gamma_R}\frac{\varepsilon(z)dz}{z}\right]$$

因当 $R\to\infty$ 时

$$\left|\int_{\Gamma_R}\frac{\varepsilon(z)dz}{z}\right|\leqslant 2\pi\max_{|z|=R}|\varepsilon(z)|\to 0$$

另一方面,对于任何 $R(>0)$

$$\frac{1}{2\pi i}\int_{\Gamma_R}\frac{dz}{z}=1$$

于是易得

$$\lim_{R\to\infty}\frac{1}{2\pi i}\int_{\Gamma_R}\frac{P'(z)}{P(z)}dz=n \tag{8.31}$$

于是,多项式零点的个数(各按重数计算)等于它的次数.

显而易见,上面的论断可以推出代数学的基本定理(“次数 $\geqslant 1$ 的多项式至少有一根”);另一方面,众所周知(参看 3.2 节),它又可从代数学的基本定理经过反复运用贝祖(Bezout)定理得出.

但我们最好也注意一下,代数学的基本定理也可直接从柯西基本(积分)定理得出,即不需求助于残数定理.

事实上,设(用“归谬法”来证明)次数 $n(\geqslant 1)$ 的多项式 $P(z)$ 没有零点.则函数 $\frac{P'(z)}{P(z)}$ 在全平面上为解析,故由柯西定理,对于任何 R,我们有

$$\int_{\Gamma_R}\frac{P'(z)}{P(z)}dz=0$$

在这样情形之下，我们有等式

$$\lim_{R\to\infty}\int_{\Gamma_R}\frac{P'(z)}{P(z)}\mathrm{d}z=0 \tag{8.32}$$

另一方面(正如上面所指出)

$$\lim_{R\to\infty}\frac{1}{2\pi\mathrm{i}}\int_{\Gamma_R}\frac{P'(z)}{P(z)}\mathrm{d}z=n \tag{8.33}$$

于是得

$$n=0$$

这与我们的假设相连.

8.6 高斯-卢卡定理

下面的定理，它的内容一半是代数的，一半则是分析的，但最好是用几何术语表出；在这定理中，我们将重新遇到多项式的对数导数[①].

这个定理，就它的性质来说，完全是初等的，它涉及多项式 $P(z)$ 的零点和它的导数 $P'(z)$ 的零点在复平面上的相对位置，它可以与实域中相应的众所周知的罗尔(Rolle) 定理并提.

我们现在来讨论任一多项式 $P(z)$ 的"零点多角形". 将 $P(z)$ 写成[②]

$$P(z)\equiv C\prod_{k=1}^{m}(z-a_k) \tag{8.34}$$

之形，则所谓 $P(z)$ 的"零点多角形" 乃是指包含所有

① 本定理的作者是 20 世纪前半叶的德国大数学家高斯(Karl Friedrich Gauss) 和法国数学家卢卡(Ch. F. Lucas)；高斯引起了他同时代的人去注意复数的几何解释，而卢卡发表他的证明则较晚一些.

② 不排除重根这种可能性；我们将假定数 a_k 不一定互异.

零点 a_k 在它内部(或在边界上)最小凸曲线.

定理说:$P(z)$ 的导数的一切零点包含在多项式 $P(z)$ 的零点多角形内.

我们用"归谬法"来证明.我们现利用第一章末尾所证明的定理.设 ζ 是导数 $P'(z)$ 的一零点.则

$$P'(\zeta)=0$$

同样,在以 $z=\zeta$ 代入时,对数导数

$$\frac{P'(z)}{P(z)}=\sum_{k=1}^{n}\frac{1}{z-a_k}$$

亦为零,因而

$$\sum_{k=1}^{n}\frac{1}{\zeta-a_k}=0 \tag{8.35}$$

在图 38 中数

$$a_k-\zeta \quad (k=1,2,\cdots,n)$$

的辐角是由矢量 $\overrightarrow{\zeta a_k}$ 与实轴所形成之角表出.因为零点多角形是凸的,故所说的一切辐角皆包含在某一小于 π(就量而言)的角之内(参看图中的虚线).但在这样情形之下,关于数 $\zeta-a_k$(它的辐角与数 $a_k-\zeta$ 的辐角相差为 π)以及关于数 $\frac{1}{\zeta-a_k}$(它的辐角与数 $\zeta-a_k$ 的辐角相差一符号),同样的命题也成立.

根据上面所说的辅助定理,这样的数之和必不能为 0.

所得出的矛盾即证明了定理.

若零点多角形"退化"在一线段上,例如全落在实轴上,则定理的结论即化为:导数的零点皆为这线段的内点.但依照古典的罗尔定理,由所有相邻零点之间的线段所成的 $n-1$ 个区间中,每一区间内至少有 $P'(z)$

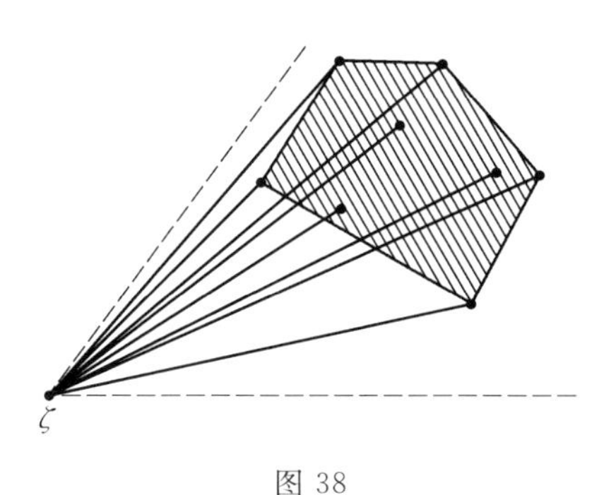

图 38

的一个零点，而零点的数目正好等于区间的数目，故在每一区间中正好包含导数 $P'(z)$ 的一个零点.

刚才所证明的定理有许许多多的推广和改进.

8.7　几个利用残数计算定积分的例子

1. 正如前面一样，我们假定函数 $f(z)$ 仅有孤立奇点，并假定这函数的积分系沿一条自身不相交的闭曲线 Γ 而取(绕一次)的. 我们现在来探讨，当曲线 Γ 变化时，这积分之值如何变化. 根据柯西残数定理，积分

$$\frac{1}{2\pi i}\int_{\Gamma} f(z)\mathrm{d}z \tag{8.36}$$

等于曲线 Γ 内奇点的残数之和. 由此可以看出，只要在连续变化过程中，曲线 Γ 不“盖过”奇点，则积分之值不变；但若曲线“盖过”某一奇点(因而这奇点从曲线内部落到曲线外面，或从外面落入里面)，则积分之积即减少或增加相应的残数.

最简单的例子：积分 $\frac{1}{2\pi i}\int_{\Gamma}\frac{A}{z-a}\mathrm{d}z$ 对于我们已不

陌生(参看5.10节):根据曲线Γ包含点a与否,它的可能数值是A或0.

我们再来看积分

$$\frac{1}{2\pi i}\int_{\Gamma}\left(\frac{A}{z-a}+\frac{B}{z-b}\right)dz \tag{8.37}$$

由前,根据曲线Γ是否包含点a与点b,它可能取值

$$0,A,B,A+B$$

之一.

同理,积分

$$\frac{1}{2\pi i}\int_{\Gamma}\left(\frac{A}{z-a}+\frac{B}{z-b}+\frac{C}{z-c}\right)dz \tag{8.38}$$

可能取八个不同的值

$$0,A,B,C,A+B,B+C,C+A,A+B+C$$

2. 积分 $$I=\int_{\Gamma}\frac{dz}{1+z^2}$$

属于(8.37)那一类型,因为在将积分号下的函数分解成初等分式之后,它即可以写成

$$I=\frac{1}{2\pi i}\int_{\Gamma}\left(\frac{A}{z-i}+\frac{B}{z+i}\right)dz$$

于此,$A=\pi,B=-\pi$.

在这里,根据曲线Γ的位置,只有三种可能的值(因为$A+B=0$),即:

(1)$I=0$,若Γ不包含点$\pm i$中的任何一个,或两个同时包含;

(2)$I=\pi$,若Γ包含点i,但不包含点$-i$;

(3)$I=-\pi$,若Γ包含点$-i$,但不包含点i.

若曲线Γ是由实轴上的直线段$(-R,+R)$及以原点为心,以R为半径的实轴上方的半圆Γ_R所做成(图39),则对任何$R>1$,积分皆等于π.

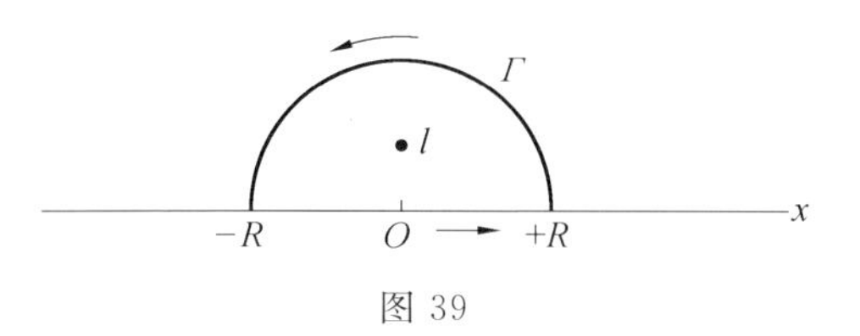

图 39

我们将此写出

$$\int_{-R}^{+R}\frac{\mathrm{d}x}{1+x^2}+\int_{\Gamma_R'}\frac{\mathrm{d}z}{1+z^2}=\pi$$

当 $R\to\infty$ 时，沿线段上所取的积分趋于 $\int_{-\infty}^{+\infty}\frac{\mathrm{d}x}{1+x^2}$，而沿半圆上所取的积分则趋于 0. 实际上

$$\left|\int_{\Gamma_R'}\frac{\mathrm{d}z}{1+z^2}\right|\leqslant \pi R\cdot\max_{|z|=R}\frac{1}{|1+z^2|}=\frac{\pi R}{R^2-1}\to 0$$

取极限，则得

$$\int_{-\infty}^{+\infty}\frac{\mathrm{d}x}{1+x^2}=\pi$$

3. 若想计算更一般形式的积分

$$I_n=\int_{\Gamma}\frac{\mathrm{d}z}{(z^2+1)^{n+1}}$$

(n 为非负整数)，可以重复上段中所作的论证，不同之处是极点 $\pm\mathrm{i}$ 现在为 n 重极点；展开式的主要部分应该是由 n 项组成，但其中只有与极点 i 相应的残数值得我们注意. 实际上，在半圆 Γ_R' (当 $R>1$ 时) 中除了点 i 以外，没有被积分函数的其他零点；因此，积分等于与此极点相应的残数和 $2\pi\mathrm{i}$ 之积.

为要在展开式

$$\frac{1}{(z^2+1)^{n+1}}=\frac{c_{-(n+1)}}{(z-\mathrm{i})^{n+1}}+\frac{c_{-n}}{(z-\mathrm{i})^n}+\cdots+$$

$$\frac{c_{-1}}{z-\mathrm{i}}+c_0+c_1(z-\mathrm{i})+\cdots$$

中求出残数 c_{-1}，我们用 $(z-\mathrm{i})^{n+1}$ 乘两边；于是，从函数 $\frac{1}{(z^2+\mathrm{i})^{n+1}}$ 按 $z-\mathrm{i}$ 的非负幂展开的展开式中，我们即得

$$c_{-1}=\frac{1}{n!}\left[\frac{\mathrm{d}^n}{\mathrm{d}z^n}\frac{1}{(z^2+\mathrm{i})^{n+1}}\right]_{z=\mathrm{i}}=\frac{1}{2\mathrm{i}}\cdot\frac{(2n)!}{(n!)^2\cdot 2^{2n}}$$

于是即得

$$I_n=2\pi\mathrm{i}c_1=\pi\frac{(2n)!}{(n!)^2\cdot 2^{2n}}$$

4. 积分

$$I=\int_{-\infty}^{+\infty}\frac{\mathrm{d}x}{x^2-2x\cos\omega+1}\quad(0<\omega<\pi)$$

可以同样算出.

因为

$$z^2-2z\cos\omega+1=(z-\mathrm{e}^{\mathrm{i}\omega})(z-\mathrm{e}^{-\mathrm{i}\omega})$$

故在半圆 $\Gamma'_R(R>1)$ 内，被积分函数有极点 $\mathrm{e}^{\mathrm{i}\omega}$；相应的残数等于

$$\frac{1}{\mathrm{e}^{\mathrm{i}\omega}-\mathrm{e}^{-\mathrm{i}\omega}}=\frac{1}{2\mathrm{i}}\cdot\frac{1}{\sin\omega}$$

于是，沿 Γ'_R 求积分并令 R 无限增大，则得

$$I=2\pi\mathrm{i}\frac{1}{2\mathrm{i}\sin\omega}=\frac{\pi}{\sin\omega}$$

下面又是另一种形式的例子.

5. 试求积分

$$I=\int_{-\pi}^{+\pi}\frac{\mathrm{d}\omega}{x^2-2x\cos\omega+1}\quad(|x|<1)$$

我们将 $\cos\omega$ 表成指数函数，并令

$$\mathrm{e}^{\mathrm{i}\omega}=z$$

注意当 ω 从 $-\pi$ 增到 $+\pi$ 时，变量 z 沿以 0 为心以 1 为半径的圆 Γ 绕过半圆，由此即得

$$I=\int_{\Gamma}\frac{1}{x^{2}-x\left(z+\frac{1}{z}\right)+1}\frac{\mathrm{d}z}{\mathrm{i}z}=$$

$$-\frac{1}{\mathrm{i}x}\int_{\Gamma}\frac{\mathrm{d}z}{(z-x)\left(z-\frac{1}{x}\right)}$$

两个极点 x 与 $\frac{1}{x}$ 中,只有一个,即 x,落入 Γ 之内,与之相应的被积函数的残数等于 $\frac{1}{x-\frac{1}{x}}$. 由此即得

$$I=2\pi\mathrm{i}\cdot\left(-\frac{1}{\mathrm{i}x}\right)\cdot\frac{1}{x-\frac{1}{x}}=\frac{2\pi}{1-x^{2}}$$

6. 在第四章中,我们曾经研究过积分

$$I_{n}=\int_{-\pi}^{+\pi}\cos^{2n}x\,\mathrm{d}x$$

利用变换 $\mathrm{e}^{\mathrm{i}x}=z$,我们即得下面一种算法

$$I_{n}=\int_{-\pi}^{+\pi}\left(\frac{\mathrm{e}^{\mathrm{i}x}+\mathrm{e}^{-\mathrm{i}x}}{2}\right)^{2n}\mathrm{d}x=\frac{1}{2^{2n}\mathrm{i}}\int_{\Gamma}\left(z+\frac{1}{z}\right)^{2n}\frac{\mathrm{d}z}{z}$$

因为与被积函数的极点 $z=0$ 相应的残数为 C_{2n}^{n},故得

$$I_{n}=2\pi\mathrm{i}\cdot\frac{1}{2^{2n}\mathrm{i}}\cdot C_{2n}^{n}=\frac{\pi}{2^{2n-1}}C_{2n}^{n}$$

习 题

1. 试证明,函数 $\tan z$ 在点 $\frac{\pi}{2}+n\pi$ 有极点,残数为 $(-1)^{n+1}$;而在其他的点则为正则.

2. 沿各种不同闭曲线所取的积分 $\frac{1}{2\pi\mathrm{i}}\int_{\Gamma}\tan z\mathrm{d}z$ 能

取什么样的值？

3. 整函数 e^z+1 所取不到的那种“特殊值”是否存在？

4. 试定出半纯函数 $\frac{e^z-1}{e^z+1}$ 的零点和极点.

5. $\frac{\sin 3z}{\sin z}$ 是否为整函数？其零点为何？

6. 试证明：

(1) 函数 $f(z)$ 的一切极点皆为函数 $\frac{1}{f(z)}$ 的零点；

(2) 函数 $f(z)$ 的一切零点皆为函数 $\frac{1}{f(z)}$ 的极点；

(3) 函数 $f(z)$ 的孤立本性奇点也是函数 $\frac{1}{f(z)}$ 的孤立本性奇点.

7. 试求所有使得函数 $\sin\frac{1}{z}$ 取值 A 的点.

8. 沿圆 Γ：$|z|=1$ 所取的积分 $\frac{1}{2\pi i}\int_\Gamma \frac{\sin^2 z}{z^3}dz$ 等于什么？$\frac{1}{2\pi i}\int_\Gamma \frac{\sin^3 z}{z^2}dz$ 等于什么？

9. 点 $z=0$ 是否是函数 $\frac{e^z-1}{2z}$ 和 $\frac{e^z+1}{2z}$ 的奇点.

10. 函数 $\int_0^z \frac{e^{\sqrt{\xi}}-e^{-\sqrt{\xi}}}{\sqrt{\xi}}d\xi$ 的奇点为何？

11. 试求函数 $\frac{z}{\sin z}$ 的极点及与之相应的残数.

12. 试写出函数 $\frac{e^{z^2}-1}{z^9}$ 在其极点邻域内的洛朗展开式的主要部分. 残数等于什么？

13. 试将函数：

$$(1)\mathrm{e}^{z+\frac{1}{z}};(2)\ \frac{\sin z}{z^{n}};(3)\ \frac{1}{\sin z}$$

展成 z 的方次的洛朗级数.

根据洛朗展开的唯一性,试利用各种不同方法将所得结果比较.

保角映象、复变函数论在物理问题中的应用、复变函数论的流体力学解释

第九章

9.1 保角性

设把平面 xOy 映到平面 uOv 上去，使得平面 xOy 上区域 D 里的每一点 (x,y) 对应了平面 uOv 上唯一的一点 (u,v). 于是在区域 D 里，u 与 v 都是 x,y 的函数

$$\begin{cases}u=u(x,y)\\ v=v(x,y)\end{cases}\tag{9.1}$$

我们假设在区域 D 的某一个定点 $M(x,y)$，函数 $u(x,y)$，$v(x,y)$ 是连续的，并且具有连续的第一阶偏导数 u'_x，u'_y，v'_x，v'_y.

1. 在平面 xOy 上从点 M 出发引射线 c 与 Ox 方向交于角 θ;设在平面 uOv 上与这条射线对应的是某条曲线 $\overline{C}$,从与 M 对应的点 $\overline{M}$ 出发.在射线上取一点 N 与点 M 相距 ρ;设 $\overline{N}$ 是曲线 $\overline{C}$ 上与点 N 对应的点(图 40).考虑下列的线段比值

$$\frac{\overline{M}\overline{N}}{MN}=$$

$$\frac{1}{\rho}\sqrt{[u(x+\rho\cos\theta,y+\rho\sin\theta)-u(x,y)]^2+[v(x+\rho\cos\theta,y+\rho\sin\theta)-v(x,y)]^2}$$

令点 N 沿着射线趋近于点 M,$\rho\to 0$.则由于我们上面所作的假设,这个比值趋近于极限

$$\lambda=\lim_{\rho\to 0}\frac{\overline{M}\overline{N}}{MN}=$$

$$\sqrt{(u'_x\cos\theta+u'_y\sin\theta)^2+(v'_x\cos\theta+v'_y\sin\theta)^2}$$

也就是说

$$\lambda=$$

$$\sqrt{(u'^2_x+v'^2_x)\cos^2\theta+2(u'_xu'_y+v'_xv'_y)\cos\theta\sin\theta+(u'^2_y+v'^2_y)\sin^2\theta} \tag{9.2}$$

这个极限值依赖于 x,y 与 θ,叫作映象(9.1)沿着射线 C 的方向在点 $M(x,y)$ 的比例尺,既然现在把点 M 取作是固定的,比例尺 λ 也仅仅与角 θ 有关.

以下来阐明再加上些什么条件就可使得比例尺 λ 不依赖于角 θ.λ^2 的表示式具有下列形状

$$\lambda^2=A\cos^2\theta+2B\cos\theta\sin\theta+C\sin^2\theta$$

其中

$$A=u'^2_x+v'_x,B=u'_xu'_y+v'_xv'_y,C=u'^2_y+v'^2_y$$

立刻可以看出,如果 $A=C,B=0$,则 λ^2 不依赖于 θ.反之,若 λ^2 不依赖于 θ,则导数 $\frac{d}{d\theta}(\lambda^2)$ 恒等于零,但

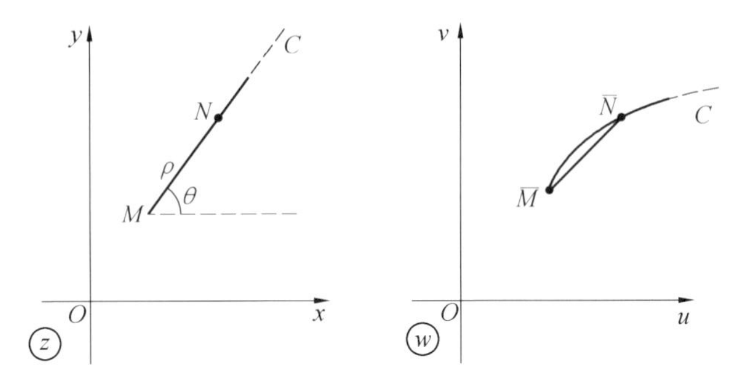

图 40

$$\frac{1}{2}\frac{\mathrm{d}}{\mathrm{d}\theta}(\lambda^2)=B\cos 2\theta-\frac{A-C}{2}\sin 2\theta$$

因此推出条件

$$B=0, A=C$$

上面所得到的使比例尺 λ 不依赖于角 θ 的必要与充分条件可以写成下列形式

$$\begin{cases}u'^2_x+v'^2_x=v'^2_y+v'^2_y\\ u'_xu'_y+v'_xv'_y=0\end{cases}\qquad(9.3)$$

2. 现在我们考虑(仍然用前面的记号,但假设半轴 Ox 与 Ou,半轴 Oy 与 Ov 按方向与序向重合)在映象之下线段 MN 所转动的角度,也就是说,计算 MN 与 $\overline{M}\overline{N}$ 之间的交角. 我们假设在点 M 四个导数 u'_x, u'_y, v'_x 与 v'_y 不同时为零.

线段 MN 的角系数等于

$$\mu=\tan\theta$$

同样,线段 $\overline{M}\overline{N}$ 的角系数等于比值

$$\frac{v(x+\rho\cos\theta, y+\rho\sin\theta)-v(x,y)}{u(x+\rho\cos\theta, y+\rho\sin\theta)-u(x,y)}$$

当 $\rho\to 0$ 时,这个比值趋近于下列极限

$$\frac{v'_x\cos\theta+v'_y\sin\theta}{u'_x\cos\theta+u'_y\sin\theta}$$

也就是

$$\frac{v'_x+v'_y\mu}{u'_x+u'_y\mu}$$

这就是曲线 $\overline{C}$ 在点 $\overline{M}$ 处切线的角系数.

于是,按解析几何中熟知的公式,射线 C 的方向与对应曲线 $\overline{C}$(的切线的)方向之间交角的正切由下列公式给出

$$\kappa=\tan\psi=\frac{\dfrac{v'_x+v'_y\mu}{u'_x+u'_y\mu}-\mu}{1+\dfrac{v'_x+v'_y\mu}{u'_x+u'_y\mu}\mu}=\frac{v'_x+(v'_y+u'_x)\mu-u'_y\mu^2}{u'_x+(u'_y+v'_x)\mu-v'_y\mu^2} \tag{9.3'}$$

角 ψ 叫作映象在点 M 沿着射线 C 方向的挠率.

显然,挠率 ψ 除了依赖于点 M 的坐标,还依赖于 μ,也就是说,还依赖于 θ.

我们来阐明在什么样的条件之下挠率不依赖于角 θ.

这个情形出现的必要与充分条件是在公式(9.3′)右方的有理分式里,分子与分母的两个关于 μ 的二次式中相应的系数成比例,也就是说,下列的等式成立

$$\begin{cases}v'_x=\kappa u'_x\\(v'_y-u'_x)=\kappa(u'_y+v'_x)\\-u'_y=\kappa v'_y\end{cases} \tag{9.4}$$

其中 κ 是与 θ 无关的系数.

注意　如果在平面 xOy 中用由点 M 出发并在这点的切线具有方向 θ 的任意曲线来代替射线 c,则依据这一条曲线,同样也可以定义比例尺与挠率,所得到的数值也如同按射线 c 而定义时的数值相同. 因此,这个

定义具有更为一般的性质.

如果映象(9.1)在点 M 的比例尺与挠率不依赖于方向 θ,则映象叫作在这一点是保角的.映象叫作在区域 D 内是保角的,假如它在 D 中的每一点是保角的.

不难证明,由一个在区域 D 内解析的函数所引出的映象必然是保角的.

这直接由解析函数的性质推得,这个性质可表达为下列等式

$$\begin{cases} u'_x = v'_y \\ u'_y = -v'_x \end{cases} \tag{R}$$

当这些等式成立时,显然条件(9.3)与条件(9.4)也是满足的.

可注意的是,反过来,如果条件(9.4)成立,则条件(R)也成立.事实上,从(9.4)的第一与第三个等式解出 v'_x 与 u'_y,然后代入(9.4)的第二个等式,我们得到

$$(1+\kappa^2)(v'_y - u'_x) = 0$$

从这里就得到 $v'_y - u'_x = 0$,进一步就得到 $u'_y + v'_x = 0$.

因此,从挠率与方向的独立性可以推出性质(R),因而也推出比例尺与方向的独立性.

其次再看从等式(9.3)可以推出些什么,注意下列的恒等式(关于 a,b,c,d 的恒等式)

$$(a^2 - b^2 + c^2 - d^2)^2 + 4(ab + cd)^2 =$$
$$[(a-d)^2 + (b+c)^2][(a+d)^2 + (b-c)^2]$$

我们就可以写出下列的式子

$$(u'^2_x - u'^2_y + v'^2_x - v'^2_y)^2 + 4(u'_x u'_y + v'_x v'_y)^2 =$$
$$[(u'_x - v'_y)^2 + (u'_y + v'_x)^2][(u'_x + v'_y)^2 + (u'_y - v'_x)^2] \tag{9.5}$$

如果等式(9.3)成立,则关系(9.5)的左边变为零,右

边于是也为零. 因此,或者等式组(R)成立,或者下列的等式组成立

$$\begin{cases}u'_x=-v'_y\\u'_y=v'_x\end{cases}\tag{R'}$$

我们来考虑:在域 D 内由条件(R′)所限定的映象的集合是怎样的? 设映象系由形如

$$w=f(\bar{z})\tag{9.6}$$

这样的函数作成,则此函数的实数和虚数部分即满足这一组条件,其中 f 表示一个解析函数,而 $\bar{z}(\bar{z}=x-\mathrm{i}y)$ 表示 z 的共轭复数. 上述的这个事实不难从类似于5.3节的考虑得到. 反之,如果令 $y=-y'$,则关系(R′)化为下列形状

$$\begin{cases}u'_x=v'_{y'}\\-u'_{y'}=v'_x\end{cases}$$

由这里就推出 u 与 v 是解析函数 $w=f(x+\mathrm{i}y')$ 的实数与虚数部分,也就是 $w=f(x-\mathrm{i}y)$ 或

$$w=f(\bar{z})\tag{9.7}$$

的实数和虚数部分. 形式如(9.7)的函数所引出的映象与保角映象不同之处在于它是某个保角映象作用后再施行一次关于 Ox 轴的镜面反射映象:$\bar{z}=x-\mathrm{i}y$.

这样的映象叫作反保角映象(又叫作第二类保角映象,而通常的保角映象又叫作第一类保角映象). 从几何上来看很清楚,无论是反保角或是保角映象都不依赖于方向(从解析上来看,这由关系(9.5)推出:如果右方的第二个因子变为零,则左方也变为零,就是说条件(9.3)满足). 至于挠率与方向的独立性,则当然不一定成立. 但是,保角映象与反保角映象具有下列共同的"角"性质:它们使角度保持不变. 事实上,既然两条具有公共顶点的射线（曲线）在保角映象之下两条射线的像之间的交角显然等于原来射线之间的交角. 但在镜面反射之下，交角是不变的，因此，上述的性质对于反保角映象也成立.

于是，从比例尺与方向的独立性或者推出条件组(R)，或者推出条件组(R′)，也就是说，或者推出保角性，或者推出反保角性；因此得出挠率与方向的独立性.

保角（与反保角）映象可以形容作“在无穷小范围内的相似变换”，它们推广了相似变换，并且当引出映象的函数 $f(z)$ 或 $f(\bar{z})$ 是线性函数时，化为相似变换（不带有转动或带有转动的相似变换）. 比例尺与方向的独立性，以及挠率与方向的独立性相应于初等几何中所述的关于相似变换的两个性质：互相对应的线段长度成比例，以及角度保持不变.

根据以上所说的一切，可以推知映象的保角性是引出映象的那个函数具备解析性的一个特征条件.

性质 K　在区域 D 内定义的函数 $w=f(z)$ $(f(z)\equiv u(x,y)+\mathrm{i}v(x,y))$ 为解析函数的必要与充分条件是它所引出的由 $z-$平面到 $w-$平面的映象在区域 D 的每一点为保角的（除去那种使四个偏导数 u'_x，u'_y，v'_x 与 v'_y 都为零的点）.

注意　至于在那种使 $u'_x=u'_y=v'_x=v'_y=0$ 成立的点，那么即便是函数 $f(z)$ 在这样的点是解析的，所引出的映象在这种点也不是保角的，而具有某些奇异性，我们在这里不加细述（见 9.6 节）.

不难看出，上面所举映象保角性的条件是有些过强的. 为要使得引出映象的函数是解析函数，更弱的条

件就足够了，例如，要求比例尺与方向无关就可以了. 苏联数学家闵肖夫得到使映象为保角的更为精确的条件. 我们把他所得条件的一种陈述方式列举在下面，在命题中丝毫不用假设偏导数 u'_x，u'_y，v'_x 与 v'_y 的存在.

函数 $f(z)$ 在区域 D 解析（或共轭于解析函数）的充分（当然也是必要）条件是它具备下列性质：

性质 M　函数 $f(z)$ 连续，并且（除去有限个或可数多个点）在 D 的每一点它所引出映象的比例尺沿着三条不同的射线互相一致.

9.2　地图制图学问题：球面到平面的保角映象

二维图形保角映象的理论在地图制图学里有直接的应用. 在绘制地图时，常常（虽然不是必定）要求保角性. 如果要把地球表面上比较广阔的地带画在平面上，而又不可能保持原来图形的曲率，于是就产生了这样的问题：寻求由球面到平面的各种保角映象.

但是，只需列举出一种这样的映象就可以了. 从几何上来看，很显然可以看出任意两个保角映象的复合映象仍然是保角映象，因此，如果知道了由球面到平面的一个保角映象，则把这个映象与由这张平面到第二张平面某保角映象作复合映象，便得到由球面到第二张平面的一个保角映象.

从球面到平面上的最简单的保角映象是所谓球极平面投影. 以原点为中心的球面

$$x^2+y^2+z^2=R^2$$

上一点 M 的坐标 (x,y,z) 可以按下列的方式以纬度

p(矢量 OM 与平面 xOy 所交的角度)与经度 q(通过点 M 的子午平面与初始子午平面 xOz 的交角)来表示

$$\begin{cases} x = R\cos p\cos q \\ y = R\cos p\sin q \\ z = R\sin p \end{cases} \tag{9.8}$$

具有地理坐标(p,q)的球面到具有直角坐标(X,Y)的平面上的球极平面投影由下列形状的公式决定

$$\begin{cases} X = q \\ Y = \varphi(p) \end{cases} \tag{9.9}$$

也就是说,球面上的子午线等距地变为平行于 OY 轴的直线;至于纬圈则按某种规律变为平行于 OX 轴的直线,但并不保证维持原来的长度不变.这个规律(除差一个常数以外)由对于映象保角性的要求而确定.在球面上以及其投影上的弧素分别是

$$ds^2 = dx^2 + dy^2 + dz^2 = R^2(dp^2 + \cos^2 p dq^2)$$

$$dS^2 = dX^2 + dY^2 = \varphi'^2(p)dp^2 + dq^2$$

从下列关系我们得到映象的比例尺 λ

$$\lambda^2 = \left(\frac{dS}{ds}\right)^2 = \frac{\varphi'^2(p)dp^2 + dq^2}{R^2(dp^2 + \cos^2 p dq^2)}$$

如果 $$\varphi'(p) = \frac{1}{\cos p}$$

则比例尺与弧素的方向无关,但这个条件也就是下列的条件

$$\varphi(p) = \ln\tan\left(\frac{\pi}{4} + \frac{p}{2}\right) + C^{①} \tag{9.10}$$

由球面到平面的所有其他的保角映象可以把这个

---

① 如果赤道平面通过 OX 轴,则应置 $C = 0$.

映象与由平面(X,Y)到平面(U,V)的保角映象复合而得到；换句话说(见9.1节)，可以利用解析函数

$$W=f(Z)$$

得到，其中$Z=X+\mathrm{i}y,W=U+\mathrm{i}V$.

9.3 导数的几何意义

再回到关于利用解析函数$w=f(z)$把z—平面映到w—平面的保角映象.

假设在所考虑的点，函数$f(z)$是解析的，也就是说，在这一点比例尺λ及挠率ψ与方向θ无关. 则公式(9.2)右方当θ取任意值时，都具有同一数值；如果把数值$\theta=0$代入，则我们得到

$$\lambda=\sqrt{u'^2_x+v'^2_x} \tag{9.11}$$

类似地，当$\mu(\mu=\tan\theta)$取任意值时，公式(9.3)的右方具有同一数值；令$\mu=0$，我们有

$$\kappa=\frac{v'_x}{u'_x} \tag{9.12}$$

但是

$$f'(z)=u'_x+\mathrm{i}v'_x$$

于是我们得到下列结果

$$\lambda=|f'(z)|=|w'|$$

$$\psi=\arctan\kappa=\arg f'(z)=\arg w' \tag{9.13}$$

因此：

(1) 解析函数导数的模$|w'|$在几何上表示映象在所考虑点处的比例尺；

(2) 解析函数$w=f(z)$导数的辐角$\arg w'$(当$w'\neq 0$时)在几何上表示映象在所考虑点的挠率.

(如果不是为了其他目的)以上的结果可以从导

数的定义直接而简单地得到.

事实上,根据定义,不问 Δz 以什么方式趋于零,我们有

$$\lim_{\Delta z\to 0}\frac{\Delta w}{\Delta z}=w' \qquad (9.14)$$

在这种情形之下(§8,定理 1.3′)

$$\lim_{\Delta z\to 0}\left|\frac{\Delta w}{\Delta z}\right|=|w'|$$

也就是说

$$\lim_{\Delta z\to 0}\frac{|\Delta w|}{|\Delta z|}=|w'| \qquad (9.15)$$

等式(9.15)所表示的正是命题(9.1),因为 $|\Delta z|$ 是被映前的线段长度,$|\Delta w|$ 是映后的线段长度,方向是无所谓的.

类似地,在条件 $w'\neq 0$ 之下(见 §8)

$$\lim_{\Delta z\to 0}\arg\frac{\Delta w}{\Delta z}=\arg w'$$

也就是说

$$\lim_{\Delta z\to 0}(\arg\Delta w-\arg\Delta z)=\arg w' \qquad (9.16)$$

这个等式所表示的正是命题(9.2),因为 $\arg\Delta z$ 是被映前线段与水平轴的交角,$\arg\Delta w$ 是被映后线段与水平轴的交角.

作为一个例子,我们来考虑关于单位圆的反演

$$w=\frac{1}{z}\text{①} \qquad (9.17)$$

---

① 在几何里常常把形状如 $w=\frac{1}{\bar{z}}$ 的变换叫作反演.这样做的好处是每点与它的反演像位于同一射线上.但对我们来说,重要的是保角(而不是反保角)映象.

计算导数，并取它的模与辐角

$$w' = -\frac{1}{z^2}$$

$$|w'| = \frac{1}{r^2}, \arg w' = \pi - 2\theta$$

因此：

(1)$\lambda = \frac{1}{r^2}$(映象的比例尺等于矢径平方的倒数，距离原点较近的图形，反演以后放大许多，距离原点很远的图形反演以后则缩小许多).

(2)$\psi = \pi - 2\theta$(读者试参照在点$\frac{1}{2}, -\frac{1}{2}, \frac{i}{2}, -\frac{i}{2}$处所取的短小矢量在这个关系之下的变化)(图 41).

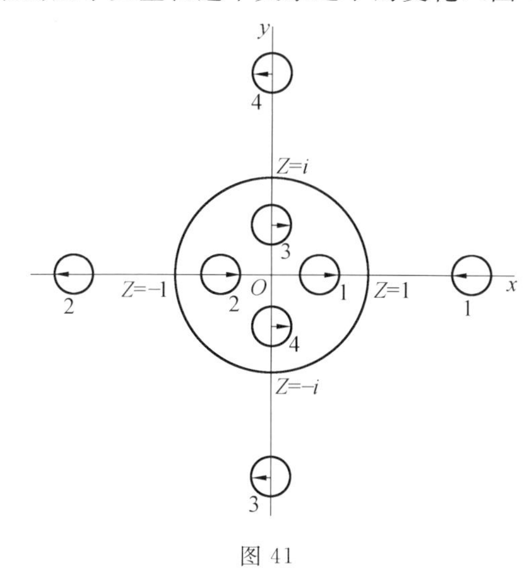

图 41

下面是更显然的一些例子(读者不难自己验证)：

(1)$w = Az, A > 0$(同位变换，放大).

(2)$w = e^{i\omega}z, 0 \leqslant \omega < 2\pi$(绕着原点的旋转).

(3)$w=az$,这里 $a(a\neq 0)$ 是任意复数(同位变换与绕着原点的旋转).

令 $a=Ae^{i\omega}$,则我们可以看出映象(3) 是下列两个映象的复合映象

$$w_1=Az,w_2\equiv w=e^{i\omega}w_1$$

(4)$w=z-z_0$(平行移动).

(5)$w=az+b,a\neq 0$(一般相似变换).

令 $z_0=-\dfrac{b}{a}$,我们看出映象(5) 是下列两个映象(4) 与(3) 的复合

$$w_1=z-z_0,w_i\equiv w=aw_1$$

(6) 一般的分式线性映象

$$w=\frac{az+b}{cz+d}\quad(c\neq 0,ad-bc\neq 0)$$

是由反演与相似变换组成的. 这可以从下列恒等式看出

$$w=\frac{a}{c}-\frac{m}{z+\dfrac{d}{c}}$$

其中
$$m=\frac{ad-bc}{c^2}$$

实际上,我们可以取

$$w_1=z+\frac{d}{c},w_2=\frac{1}{w_1}$$

$$w_3=-mw_2,w_4\equiv w=w_3+\frac{a}{c}$$

在几何学里已经知道(并且也不难直接证明),在反演与相似变换之下,圆周或直线变为圆周或直线. 因此,线性变换,无论是整式的或分式的,也都具有这个性质.

9.4　保角映象的图像表示法

画出图像的目的是帮助我们去思考.如果要用图像来表达由 z 一平面到 w 一平面的映象,我们需采取一种方式使得从直观上可以显出 z 平面上的每一点在映象之下变为 w 平面上的什么点.但是这只需表明某些个点在映象之下怎样变化就已够了.最通用的方法就是在一张平面上选择一个坐标网而在另一张平面上画出与坐标网中各坐标曲线相应的曲线.如果将这两个系统的坐标中的坐标曲线再适当地给以号码,则最低限度所选坐标网的每个"顶点"经过映象后变成什么点是一眼可以看出的;至于其他的点则可以凭目测作一个"插入"操作而看出它们的像.

最常用的是下列四种图像:

A.在 w 平面上取那样的坐标曲线,它们是 z 平面上直角坐标系 (x,y) 下坐标直线的像.

B.在 w 平面上取那样的坐标曲线,它们是 z 平面上极坐标系 (θ,r) 下坐标网(由射线与同心圆组成)的像.

C.在 z 平面上取那样的曲线系,它们映到 w 一平面上去以后正好是直角坐标系 (u,v) 的坐标曲线.

D.在 z 平面上取那样的曲线系,它们映到 w 一平面上去以后正好是极坐标系 (u,v) 下的坐标网(由射线与同心圆组成).

很显然,某个函数的 C 型图像正是它的逆函数的 A 型图像,D 型与 B 型图像间的关系也是这样(图 42 所画的是函数 $w=z^2$,$z=\sqrt{w}$ 的 D,B 型图像).

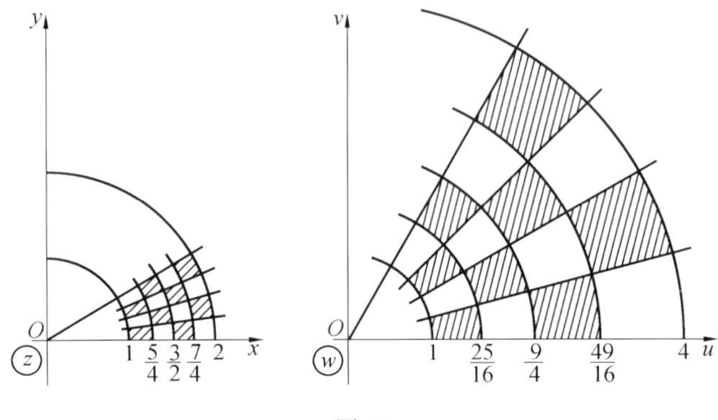

图 42

特别我们再对 D 型图像多做些考虑，这种类型的图像使得函数的某些具有特征性质的点特别容易显露出来，如像函数的零点与极点，以及函数导数的零点，等等.

z 平面上被映为 w 平面上圆周 $R=R_0$ 的曲线是那样的点 z 的轨迹，对这些点来说，函数的模为常数（等于 R_0）

$$|f(z)|=R_0 \tag{9.18}$$

这种曲线叫作常数模曲线（简称"R 曲线"）.

z 平面上被映为 w 平面上射线 $\Phi=\Phi_0$ 的曲线是那样的点 z 的轨迹，对这些点来说，函数的辐角为常数（等于 Φ_0）

$$\arg f(z)=\Phi_0 \tag{9.19}$$

这些是所谓常数辐角曲线（简称 Φ 曲线）.

因为在 w 平面上以原点为中心的同心圆系与以原点为始点的射线系是正交的，而保角映象又保持角度不变，所以 R 曲线与 Φ 曲线也是互为正交的（交于直角）.

除函数的零点，极点以及函数导数的零点以外，通过每一点有唯一的一条 R 曲线与唯一的一条 Φ 曲线. “曲线 $R=0$” 退化为一点(零点)；极点可以看作“曲线 $R=\infty$”. 对于每个值 $\Phi_0(0\leqslant\Phi_0<2\pi)$，从零点(或极点)出发的曲线 $\Phi=\Phi_0$ 数目等于该零点(或极点)的重数.

例 9.1　$w=z^2-1$.

R 曲线的方程是

$$|z^2-1|=R_0$$

也就是　$$(x^2-y^2-1)^2+4x^2y^2=R_0^2$$

或　$$(x^2+y^2)^2-2(x^2-y^2)+1=R_0^2$$

当 $R_0=1$ 时，这是伯努利双纽线；当 $R_0<1$ 时是一对笛卡儿卵形线；当 $R_0>1$ 时是包着双纽线的闭曲线.

Φ 曲线的方程($\Phi=\Phi_0$ 与 $\Phi=\Phi_0+\pi$ 共同)是

$$\arg(z^2-1)=\Phi_0$$

也就是

$$\frac{2xy}{x^2-y^2-1}=\tan\Phi_0$$

这是通过点 $z=\pm1$ 的双曲线(当 $\Phi_0=0$ 或 π 时是一对直线)(图 43).

例 9.2　$w=\sin z$.

R 曲线方程

$$(\sin x\ \mathrm{ch}\ y)^2+(\cos x\ \mathrm{sh}\ y)^2=R_0^2$$

也就是

$$\mathrm{ch}^2 y-\cos^2 x=R_0^2$$

Φ 曲线方程

$$\frac{\cos x\,\mathrm{sh}\ y}{\sin x\,\mathrm{ch}\ y}=\tan\Phi_0$$

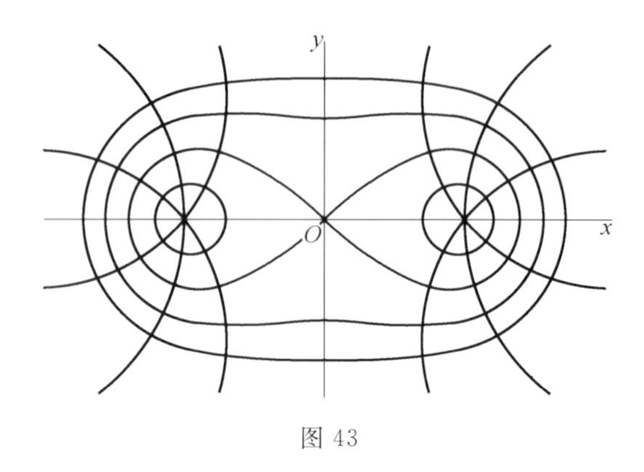

图 43

也就是

$$\frac{\operatorname{th} y}{\tan x}=\tan \Phi_0$$

特别，曲线 $R=1$ 由下列方程决定

$$y=\pm \ln(\cos x+\sqrt{1+\cos^2 x})$$

曲线 $\Phi=\frac{\pi}{4}$ 由下列方程决定

$$y=\frac{1}{2}\ln \cot\left(\frac{\pi}{4}-x\right)（图 44）$$

9.5 黎曼关于保角映象的基本定理

黎曼曾列述了一系列的命题，讲解某些保角映象基本问题的唯一可解性. 他在自己的学位论文里提出了这些命题，但并没有给出从现代观点来看称得上严格的证明，这大约是因为这些命题的真确性从他所感兴趣的物理解释来看，是非常明显的.

从下面的黎曼关于保角映象的基本定理可以看出

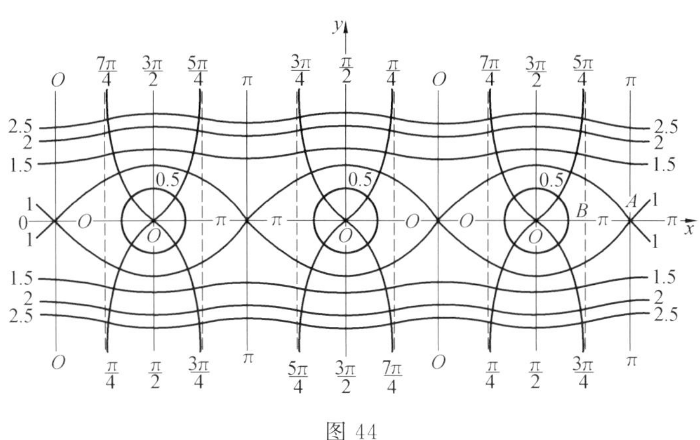

图 44

保角映象(我们知道这是由解析函数引出的)这种工具具有怎样的灵活性.我们不是从最一般的方面去陈述这个定理,并且还略去证明①.

设在复变量 z 与 w 的平面上分别给了简单闭曲线 Γ_1 与 Γ_2,它们分别是区域 D_1 与 D_2 的边界.则存在函数

$$w=f(z) \tag{9.20}$$

它引出由 D_1 到 D_2 的单值保角映象.如果边界 Γ_1 与 Γ_2 只有有限多个角点,则映象还可以扩张到边界上去.

还需要作下列的补充:

满足以上要求的函数 $f(z)$ 并不是唯一的.但是如果再引入某些补充条件则所求出的映象函数将是唯一的.

下列是最简单的这种条件:

(1) 在区域 D_1 中已给定的一点 O_1 必需映为区域

① 严格而一般的证明直到较近的年代才出现.

D_2 中给定的一点 O_2；

(2) 在边界 Γ_1 上的一点 M_1 必须映为边界 Γ_2 上给定的一点 M_2(图 45).

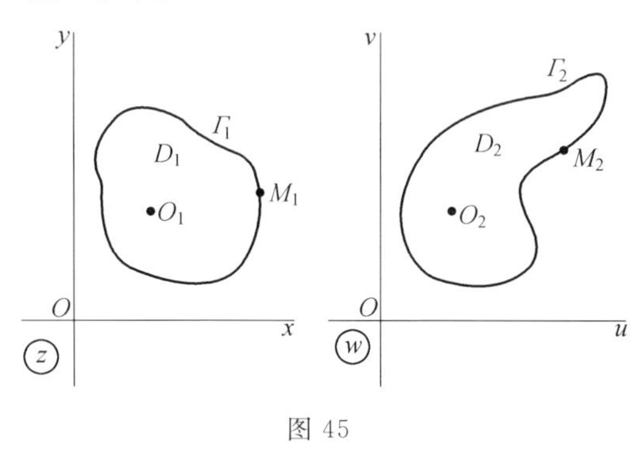

图 45

9.6 拉普拉斯方程·调和函数及它的应用

设 $w=f(z)$ 是在某个区域 D 中解析的函数,u 与 v 分别是它的实数与虚数部分. 我们知道,这时有所谓柯西-黎曼恒等式

$$\begin{cases} u'_x=v'_y \\ u'_y=-v'_x \end{cases} \tag{R}$$

在第七章,7.4 节已经证明过解析函数是无穷多次可微分的. 因此,函数 u 与 v 关于两个变量都是无穷可微分的.

把恒等式(R) 关于 x 与 y 施行微分,我们得到

$$\begin{cases} u''_{xx}=v''_{xy} \\ u''_{xy}=-v''_{xx} \end{cases},\begin{cases} u''_{xy}=v''_{yy} \\ u''_{yy}=-v''_{xy} \end{cases}$$

从这里,显然就看出

$$u''_{xx}=v''_{xy}=-u''_{yy}$$

与

$$v''_{xx}=-u''_{xy}=-v''_{yy}$$

因此

$$u''_{xx}+u''_{yy}=0$$

以及

$$v''_{xx}+v''_{yy}=0$$

因此，函数 u 与 v，也就是说，解析函数 $f(z)$ 的实数与虚数部分，满足方程

$$\Delta T=0 \tag{9.21}$$

这里 Δ 表示所谓"拉普拉斯微分算子"

$$\Delta\equiv\frac{\partial^2}{\partial x^2}+\frac{\partial^2}{\partial y^2}$$

微分方程(9.21)本身叫作拉普拉斯方程.拉普拉斯方程的解[①]叫作调和函数.

于是，解析函数的实数与虚数部分是调和函数.

反过来：如果在平面 xOy 上的某个单连通区域 D 内已给某个调和函数，则这个函数可以看作某个在区域 D 内解析的函数 $f(z)$ 的实数(或虚数)部分.

设若已给某个在 D 内调和的函数 $u(x,y)$；我们要来说明它是某个在区域 D 内解析的函数 $f(z)$ 的实数部分.为了这个目的，首先我们造一个也在 D 内调和的函数 $v(x,y)$，与 $u(x,y)$ 之间存在着关系(R)；则正是由于这种关系("性质R"！)，函数 $f(z)\equiv u(x,y)+\mathrm{i}v(x,y)$ 是 D 内的解析函数.

方程(R)可以改写成下列形状

① 所指的是实解.

$$\begin{cases}\dfrac{\partial v}{\partial x}=P\\[2mm]\dfrac{\partial v}{\partial y}=Q\end{cases}$$

这里 $P\equiv-u'_y$，$Q\equiv u'_x$. 众所周知[①]，假如方程组右方满足“可积分条件”

$$\frac{\partial P}{\partial y}\equiv\frac{\partial Q}{\partial x} \tag{9.23}$$

则至少当 D 是单连通区域时，除加减一个常数以外，完全决定函数 v. 但这个可积分条件在现在的情形化为

$$\frac{\partial}{\partial y}(-u'_y)=\frac{\partial}{\partial x}u'_x$$

由于函数 $u(x,y)$ 是调和函数，这个条件是满足的.

因此，所寻求的解析函数 $f(z)$ 就可以造出.

从类似的考虑可以证明：具有预先给定虚数部分 $v(x,y)$ 的解析函数 $f(z)$ 是可造出来的.

由关系(R)而互相联系着的调和函数 $u(x,y)$ 及 $v(x,y)$(因而它们的组合 $u+\mathrm{i}v$ 是复变量 $z=x+\mathrm{i}y$ 的解析函数)叫作互为共轭的.

调和函数有某些有趣的性质. 我们从解析函数 $f(z)$ 的性质来导出调和函数的这些性质，而此调和函数 $u(x,y)$ 就是 $f(z)$ 的实部.

1. 设 $f(z)$ 是一个在点 z_0 解析的函数. 则(由“性质 W”)在这一点的某个邻域 $|z-z_0|\leqslant\rho(\rho>0)$ 内，它可以展开成一致收敛的幂级数

$$f(z)=c_0+c_1(z-z_0)+c_2(z-z_0)^2+\cdots+$$

① 见 Г. М. Фнхтенголвц，微积分学教程，卷 Ⅲ，§ 533.

$$c_n(z-z_0)^n+\cdots$$

令 $z-z_0=re^{i\theta}$，$c_n=\gamma_n e^{i\omega_n}(n=0,1,2,\cdots)$，则上式可写成

$$f(z)=\gamma_0 e^{i\omega_0}+\gamma_1 re^{i(\theta+\omega_1)}+\gamma_2 r^2 e^{i(2\theta+\omega_2)}+\cdots+\gamma_n r^n e^{i(n\theta+\omega_n)}+\cdots$$

在这种情形之下，分出实数部分，我们得到在 $r\leqslant\rho$ 时成立的展开式

$$u(x_0+r\cos\theta,y_0+r\sin\theta)=\gamma_0\cos\omega_0+\gamma_1 r\cos(\theta+\omega_1)+\gamma_2 r^2\cos(2\theta+\omega_2)+\cdots+\gamma_n r^n\cos(n\theta+\omega_n)+\cdots$$

如果再引入记号

$$\operatorname{Re} c_n=\gamma_n\cos\omega_n=a_n$$

$$\operatorname{Im} c_n=\gamma_n\sin\omega_n=-b_n\quad(n=0,1,2,\cdots)$$

则我们得到下列当 $r\leqslant\rho(\rho>0)$ 时一致收敛的调和函数展开式

$$u(x_0+r\cos\theta,y_0+r\sin\theta)=a_0+r(a_1\cos\theta+b_1\sin\theta)+r^2(a_2\cos 2\theta+b_2\sin 2\theta)+\cdots+r^n(a_n\cos n\theta+b_n\sin n\theta)+\cdots\tag{9.24}$$

注意，令 $r=0$，我们得到

$$u(x_0,y_0)=a_0\tag{9.25}$$

显然，θ 与 r 不是别的，正是通常的极坐标，不过极心不在点 $z=0$，而在点 $z=z_0$ 罢了.

2.调和函数在圆周上的算术平均值等于这个函数在圆心的值（调和函数的"积分性质"）

$$\frac{1}{2\pi}\int_0^{2\pi}u(x_0+r\cos\theta,y_0+r\sin\theta)\mathrm{d}\theta=u(x_0,y_0)\tag{9.26}$$

注意当 $n=1,2,3,\cdots$

$$\int_0^{2\pi}\cos n\theta\,\mathrm{d}\theta=\int_0^{2\pi}\sin n\theta\,\mathrm{d}\theta=0$$

我们看出，对展开式(9.24)施行积分后便立刻从等式(9.25)推出(9.26).

3. 调和函数在点(x_0,y_0)的值不可能小于(或大于)这个函数在点(x_0,y_0)某个邻域内各点所取的一切值(换句话说，调和函数不具有极大与极小).

实际上，如果在点$M_0(x_0,y_0)$处u的值小于它在点M_0的某个邻域内每一点$M(x,y)$(不同于M_0)所取的值，则当r适当小时，可产生与公式(9.26)矛盾的结果：令$x=x_0+r\cos\theta,y=y_0+r\sin\theta$，并关于$\theta$自0到$2\pi$对于不等式

$$u(x_0,y_0)<u(x,y)$$

施行积分，再除以2π之后我们得到

$$u(x_0,y_0)<\frac{1}{2\pi}\int_0^{2\pi}u(x_0+r\cos\theta,y_0+r\sin\theta)\mathrm{d}\theta$$

这与2的结论矛盾！

4. 关于曲线$u=$常数，$v=$常数的分布，从展开式(9.24)可以推出下列的局部性质.

与函数$u(x,y)\equiv\mathrm{Re}\,f(z)$的展开式(9.24)并列，不难得出其共轭函数$v(x,y)\equiv\mathrm{Im}\,f(z)$的类似展开式

$$\begin{aligned}&v(x_0+r\cos\theta,y_0+r\sin\theta)=\\&\gamma_0\sin\omega_0+r(a_1\sin\theta-b_1\cos\theta)+\\&r^2(a_2\sin 2\theta-b_2\cos 2\theta)+\cdots+\\&r^n(a_n\sin n\theta-b_n\cos n\theta)+\cdots\end{aligned}\tag{9.27}$$

如果我们考虑那样的点，在这种点$f(z)$为解析，并且既不是函数本身的零点，也不是函数导数的零点，

则我们知道,通过这一点的曲线 $u=u_0$ 与 $v=v_0$(这里 $u_0=u(x_0,y_0)$,$v_0=v(x_0,y_0)$)是正交的(8.7 节).

这也可以从展开式(9.24)与(9.27)看出:事实上,曲线 $u=u_0$ 与 $v=v_0$ 的方程取下列的形状

$$(a_1\cos\theta+b_1\sin\theta)+\sum_{n=2}^{\infty}r^{n-1}(a_n\cos n\theta+b_n\sin n\theta)=0$$

与

$$(a_1\sin\theta-b_1\cos\theta)+\sum_{n=2}^{\infty}r^{n-1}(a_n\sin n\theta-b_n\cos n\theta)=0$$

但由于系数 a_1 与 b_1 不同时为零,所以,r 等于零就相当于条件

$$a_1\cos\theta+b_1\sin\theta=0 \text{ 以及 } a_1\sin\theta-b_1\cos\theta=0$$

也就是说,相当于给出互相垂直方向的角 θ.

现在考虑一般的情形,这时

$$f'(z_0)=f''(z_0)=\cdots=f^{(p-1)}(z_0)=0$$

$$f^{(p)}(z_0)\neq 0\quad (p\geqslant 2)$$

以致

$$\left.\begin{aligned}a_k&=0\\b_k&=0\end{aligned}\right\}\text{当 } k<p\text{,但 } a_p^2+b_p^2>0$$

在这样的假设之下,我们曲线的方程取下列的形状

$$(a_p\cos p\theta+b_p\sin p\theta)+\sum_{n=p+1}^{\infty}r^{n-p}(a_n\cos n\theta+b_n\sin n\theta)=0$$

$$(a_p\sin p\theta-b_p\cos p\theta)+\sum_{n=p+1}^{\infty}r^{n-p}(a_n\sin n\theta-b_n\cos n\theta)=0$$

这一回,等式 $r=0$ 相当于条件 $a_p\cos p\theta+b_p\sin p\theta$ 与 $a_p\sin p\theta-b_p\cos p\theta$. 第一个方程决定 p 个方向,互

相之间隔一个角度$\frac{\pi}{p}$;第二个方程也是这样;这时第二个方程所决定的方向与相应的由第一个方程所成的方向组成一个角度$\frac{\pi}{2p}$(图 46 是 $p=3$ 的情形).

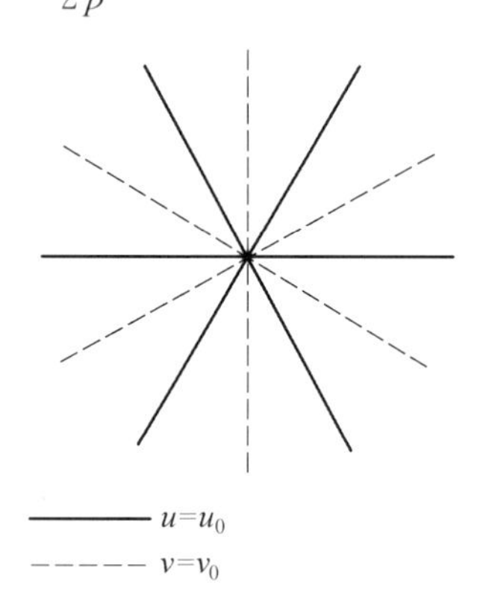

图 46

于是,曲线族 $u=$ 常数,$v=$ 常数在奇点(导数 $f'(z)$ 的单重或多重零点)的近旁有下列的特征:通过每一个这样的点,这两族曲线有相同的支数(等于第一个不为零的导数 $f''(z),\cdots,f^{(n)}(z)$ 的阶数),并且相应支线之间的交角相等.

无需再列举调和函数的实例了,可以这么说,要“造出”这样的函数是毫不困难的:只需取任意一个解析函数,分出它的实数(或虚数)部分;或者(其实完全等价地)取解析函数及其共轭函数之和的一半.

从上面所说的就可以看出,为什么复变函数论在许多牵涉到拉普拉斯方程与调和函数(线性函数对于

两个变量函数的自然推广[①])的应用科学部门里(主要是涉及数学物理的各分支)起了很大的作用.

上面已经说了一些绘制地图的问题,我们还可列举一些需要高度利用调和函数的学科:流体与空气力学,热的传播理论,静电学以及弹性理论.关于在流体力学中的应用将在9.8节里较详细地叙述.

9.7 常数模曲线与常数辐角曲线的某些性质

设 $f(z)$ 是一个在某个区域 D 内解析的函数.我们来看一下取它的对数以后所得函数

$$\varphi(z)=\ln f(z) \tag{9.28}$$

的实部与虚部有些什么性质.

根据复合函数微分法则,5.1节,我们知道这个函数除去在 $f(z)$ 的零点以外,凡是在 $f(z)$ 为解析的点,它也是解析的. $f(z)$ 为零的点是 $\varphi(z)$ 的奇点,是"临界"或"对数"点,在这种点,函数失去单值性.

令 D_1 表示由区域 D 除去函数 $f(z)$ 的零点以后所得的区域;因此, $\varphi(z)$ 在区域 D_1 内是解析函数.

在这种情形之下,函数 $\varphi(z)$ 的实数与虚数部分,也就是说, $\ln|f(z)|$ 与 $\arg f(z)$,为区域 D_1 中的调和

---

① 这是鉴于方程 $\frac{\mathrm{d}^2u}{\mathrm{d}x^2}=0$ 在推广到平面上的情形是

$$\frac{\partial^2 u}{\partial x^2}+\frac{\partial^2 u}{\partial y^2}=0$$

并且还值得注意的是调和函数的性质,在某种程序上是线性函数性质的推广(例如2与3).

函数.

因此,对于上述的函数来说,对于调和函数已经证明的性质,在区域 D_1 中也都具备.

特别,我们应注意曲线族 $\ln|f(z)|=$常数与曲线族 $|f(z)|=$常数并无区别,因此,前面所说的关于曲线 $u=$常数与 $v=$常数的一切,对于常数模曲线与常数辐角曲线仍然有效.

仍然把眼光放在函数 $|f(z)|$,并注意它与函数 $\ln|f(z)|$ 同时增加或减少,我们就可以断言,函数 $|f(z)|$ 在区域 D 内没有极大值(在一个不包含 $f(z)$ 的零点的区域 D_1 内,它也没有极小值;但对于极大值来说,即使对 $f(z)$ 的零点也不必除外,因为零点不可能是取极大值的地方). 这个命题又可按下列方式陈述:

在一切闭区域(就是连边界在内的区域)里,不恒等于常数的解析函数,它的模仅在区域的边界上达到极大值.

这就是所谓"极大值原理".

如果函数 $f(z)(\neq$ 常数) 在闭曲线 Γ 内部解析,在曲线 Γ 上满足 $|f(z)|=$常数,并且也只有在 Γ 上这样,则 $f(z)$ 在 Γ 内部至少有一个零点.

事实上,在 Γ 内部函数 $|f(z)|$ 不可能有异于零的极小值:若不然,则函数 $\ln|f(z)|$ 也将有极小值.

沿着这个方向,我们可以证明下列出人意料的定理(高斯－卢卡):

设函数 $f(z)$ 在闭曲线 Γ 内部正则,在曲线 Γ 上 $|f(z)|=$常数,并且也只有在 Γ 上才这样;又设导数 $f'(z)$ 在 Γ 上不为零(当然函数 $f(z)$ 本身也如此),则

导数 $f'(z)$ 在 Γ 内部零点的数目比函数 $f(z)$ 在 Γ 内部零点的数目少一个.

证明是以8.5节的定理为根据.令 N 与 N' 分别表示在 Γ 内部 $f(z)$ 与 $f'(z)$ 的零点的数目,我们有

$$N=\frac{1}{2\pi i}\int_{\Gamma}\frac{f'(z)}{f(z)}dz \tag{9.29}$$

$$N'=\frac{1}{2\pi i}\int_{\Gamma}\frac{f''(z)}{f'(z)}dz \tag{9.30}$$

由这里就得到

$$N-N'=\frac{1}{2\pi i}\int_{\Gamma}\left[\frac{f'(z)}{f(z)}-\frac{f''(z)}{f'(z)}\right]dz=$$

$$-\frac{1}{2\pi i}\int_{\Gamma}\frac{d}{dz}\ln\frac{f'(z)}{f(z)}dz$$

从这里就看出,差数 $N-N'$ 等于积分号下函数沿着曲线 Γ 走一周以后的变动

$$N-N'=\left[-\frac{1}{2\pi i}\ln\frac{f'(z)}{f(z)}\right]_{\Gamma}$$

但因为

$$\ln\frac{f'(z)}{f(z)}=\ln\left|\frac{f'(z)}{f(z)}\right|+i\arg\frac{f'(z)}{f(z)}$$

而右方第一项显然与在 Γ 上的走动无关,因此我们可以写

$$N-N'=\frac{1}{2\pi}\left[-\arg\frac{f'(z)}{f(z)}\right]_{\Gamma} \tag{9.31}$$

另外,注意到 $f(z)=u+iv$, $f'(z)=u'_x+iv'_x$,我们得到

$$\frac{f'(z)}{f(z)}=\frac{u'_x+iv'_x}{u+iv}=\frac{(uu'_x+vv'_x)+i(uv'_x-vu'_x)}{u^2+v^2}$$

因而

$$\tan\arg\frac{f'(z)}{f(z)}=\frac{uv'_x-vu'_x}{uu'_x+vv'_x} \tag{9.32}$$

另一方面，在曲线 Γ 上我们有：$|f(z)|=$常数，也就是

$$u^2+v^2=\text{常数}$$

因此

$$(uu'_x+vv'_x)+(uu'_y+vv'_y)y'=0$$

于是 Γ 的切线的角系数可写为下列形状

$$y'=-\frac{uu'_x+vv'_x}{uu'_y+vv'_y}$$

或者（用柯西-黎曼条件）

$$y'=\frac{uu'_x+vv'_x}{uu'_y-vv'_y} \tag{9.33}$$

这样，在周界 Γ 上的每一点，我们有

$$\tan\arg\frac{f'(z)}{f(z)}=\frac{1}{y'}$$

$$\arg\frac{f'(z)}{f(z)}=\arctan\frac{1}{y'}=\frac{\pi}{2}-\arctan y'$$

从这里就很明显地可以看出

$$N-N'=\left[\frac{1}{2\pi}\left(\arctan y'-\frac{\pi}{2}\right)\right]_\Gamma=$$

$$\frac{1}{2\pi}[\arctan y']_\Gamma=1 \tag{9.34}$$

这是由于沿着闭周界走一周时，周界切线与定方向所成的角增加 2π.

9.8 复变函数论的流体力学表示

对于一个实变量的实函数 $y=f(x)$ 存在着非常简单，合适，又很流行的直观解释，那就是它在两个实变量 x,y 的平面上的图像.

对于复变量 $z\equiv x+\mathrm{i}y$ 的复函数 $w=f(z)$，那么一个非常自然的解释就是一个平面到另一个平面的保角映象(见2.1节与9.1节).但是，把这样的纯几何表示予以具体实现是有些困难的，这是因为我们在想象的时候需要知道某些外在的对象在映象之下怎样变化.例如，某些图、模型、甚至坐标网(坐标系的选择多多少少是带有任意性的)在映象下的变化.

基于上面所说的情况，应当设法用另外的方式来解释复变量的函数.然而，解析函数可以解释为，或直观地表示为自变量平面上某种稳定的，“无旋的”不可压缩的液流.

可以按照下述的方式来达到这种解释.设 $w=f(z)$ 是已给的函数，在区域 D 中解析.我们把 $u\equiv \mathrm{Re}\, f(z)$ 了解为流的速度位[1]：换句话说，导数

$$u'_x\equiv p \text{ 与 } u'_y\equiv q$$

被看作流在已给点的速度分量，而设这些分量是与时间无关的；因此，速度向量由下列公式给出

$$\mathbf{V}=u'_x+\mathrm{i}u'_y\equiv p+\mathrm{i}q \tag{9.35}$$

流体微粒当运动时所沿的曲线叫作流线；它们组成一个单参数族曲线；这个曲线族的微分方程是

$$y'=\frac{u'_y}{u'_x} \tag{9.36}$$

或者更对称地写作

$$\frac{\mathrm{d}x}{u'_x}=\frac{\mathrm{d}y}{u'_y} \tag{9.37}$$

既然函数 $f(z)$ 是解析的，则由于性质R，我们有

---

[1] 速度位的存在等价于运动是“无旋的”.

条件

$$\begin{cases} u'_x = v'_y \\ u'_y = -v'_x \end{cases} \tag{R}$$

因此,流线的方程取下列的形状

$$\frac{\mathrm{d}x}{v'_y} = \frac{\mathrm{d}y}{-v'_x}$$

或者
$$v'_x \mathrm{d}x + v'_y \mathrm{d}y = 0$$

对这样的("全微分")方程可以立刻施行积分,得到

$$v = 常数 \tag{9.38}$$

这就是流线的有限方程.函数 v 本身,也就是说 $f(z)$ 的虚数部分,叫作流函数.

由流体力学知道,对于更一般的空间液流来说,如果速度分量是 p,q,r,则"不可压缩性"方程可以写为下列的形状

$$p'_x + q'_y + r'_z = 0 \tag{9.39}$$

在我们的情形,因为运动是平面的,所以 $r \equiv 0$,上面的方程取下列的形状

$$p'_x + q'_y = 0$$

或者

$$u''_{xx} + u''_{yy} = 0 \tag{9.40}$$

因为解析函数的实数部分必然是调和函数,所以上面的等式恒等地成立,这就证明了我们所考虑的流体的不可压缩性.

等位线

$$u = 常数$$

正交于流线,这由解析函数的性质可以推知.反之,正交条件

$$u'_x v'_x + u'_y v'_y = 0$$

直接由柯西-黎曼条件可以推出.

因此,在区域 D 内解析的函数 $f(z)$ 唯一地对应于区域 D 内的一个稳定的,不可压缩的,无旋液流;这个液流可以作为函数 $f(z)$ 的流体力学表示.

反过来,在区域 D 内的任何液流,如果具有以上所列举的那些性质,则(除去加减一个常数以外)唯一地对应一个在 D 内解析的函数 $f(z)$.

事实上,设在区域内已给一个无旋的,不可压缩液流.在这种情形,速度向量

$$\mathbf{V} = p + \mathrm{i}q$$

的分量应作为是已知的.

因为液流是无旋的,(除去加减一个常数 C_1 以外)存在确定的速度位 u

$$u'_x = p, v'_y = q \tag{9.41}$$

另一方面,因为该液体是不可压缩的,所以

$$p'_x + q'_y = 0$$

也就是说

$$u''_{xx} + u''_{yy} = 0$$

换句话说,函数 u 是调和的.

对于一个调和函数,可以作它的共轭函数(除去加减一个任意常数 C_2 以外,唯一确定);它们之间满足关系

$$\begin{cases} u'_x = v'_y \\ u'_y = -v'_x \end{cases} \tag{R}$$

曲线 $v=$ 常数就是流线:实际上,沿着这种曲线,我们有

$$y' = -\frac{v'_x}{v'_y}$$

也就是说，由于条件(R)

$$y' = \frac{u'_y}{u'_x}$$

或者，由关系(9.41)有

$$y' = \frac{q}{p}$$

于是，在每一点，流线的方向与速度的方向重合.

这样所得到的函数 $f(z) \equiv u + \mathrm{i}v$(按关系 R)是区域 D 中的解析函数.

与液流有上述关系的函数 $f(z)$ 叫作液流的复位能或特征函数.

注意一下在上述的流体力学解释之下的导数 $f'(z)$ 的意义是有益的.

(1) 导数的模等于速度向量的长度.

实际上

$$|f'(z)| = |u'_x + \mathrm{i}v'_x| = \sqrt{u'^2_x + v'^2_x} = \sqrt{u'^2_x + u'^2_y} = \sqrt{p^2 + q^2} = |\mathbf{V}|$$

特别，在导数 $f'(z)$ 的零点(并且也只有在这种点)，速度为零(临界点).

(2) 令 α 表示速度向量与 Ox 轴正方向的交角，则导数的辐角等于 $-\alpha$.

事实上

$$\sin \arg f'(z) = \frac{v'_x}{\sqrt{u'^2_x + v'^2_x}} = -\frac{q}{|\mathrm{V}|} = -\sin \alpha$$

$$\cos \arg f'(z) = \frac{u'_x}{\sqrt{u'^2_x + v'^2_x}} = \frac{p}{|\mathrm{V}|} = \cos \alpha$$

从这里就显然可以看出

$$\arg f'(z) = -\alpha \tag{9.42}$$

(1)与(2)的结论可以合并为一个公式

$$f'(z)=\bar{\mathbf{V}} \tag{9.43}$$

我们假设液流的特征函数可表示为

$$f(z)=\ln F(z) \tag{9.44}$$

并设存在一点 a,使得在这一点的邻域内,函数

$$\varphi(z)\equiv\frac{F(z)}{(z-a)^m}$$

是解析的,并且不等于零(m 是一个异于零的实数).则我们得到

$$F(z)=(z-a)^m\varphi(z)$$

$$f(z)=m\ln(z-a)+\ln\varphi(z)$$

此外还有

$$f'(z)=\frac{m}{z-a}+\frac{\varphi'(z)}{\varphi(z)} \tag{9.45}$$

看一看在点 a 的邻域内液流的情况.令 $z-a=\rho e^{i\omega}$,我们有

$$f'(a+\rho e^{i\omega})=\frac{m}{\rho}e^{-i\omega}+\frac{\varphi'(a+\rho e^{i\omega})}{\varphi(a+\rho e^{i\omega})} \tag{9.46}$$

从这里,首先就得到

$$\lim_{\rho\to 0}\rho\,|f'(a+\rho e^{i\omega})|=|m| \tag{9.47}$$

可以换一句话来说:在点 a 的邻域中,流速 $|V|=|f'(a+\rho e^{i\omega})|$(当 $\rho\to 0$ 时)与到点 a 的距离渐近地成反比

$$|\mathbf{V}|\sim\frac{|m|}{\rho} \tag{9.48}$$

其次,我们看一看速度向量 **V** 的方向是怎样的.从公式(9.41),(9.42)我们得到

$$\alpha=-\arg f'(z)=$$

$$-\left\{\arg\left(\frac{m}{\rho}e^{-i\omega}\right)+\arg\left[1+\frac{m}{\rho}e^{-i\omega}\frac{\varphi'(a+\rho e^{i\omega})}{\varphi(a+\rho e^{i\omega})}\right]\right\}$$

从这里就推出

$$\lim_{\rho\to 0}\alpha = -\arg\left(\frac{m}{\rho}\mathrm{e}^{-\mathrm{i}\omega}\right) = \omega - \arg m = \begin{cases}\omega & \text{当 } m>0\\ \omega\pm\pi & \text{当 } m<0\end{cases} \tag{9.49}$$

于是，若 $m>0$，则在点 a 的邻域内，速度向量 $\mathbf{V}$ 的方向如同向量 $\overrightarrow{az}$，若 $m<0$，则向量 $\mathbf{V}$ 的方向与上面的情形相反.

因此，在第一种情形，液体从点 a（沿各个方向）流出：点 a 是流源；在第二种情形，液体（沿各个方向）流向点 a：点 a 是流汇.

正数 $|m|$ 可以叫作强度：在第一种情形是流源强度，第二种情形是流汇强度.

当然，随着特征函数结构的不同，可以存在任意数目的流源与流汇. 它们的强度不一定是整数（$F(z)$ 是有理函数时，强度是整数）.

在流源与流汇处，函数 $f(z)$ 并非解析函数（这种点是"对数点"）；因此，这些点在形式上不应看作是属于我们考虑液流的那个区域内的.

例 9.3 $f(z)=z$.

速度位：$u=x$.

速度向量：$\mathbf{V}=1$.

流函数：$v=y$. 流线：$y=$ 常数.

液体所有的微粒自左至右以等于单位的速度作平行移动（图 47）.

例 9.4 $f(z)=z^2$.

速度位：$u=x^2-y^2$.

速度向量：$\mathbf{V}=\overline{f'(z)}=2\bar{z}=2x-\mathrm{i}2y$.

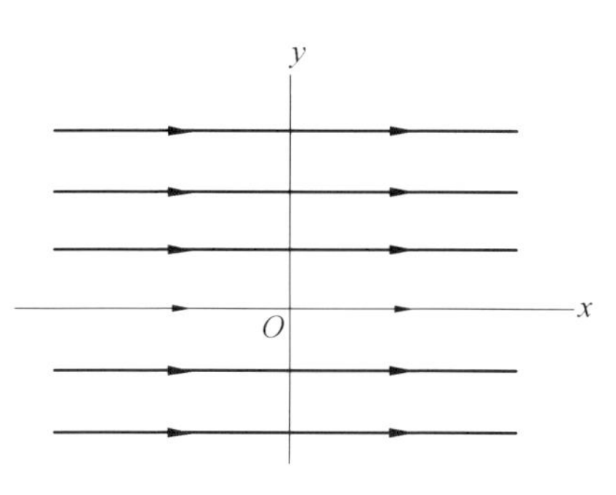

图 47

这个向量的长度：$|\mathbf{V}|=2|z|=2r$.

这个向量的方向：$\cos\alpha=\frac{x}{r}$，$\sin\alpha=\frac{-y}{r}$，$\tan\alpha=-\frac{y}{x}$.

流函数：$v=2xy$. 流线：双曲线 $xy=$ 常数.

微粒沿着流线由上方与下方接近实数轴，并在实数轴附近向左右两方发散，速度的绝对值与到原点的距离成比例(图 48).

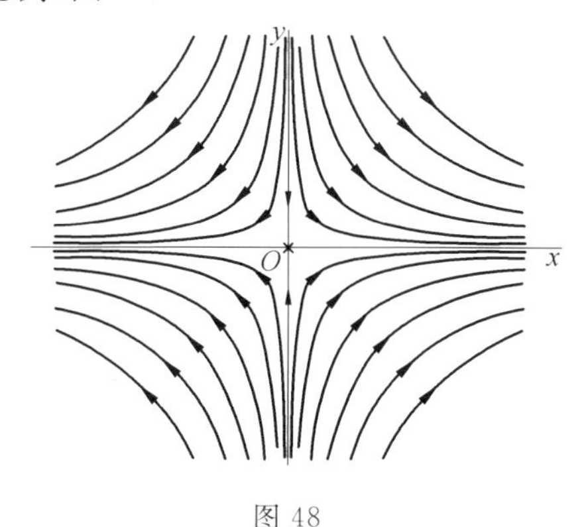

图 48

原点是个临界点，速度等于零：$f'(0)=0$.

例 9.5 $f(z)=\mu\ln z(\mu>0)$.

速度位：$u=\mu\ln r=\frac{1}{2}\mu\ln(x^2+y^2)$.

速度向量：$\mathbf{V}=\mu\,\frac{z}{r^2}$.

这个向量的长度：$|\mathbf{V}|=\frac{\mu}{r}$.

这个向量的方向：$\alpha=-\arg f'(z)=\theta$.

流函数：$v=\mu\theta$. 流线：射线 $\theta=$ 常数.

原点是一个流源，强度为 $m=\mu$. 微粒由这一点沿着各个方向的射线运动，具有与强度成正比，与到原点距离成反比的速度(图 49(a)).

例 9.6 $f(z)=-\mu\ln z(\mu>0)$.

速度位与流函数(与例 9.5 里的比较)变了正负号，速度向量指向相反的方向：确定这个方向的角 α 由下列公式表述

$$\alpha=-\arg f'(z)=-\arg\frac{(-1)\mu}{z}=\theta\pm\pi$$

速度向量的长度以及流线保持不变.

这里，原点是强度为 $m=\mu$ 的流汇. 微粒沿着各个方向加速地趋于这一点(图 49(b)).

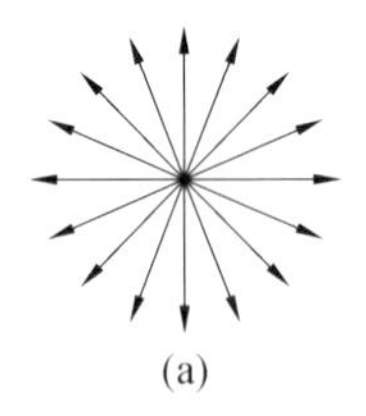

(a)

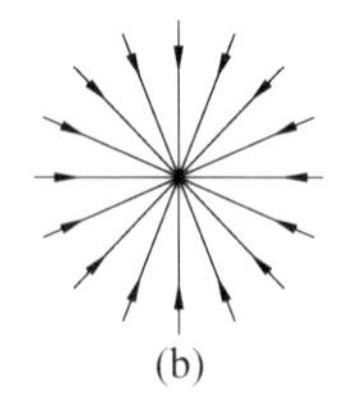

(b)

图 49

例 9.7 $f(z)=\ln(z^2-1)$.

速度位

$$u=\ln\sqrt{(x^2-y^2-1)^2+4x^2y^2}$$

速度向量

$$\mathbf{V}=\frac{2\bar{z}}{\bar{z}^2-1}=2\frac{\bar{z}(z^2-1)}{(\bar{z}^2-1)(\bar{z}^2-1)}=$$

$$2\frac{x(x^2+y^2-1)+\mathrm{i}y(x^2+y^2+1)}{(x^2-y^2-1)^2+4x^2y^2}$$

流函数：$v=\arctan\dfrac{2xy}{x^2-y^2-1}$.

流线：$x^2-y^2-1=2Cxy$.

图 50 画出了流的分布，有两个流源位于 ± 1，一个临界点位于 0.

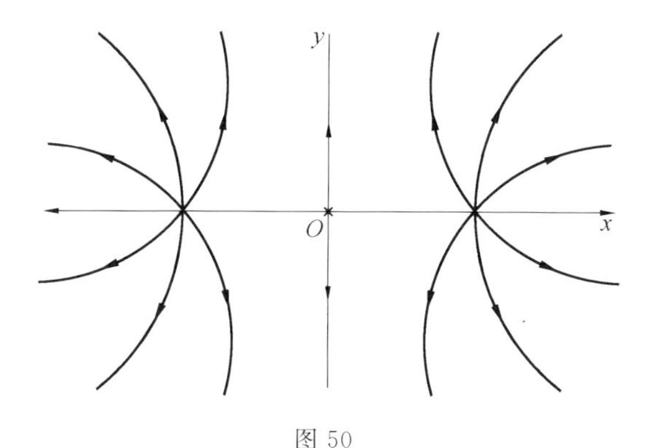

图 50

例 9.8 $f(z)=\ln\sin z$.

速度位：

$$u=\ln\sqrt{(\sin x\ \mathrm{ch}\ y)^2+(\cos x\ \mathrm{sh}\ y)^2}$$

速度向量：

$$\mathbf{V}=\frac{1}{\tan\bar{z}}=\frac{\sin x\cos x+\mathrm{i}\,\mathrm{sh}\ y\ \mathrm{ch}\ y}{(\sin x\ \mathrm{ch}\ y)^2+(\cos x\ \mathrm{sh}\ y)^2}$$

流函数：$v=\arctan\frac{\cos x\ \mathrm{sh}\ y}{\sin x\ \mathrm{ch}\ y}$.

流线：$\mathrm{th}\ y=C\tan x$.

图 51 上画出了流的分布状况，具有无穷多个流源，位于点 $n\pi$ 处，具有同样多的临界点，位于点 $n\pi+\frac{\pi}{2}$ 处.

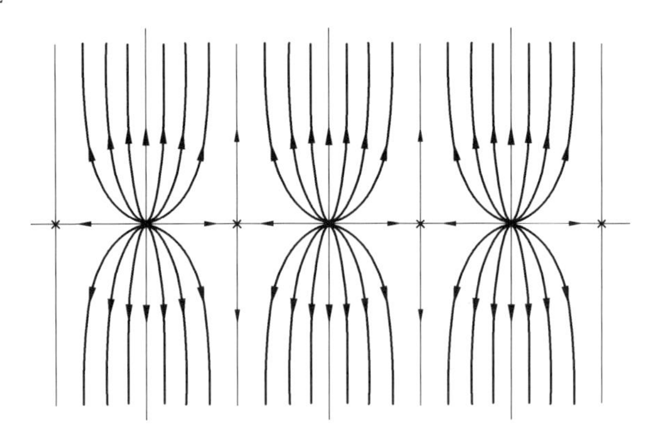

图 51

不难看出，对于以

$$f(z)=\ln F(z)$$

为特征函数的液流，它的流线相当于函数 $F(z)$ 的常数辐角曲线；这个函数的常数模曲线则相当于“等位线”，它们是流线的正交轨线.

例 9.9 $f(z)=\frac{1}{z}$.

速度位：$u=\frac{x}{x^2+y^2}$.

速度向量：$\mathbf{V}=-\frac{1}{z^2}=\frac{(y^2-x^2)-2\mathrm{i}xy}{(x^2+y^2)^2}$.

流函数：$v=-\frac{y}{x^2+y^2}$.

流线是在原点切于实数轴的圆：$x^2+y^2+Cy=0$（图 52）.

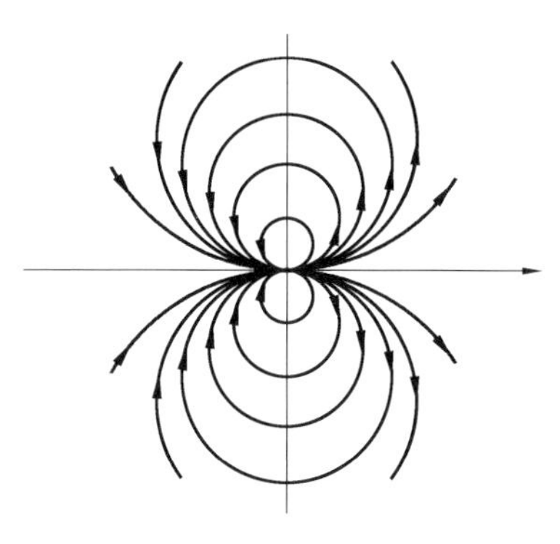

图 52

例 9.10　$f(z)=z+\frac{1}{z}$.

速度位：$u=x+\frac{x}{x^2+y^2}$.

速度向量：$\boldsymbol{V}=1-\frac{1}{\bar{z}^2}=1+\frac{(y^2-x^2)-2\mathrm{i}xy}{(x^2+y^2)^2}$

临界点：$z=\pm 1$.

流函数：$v=y-\bar{z}\frac{y}{x^2+y^2}$.

流线：$y(x^2+y^2-1)=C$，当 $C=0$ 时，这由圆周 $x^2+y^2=1$ 与直线 $y=0$ 组成（图 53）.

复变解析函数与理想平面液体[①]间的关系已足以

① 我们用“理想液体”这个词来简略地表示液体具有前面所列举的那些性质．实际的液体与气体仅在某种程度上近似于理想液体．

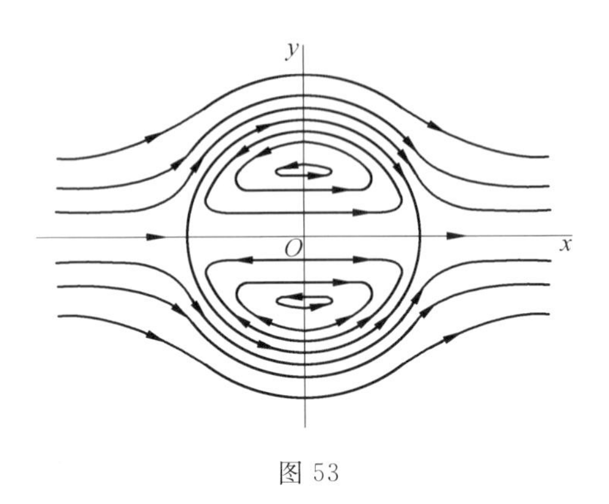

图 53

使人想起更为普遍知道的实变函数与它的图像(平面曲线)之间的关系,在短短的曲线方程里实际上已经决定地蕴含了曲线的一切性质,这些可以很好地利用方程来加以研究,同样的道理,理想液体的一切性质已经包含在所对应的复变特征函数里.关于这种函数的数学研讨就可以很适当地用关于实际物理现象的研究来代替,但实际地表现出这种物理现象比起在方格纸上画出函数图像来是要复杂多了,企图依靠解析工具来考虑流体的理论家不可以忽略由于假定流体的“理想性”而产生的误差.

“俄罗斯航空之父”,近代流体与空气力学的奠基者,H. E. 儒柯夫斯基用了复变函数论来研究绕着飞机机翼的气流.我们可以用很少的几句话来说明事情的大概,首先注意,当假定了流体是理想的以后,完全可以不必考虑流体微粒在整个平面上的运动,而只考虑在平面上包含足够多流线的某部分里的运动,而把平面其余部分看作是“硬化”了的,例如,在例 9.4 中,函数 z^2 在第一象限决定了理想的“河”流,它的“两岸”由

方程 $xy=C_1$ 与 $xy=C_2(0<C_1<C_2)$ 决定(图 54).

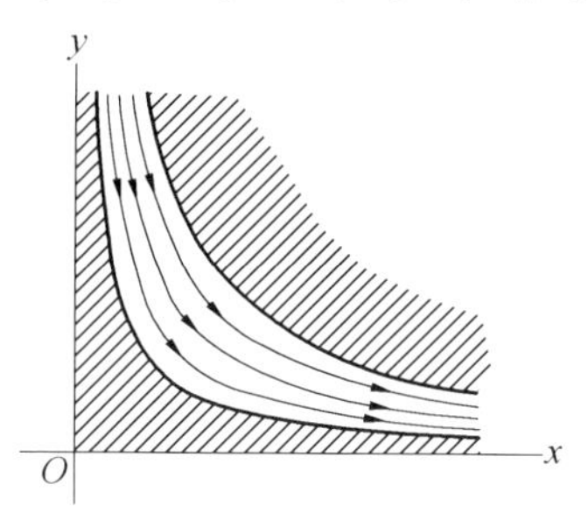

图 54

类似地,在例 9.10 中可以把单位圆的内部 $|z|<1$ 看作是“硬化”了的,而函数 $z+\frac{1}{z}$ 可以看作刻画出在区域 $|z|>1$ 中绕着这个单位圆的流动.

设想有一个无穷长的柱体,它的轴垂直于图 54 的平面,则在每一张平行于上述平面的平面里,流体绕着柱体的流动正如同绕着柱面的母圆(在图 54 平面上的单位圆)的流动,若柱体的长度为有限,但也适当长,则以上的考虑可以作为某种程度的逼近.

从数学的观点看来,飞机的机翼是相当正与相当长的柱体;但却远不是圆柱体.机翼的侧影(柱面的母线)具有很典型的外形,如同图 55 所画的样子.为了要明了绕着这张图上周界 Γ 外围的流动状况,只需把圆外的区域保角地映为曲线 Γ 外的区域(见 9.4 节),再把所得到的映象公式代入液流的特征函数.有了这些以后,就可以用解析工具(复变函数论)来研究在理想流体里,绕着飞机机翼的流动.

关于 H.E.儒柯夫斯基把解析函数论应用于空气动力学的想法比较详细的论述,则不是本书任务以内的事.

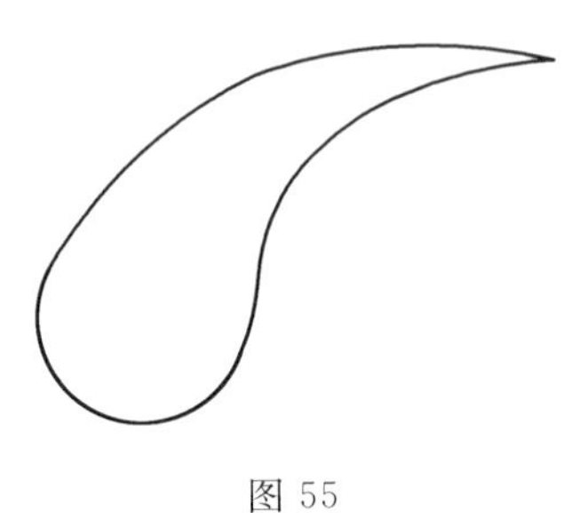

图 55

习　　题

1. 单位圆 $|z|<1$ 被函数

$$w=\frac{1}{1-z}$$

映为 w－平面上什么样的区域? 特别:(1) 圆周 $|z|=r(0<r<1)$ 与(2) 半径 $\arg z=\theta(0\leqslant\theta\leqslant 2\pi)$ 被映为什么?

2. 证明,函数

$$w=\frac{z-a}{1-\bar{a}z}\quad(|a|<1)\tag{9.50}$$

把圆 $|z|<1$ 映满圆 $|w|<1$,把点 $z=a$ 映为点 $w=0$. 说明圆周 $|z|=r(0<r<1)$ 与半径 $\arg z=\theta(0\leqslant\theta<2\pi)$ 被映为什么?

证明,函数

$$w=\mathrm{e}^{\mathrm{i}\omega}\ \frac{z-a}{1-\bar{a}z}$$

与函数(9.50)有相同的性质.

3. 函数
$$w=e^z$$
把带形 $-\infty < x < +\infty, -\pi < y \leqslant \pi$ 映满整个 w—平面. 这时,(1) 线段 $x=x_0, -\pi < y \leqslant \pi$;(2) 直线 $y=y_0(-\pi < y_0 < \pi)$;(3) 圆周 $r=r_0\ (0 < r_0 < \pi)$;(4) 射线 $\theta=\theta_0(-\pi < \theta_0 \leqslant \pi)$,被映为什么?

4. 给出以下列函数为特征函数的液流的流体力学解释:

(1)z^3, (2)$\ln\dfrac{z+1}{z-1}$, (3)$\ln(z^4-1)$, (4)$\mathrm{i}\ln z$, (5)e^z,(6)$\ln\tan z$

5. 当特征函数 $f(z)$ 改变为

(1)$-f(z)$,(2)$\mathrm{i}f(z)$,(3)$-\mathrm{i}f(z)$.

时,液流的图示怎样变动?

6. 设特征函数为
$$f(z)=\ln\frac{z}{(z+1)^{\alpha}(z-1)^{\beta}}\quad(\alpha,\beta>0;\alpha+\beta=1)$$
找出流源与流汇,以及相应的强度,有没有临界点?

7. 造出液流,使得在点 $+1,-1,+\mathrm{i},-\mathrm{i}$ 处是流源,并都有同一的强度,但在点 $z=0$ 处是流汇,并具有强度是上述强度的四倍.

8. 阐明(比 §68,例 9.10 所考虑的更为一般的)特征函数
$$f(z)=z+\frac{1}{z}+2\mathrm{i}\mu\ln z\quad(0<\mu<1)$$
也可以给出"绕着圆柱的流动"的图示.

找出临界点.

9. 阐明 §67 定理的下列流体力学解释:

设特征函数为
$$f(z)=\ln P(z)\qquad(9.51)$$

这里 $P(z)$ 是无重根的多项式，则在每一条直交于流线族的闭周线内部所包含的临界点比流源少一个.

把结果更精确化，推广到有重根多项式的情形.

10. 对于具有特征函数(9.51)，而其中 $P(z)$ 为任意多项式的情形，宜于引入“在无穷远点的流汇”. 适当地定义“无穷远流汇的强度”，并阐明代数学基本定理的下列流体力学解释：

无穷远流汇的强度等于各有限流源强度的总和.

第二编

Markushevič 论整函数

第十章　整函数的概念

1. 处处收敛的幂级数

$$a_0+a_1x+a_2x^2+\cdots+a_nx^n+\cdots \tag{10.1}$$

是多项式概念的自然推广.

如果式中从某一个 $n+1$ 开始所有的系数都转化为零，那么，作为这种幂级数的特殊情况，我们就得到次数不超过 n 的多项式

$$P(x)=a_0+a_1x+\cdots+a_nx^n \tag{10.2}$$

从中学课本就已知道的最简单的幂级数

$$1+x+x^2+\cdots+x^n+\cdots$$

不是处处收敛的；它仅当 $|x|<1$ 时收敛. 在 $|x|\geqslant 1$ 时，因系数太大（这里对任何 n 都有 $a_n=1$）而不能收敛.

可以证明，当且仅当

$$\lim_{n\to\infty}\sqrt[n]{|a_n|}=0 \tag{10.3}$$

时，幂级数(10.1)才对任何 x 收敛.

这里我们仅限于证明条件的充分性. 在 $x=0$ 时, 级数(10.1) 收敛. 今设 $x \neq 0$. 于是,由条件(10.3) 我们可以找到这样一个 N,使得当 $n > N$ 时,不等式 $\sqrt[n]{|a_n|} < \frac{1}{2|x|}$ 或 $|a_n||x^n| < \frac{1}{2^n}$ 成立. 但是,这意味着当 $n > N$ 时,幂级数(10.1) 的所有项按绝对值比以 $\frac{1}{2}$ 为公比的几何级数的项来得小. 所以级数(10.1) 不但收敛,并且绝对收敛.

以下我们将认为条件(10.3) 是满足的. 实际上,有时为方便计,我们利用级数(1) 处处收敛的一个更简单的充分条件(但非必要条件)

$$\lim_{n\to\infty} \frac{a_{n+1}}{a_n} \tag{10.3$'$}$$

事实上,在这种情况下,级数(10.1) 的后项与前项的比

$$a_{n+1}x^{n+1} : a_n x^n = (a_{n+1} : a_n)x$$

(假定 $a_n \neq 0, x \neq 0$) 的极限同样是零. 根据著名的达朗贝尔(D'Alembert) 判别法就可知道,级数对任意 x 收敛.

例如,因为

$$\lim_{n\to\infty} \sqrt[n]{\frac{1}{n^n}} = \lim_{n\to\infty} \frac{1}{n} = 0$$

所以级数 $\quad x + \frac{x^2}{2^2} + \frac{x^3}{3^3} + \cdots + \frac{x^n}{n^n} + \cdots$

处处收敛.

级数

$$1 + \frac{x}{1!} + \frac{x^2}{2!} + \frac{x^3}{3!} + \cdots + \frac{x^n}{n!} + \cdots$$

同样处处收敛,因为

$$\lim_{n\to\infty}\left[\frac{1}{(n+1)!}:\frac{1}{n!}\right]=0$$

2. 处处收敛的幂级数(10.1)的和叫作整函数.

由此得出,每一个多项式都是整函数.

整函数的其他例子有指数函数 $a^x(0<a,a\neq 1)$,$\cos x,\sin x$.事实上,在数学分析教科书中(借助于泰勒公式)已证明了它们中的每一个都可表为处处收敛的幂级数的和

$$a^x=1+\frac{x\ln a}{1!}+\frac{x^2(\ln a)^2}{2!}+\cdots+\frac{x^n(\ln a)^n}{n!}+\cdots \tag{10.4}$$

$$\cos x=1-\frac{x^2}{2!}+\frac{x^4}{4!}-\cdots \tag{10.5}$$

$$\sin x=1-\frac{x^3}{3!}+\frac{x^5}{5!}-\cdots \tag{10.6}$$

在 $a=\mathrm{e}=2.718\ 28\cdots$(e是无理数)的特殊情况下,我们由公式(10.4)得到

$$\mathrm{e}^x=1+\frac{x}{1!}+\frac{x^2}{2!}+\cdots+\frac{x^n}{n!}+\cdots$$

从这些公式出发,可以得到整函数的其他一些简单的例子

$$\mathrm{e}^{-x}=1-\frac{x}{1!}+\frac{x^2}{2!}-\cdots+(-1)^n\frac{x^n}{n!}+\cdots$$

$$\mathrm{e}^{x^3}=1+\frac{x^3}{1!}+\frac{x^6}{2!}+\cdots+\frac{x^{3n}}{n!}+\cdots$$

$$\frac{\mathrm{e}^x-1-x}{x^2}=\frac{1}{2!}+\frac{x}{3!}+\frac{x^2}{4!}+\cdots+\frac{x^{n-2}}{n!}+\cdots$$

$$\frac{\sin x}{x}=1-\frac{x^2}{3!}+\frac{x^4}{5!}-\cdots$$

$$\cos\sqrt{x}=1-\frac{x}{2!}+\frac{x^2}{4!}-\frac{x^3}{5!}+\cdots$$

$$\frac{\sin\sqrt{x}}{\sqrt{x}}=1-\frac{x}{3!}+\frac{x^2}{5!}-\cdots$$

$$\operatorname{ch} x=\frac{e^x+e^{-x}}{2}=1+\frac{x^2}{2!}+\frac{x^4}{4!}+\frac{x^6}{6!}+\cdots$$

$$\operatorname{sh} x=\frac{e^x-e^{-x}}{2}=x+\frac{x^3}{3!}+\frac{x^5}{5!}+\cdots$$

$$\vdots$$

所有这些例中的整函数或者是初等的(指数函数和三角函数),或者是初等函数的简单组合.

但是,当然,整函数远不是总能表成初等函数的组合.例如整函数

$$f(x)=x+\frac{x^2}{2^2}+\frac{x^3}{3^3}+\cdots+\frac{x^n}{n^n}+\cdots$$

$$g(x)=\frac{x^2}{(\ln 2)^2}+\frac{x^3}{(\ln 3)^3}+\cdots+\frac{x^n}{(\ln n)^n}+\cdots$$

$$h(x)=x+\frac{x^2}{2^4}+\frac{x^3}{3^6}+\cdots+\frac{x^n}{x^{2n}}+\cdots$$

就是这种例子,还有无穷多个由形如(10.1)的级数定义的其他例子,只要它们的系数满足唯一的条件(10.3).

3. 到现在为止我们研究的整函数都默不作声地假定了幂级数的系数是实数,并且变量 x 也取实值.但是没有什么会妨碍我们把这一级数或那一级数认为是复数的,只要预先假定级数的系数满足条件(10.3).事实上,在复数 x 取任何模值的情况下,这个条件保证了级数的绝对收敛性.下面,为了避免误会起见,我们继续用字母 x 表示实数,而复自变量我们将用字母 z 来表

示,设 $z=x+\mathrm{i}y$,其中 x 和 y 是实数,$\mathrm{i}=\sqrt{-1}$. 像通常一样,复数 z 在几何上用以 x 和 y 为坐标的平面上的点来表示. 特别的,当 $y=0$ 时 z 就取实值 $z=x$. 任何整函数都可以看作定义在全平面上的复变量 z 的函数. 对指数函数和三角函数我们将沿用以前的名称和记号,我们有

$$\mathrm{e}^z=1+\frac{z}{1!}+\frac{z^2}{2!}+\frac{z^3}{3!}+\frac{z^4}{4!}+\cdots+\frac{z^n}{n!}+\cdots \tag{10.7}$$

$$\cos z=1-\frac{z^2}{2!}+\frac{z^4}{4!}-\frac{z^6}{6!}+\cdots+(-1)^n\frac{z^{2n}}{(2n)!}+\cdots \tag{10.8}$$

$$\sin z=z-\frac{z^3}{3!}+\frac{z^5}{5!}-\cdots+(-1)^{n-1}\frac{z^{2n-1}}{(2n-1)!}+\cdots \tag{10.9}$$

4. 整函数是复变量解析函数的特殊情况. 如果复平面上任一区域 G 内的每一点 z 都对应于一个确定的复数 w,则称在区域 G 上定义了一个复变量 z 的函数;w 称为函数在 z 的值,并记为

$$w=f(z)$$

符号 f 可换用其他拉丁字母或希腊字母来表示.

设 $w=f(z)$ 是定义在区域 G 上的一个函数,如果对于区域 G 内的每一点 z_0,都可以指出一个邻域(即以这一点为中心的圆),在这个邻域中函数值可以表示为 $z-z_0$ 的幂级数的和

$$w=f(z)=c_0+c_1(z-z_0)+c_2(z-z_0)^2+\cdots+c_n(z-z_0)^n+\cdots \tag{10.10}$$

那么,这个复变函数叫作在区域 G 内的解析函数.

特别的,当区域 G 是以点 z_0 为中心的圆时,要 $f(z)$ 在区域 G 内是解析的,只要级数(10.10) 在整个圆内表示函数 $f(z)$ 就可以了.

为了得到 $f(z)$ 在这个圆的另外任意一点 z_1 的邻域中的幂级数展开,只要在公式(10.10) 中把 $z-z_0$ 表示为

$$z-z_0=(z-z_1)-(z_0-z_1)$$

并按差 $z-z_1$ 的幂展开级数的每一项 $a_n(z-z_0)^n$,然后把 $z-z_1$ 的同次幂的项归并在一起(也就是合并同类项).

对于圆形区域的讨论,同样适用于当 G 是整个复平面的情况;整个复平面可视为中心在任何一点,譬如说在坐标原点,半径为无穷大的圆.

在这种情况下,在公式(10.10) 中可设 $z_0=0$,并要求级数在整个平面上收敛(正如上面所说的,是处处收敛的幂级数).

于是,整函数 $f(z)$ 可定义为在整个复平面 z 上解析的复变函数.

5. 复变函数 $f(z)$ 在它的定义域内任一点 z 的导数定义为当 $z_1\to z(z_1\neq z)$ 时比 $\frac{f(z_1)-f(z)}{z_1-z}$ 的极限(如果它存在),也就是

$$f'(z)=\lim_{z_1\to z}\frac{f(z_1)-f(z)}{z_1-z}$$

由导数的这个定义可以导出求导数的法则,这些法则对于实变函数的情形已经建立了,对于复变函数的情况仍然保持成立.特别是

$$[(z-z_0)^n]'=n(z-z_0)^{n-1}$$

可以证明,在以 z_0 为中心的某一圆内收敛的幂级数(10.10)的和在这一圆内具有任意阶导数.其中每一个导数都可用对级数(10.10)进行相应次数的逐项微商的方法得到

$$f'(z)=c_1+2c_2(z-z_0)+3c_3(z-z_0)^2+\cdots+nc_n(z-z_0)^{n-1}+\cdots$$

$$f''(z)=1\cdot 2c_2+2\cdot 3c_3(z-z_0)+\cdots+(n-1)nc_n(z-z_0)^{n-2}+\cdots$$

$$f'''(z)=1\cdot 2\cdot 3c_3+2\cdot 3\cdot 4c_4(z-z_0)+\cdots+(n-2)(n-1)nc_n(z-z_0)^{n-3}+\cdots$$

$$\vdots$$

作为例子,用逐项求导数的办法从公式(10.7),(10.8)和(10.9)我们得到

$$(\mathrm{e}^z)'=\mathrm{e}^z,(\cos z)'=-\sin z,(\sin z)'=\cos z$$

在 $f(z),f'(z),f''(z),\cdots,f^{(p)}(z),\cdots$ 的级数中设 $z=z_0$,我们得到

$$c_0=f(z_0),c_1=f'(z_0)$$

$$c_2=\frac{f''(z_0)}{2!},\cdots,c_p=\frac{f^{(p)}(z_0)}{p!},\cdots$$

因此,幂级数的系数用级数和的诸导数在点 z_0 的值表示了出来.所以,表示函数 $f(z)$ 的级数可以记为

$$f(z)=f(z_0)+\frac{f'(z_0)}{1!}(z-z_0)+\frac{f''(z_0)}{2!}(z-z_0)^2+\cdots+\frac{f^{(p)}(z_0)}{p!}(z-z_0)^p+\cdots$$

这种形式的级数叫作函数 $f(z)$ 的泰勒级数.这样一来,解析函数 $f(z)$ 的幂级数就是它的泰勒级数.

由幂级数的系数表达式可得,如果两个按 $z-z_0$ 的幂展开的幂级数的和在某个以 z_0 为中心的某一个圆内重合,那么,$z-z_0$ 的同次幂项的系数一定两两相等.

事实上,如果

$$a_0+a_1(z-z_0)+\cdots+a_n(z-z_0)^n+\cdots=$$
$$b_0+b_1(z-z_0)+\cdots+b_n(z-z_0)^n+\cdots=$$
$$f(z)$$

那么

$$a_n=\frac{f^{(n)}(z_0)}{n!},b_n=\frac{f^{(n)}(z_0)}{n!}$$

这就是,在 $n=0,1,2,3,\cdots$ 时,$a_n=b_n$.($f^{(0)}(z)$ 所指的是和函数 $f(z)$ 本身,而 0! 理解为等于 1)

由幂级数的和有导数这一事实推出,在区域 G 内解析的函数 $f(z)$ 的这个区域的每一点有导数,也就是在区域 G 内可微,所以它在区域 G 内也是连续的.

这就是为什么复变数的解析函数的定义可以表述为下面的形式:定义在某个区域 G 内的复变数 z 的函数 $f(z)$,如果它在 G 内是可微的,则称它在这个区域内是解析的.在函数论的教科书中通常用的就是这个定义.

因此,整函数可以定义为在全平面可微的函数.

设 $f(z)$ 和 $g(z)$ 是任意两个整函数.由求导法则可得

$$[f(z)\pm g(z)]'=f'(z)\pm g'(z)$$
$$[f(z)\cdot g(z)]'=f'(z)g(z)+f(z)g'(z)$$
$$\left[\frac{f(z)}{g(z)}\right]'=\frac{f'(z)g(z)-g'(z)f(z)}{[g(z)]^2}\quad(\text{若 } g(z)\neq 0)$$
$$\{f[g(z)]\}'=f'[g(z)]g'(z)$$

由前两个公式可得，两个整函数的和、差、积是整函数.

由第三个公式可得，当分母处处不为零时，两个整函数的商仍然是整函数.

第四个公式是复合函数求导法，由它可得，整函数的整函数仍然是整函数.

例如，函数 $e^{\sin x}$，e^{e^z}，$\sin(e^z)$，$\sin(\cos z)$ 等都是整函数.

6. 由于处处收敛的幂级数的（绝对）收敛性，它具有许多有限和的性质.

在任何情况下，对幂级数施行加法、减法和乘法运算，像对依 z 的升幂排列的多项式施行相应的运算一样，服从相同的法则. 例如，如果

$$f(z)=a_0+a_1z+a_2z^2+\cdots+a_nz^n+\cdots$$
$$g(z)=b_0+b_1z+b_2z^2+\cdots+b_nz^n+\cdots$$

那么

$$\left.\begin{aligned}&f(z)\pm g(z)=a_0\pm b_0+(a_1\pm b_1)z+(a_2\pm b_2)z^2+\cdots+(a_n\pm b_n)z^n+\cdots\\&f(z)g(z)=a_0b_0+(a_0b_1+a_1b_0)z+(a_0b_2+a_1b_1+a_2b_0)z^2+\cdots+\\&\qquad(a_0b_n+a_1b_{n-1}+a_2b_{n-2}+\cdots+a_nb_0)z^n+\cdots\end{aligned}\right\}\tag{10.11}$$

如果还知道 $g(z)$ 对任何的 z 都不为零，那么可以断言（见 5），商 $f(z):g(z)$ 是整函数. 相应的幂级数由 $g(z)$ 的幂级数去除 $f(z)$ 的幂级数得到，除法法则与排列好的多项式的除法相同.

我们来做这个运算的前面几步

$$(b_0+b_1z+b_2z^2+\cdots+b_nz^n+\cdots-a_0+\frac{a_0b_1}{b_0}z+$$
$$\frac{a_0b_2}{b_0}z^2+\cdots-\frac{a_1b_0-a_0b_1}{b_0}z+\frac{(a_1b_0-a_0b_1)b_1}{b_0^2}z^2+\cdots)\div$$

$$(a_0+a_1z+a_2z^2+\cdots+a_nz^n+\cdots)=$$

$$\frac{a_0}{b_0}+\frac{a_1b_0-a_0b_1}{b_0^2}z+\cdots+\frac{a_1b_0-a_0b_1}{b_0}z+$$

$$\frac{a_2b_0-a_0b_2}{b_0}z^2+\cdots+$$

$$\frac{(a_2b_0-a_0b_2)b_0-(a_1b_0-a_0b_1)b_1}{b_0^2}z^2+\cdots$$

于是

$$\frac{f(z)}{g(z)}=c_0+c_1z+c_2z^2+\cdots+c_nz^n+\cdots \tag{10.12}$$

这里 $c_0,c_1,c_2,\cdots$ 具有上面所求出的值(见商的前几项).可以相信,商的每一个系数 c_n 都可由前面的系数 $c_0,c_1,\cdots,c_{n-1}$ 通过公式

$$c_n=-\frac{c_0b_n+c_1b_{n-1}+\cdots+c_{n-1}b_1}{b_0} \tag{10.13}$$

来表示.

7. 我们看整函数(10.7),(10.8)和(10.9).在公式(10.7)中设 $z=\mathrm{i}w$,其中 w 仍是复变数,我们求得

$$\mathrm{e}^{\mathrm{i}w}=1+\frac{\mathrm{i}w}{1!}-\frac{w^2}{2!}-\frac{\mathrm{i}w^3}{3!}+\frac{w^4}{4!}+\cdots=$$

$$\left(1-\frac{w^2}{2!}+\frac{w^4}{4!}-\cdots\right)+$$

$$\mathrm{i}\left(w-\frac{w^3}{3!}+\frac{w^5}{5!}-\cdots\right)$$

由此(同公式(10.8)和(10.9)比较)

$$\mathrm{e}^{\mathrm{i}w}=\cos w+\mathrm{i}\sin w \tag{10.14}$$

这就是通过三角函数表达指数函数的著名的欧拉公式.注意,在公式(10.8)和(10.9)中,余弦的分解式只包含变数的偶次幂,而正弦的分解式只包含变数的奇

次幂.因此,对变数的复数值而言,余弦是偶函数而正弦是奇函数.所以把 w 换成 $-w$,公式(10.14)就变为

$$e^{-iw}=\cos w-i\sin w \tag{10.15}$$

把公式(10.14)和(10.15)逐项相加和相减,又可得到两个用指数函数表示三角函数的欧拉公式

$$\cos w=\frac{e^{iw}+e^{-iw}}{2},\sin w=\frac{e^{iw}-e^{-iw}}{2i} \tag{10.16}$$

由欧拉公式知道,在整函数的领域中可以这样说,复变数的指数函数和三角函数是亲缘最近的.

从级数相乘的例子我们可构造出 e^{z_1} 的级数和 e^{z_2} 的级数的乘积,其中 z_1 和 z_2 是任意两个复数.因为

$$e^{z_1}=1+\frac{z_1}{1!}+\frac{z_1^2}{2!}+\frac{z_1^3}{3!}+\cdots+\frac{z_1^n}{n!}+\cdots$$

$$e^{z_2}=1+\frac{z_2}{1!}+\frac{z_2^2}{2!}+\frac{z_2^3}{3!}+\cdots+\frac{z_2^n}{n!}+\cdots$$

所以

$$\begin{aligned}e^{z_1}e^{z_2}=&1+\frac{1}{1!}(z_1+z_2)+\frac{1}{2!}(z_1^2+2z_1z_2+z_2^2)+\\&\frac{1}{3!}\left(z_1^3+\frac{3!}{2!\ 1!}z_1^2z_2+\frac{3!}{1!\ 2!}z_1z_2^2+z_2^3\right)+\cdots+\\&\frac{1}{n!}\left(z_1^n+\frac{n!}{(n-1)!\ 1!}z_1^{n-1}z_2+\right.\\&\frac{n!}{(n-2)!\ 2!}z_1^{n-2}z_2^2+\cdots+\\&\left.\frac{n!}{1!\ (n-1)!}z_1z_2^{n-1}+z_2^n\right)+\cdots=\\&1+\frac{1}{1!}(z_1+z_2)+\frac{1}{2!}(z_1+z_2)^2+\\&\frac{1}{3!}(z_1+z_2)^3+\cdots+\frac{1}{n!}(z_1+z_2)^n+\cdots\end{aligned}$$

由此得出

$$e^{z_1}e^{z_2}=e^{z_1+z_2} \tag{10.17}$$

这个公式叫作指数函数的加法定理.我们看到了,当这一函数的两个值相乘时,相应的指数(复数 z_1 和 z_2)相加.

特别的,在这里设 $z_1=z$ 和 $z_2=-z$,我们就得到

$$e^z\cdot e^{-z}=e^0=1 \tag{10.18}$$

由于这个公式,乘积 $e^z\cdot e^{-z}$ 不等于零,由此首先推出,指数函数 e^z 永不为零,也就是方程 $e^z=0$ 不仅没有实根也没有虚根(我们把不是实数的任何复数叫作虚数,例如 i,(1－i) 都是虚数).

等式(10.18)使得有可能用特殊的例子去检验,如果分母总不为零,则两个整函数的商是整函数(见 5).商$\frac{1}{e^z}$显然满足这一条件.由公式(10.18)可得

$$\frac{1}{e^z}=e^{-z}=1-\frac{z}{1!}+\frac{z^2}{2!}-\frac{z^3}{3!}+\frac{z^4}{4!}-\cdots$$

这的确是一个整函数(在公式(10.7)中我们用 $-z$ 代替 z 就得到它).

下面将证明(见 9),任何处处不为零的整函数 $g(z)$ 都可以表示成 $g(z)=e^{h(z)}$,这里 $h(z)$ 也是一个整函数.

显然,商$\frac{f(z)}{g(z)}$可以表示成积 $f(z)e^{-h(z)}$ 的形式,由此又看到,这是一个整函数(作为两个整函数的乘积).

把(10.14)和(10.15)乘起来,我们得到

$$e^{iw}\cdot e^{-iw}=(\cos w+i\sin w)(\cos w-i\sin w)$$

再由等式(10.18)得

$$1=\cos^2 w+\sin^2 w \tag{10.19}$$

因此,对任何复变数的值正弦和余弦的平方和都等

于 1.

在等式(10.17)中设 $z_1=z$ 是任意一个复数，而 $z_2=2\pi i$，我们得到

$$e^z e^{2\pi i}=e^{z+2\pi i}$$

但是根据欧拉公式(10.14)

$$e^{2\pi i}=\cos 2\pi+i\sin 2\pi=1$$

因此

$$e^z=e^{z+2\pi i} \tag{10.20}$$

即，指数函数是以纯虚数 $2\pi i$ 为周期的周期函数.

再计算复数 e^z 的模和辐角. 根据公式(10.17)我们得到

$$e^z=e^{x+iy}=e^x e^{iy}$$

但是 $e^{iy}=\cos y+i\sin y$，因此

$$e^z=e^x(\cos y+i\sin y)$$

我们得到了 e^z 的三角函数表示：$f(\cos\varphi+i\sin\varphi)$. 由此得出

$$|e^z|=e^x, \operatorname{Arg} e^z=y+2n\pi(n=0,\pm 1,\pm 2,\cdots)$$

所得公式的第一个指出，为了计算 e^z 的模只要在指数中留下实部 x 就行了(去掉被加数 iy)；例如，$|e^{1+i\sqrt{2}}|=e$.

8. 我们来研究方程

$$e^z=A \tag{10.21}$$

因为我们知道，当 $A=0$ 时这个方程没有任何一个根，所以我们认为 $A\neq 0$. 由复数 e^z 和 A 相等导出，它们的模相等，而辐角只可以相差 2π 的整数倍. 但是在 7 中已经指出，如果 $z=x+iy$，那么，e^z 的模是 e^x，而 e^z 的一个辐角值是 y.

所以由方程(10.21)必定得到等式

$$e^x = |A|, y = \arg A + 2n\pi (n = 0, \pm 1, \pm 2, \cdots)$$

因此，$x = \ln |A|$ 而

$$z = x + iy = \ln |A| + i(\arg A + 2n\pi)$$
$$(n = 0, \pm 1, \pm 2, \cdots) \tag{10.22}$$

于是，方程(10.21)的任意一个根都应该包含在公式(10.22)中. 反之，形如公式(10.22)的每一个数(它们有无穷多个！)都是这个方程的根. 事实上

$$e^z = e^{\ln |A| + i(\arg A + 2n\pi)} = e^{\ln |A|} e^{i(\arg A + 2n\pi)} =$$
$$|A| [\cos(\arg A + 2n\pi) + i\sin(\arg A + 2n\pi)] =$$
$$|A| [\cos(\arg A) + i\sin(\arg A)] = A$$

这就证明了，方程(10.21)对任何的 A，除去一个例外值 $A = 0$，有无穷多个根(10.22). 换言之，无穷高次方程

$$1 + \frac{z}{1!} + \frac{z^2}{2!} + \cdots + \frac{z^n}{n!} + \cdots = A$$

对任何复数 $A \neq 0$ 有无穷多个根.

自然的，方程(10.21)的每一个根叫作复数 A 的(自然)对数值. 以 e 为底产生 A 的幂指数一般记为 $\ln A$，由此公式(10.22)可改写为

$$\ln A = \ln |A| + i\mathrm{Arg}\, A = \ln |A| + i(\arg A + 2n\pi) \tag{10.22$'$}$$

其中 $n = 0, \pm 1, \pm 2, \cdots$.

由此得到，任何复数有无穷多个对数值，它们彼此相差 2π 的整数倍. 当 $n = 0$ 时，公式(10.22)$'$ 给出的值称为对数的主值

$$\ln A = \ln |A| + i\arg A \tag{10.22$'$}$$

9. 我们把方程(10.21)中的复数 A 作为自变数，而把它所对应的值 z，即方程的根，作为 A 的函数来研

究. 这个函数 $z=\ln A$ 叫作指数函数 $A=e^z$ 的反函数. 在 8 中我们已经发现, $\ln A$ 是一个定义在除去点 $A=0$ 之外的全平面内的多值函数,并由公式(10.22)′表示.

由反函数的求导法则,这一法则对于复变函数的相应叙述仍然有效,得出导出 $(\ln A)'$ 存在并等于

$$\frac{1}{(e^z)'}=\frac{1}{e^z}=\frac{1}{A}(A\neq 0)$$

我们用复自变数的习惯表示 z 来代替 A. 这时有

$$\ln z=\ln|z|+\mathrm{i}\operatorname{Arg} z$$

$$(\ln z)'=\frac{1}{z}\ (z\neq 0)$$

函数 $\ln z$ 不是整函数,第一是因为它在点 $z=0$ 无定义(在这点它变为 ∞),第二是因为它是多值的,它的值彼此相差 $2\pi\mathrm{i}$ 的整数倍.

但是如果 $g(z)$ 是任意一个整函数,它在平面的任何一点都不为零,那么 $f(z)=\ln g(z)$ 同样是整函数(精确些说, $\ln g(z)$ 代表无穷多个整函数,它们彼此相差 $2\pi\mathrm{i}$ 的整数倍).

事实上,根据复合函数求导的一般法则,我们得到

$$[\ln g(z)]'=\frac{1}{g(z)}g'(z)=\frac{g'(z)}{g(z)}$$

即,函数 $\ln g(z)$ 在复平面的每一点都有导数(我们记得, $g(z)\neq 0$),所以它是整函数. 作为例子,设 $g(z)=e^z$. 这时

$$\ln(e^z)=\ln|e^z|+\mathrm{i}\operatorname{Arg} e^z$$

但是 $|e^z|=e^x$ 和 $\operatorname{Arg} e^z=y+2n\pi$(见 7),所以

$$\ln(e^z)=\ln(e^x)+\mathrm{i}(y+2n\pi)=x+\mathrm{i}y+\mathrm{i}\cdot 2n\pi=$$
$$z+2n\pi\mathrm{i}(n=0,\pm 1,\pm 2,\pm 3,\cdots)$$

我们看到, $\ln(e^z)$ 代表无穷多个整函数:

$$z, z+2\pi i, z-2\pi i, z+4\pi i, z-4\pi i, \cdots$$

由上面的叙述推出一个我们经常要用到的定理：若 $f(z)$ 是一个在任何一点都不为零的整函数，那么，它可以表示为

$$f(z)=e^{g(z)}$$

其中 $g(z)$ 是某一个整函数.

事实上，根据前面的证明，$\ln f(z)$ 代表无穷多个整函数，它们彼此相差 $2\pi i$ 的整数倍，其中任取一个记为 $g(z)$，那么

$$\ln f(z)=g(z)+2n\pi i(n=0,\pm 1,\pm 2,\cdots)$$

因此

$$f(z)=e^{\ln f(z)}=e^{g(z)+2n\pi i}=e^{g(z)}$$

我们利用了指数函数的周期是 $2\pi i$(见 7). 定理得证.

最大模和整函数的级

第十一章

10. 奇妙的是，一个整函数的幂级数的系数可以表示为积分的形式，在积分号下包含着已知函数.

设 z 在复平面上描过一个中心在坐标原点半径为 $r>0$ 的圆周. 显然，这样一个圆周可以用方程 $|z|=r$ 来刻画. 所以 z 可以表示为

$$z=r(\cos\varphi+\mathrm{i}\sin\varphi)$$

复数 z 的辐角 φ 从 0 变到 2π，这时 z 沿逆时针方向描过圆周一次.

若 $w=F(z)$ 是任何一个复变数的函数. 它在圆周 $|z|=r$ 包含的一个区域内是解析的，那么，对在圆周上的点，$F(z)$ 的值可以看做是一个实变数 φ 的函数；每一个 $\varphi(0\leqslant\varphi\leqslant 2\pi)$ 对应一个确定的 z，因此复数

$$w=u+\mathrm{i}v=F(z)$$

（这里 u 和 v 是 w 的实部和虚部）是 φ 的函数. 所以 u 和 v 同样是 φ 的函数

$$u = P(\varphi), v = Q(\varphi)$$

由此 $$F(z) = P(\varphi) + \mathrm{i}Q(\varphi)$$

借助于数 $\varphi_0 = 0 < \varphi_1 < \varphi_2 < \cdots < \varphi_{n-1} < \varphi_n = 2\pi$，我们把区间$[0, 2\pi]$作分割，对 $F(z)$ 构造相应的积分和，使得每个 φ_k 的值对应于圆周上一个确定的点 z_k

$$z_k = r(\cos\varphi_k + \mathrm{i}\sin\varphi_k)$$

而函数值为 $$F(z_k) = P(\varphi_k) + \mathrm{i}Q(\varphi_k)$$

根据定义，函数 $F(z)$ 的积分和可表示为

$$\begin{aligned}&\sum_1^n F(z_k)(\varphi_k - \varphi_{k-1}) = \\&\sum_1^n [P(\varphi_k) + \mathrm{i}Q(\varphi_k)](\varphi_k - \varphi_{k-1}) = \\&\sum_1^n P(\varphi_k)(\varphi_k - \varphi_{k-1}) + \\&\mathrm{i}\sum_1^n Q(\varphi_k)(\varphi_k - \varphi_{k-1})\end{aligned}$$

我们指出，解析函数 $F(z)$ 是可微的，也是连续的.由此导出，它的实部 $P(\varphi)$ 和虚部 $Q(\varphi)$ 在区间$[0, 2\pi]$上也是连续的. 对区间$[0, 2\pi]$作无限细分，使得差

$$\varphi_1 - \varphi_0, \varphi_2 - \varphi_1, \cdots, \varphi_n - \varphi_{n-1}$$

中最大者趋近于零，和

$$\sum_1^n P(\varphi_k)(\varphi_k - \varphi_{k-1})$$

与 $$\sum_1^n Q(\varphi_k)(\varphi_k - \varphi_{k-1})$$

将趋近于它们的极限，也就是分别趋向于积分

$$\int_0^{2\pi} P(\varphi)\mathrm{d}\varphi$$

与
$$\int_0^{2\pi} Q(\varphi)\mathrm{d}\varphi$$
因此,复的积分和
$$\sum_1^n F(z_k)(\varphi_k-\varphi_{k-1})$$
同样有极限,我们把它记为
$$\int_0^{2\pi} F(z)\mathrm{d}\varphi$$
由上面所述可得
$$\int_0^{2\pi} F(z)\mathrm{d}\varphi=\int_0^{2\pi} P(\varphi)\mathrm{d}\varphi+\mathrm{i}\int_0^{2\pi} Q(\varphi)\mathrm{d}\varphi$$
这样一来,我们在特殊的情况下定义了复函数 $F(z)$ 的积分,并且通过这个函数的实部和虚部的积分把它表达了出来,由不等式
$$\left|\sum_1^n F(z_k)(\varphi_k-\varphi_{k-1})\right|\leqslant\sum_1^n |F(z_k)|(\varphi_k-\varphi_{k-1})$$
再借助极限过程我们得到
$$\left|\int_0^{2\pi} F(z)\mathrm{d}\varphi\right|\leqslant\int_0^{2\pi} |F(z)|\mathrm{d}\varphi$$
也就是积分的模不超过被积函数的模的积分.

我们转向把整函数的幂级数的任一系数 $a_p(p\geqslant 0)$ 表示成积分形式的问题.以此为目的,我们用 z^p 去除级数所有的项,并对变数 φ 从 0 到 2π 积分.首先(在除以后)得到
$$\frac{f(z)}{z^p}=a_0z^{-p}+a_1z^{1-p}+\cdots+a_p+a_{p+1}z+\cdots$$
其后得到
$$\int_0^{2\pi}\frac{f(z)}{z^p}\mathrm{d}\varphi=a_0\int_0^{2\pi}z^{-p}\mathrm{d}\varphi+a_1\int_0^{2\pi}z^{-p+1}\mathrm{d}\varphi+\cdots+$$
$$a_p\int_0^{2\pi}\mathrm{d}\varphi+a_{p+1}\int_0^{2\pi}z\mathrm{d}\varphi+\cdots$$

其中 $z=r(\cos\varphi+\mathrm{i}\sin\varphi)$（$r$ 是常数）.

在这里我们不拟停留下来去证明级数逐项积分的合法性（证明这一点归结为当 r 固定时建立级数关于变数 φ 的一致收敛性）.

在右边以 a_p 为系数的积分等于 2π，所以相应的项等于 $2\pi a_p$. 至于其余的，在积分号下是 z 的非 0 的整数次幂的那些积分，它们全都等于 0. 事实上，如果 m 是一个自然数，那么根据棣莫佛公式

$$z^m=r^m(\cos m\varphi+\mathrm{i}\sin m\varphi)$$

如果 $m=-k,k>0$，那么

$$z^m=\frac{1}{z^k}=\frac{1}{r^k(\cos k\varphi+\mathrm{i}\sin k\varphi)}=$$
$$r^{-k}[\cos(-k\varphi)+\mathrm{i}\sin(-k\varphi)]=$$
$$r^m(\cos m\varphi+\mathrm{i}\sin m\varphi)$$

因此，对任何整数 $m\neq 0$

$$\int_0^{2\pi}z^m\mathrm{d}\varphi=r^m\int_0^{2\pi}(\cos m\varphi+\mathrm{i}\sin m\varphi)\mathrm{d}\varphi=$$
$$r^m\left[-\frac{\sin m\varphi}{m}+\mathrm{i}\frac{\cos m\varphi}{m}\right]_0^{2\pi}=0$$

所以

$$\int_0^{2\pi}\frac{f(z)}{z^p}\mathrm{d}\varphi=2\pi a_p$$

由此

$$a_p=\frac{1}{2\pi}\int_0^{2\pi}\frac{f(z)}{z^p}\mathrm{d}\varphi,z=r(\cos\varphi+\mathrm{i}\sin\varphi)\tag{11.1}$$

这个公式对于 $p=0,1,2,3,\cdots$ 都是正确的. 我们用 $M(r)$ 表示在半径为 r 的圆内函数 $f(z)$ 的最大模，即

$$M(r)=\max_{|z|\leqslant r}|f(z)|$$①

由公式(11.1)得到

$$|a_p|=\left|\frac{1}{2\pi}\int_0^{2\pi}\frac{f(z)}{z^p}\mathrm{d}\varphi\right|\leqslant\frac{1}{2\pi}\int_0^{2\pi}\frac{|f(z)|}{|z|^p}\mathrm{d}\varphi$$

但是在 $z=r(\cos\varphi+\mathrm{i}\sin\varphi)$ 的条件下

$$|z|=r$$

和

$$|f(z)|\leqslant M(r)$$

因此

$$|a_p|\leqslant\frac{1}{2\pi}\int_0^{2\pi}\frac{M(r)}{r^p}\mathrm{d}\varphi=\frac{M(r)}{r^p}(p=0,1,2,\cdots)\tag{11.2}$$

这就是关于幂级数系数的柯西不等式.

11. 上段遇到的函数 $M(r)$ 在整函数的理论中起着非常重要的作用.要精确地计算它即使对最简单的整函数也会碰到困难.但是通常只要会估计它的上界和下界就够了.

我们首先研究 $n(n\geqslant 1)$ 次多项式的情况

$$P(z)=a_0+a_1z+\cdots+a_nz^n(a_n\neq 0)$$

如果 z 位于中心在坐标原点半径为 r 的圆内,那么 $|z|\leqslant r$,因此

$$\begin{aligned}|P(z)|&=|a_0+a_1z+\cdots+a_nz^n|\leqslant\\&|a_0|+|a_1||z|+\cdots+|a_n||z^n|\leqslant\\&|a_0|+|a_1|r+\cdots+|a_n|r^n\end{aligned}$$

或者

① 在附录1中证明了,整函数的模不在圆的内点上达到它在圆内的最大值,而在圆周上达到,即在圆的边界点上达到.所以在整个圆上整函数模的最大值与它在圆周上的模的最大值重合.

$$|P(z)| \leqslant$$
$$|a_n| r^n \left[1 + \left(\frac{|a_{n-1}|}{|a_n|} \frac{1}{r} + \cdots + \frac{|a_0|}{|a_n|} \frac{1}{r^n}\right)\right]$$

当 $r \to \infty$ 时,圆括号内的和趋向于零.所以对于无论怎样小的正数 $\varepsilon < 1$,总可以找到一个 $r_0(\varepsilon)$,使得当 $r > r_0(\varepsilon)$ 时,不等式

$$\frac{|a_{n-1}|}{|a_n|} \frac{1}{r} + \cdots + \frac{|a_0|}{|a_n|} \frac{1}{r^n} < \varepsilon \qquad (11.3)$$

成立.

因此,在 $r > r_0(\varepsilon)$ 和 $|z| \leqslant r$ 时

$$|P(z)| \leqslant |a_n| r^n (1 + \varepsilon) \qquad (11.4)$$

我们来研究 $|P(z)|$ 在任一点 z_0 处的值,z_0 位于圆周 $|z| = r$ 上,$|z_0| = r$.这一点同样应该满足不等式(11.4)(在 $r > r_0(\varepsilon)$ 的条件下).另一方面

$$|P(z_0)| = |a_n z_0^n + (a_{n-1} z_0^{n-1} + \cdots + a_0)| \geqslant$$
$$|a_n z_0^n| - |a_{n-1} z_0^{n-1} + \cdots + a_0| \geqslant$$
$$|a_n||z_0^n| - |a_{n-1}||z_0^{n-1}| - \cdots - |a_0| =$$
$$|a_n| r^n - |a_{n-1}| r^{n-1} - \cdots - |a_0| =$$
$$|a_n| r^n \left[1 - \left(\frac{|a_{n-1}|}{|a_n|} \frac{1}{r} + \cdots + \right.\right.$$
$$\left.\left.\frac{|a_0|}{|a_n|} \frac{1}{r^n}\right)\right]$$

当 $r > r_0(s)$ 时,由(11.3)我们得到

$$|P(z_0)| \geqslant |a_n| r^n (1 - \varepsilon) \qquad (11.5)$$

这样一来,对任意的 $\varepsilon > 0$ 和对所有足够大的 r,多项式 $P(z)$ 在点 z_0 的模($|z_0| = r$)满足不等式

$$|a_n| r^n (1 - \varepsilon) \leqslant |P(z)| \leqslant |a_n| r^n (1 + \varepsilon) \qquad (11.6)$$

这个双边不等式我们在附录中要用到它.我们指

出,不等式对于零次多项式的情况($n=0$)显然是正确的.再回到不等式(11.4),我们断言,这个不等式对于圆 $|z|\leqslant r$ 内使 $|P(z)|$ 取得自己的最大值 $M(r)$ 的点也是正确的,所以

$$M(r)\leqslant|a_n|r^n(1+\varepsilon),r>r_0(\varepsilon)\quad(11.7)$$

另一方面,$|P(z)|$ 在圆周 $|z|=r$ 上点 z_0 处的值不能超过 $M(r)$.因此,由不等式(11.5)我们断定

$$M(r)\geqslant|a_n|r^n(1-\varepsilon),r>r_0(\varepsilon)\quad(11.8)$$

当 $r>r_0(\varepsilon)$ 时,由(11.7)和(11.8)推出

$$1-\varepsilon\leqslant\frac{M(r)}{|a_n|r^n}\leqslant1+\varepsilon$$

并且因为这里的 ε 可以任意小,所以

$$\lim_{n\to\infty}\frac{M(r)}{|a_n|r^n}=1\quad(11.9)$$

这个关系式可简单地叙述为:n 次多项式的模的最大值渐近地等于多项式的最高项的模(事实上,若 $|z|=r$,则 $|a_n|r^n=|a_nz^n|$).

12. 我们对 e^z,$\cos z$ 和 $\sin z$ 计算函数 $M(r)$.为了不使它们混淆,引进记号

$$M(r,e^z),M(r,\cos z),M(r,\sin z)$$

基于幂级数和的模的估计之上的同样的讨论,适用于这三种情况中的任何一种.

由公式

$$e^z=1+\frac{z}{1!}+\frac{z^2}{2!}+\cdots+\frac{z^n}{n!}+\cdots$$

推出

$$|e^z|=\left|1+\frac{z}{1!}+\frac{z^2}{2!}+\cdots+\frac{z^n}{n!}+\cdots\right|\leqslant$$

$$1+\frac{|z|}{1!}+\frac{|z|^2}{2!}+\cdots+\frac{|z|^n}{n!}+\cdots$$

在以 r 为半径，坐标原点为中心的圆内，我们有 $|z|\leqslant r$；所以

$$|e^z|\leqslant 1+\frac{r}{1!}+\frac{r^2}{2!}+\cdots+\frac{r^n}{n!}+\cdots,\ |z|\leqslant r$$

这样一来，在圆 $|z|\leqslant r$ 内 $|e^z|$ 不超过 e^r. 但是对于处在边界上的点 $z=r$，值 $e^z=e^r$ 及 $|e^z|=e^r$. 所以在这一点指数函数的模达到了它的最大可能值，因此

$$M(r,e^z)=\max_{|z|\leqslant r}|e^z|=e^r \tag{11.10}$$

类似的，由公式

$$\cos z=1-\frac{z^2}{2!}+\frac{z^4}{4!}-\frac{z^6}{6!}+\cdots$$

引出 $|\cos z|\leqslant 1+\frac{|z|^2}{2!}+\frac{|z|^4}{4!}+\frac{|z|^6}{6!}+\cdots$

由此，在半径为 r 的圆内有

$$|\cos z|\leqslant 1+\frac{r^2}{2!}+\frac{r^4}{4!}+\frac{r^6}{6!}+\cdots$$

这个不等式右边的和等于 $\operatorname{ch} r=\frac{e^r+e^{-r}}{2}$，于是

$$|\cos z|\leqslant\frac{e^r+e^{-r}}{2},\ |z|\leqslant r$$

但是在圆的边界点 $z=ir$ 处

$$\cos z=\cos(ir)=\frac{e^{i(ir)}+e^{-i(ir)}}{2}=\frac{e^{-r}+e^r}{2}$$①

所以 $\frac{e^r+e^{-r}}{2}$ 同余弦在圆 $|z|\leqslant r$ 内的最大模重合，也就是

① 我们指出，在点 $z=-ir$ 函数 $\cos z$ 取同一个值（要知道，这是一个偶函数）.

$$M(r,\cos z)=\max_{|z|\leqslant r}|\cos z|=\frac{e^{r}+e^{-r}}{2} \tag{11.11}$$

最后，由公式

$$\sin z=z-\frac{z^{3}}{3!}+\frac{z^{5}}{5!}-\frac{z^{7}}{7!}+\cdots$$

引出

$$|\sin z|\leqslant|z|+\frac{|z|^{3}}{3!}+\frac{|z|^{5}}{5!}+\frac{|z|^{7}}{7!}+\cdots$$

由此，在半径为 r 的圆内有

$$|\sin z|\leqslant r+\frac{r^{3}}{3!}+\frac{r^{5}}{5!}+\frac{r^{7}}{7!}+\cdots$$

这个不等式右边的和等于 $\operatorname{sh} r=\frac{e^{r}-e^{-r}}{2}$，于是

$$|\sin z|\leqslant\frac{e^{r}-e^{-r}}{2},\ |z|\leqslant r$$

但是在圆的边界点 $z=\mathrm{i}r$ 处

$$|\sin z|=|\sin(\mathrm{i}r)|=\left|\frac{e^{\mathrm{i}(\mathrm{i}r)}-e^{-\mathrm{i}(\mathrm{i}r)}}{2\mathrm{i}}\right|=$$

$$\left|\frac{e^{-r}-e^{r}}{2}\right|=\frac{e^{r}-e^{-r}}{2}$$①

所以 $\frac{e^{r}-e^{-r}}{2}$ 同正弦在圆 $|z|\leqslant r$ 内的最大模重合，也就是说

$$M(r,\sin z)=\max_{|z|\leqslant r}|\sin z|=\frac{e^{r}-e^{-r}}{2} \tag{11.12}$$

---

① 在点 $z=-\mathrm{i}r$，$|\sin z|$ 取同一个值（要知道，$\sin z$ 是一个奇函数）.

13. 容易理解,在所有的情况下整函数模的最大值都是半径 r 的非减函数. 事实上,若 $r_1 > r$,那么中心在坐标原点半径为 r_1 的圆包含中心在同一点而半径为 r 的圆. 所以在寻找 $|f(z)|$ 在大圆中的最大值时,也就是在寻找数 $M(r_1)$ 时,应该考虑函数 $f(z)$ 的模在小圆 $|z| \leqslant r$ 内的一切值,其中就有值 $M(r)$,同样还应该考虑模在圆环 $r < |z| \leqslant r_1$ 中的值. 这就意味着,$M(r_1)$ 或者大于 $M(r)$(如果在圆环中遇到 $|f(z)|$ 的值比 $M(r)$ 大时),或者等于 $M(r)$(如果在圆环中没有比 $M(r)$ 大的值). 这样一来,若 $r_1 > r > 0$,则

$$M(r_1) \geqslant M(r) \tag{11.13}$$

作为例子我们不难相信,上段中考虑过的那些函数的模的最大值是增长的.

我们已经求出

$$M(r, \mathrm{e}^z) = \mathrm{e}^r$$

$$M(r, \cos z) = \frac{\mathrm{e}^r + \mathrm{e}^{-r}}{2}$$

$$M(r, \sin z) = \frac{\mathrm{e}^r - \mathrm{e}^{-r}}{2}$$

第一个的递增性是明显的,这是一个底大于 1 的指数函数. 由于 e^r 是递增的,e^{-r} 是递减的,因此差 $\mathrm{e}^r - \mathrm{e}^{-r}$ 是递增的,由此可导出最后一个函数 $\frac{\mathrm{e}^r - \mathrm{e}^{-r}}{2}$ 是递增的. 为了检验函数 $\frac{\mathrm{e}^r + \mathrm{e}^{-r}}{2}$(在 $r > 0$ 时)也是递增的,例如,我们可以求出它的导数. 我们有

$$\left(\frac{\mathrm{e}^r + \mathrm{e}^{-r}}{2}\right)' = \frac{\mathrm{e}^r - \mathrm{e}^{-r}}{2}$$

因为当 $r > 0$ 时,它是正的,所以函数 $\frac{e^r + e^{-r}}{2}$ 在 $r > 0$

时事实上是递增的. 图 56 画出了函数

$$e^r, \frac{e^r + e^{-r}}{2}, \frac{e^r - e^{-r}}{2}$$

的图象.

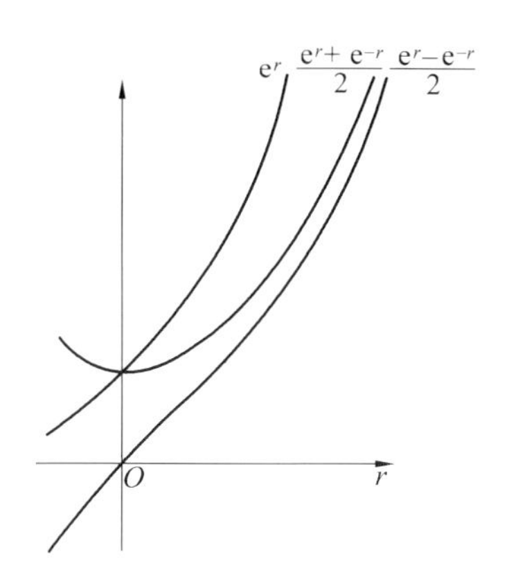

图 56

14. 下面我们来证明法国 19 世纪的数学家刘维尔的一个定理:

如果整函数 $f(z)$ 不恒等于常数,那么它的模的最大值 $M(r)$ 当 r 无限增大时趋向于无穷.

上面所研究的每一种情况:次数 $n \geqslant 1$ 的多项式,指数函数 e^z,三角函数 $\cos z$ 和 $\sin z$,这个定理是显然成立的.

例如,在次数 $n \geqslant 1$ 的多项式的情况下,我们看出,$\lim\limits_{r \to \infty} \frac{M(r)}{|a_n| r^n} = 1$,因此,$M(r)$ 与 $|a_n| r^n$ 一样快地无限增大(我们认为 $a_n \neq 0$).

函数 $M(r, e^z)$,$M(r, \cos z)$,$M(r, \sin z)$ 也无限增大. 我们指出

$$\lim_{r \to \infty} \frac{M(r, e^z)}{e^r} = 1$$

$$\lim_{r \to \infty} \frac{M(r, \cos z)}{\frac{1}{2} e^r} = 1$$

$$\lim_{r \to \infty} \frac{M(r, \sin z)}{\frac{1}{2} e^r} = 1$$

换言之，在上述的每一种情况下，$M[r, f(r)]$ 都以 $\alpha \cdot e^r$($\alpha = 1$ 或 $\alpha = \frac{1}{2}$)的速度增长，也就是比 r 的任何次幂都增长得快. 因为无论对怎样大的 n，都有 $\lim\limits_{r \to +\infty} \frac{r^n}{e^r} = 0$. 这个极限式不难建立，用 e^r 的幂级数代替 e^r，并且除 r^{n+1} 那项外，抛弃其余所有的项，于是，当 $r \to +\infty$ 时

$$\frac{r^n}{e^r} = \frac{r^n}{1 + \frac{r}{1!} + \cdots + \frac{r^{n+1}}{(n+1)!} + \cdots} <$$

$$\frac{r^n}{\frac{r^{n+1}}{(n+1)!}} = \frac{(n+1)!}{r} \to 0$$

现在我们转到刘维尔定理的证明. 设

$$f(z) = a_0 + a_1 z + \cdots + a_n z^n + \cdots \quad (11.14)$$

由柯西不等式(11.12)

$$|a_n| \leqslant \frac{M(r)}{r^n}$$

其中 $M(r)$ 是 $f(z)$ 在 $|z| \leqslant r$ 内的最大模. 因 $M(r)$ 是 r 的非减函数(见 13)，所以当 r 增加的时候或者它保持有界，即 $M(r) \leqslant C$，(其中 $C > 0$)，或者它趋向于 ∞.

我们假定定理不成立，也就是 $M(r)$ 有界，那么，对一切 $r > 0$ 和 $n = 0, 1, 2, \cdots$

$$|a_n| \leqslant \frac{C}{r^n}$$

不管 $n \geqslant 1$ 多大，不等式的右边当 $r \to \infty$ 时，都趋于 0. 完成这个极限过程，并注意到左边与 r 无关，我们求出

$$|a_n| \leqslant 0$$

即当 $n \geqslant 1$ 时

$$a_n = 0$$

这就意味着幂级数(11.14)只含有自由项，也就是

$$f(z) \equiv a_0$$

我们看出，关于 $M(r)$ 有界(也就是 $|f(z)|$ 的有界性)的断言得出了 $f(z)$ 是常数的结论. 如果不是这样，非减函数 $M(r)$ 就不可能有界，即它一定无限增大.

15. 在前一段已经指出，n 次多项式模的最大值以 r^n(带有某一个正系数)的速度趋向于 ∞，而函数 e^z，$\cos z$，$\sin z$ 的模的最大值以比 r 无论多高的指数幂都快的速度趋向于 ∞. 原来下面的一般定理是正确的，这个定理可以看做是刘维尔定理的加强.

如果整函数 $f(z)$ 不是多项式，那么它的模的最大值的增长速度比任何多项式的模的最大值的增长速度都快得不可比.

换言之，如果引进记号 $M(r, f)$ 表示 $f(z)$ 的模的最大值，用 $M(r, P)$ 表示任一多项式 $P(z)$ 的模的最大值，那么，总有

$$\lim_{r \to \infty} \frac{M(r, P)}{M(r, f)} = 0 \tag{11.15}$$

(我们理解函数 $f(z)$ 自身不是多项式).

设

$$f(z) = a_0 + a_1 z + \cdots + a_n z^n + \cdots \tag{11.16}$$

说 $f(z)$ 不是多项式，就是意味着级数(11.16)不会在任何一个 n 处中断，也就是有任意高次幂 z^n 的系数不为零. 设多项式 $P(z)$ 的幂是 m，b_m($b_m \neq 0$)是其最高

次项的系数. 那么,对于固定的 $\varepsilon_0>0$,可以断言

当 $r>r_0$ 时

$$M(r,P)\leqslant|b_m|r^m(1+\varepsilon_0) \qquad (11.17)$$

(见(11.7));除此之外,还认为 $r>1$.

在级数(11.14)中取系数不为零的项,并使其幂指数 p 比 m 大,也就是 $p\geqslant m+1$, $a_p\neq 0$. 由柯西不等式(11.2)

$$|a_p|\leqslant\frac{M(r,f)}{r^p}$$

由此导出

$$M(r,f)\geqslant|a_p|r^p\geqslant|a_p|r^{m+1} \qquad (11.18)$$

在 $r>r_0$ 和 $r>1$ 的条件下,由不等式(11.17)和(11.18)得到

$$\frac{M(r,P)}{M(r,f)}\leqslant\frac{|b_m|r^m(1+\varepsilon_0)}{|a_p|r^{m+1}}=\frac{|b_m|(1+\varepsilon_0)}{|a_p|r}$$

所以

$$\lim_{r\to\infty}\frac{M(r,P)}{M(r,f)}=0 \qquad (11.19)$$

这就是所要证明的. 因为当 $|z|=r$ 时

$$|P(z)|\leqslant M(r,P)$$

所以
$$\frac{P(z)}{M(r,f)}\leqslant\frac{M(r,P)}{M(r,f)}$$

由此及式(11.19)得到

$$\lim_{r\to\infty}\frac{|P(z)|}{M(r,f)}=0 \quad (|z|=r) \qquad (11.20)$$

对任何多项式 $P(z)$ 都成立.

16. 我们运用15的结果来证明函数 e^z, $\cos z$, $\sin z$ 以及其他非多项式的整函数的超越性.

我们记得,函数 $f(z)$ 如果恒满足形如

$$P_0(z)+P_1(z)f(z)+P_2(z)[f(z)]^2+\cdots+P_n(z)[f(z)]^n=0 \qquad (11.21)$$

的方程，其中 $P_0, P_1, \cdots, P_n$ 是多项式，$n \geqslant 1$ 且 $P_n(z) \neq 0$（这样写的意思是，或者 $P_n(z)$ 是幂次数不低于 1 的多项式，或者是非零常数），那么这样的函数就称为代数函数.

不是代数函数的函数①就称为超越函数. 换言之，说 $f(z)$ 是超越函数就意味着不存在任何形如(11.21)的方程（其系数满足上面指出的条件），函数 $f(z)$ 恒满足它（对复变数 z 的一切值）.

我们来证明定理：

如果整函数 $f(z)$ 不是多项式，那么它就是超越的.

假设定理不真. 设 $f(z)$ 满足某个形如(11.21)的方程. 我们研究以坐标原点为中心，以 $1,2,3,\cdots$ 为半径的圆，并在半径为 k 的每一个圆内取定一点 z_k，使得在这一点函数的模达到它在这个圆内的最大值

$$|f(z_k)| = M(k, f)$$

因为 $\lim\limits_{k\to\infty} M(k,f) = \infty$（根据刘维尔定理），所以值 $|f(z_k)|$ 无限增大. 于是我们可以认为 $f(z_k) \neq 0$（至少对于足够大的 k 成立）. 此外，模 $|z_k|$ 也趋向于 ∞（在每一个半径是常数 R 的圆内，函数的模是有界的，所以使值 $|f(z_k)|$ 无限增大的点 z_k 从某一个 k 以后将不再属于这个圆）. 现在在方程(11.21)中设 $z = z_k$，并用 $[f(z_k)]^n$ 除所有的项. 我们得到

$$P_n(z_k) + \frac{P_{n-1}(z_k)}{f(z_k)} + \cdots + \frac{P_0(z_k)}{[f(z_k)]^n} = 0 \tag{11.22}$$

当 $k \to \infty$ 时，$P_n(z_k)$ 将趋向于 ∞（如果这个多项式的

① 这时只研究解析函数.

幂次不低于 1),或者保持常数(如果这个多项式是零次幂,即是常数).但是,由于前段的结果(11.20),左边的所有其他项都趋近于零.事实上,例如

$$\left|\frac{P_{n-1}(z_k)}{f(z_k)}\right| \leqslant \frac{M(k,P_{n-1})}{M(k,f)}$$

在一般情况下

$$\left|\frac{P_{n-m}(z_k)}{[f(z_k)]^m}\right| \leqslant \frac{M(k,P_{n-m})}{M(k,f)} \cdot \frac{1}{[M(k,f)]^{m-1}} (m \geqslant 1)$$

由等式(11.20)知,所有这些量都趋近于零(不要忘记,$M(k,f) \to \infty$).我们得到一个明显的矛盾:在等式(11.22)中项 $P_n(z_k)$ 不能趋近于零,但同时由刚才所证的推出,它一定随其他项一起趋近于零.由这个矛盾就导出了定理的正确性.特别的,可以肯定,e^z,$\cos z$,$\sin z$ 都是超越函数.

17. 由上面所说的一切可得,每一个超越整函数 $f(z)$ 可视为一种"无穷高次多项式".

事实上,首先,在级数

$$f(z) = a_0 + a_1 z + a_2 z^2 + \cdots + a_n z^n + \cdots$$

中,我们可以碰到带有非零系数的 z 的任意高次幂的项.其次,这样的函数模的最大值 $M(r,f)$ 比任何高次多项式的模的最大值都增长得快.我们还将回顾对超越函数的这一看法,不过现在指出,不能把所有超越整函数归为一类,这样说是因为下面就指出,它们中一些模的最大值的增长比另一些模的最大值的增长快得不能比.

作为例子,我们来比较函数 e^z,e^{z^k}($k \geqslant 2$ 是自然数)和 $\mathrm{e}^{\mathrm{e}^z}$ 的模的最大值.第一个模的最大值等于 e^r

$$M(r,\mathrm{e}^z) = \mathrm{e}^r$$

在指数函数的分解式(10.7)中以 z^k 代替 z 可以得到第二个函数的幂级数展开式,我们有

$$e^{z^k}=1+\frac{z^k}{1!}+\frac{z^{2k}}{2!}+\cdots+\frac{z^{nk}}{n!}+\cdots$$

由此

$$|e^{z^k}|\leqslant 1+\frac{|z|^k}{1!}+\frac{|z|^{2k}}{2!}+\cdots+\frac{|z|^{nk}}{n!}+\cdots$$

因此，在圆 $|z|\leqslant r$ 内

$$|e^{z^k}|\leqslant 1+\frac{r^k}{1!}+\frac{r^{2k}}{2!}+\cdots+\frac{r^{nk}}{n!}+\cdots=e^{r^k}$$

另一方面，在点 $z=r$，e^{z^k} 的值与 e^{r^k} 重合. 由此推出，e^{r^k} 就是 e^{z^k} 在圆 $|z|\leqslant r$ 内的模的最大值

$$M(r,e^{z^k})=e^{r^k}$$

为了计算 e^{e^z}，可以在级数(10.7)中以 e^z 代替 z，我们有

$$e^{e^z}=1+\frac{e^z}{1!}+\frac{e^{2z}}{2!}+\frac{e^{3z}}{3!}+\cdots+\frac{e^{nz}}{n!}+\cdots$$

(这个级数不是幂级数，虽然可以用幂级数来代替它，办法是，利用公式(10.7)把每一项展成幂级数，而后按 z 的升幂再重新排列它的所有项). 注意到，在圆 $|z|\leqslant r$ 内 $|e^z|\leqslant e^r$，我们求得

$$|e^{e^z}|\leqslant 1+\frac{|e^z|}{1!}+\frac{|e^z|^2}{2!}+\cdots+\frac{|e^z|^n}{n!}+\cdots\leqslant$$

$$1+\frac{e^r}{1!}+\frac{e^{2r}}{2!}+\cdots+\frac{e^{nr}}{n!}+\cdots=e^{e^r}$$

另一方面，在点 $z=r$，e^{e^z} 的值与 e^{e^r} 重合. 由此可得，e^{e^r} 是 e^{e^z} 在圆 $|z|\leqslant r$ 内的模的最大值

$$M(r,e^{e^z})=e^{e^r}$$

不出所料，当 $r\to\infty$ 时，所求出的函数 $M(r,e^z)$，$M(r,e^{z^k})$，$M(r,e^{e^z})$ 都趋向于 ∞(刘维尔定理). 但是它们以不同的速度趋向于 ∞. 例如，不难相信

$$\lim_{r\to\infty}\frac{e^{r}}{e^{r^{2}}}=0,\lim_{r\to\infty}\frac{e^{r^{2}}}{e^{r^{3}}}=0,\cdots$$

$$\lim_{r\to\infty}\frac{e^{r^{k}}}{e^{r^{k+1}}}=0,\cdots,\lim_{r\to\infty}\frac{e^{r^{k}}}{e^{e^{r}}}=0$$

(不管什么样的自然数 k 都成立). 由此可得,在超越整函数的序列

$$e^{z},e^{z^{2}},e^{z^{3}},\cdots,e^{z^{k}},e^{z^{k+1}},\cdots$$

中,每个后面的模的最大值都比前一个增长得无限快,而函数 $e^{e^{z}}$ 的模的最大值比序列中的任何一个都增长得无限快.

我们来证明,取 $M(r,e^{z})=e^{r}$ 作为增长的标准尺度,可以用一个有限数来测量这些函数(除去函数 $e^{e^{z}}$)中每一个的模的最大值的增长. 以此为目的. 我们来看增长较慢的函数,先取模的最大值的对数.

我们得到序列

$$\ln M(r,e^{z})=r,\ln M(r,e^{z^{2}})=r^{2},\cdots\ln M(r,e^{z^{k}})=r^{k}$$

$$\ln M(r,e^{z^{k+1}})=r^{k+1},\cdots$$

但是在这个序列中,每一个后面的函数还是比前面的增长得无限快,所以对它们再取一次对数. 我们得到序列

$$\ln\ln M(r,e^{z})=\ln r,\ln\ln M(r,e^{z^{2}})=2\ln r$$

$$\cdots\ln\ln M(r,e^{z^{k}})=k\ln r,\cdots$$

显然,任何两个函数的比是有限数. 我们作出下述的比

$$\frac{\ln\ln M(r,e^{z^{2}})}{\ln\ln M(r,e^{z})}=2,\frac{\ln\ln M(r,e^{z^{3}})}{\ln\ln M(r,e^{z})}=3$$

$$\cdots\frac{\ln\ln M(r,e^{z^{k}})}{\ln\ln M(r,e^{z})}=k,\cdots$$

因此说,函数 $e^{z^{2}}$ 的级等于 2,函数 $e^{z^{3}}$ 的级等于 3,…,

一般的,函数 e^{z^k} 的级等于 $k(k=1,2,3,\cdots)$(意思指,函数的模的最大值关于 e^z 的模的最大值增长的级). 自然的,函数 e^z(标准尺度)自身的级等于 1.

在函数 e^{e^z} 的情况下,我们有

$$\frac{\ln\ln M(r,e^{e^z})}{\ln\ln M(r,e^z)}=\frac{\ln\ln(e^{e^r})}{\ln r}=\frac{r}{\ln r}\to\infty(r\to\infty)$$

所以说,函数 e^{e^z} 的级等于 ∞. 一般说,当 $r\to\infty$ 时,$M(r,f)$ 取两次对数与 $M(r,e^z)$ 取两次对数的比的极限(如果它存在)

$$\rho=\lim_{r\to\infty}\frac{\ln\ln M(r,f)}{\ln\ln M(r,e^z)}=\lim_{r\to\infty}\frac{\ln\ln M(r,f)}{\ln r} \tag{11.23}$$

叫作整函数 $f(z)$ 的级.

如果当 $r\to\infty$ 时,$\frac{\ln\ln M(r,f)}{\ln r}$ 既没有有限极限,也没有无限极限,那么就取这个比[①]的上极限,并称它为函数 $f(z)$ 的级

$$\rho=\overline{\lim_{r\to\infty}}\frac{\ln\ln M(r,f)}{\ln r} \qquad (11.23)'$$

---

① 在一般情况下,设 $\varphi(r)$ 是任一个 r 的函数,定义在区间 $1<r<\infty$ 内,并且取实值,在我们的情况下,$\varphi(r)=\frac{\ln\ln M(r,f)}{\ln r}$. 如果存在 $\lim\limits_{r\to\infty}\varphi(r)=a$(有限的或无限的),那么这时对任意一个序列 $\{r_n\}$,$r_n\to\infty$,都有 $\lim\limits_{n\to\infty}\varphi(r_n)=a$. 但是,如果 $\lim\limits_{r\to\infty}\varphi(r)$ 不存在,那么至少可以求出两个序列 $\{r'_n\}$,$r'_n\to\infty$ 和 $\{r''_n\}$,$r''_n\to\infty$,使得 $\lim\limits_{n\to\infty}\varphi(r'_n)\neq\lim\limits_{n\to\infty}\varphi(r''_n)$. 我们来研究使 $\{\varphi(r_n)\}$ 有极限的一切可能的序列 $\{r_n\}$,$r_n\to\infty$,可以证明,在一切可能的极限中存在着一个最大的(有限的或者无限的). 这个最大的极限就叫作当 $r\to\infty$ 时,$\varphi(r)$ 的上极限,并且记为 $\overline{\lim\limits_{r\to\infty}}\varphi(r)$.

18. 有了公式(11.23)就可借助公式(11.11)和(11.12)证明函数 $\cos z$ 和 $\sin z$ 的级都是1.事实上

$$M(r,\cos z)=\frac{e^r+e^{-r}}{2}=e^r\cdot\frac{1+e^{-2r}}{2}$$

显然,当 $r\to\infty$ 时,$e^{-2r}\to 0$,所以等式右边的分数部分趋向于极限$\frac{1}{2}$.其次,取对数得到

$$\ln M(r,\cos z)=r+\ln\frac{1+e^{-2r}}{2}=r\left(1+\frac{\ln\frac{1+e^{-2r}}{2}}{r}\right)$$

当 $r\to\infty$ 时,式中括号部分趋向于1.再取一次对数给出

$$\ln\ln M(r,\cos z)=\ln r+\ln\left(1+\frac{\ln\frac{1+e^{-2r}}{2}}{r}\right)$$

当 $r\to\infty$ 时,右边第二项趋向于零.因此

$$\lim_{r\to\infty}\frac{\ln\ln M(r,\cos z)}{\ln r}=$$

$$\lim_{r\to\infty}\left[1+\frac{\ln\left(1+\frac{\ln\frac{1+e^{-2r}}{2}}{r}\right)}{\ln r}\right]=1$$

这就是说,$\cos z$ 的级等于1.类似的,借助于公式(11.12)我们可以求出 $\sin z$ 的级同样是1.

在前面所研究过的全部例子中,整函数的级都是整数(或者等于无穷).但是同样存在分数级的整函数.例如,我们看函数 $f(z)=\frac{e^{\sqrt{z}}+e^{-\sqrt{z}}}{2}$.这个函数是整函数,因为

$$e^{\sqrt{z}}=1+\frac{\sqrt{z}}{1!}+\frac{z}{2!}+\frac{z\sqrt{z}}{3!}+\frac{z^2}{4!}+\cdots$$

$$e^{-\sqrt{z}}=1-\frac{\sqrt{z}}{1!}+\frac{z}{2!}-\frac{z\sqrt{z}}{3!}+\frac{z^2}{4!}-\cdots$$

所以我们的函数可表示为下面的处处收敛的幂级数

$$\frac{e^{\sqrt{z}}+e^{-\sqrt{z}}}{2}=1+\frac{z}{2!}+\frac{z^2}{4!}+\frac{z^3}{6!}+\cdots$$

利用这个级数，像 12 那样进行讨论，我们可求出

$$M\left(r,\frac{e^{\sqrt{z}}+e^{-\sqrt{z}}}{2}\right)=\frac{e^{\sqrt{r}}+e^{-\sqrt{r}}}{2}$$

整函数$\frac{e^{\sqrt{z}}+e^{-\sqrt{z}}}{2}$的级等于$\frac{1}{2}$，这一点现在读者自己已经可以验证了.

我们研究任何正有理数$\frac{p}{q}$，它不是整数（自然数 p 和 q 的最大公因数等于 1，并且 $q\geqslant 2$），并证明可以构造出初等整函数的例子 $\varphi(z)$，它的级等于$\frac{p}{q}$. 以此为目的，我们首先指出，复数

$$\varepsilon=\cos\frac{2\pi}{q}+\mathrm{i}\sin\frac{2\pi}{q}$$

是$\sqrt[q]{1}$ 的一个值；事实上，$\varepsilon^q=\cos 2\pi+\mathrm{i}\sin 2\pi=1$. $\sqrt[q]{1}$ 个其他 $q-1$ 个值可以认为是由 ε 的 $2,3,\cdots,q$ 次幂得出的

$$\varepsilon^2,\varepsilon^3,\cdots,\varepsilon^q=1$$

在图 57 上以图形的方式表示了$\sqrt[q]{1}$ 的 q 个不同值.

若 m 是任一自然数，它是 q 的倍数，即 $m=nq$，那么

$$\varepsilon^m+\varepsilon^{2m}+\cdots+\varepsilon^{qm}=(\varepsilon^q)^n+(\varepsilon^q)^{2n}+\cdots+(\varepsilon^q)^{nq}=q \tag{11.24}$$

若 m 不是 q 的倍数，那么

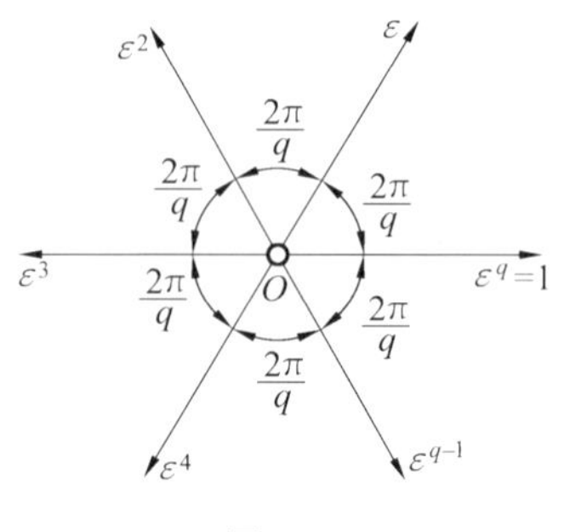

图 57

$$\varepsilon^m+\varepsilon^{2m}+\cdots+\varepsilon^{qm}=\frac{\varepsilon^m-\varepsilon^{qm}\varepsilon^m}{1-\varepsilon^m}=0 \quad (11.25)$$

因为在此式中分子为零,而分母不为零(事实上,$\varepsilon^{qm}=1$,而 $\varepsilon^m=\cos\left(\frac{2\pi}{q}m\right)+\mathrm{i}\sin\left(\frac{2\pi}{q}m\right)$ 不等于 1,因为$\frac{m}{q}$ 不是整数).

我们来研究下面 q 个级数

$$\mathrm{e}^{\varepsilon\sqrt[q]{z^p}}=1+\frac{\varepsilon z^{\frac{p}{q}}}{1!}+\frac{\varepsilon^2z^{2\frac{p}{q}}}{2!}+\cdots+\frac{\varepsilon^qz^p}{q!}+\frac{\varepsilon^{q+1}z^{(q+1)\frac{p}{q}}}{(q+1)!}+\cdots$$

$$\mathrm{e}^{\varepsilon^2\sqrt[q]{z^p}}=1+\frac{\varepsilon^2z^{\frac{p}{q}}}{1!}+\frac{\varepsilon^{2\cdot2}z^{2\frac{p}{q}}}{2!}+\cdots+\frac{\varepsilon^{q\cdot2}z^p}{q!}+$$
$$\frac{\varepsilon^{(q+1)2}z^{(q+1)\frac{p}{q}}}{(q+1)!}+\cdots$$
$$\vdots$$
$$\mathrm{e}^{\varepsilon^q\sqrt[q]{z^p}}=1+\frac{\varepsilon^qz^{\frac{p}{q}}}{1!}+\frac{\varepsilon^{q\cdot2}z^{2\frac{p}{q}}}{2!}+\cdots+$$
$$\frac{\varepsilon^{q\cdot q}z^p}{q!}+\frac{\varepsilon^{(q+1)q}z^{(q+1)\frac{p}{q}}}{(q+1)!}+\cdots$$

逐项把它们加起来,我们得到

$$\mathrm{e}^{\varepsilon^q\sqrt[q]{z^p}}+\mathrm{e}^{\varepsilon^q\sqrt[q]{z^p}}+\cdots+\mathrm{e}^{\varepsilon^q\sqrt[q]{z^p}}=$$

$$q+\frac{\varepsilon+\varepsilon^{2}+\cdots+\varepsilon^{q}}{1!}z^{\frac{p}{q}}+\frac{\varepsilon^{2}+\varepsilon^{2\cdot 2}+\cdots+\varepsilon^{q\cdot 2}}{2!}z^{2\frac{p}{q}}+\cdots+$$

$$\frac{\varepsilon^{q}+\varepsilon^{q\cdot 2}+\cdots+\varepsilon^{q\cdot q}}{q!}z^{p}+$$

$$\frac{\varepsilon^{q+1}+\varepsilon^{(q+1)\cdot 2}+\cdots+\varepsilon^{(q+1)q}}{(q+1)!}z^{(q+1)\frac{p}{q}}+\cdots$$

由于公式(11.25),所有 z 的分数幂的系数都是零,而由于公式(11.24),所有 z 的整数幂的系数的分子都等于 q. 所以

$$e^{\varepsilon^{q}\sqrt[q]{z^{p}}}+e^{\varepsilon^{q}\sqrt[q]{z^{p}}}+\cdots+e^{\varepsilon^{q}\sqrt[q]{z^{p}}}$$

$$q+\frac{q}{q!}z^{p}+\frac{q}{(2q)!}z^{2p}+\frac{q}{(3q)!}z^{3p}+\cdots$$

用 q 除等式两边,并用 $\varphi(z)$ 表示所得到的整函数. 我们就得出

$$\varphi(z)=\frac{1}{q}\left(e^{\varepsilon\sqrt[q]{z^{p}}}+e^{\varepsilon^{2}\sqrt[q]{z^{p}}}+\cdots+e^{\varepsilon^{q}\sqrt[q]{z^{p}}}\right)=$$

$$1+\frac{z^{p}}{q!}+\frac{z^{2p}}{(2q)!}+\frac{z^{3p}}{(3q)!}+\cdots$$①

借助我们不只用过一次的办法可以相信

$$M(r,\varphi)=1+\frac{r^{p}}{q!}+\frac{r^{2p}}{(2q)!}+\frac{r^{3p}}{(3q)!}+\cdots=$$

$$\frac{1}{q}\left(e^{\varepsilon r^{p/q}}+e^{\varepsilon^{2}r^{p/q}}+\cdots+e^{\varepsilon^{q}r^{p/q}}\right)$$

注意到 $\varepsilon^{q}=1$,把 $M(r,\varphi)$ 改写为

$$M(r,\varphi)=e^{r^{p/q}}\cdot\frac{1}{q}[1+e^{(\varepsilon^{q-1}-1)r^{p/q}}+\cdots+$$

---

① 这里指出,我们需要带分指数的所有计算,是为了使得在左边指数函数的指数上看作 z 的分数次幂 $\frac{p}{q}$,而右边所有 z 的幂都是整数(否则函数本身就不是整函数了).

$$e^{(\varepsilon^2-1)r^{p/q}}+e^{(\varepsilon-1)r^{p/q}}] \tag{11.26}$$

其次,只要指出了上面和式中每一个形如

$$e^{(\varepsilon^m-1)r^{p/q}}(1\leqslant m\leqslant q-1)$$

的项当 $r\to\infty$ 时都趋近于零,我们就可采用计算函数 $\cos z$ 的级的办法了. 为了相信这一点,我们来计算这种项的模. 为此只要在指数中保留它的实部就够了(见 7 末). 但是

$$\begin{aligned}(\varepsilon^m-1)r^{\frac{p}{q}}&=\left[\left(\cos\frac{2\pi}{q}+\mathrm{i}\sin\frac{2\pi}{q}\right)^m-1\right]r^{\frac{p}{q}}=\\&\left\{\left[\cos\left(m\frac{2\pi}{q}\right)-1\right]+\mathrm{i}\sin\left(m\frac{2\pi}{q}\right)\right\}r^{\frac{p}{q}}=\\&\left[\cos\left(m\frac{2\pi}{q}\right)-1\right]r^{\frac{p}{q}}+\\&\mathrm{i}\sin\left(m\frac{2\pi}{q}\right)r^{\frac{p}{q}}\end{aligned}$$

(我们用了棣莫佛公式). 所以

$$|e^{(\varepsilon^m-1)r^{p/q}}|=e^{[\cos(m\frac{2\pi}{q})-1]r^{p/q}} \tag{11.27}$$

差 $\cos\left(m\dfrac{2\pi}{q}\right)-1$ 显然是负的,因为当 $1\leqslant m\leqslant q-1$ 时 $\cos\left(m\dfrac{2\pi}{q}\right)$ 严格地比 1 小. 利用当 $r\to\infty$ 时 $r^{\frac{p}{q}}\to\infty$ 可推得,当 $r\to\infty$ 时,表达式(11.27)趋近于 0,这就意味着 $e^{(\varepsilon^m-1)r^{p/q}}$ 也趋近于 0. 有了这个结果之后,我们就可得出,(11.26)右边整个分数部分以 $\dfrac{1}{q}\neq 0$ 为极限. 这就使我们可能依据本段开始部分所指出的办法去做进一步的计算.

换言之,我们求出了

$$\lim_{r\to\infty}\frac{\ln\ln M(r,\varphi)}{\ln r}=\frac{p}{q}$$

第十二章 整函数的零点

19. 设 $f(z)$ 是一个不恒等于常数的整函数.复平面上的点 a 叫作函数 $f(z)$ 的零点,如果 $f(a)=0$. 换言之,整函数的零点是方程

$$f(z)=0$$

的根.

如果

$$f(z)=a_0+a_1z+a_2z^2+\cdots+a_nz^n+\cdots \tag{12.1}$$

那么,把 z 表示成 $z=a+(z-a)$,按 $(z-a)$ 的幂展开 z^n

$$\begin{aligned}z^n&=[a+(z-a)]^n=\\&a^n+\frac{n}{1}a^{n-1}(z-a)+\\&\frac{n(n-1)}{1\cdot 2}a^{n-2}(z-a)^2+\cdots+\\&(z-a)^n\end{aligned}$$

代入式(12.1),把 $(z-a)$ 的同次幂的项合并起来,我们就得到了按差 $z-a$ 的幂展开的 $f(z)$ 的处处收敛的幂级数

$$f(z)=c_0+c_1(z-a)+c_2(z-a)^2+\cdots+c_n(z-a)^n+\cdots \tag{12.2}$$

作为一个有益的练习，我们建议读者对于特殊情况 $f(z)=\mathrm{e}^z$ 来完成这个计算. 这时，一定得到

$$\mathrm{e}^z=\mathrm{e}^a+\frac{\mathrm{e}^a}{1!}(z-a)+\frac{\mathrm{e}^a}{2!}(z-a)^2+\cdots+\frac{\mathrm{e}^a}{n!}(z-a)^n+\cdots$$

当然，这个结果是可以预见的：就是

$$\mathrm{e}^z=\mathrm{e}^a\mathrm{e}^{z-a}=\mathrm{e}^a\left[1+\frac{z-a}{1!}+\frac{(z-a)^2}{2!}+\cdots+\frac{(z-a)^n}{n!}+\cdots\right]$$

在级数(12.2)中把 $z=a$ 代入，注意到条件 $f(a)=0$，我们得到

$$c_0=0$$

这样一来，如果 a 是函数 $f(z)$ 的零点，那么在展式(12.2)中的自由项等于零. 可能出现接着 c_0 的某几个系数也等于零(例如，$c_1=c_2=0$)的情况. 但是级数(12.2)的系数不可能全为零，否则函数 $f(z)$ 将恒等于零，而我们从一开始就排除了这种可能. 于是，在级数(12.2)的系数中一定会遇到第一个不为零的系数 c_k

$$c_k\neq 0(k\geqslant 1)$$

这个系数的下角标 k(与差幂 $(z-a)^k$ 的指数相同)叫作零点的重数，或者同样地叫作零点重数的级，或者简单地叫作零点的级.

于是，如果函数 $f(z)$ 的零点 a 的级是 k，那么

$$f(z)=c_k(z-a)^k+c_{k+1}(z-a)^{k+1}+\cdots \quad (c_k\neq 0,k\geqslant 1) \tag{12.3}$$

以函数 $\sin z$ 作为例子

$$\sin z = z - \frac{z^3}{3!} + \frac{z^5}{5!} - \cdots$$

由这个展开式马上就可看出,坐标原点是 $\sin z$ 的一级零点.

我们现在研究函数 $z - \sin z$

$$z - \sin z = \frac{z^3}{3!} - \frac{z^5}{5!} + \cdots$$

显然,坐标原点是这个函数的 3 级零点.

20. 如果 a 是整函数 $f(z)$ 的 k 级零点,那么由公式 (12.3) 得出,$f(z)$ 可表示为形式

$$f(z) = (z - a)^k [c_k + c_{k+1}(z - a) + \cdots] \tag{12.3$'$}$$

这里 $c_k \neq 0, k \geqslant 1$. 因为级数(12.3)$'$ 对所有的 z 都收敛,所以式(12.3)$'$ 右边方括号中的级数也对所有的 z 都收敛(在 $z = a$ 它的收敛性是明显的;当 $z \neq a$ 时,它的收敛性可从收敛级数(12.3) 的所有项遍乘数$(z - a)^{-k}$ 而得到). 于是这个级数的和是一个整函数. 我们用 $\varphi(z)$ 来表示这个级数

$$\varphi(z) = c_k + c_{k+1}(z - a) + \cdots$$

因为 $\varphi(a) = c_k \neq 0$,所以点 a 不是 $\varphi(z)$ 的零点. 这样一来,我们得到了定理:

如果 a 是整函数 $f(z)$ 的 k 级零点,那么 $f(z)$ 可以表示成

$$f(z) = (z - a)^k \varphi(z) \tag{12.4}$$

的形式,这里 $\varphi(z)$ 仍是一个整函数,点 $z = a$ 不再是它的零点了.

我们来考察 $f(z)$ 是次数不低于 1 的 n 次多项式的情况

$$f(z)=a_0+a_1z+a_2z^2+\cdots+a_nz^n(a_n\neq 0) \tag{12.1'}$$

在这种情况下,正像在 19 开始所指出的那样,把它依 $z-a$ 的幂展开,在 $f(z)$ 的这一展式中 $z-a$ 的最高次幂是 n,并且它的系数与 a_n 重合

$$f(z)=c_0+c_1(z-a)+\cdots+c_n(z-a)^n(c_n=a_n\neq 0) \tag{12.2'}$$

若 a 是 $f(z)$ 的零点,且零点的级为 $k(0\leqslant k\leqslant n)$,那么这一公式就取

$$f(z)=c_k(z-a)^k+c_{k+1}(z-a)^{k+1}+\cdots+c_n(z-a)^n$$

的形式,这里 $c_k\neq 0(1\leqslant k\leqslant n)$ 及 $c_n=a_n\neq 0$. 由此可得

$$f(z)=(z-a)^k[c_k+c_{k+1}(z-a)+\cdots+c_n(z-a)^{n-k}]$$

与一般公式(12.4)相比较,我们看到了,当 $f(z)$ 是 n 次多项式时,整函数 $\varphi(z)$ 同样是多项式,次数为 $0\leqslant n-k<n$. 这个多项式在 $z=a$ 不为零;$z-a$ 的最高次幂的系数等于 a_n.

由上面所得到的结果可导出著名的贝祖定理的下述形式:

如果 $f(z)$ 是多项式,$z=a$ 是它的 k 级零点,那么 $f(z)$ 可为 $(z-a)^k$ 除尽.

我们转向整函数 $f(z)$ 的一般情况,在特殊情况下 $f(z)$ 还可以是多项式.

设 $b\neq a$ 是函数 $f(z)$ 的 l 级零点. 由公式(53)可得,点 b 将同样是函数 $\varphi(z)$ 的零点. 事实上

$$f(b)=(b-a)^k\varphi(b)=0$$

因为 $b-a\neq 0$,所以 $\varphi(b)=0$.

我们来证明,b 同样是函数 $\varphi(z)$ 的 l 级零点. 假如

不是这样,b 作为 $\varphi(z)$ 的零点不是 l 级的,而是 l_1 级的,l_1 不等于 l,例如 $l_1 < l$.这时我们有

$$f(z)=(z-b)^l\psi(z)$$

和

$$\varphi(z)=(z-b)^{l_1}\psi_1(z)$$

这里 $\psi(z)$ 和 $\psi_1(z)$ 是整函数,点 b 不是它们的零点.由公式(12.4)可推出

$$(z-b)^l\psi(z)=(z-a)^k(z-b)^{l_1}\psi_1(z) \tag{12.4'}$$

由此约掉 $(z-b)^{l_1}$(我们已假定 $l_1<l$)得到

$$(z-b)^{l-l_1}\psi(z)=(z-a)^k\psi_1(z)$$

严格说,这个关系式仅对 $z\neq b$ 是合理的;但是因为左右两边都是 b 的连续函数,所以对 $z=b$ 也成立.令 $z=b$,则左边等于零,而右边是数 $(b-a)^k\psi_1(b)\neq 0$.由这个矛盾可得出,$l_1<l$ 的假设是不正确的.同理可信,假设 $l_1>l$ 也不正确.这样一来,$l_1=l$.

我们证明了,函数 $f(z)$ 每一个异于 a 的零点是 $\varphi(z)$ 的同级零点.由公式(12.4)同样得出,每一个 $\varphi(z)$ 的零点一定是 $f(z)$ 的零点.所以公式(12.4)中的函数 $\varphi(z)$ 与函数 $f(z)$ 有相同的零点,并且级数也相同,但要除去一个例外点 a,a 不是 $\varphi(z)$ 的零点.

把所得结果运用到函数 $\varphi(z)$ 和函数 $f(z)$ 的一个 l 级零点 $b\neq a$ 上,我们得出

$$\varphi(z)=(z-b)^l\psi(z) \tag{12.5}$$

这里 $\psi(z)$ 是整函数,除去点 b 不是 $\psi(z)$ 的零点外,它与 $\varphi(z)$ 具有相同级数的零点.因此与 $f(z)$ 比较就知道,除去 a 和 b 两点之外,$\psi(z)$ 与 $f(z)$ 有相同的零点.

由公式(12.4)和(12.5)得出

$$f(z)=(z-a)^k(z-b)^l\psi(z) \tag{12.6}$$

继续这个讨论(可以进一步用归纳法),我们得到下面的结果:

若 $a,b,\cdots,c$ 是 $f(z)$ 的零点,彼此不相等,它们相应的级分别是 $k,l,\cdots,m$,那么 $f(z)$ 可以表示成

$$f(z)=(z-a)^k(z-b)^l\cdots(z-c)^m\omega(z) \tag{12.7}$$

的形式,这里 $\omega(z)$ 是一个整函数,除去点 $a,b,\cdots,c$ 不是 $\omega(z)$ 的零点外,$\omega(z)$ 与 $f(z)$ 有相同级数的零点.

当点 $a,b,\cdots,c$ 是 $f(z)$ 的全部零点时,这是一个很重要的特殊情况,这意味着 $f(z)$ 在全平面上只有有限个零点.这时整函数 $\omega(z)$ 恒不为零,按 9 可将它表示为

$$\omega(z)=\mathrm{e}^{g(z)}$$

的形式,这里 $g(z)$ 是整函数.

我们得到了下面的定理:

如果整函数 $f(z)$ 在全平面上只有有限个零点 $a,b,\cdots,c$,自然数 $k,l,\cdots,m$ 是这些零点的级,那么函数 $f(z)$ 可以表示成

$$f(z)=(z-a)^k(z-b)^l\cdots(z-c)^m\mathrm{e}^{g(z)} \tag{12.8}$$

的形式,这里 $g(z)$ 是整函数.

注意到 $(z-a)^k(z-b)^l\cdots(z-c)^m$ 是一个次数为 $k+l+\cdots+m=n$ 的多项式,就可推出,每一个在全平面只有有限个零点的整函数等于某个多项式与形如 $\mathrm{e}^{g(z)}$ 的函数的乘积,这里 $g(z)$ 是整函数.

当函数 $f(z)$ 本身是 n 次多项式时,公式(12.7)中的 $\omega(z)$ 也是多项式.如果 $a,b,\cdots,c$ 是 $f(z)$ 的全部零点,那么 $\omega(z)$ 就是没有零点的多项式.由高等代数的基本定理(我们将在后面 22 证明它)可知,$\omega(z)$ 不会

是次数不小于 1 的多项式,因为那样的多项式有零点.所以 $\omega(z)$ 的次数为零,即 $\omega(z)$ 是常数.由此进一步推出,$f(z)$ 的所有零点的级的和等于 n,即

$$k+l+\cdots+m=n$$

和

$$\omega(z)=a_n$$

所以多项式的展式(12.8)取已知形式

$$f(z)=a_n(z-a)^k(z-b)^l\cdots(z-c)^m$$

21. 为了对含有无穷多零点的整函数作出某些结论,我们来证明下面的引理:

若 $f(z)$ 是一个不恒为零的整函数,那么对于平面上的每一个点 z_0 可以指出一个以这个点为中心的圆,在这个圆内除去 z_0 本身可能是零点外,它没有其他零点.

首先设 $f(z_0)\neq 0$,这时 $|f(z_0)|$ 是一个正数.由于函数 $f(z)$ 的连续性(它的连续性由函数的可微性导出),对每一个 $\varepsilon>0$,都存在着一个以 z_0 为中心的圆,在这个圆内不等式

$$|f(z)-f(z_0)|<\varepsilon$$

成立,特别的

$$\begin{aligned}|f(z)|=&|f(z_0)+[f(z)-f(z_0)]|\geqslant\\&|f(z_0)|-|f(z)-f(z_0)|>\\&|f(z_0)|-\varepsilon\end{aligned}$$

取 $\varepsilon=|f(z_0)|$,这时在相应的圆内

$$|f(z)|>|f(z_0)|-|f(z_0)|=0$$

或

$$|f(z)|>0$$

即

$$f(z)\neq 0$$

于是，当 $f(z_0)\neq 0$ 时，存在一个以 z_0 为中心的圆，在这个圆内函数没有零点.

今设 $f(z_0)=0$，k 是 z_0 的级，这时(见 20)

$$f(z)=(z-z_0)^k\varphi(z)$$

这里 $\varphi(z)$ 是整函数，z_0 不再是它的零点. 根据刚才所证明的，存在一个以 z_0 为中心的圆，在这个圆内 $\varphi(z)$ 不为零. 显然在这个圆内除去 z_0 外 $f(z)$ 没有其他零点. 引理得证.

由这个引理得到定理：

不恒等于零的整函数 $f(z)$ 在任何有限半径的圆内不可能有无穷多个零点.

我们假定不是这样，设在圆 $|z|\leqslant r$ 内函数 $f(z)$ 有无穷多个零点. 这时根据著名的波尔察诺－维尔斯特拉斯定理(例如见格・马・菲赫金哥尔茨著《数学分析原理》中译本第 256 页)，在圆的内部或者在边界上一定存在一点 z_0，它是零点集的极限点. 这就意味着，在以 z_0 为中心的任何圆的内部包含 $f(z)$ 的无穷多个零点，这显然与刚才所证的引理相矛盾.

作为推论，我们得到了整函数的唯一性定理：

如果两个整函数 $f(z)$ 和 $g(z)$ 的值在任一个具有有限半径的圆 K 内的一个无穷点集上重合，那么这两个函数彼此恒等，即

$$f(z)\equiv g(z)$$

事实上，差 $f(z)-g(z)=\varphi(z)$ 是整函数，它在满足 $f(z)=g(z)$ 的点上取零值. 如果假定 $\varphi(z)\not\equiv 0$，那么就会得到一个与刚才所证的定理矛盾的结论. 所以 $\varphi(z)\equiv 0$，也就是 $f(z)\equiv g(z)$.

特别的，如果在圆 K 的一个无穷点集上 $f(z)$ 取同

一个值 A，那么 $f(z) \equiv A$（只要把刚才所证明的定理用于 $f(z)$ 和 $g(z)=A$ 就可以了）.

我们回到整函数 $f(z) \neq 0$ 的情况. 没有什么东西妨碍它在整个复平面上有无穷多个零点. 例如，π 的每一整数倍 $n\pi(n=0, \pm 1, \pm 2, \cdots)$ 都是 $\sin z$ 的零点.

我们假定 $f(z)$ 在整个平面上有无穷多个零点，并研究以坐标原点为中心半径分别等于 $1,2,3,\cdots$ 的圆. 根据前面所讲的，这些圆中的每一个只包含 $f(z)$ 的有限个零点. 这就使我们有可能把 $f(z)$ 的所有零点无例外地都编上号，既不允许重复也不允许漏掉. 这是能够做到的. 首先把 $|z| \leqslant 1$ 内所有的零点以任一种顺序（例如以模不减的顺序）编上号. 设这些号码中没有用到的第一个数是 $k_1 \geqslant 1$（因此，在圆 $|z| \leqslant 1$ 内可以找到函数的 k_1-1 个彼此不同的零点）. 接着从 k_1 开始，继续对属于圆 $|z|=1$ 和 $|z|=2$ 所围成的圆环（精确地说，圆环 $1<|z| \leqslant 2$）中的零点进行编号，设在这些号码中没有用到的第一个数是 k_2. 然后转向圆环 $2<|z| \leqslant 3$，从 k_2 开始继续对其中的零点进行编号，重复这一步骤直到无穷. 从上面的讨论可以导出，当整函数 $f(z)$ 在平面上有无穷多个零点时，对这些零点进行编号，例如以模不减的顺序

$$|z_1| \leqslant |z_2| \leqslant \cdots \leqslant |z_n| \leqslant |z_{n+1}| \leqslant \cdots$$

进行编号后，所有这些零点就可排成一个序列

$$z_1, z_2, z_3, \cdots, z_n, \cdots$$

序列 $\{z_n\}$ 的极限等于 ∞，即

$$\lim_{n \to \infty} z_n=\infty$$

高等代数基本定理和毕卡小定理

第十三章

22. 在 14 证明的刘维尔定理使我们可以较简单地建立所谓高等代数基本定理：

方程

$$a_0+a_1z+\cdots+a_nz^n=0(n\geqslant 1,a_n\neq 0) \tag{13.1}$$

至少有一个复数根.

显然，在这个定理中谈的是关于 $n\geqslant 1$ 次多项式的最一般和最重要的性质. 设 $P_n(z)=a_0+a_1z+\cdots+a_nz^n$，我们用反证法来证明这个定理. 假如定理不真，那么 $P_n(z)$ 在复平面上处处不为零. 函数 $f(z)=\dfrac{1}{P_n(z)}$ 作为两个整函数的商，而且分母不为 0，所以它一定是整函数(见 5). 显然它不是常数，因为它的分母是变化的，并且当 z 趋向于 ∞ 时分母趋向于 ∞(例如，这一事实可从公式(11.5) 导出；公式(11.5) 对适合条件的

平面上的任何点 z_0 和任一 $n \geqslant 1$ 次多项式成立).根据刘维尔定理,这种函数的最大模 $M(r,f)$ 一定随 r 趋向 ∞ 而趋向于 ∞.但是这与函数本身趋向于零矛盾(因为分数 $\frac{1}{P_n(z)}$ 的分母趋向于 ∞,而分子保持常数).从这个矛盾就得到定理是正确的.

我们认为方程(13.1)的每个极取几次就是它的几重根.现在可以断言,方程(13.1)的全部根数与多项式 $f(z)$ 的次数相等,即

$$k+l+\cdots+m=n$$

(见 20 的末尾).

23. 在 17 里我们主张把超越整函数

$$f(z)=a_0+a_1z+a_2z^2+\cdots+a_nz^n+\cdots \tag{13.2}$$

看做一种无穷高次多项式.现在到了审查一下这种看法的根据何在的时候了.如果这种类似确实存在的话,那么,"无穷高次"方程

$$a_0+a_1z+a_2z^2+\cdots+a_nz^n+\cdots=0 \tag{13.3}$$

一定有无穷多个根.但一开始就是失望等着我们.方程

$$1+\frac{z}{1!}+\frac{z^2}{2!}+\cdots+\frac{z^n}{n!}+\cdots=0 \tag{13.4}$$

也就是 $e^z=0$,正如在 7 所指出的,一个根也没有.这个命题可用一个不大的折中办法来挽救.我们回到 $n \geqslant 1$ 次多项式 $P_n(z)$ 的情况,代替方程(13.1)我们来考虑一个形式更一般的方程

$$a_0+a_1z+a_2z^2+\cdots+a_nz^n=A \tag{13.1$'$}$$

这里 A 是任意一个复数.显然,它仍是 n 次方程;因为它可以化为形如

$$Q_n(z)=0$$

的方程，这里 $Q_n(z)=P_n(z)-A$. 于是方程(13.1)′对任何 A 都有和方程次数相同的个数的根，也就是 n 个根.

对应于方程(13.1)到(13.1)′的过渡，代替(13.4)我们考虑更一般的方程

$$1+\frac{z}{1!}+\frac{z^2}{2!}+\cdots+\frac{z^n}{n!}+\cdots=A \text{ 或 } e^z=A \tag{13.4$'$}$$

其中 A 是任意复数.

在 8 我们已经证明了，这个方程对任何的 $A\neq 0$ 有无穷多个根，也就是，有方程的次数(∞)那么多的根. 因此，在多项式和超越整函数(在现在的情况下是 e^z)之间的类似对所有的 A 保持，但要除去一个例外值.

代替方程(13.4)′我们现在研究方程

$$\cos z=A \tag{13.5}$$

用欧拉公式(10.16)替换 $\cos z$，我们得到

$$\frac{e^{iz}+e^{-iz}}{2}=A$$

注意到 $e^{-iz}=\frac{1}{e^{iz}}$，并做适当变形，就有

$$e^{2iz}-2Ae^{iz}+1=0 \tag{13.6}$$

这里若设

$$e^{iz}=w \tag{13.7}$$

那么这个方程就化成了二次方程

$$w^2-2Aw+1=0$$

由此

$$w=A+\sqrt{A^2-1}=A+i\sqrt{1-A^2} \tag{13.8}$$

(在根式前我们不写双重符号是为了强调二次方程的

根必须看成两个).从 w 出发,为了求出方程(13.5)的根就必须解方程(13.7).我们已经知道了,只要 $w\neq 0$,就有无穷多个指数 $\mathrm{i}z$(因此,也就有无穷多个 z)的值满足这个方程,即

$$\mathrm{i}z=\ln w, z=-\mathrm{i}\ln w=-\mathrm{i}\ln(A+\mathrm{i}\sqrt{1-A^2}) \tag{13.9}$$

但是由公式(13.8)可推出,若 $w=0$,就有 $\mathrm{i}\sqrt{1-A^2}=-A$,由此 $A^2-1=A^2$,这是不可能的.这样一来,对于不管怎样的 A,由公式(13.8)所确定的 w 值都不为零.所以方程(13.7),因此也有方程(13.5),对任何的 A(没有任何例外)都有无穷多个根.

24. 原来在方程

$$\mathrm{e}^z=A$$

和

$$\cos z=A$$

中所发现的规律性对一切超越整函数具有普遍意义.这就是法国数学家毕卡早在1878年就证明了的下述的著名定理.

毕卡小定理　如果 $f(z)$ 是一个超越整函数,那么方程

$$f(z)=A \tag{13.10}$$

有无穷多个根,这里 A 是任意一复数,可能除去 A 的一个例外值(这个值依赖于函数),对这个值方程可以只有有限个根(甚至一个根也没有).

对于函数 e^z,那样的例外值是 $A=0$;函数 $\cos z$ 没有任何例外值.可以验证,函数 $\sin z$ 也没有例外值,即方程

$$\sin z=A$$

对任何复数 A 都有无穷多个根.

现在我们看到了，必须做怎样的折中才能把超越整函数看做无穷高次多项式. 这就是对给定的函数只允许一个可能的例外值，对这个值方程(13.10) 的根数可以与这个方程的"次数"(等于无穷) 不一致.

毕卡也得到了上面定理的不同形式的叙述和强化. 下面就是其中之一.

如果函数 $f(z)$ 的级是有限的，且不是整数，那么方程(13.10) 对于一切 A(没有任何例外) 都有无穷多个根.

例如在 18 曾指出过，$\dfrac{e^{\sqrt{z}}+e^{-\sqrt{z}}}{2}$ 就是这样的整函数，它的级等于$\dfrac{1}{2}$. 所以可以肯定，方程

$$\frac{e^{\sqrt{z}}+e^{-\sqrt{z}}}{2}=A \tag{13.11}$$

对任何复数 A 都有无穷多个根. 但是，在已给的这种情况下不必引用一般定理就可相信它. 这个方程可以化为我们在上面已经研究过的方程 $\cos z=A$ 的情况. 事实上，引进新的变量 ζ 去替代 z，设

$$\sqrt{z}=i\zeta$$

这时方程(13.11) 取形式

$$\frac{e^{i\zeta}+e^{-i\zeta}}{2}=A$$

或

$$\cos\zeta=A$$

而这个方程对任何 A 都有无穷多个根(见 23). 这些根 ζ 中的每一个都对应于方程(13.11) 的根 $z=(i\zeta)^2=-\zeta^2$.

25. 在中学教科书中用图形解的超越方程的例子中主要是下面几种类型

$$a^x = Ax, a^x = Ax^2, \sin x = Ax$$

等.

在这些方程中,左边是超越整函数,而右边是多项式(给出的例子是 x 或 x^2)乘以某个常数 A. 显然,这些方程中的每一个都可概括地用形如

$$f(z) = AP(z) \tag{13.12}$$

的方程表示,这里 $f(z)$ 是超越整函数,而 $P(z)$ 是多项式.

对每一个给定的 A,24 的定理不能判断方程(13.12)的根的个数. 把这个方程写成

$$f(z) - AP(z) = 0$$

我们看到了,问题在于寻求整函数的零点. 但是可能出现右边的数 0 恰是函数 $f(z) - AP(z)$ 的例外值的情况,这时方程(13.12)就只有有限个根.

下面的定理指出了形如(13.12)的方程的根的实际情况如何:

如果 $f(z)$ 是一个超越整函数,$P(z)$ 是一个不恒等于零的多项式,那么,对所有的 A 值,可能除去一个例外值,方程(13.12)有无穷多个根(可能的例外值依赖于 $f(z)$ 和 $P(z)$).

若设 $P(z) \equiv 1$,则毕卡小定理(见 24)就作为这个定理的特殊情况而得到. 所以,如果证明了本段的这一定理,毕卡定理的正确性就建立了. 附录(§1)中给出了证明,但是加了函数 $f(z)$ 的级是有限数这个条件. 同时也证明了当 $f(z)$ 的级是分数时不存在 A 的例外值.

我们把这个定理应用于本段开始指出的特殊情况中去.

我们指出，不失一般性，可以认为指数函数的底 $a(a\neq 1)$ 等于 e. 事实上，若 $a\neq \mathrm{e}$，那么令 $a=\mathrm{e}^{\ln a}$，就把方程 $a^x=Ax$ 表示成了 $\mathrm{e}^{x\ln a}=Ax$ 的形式. 引进新的自变数 $x_1=x\ln a$，方程就化为

$$\mathrm{e}^{x_1}=\frac{A}{\ln a}x_1=A_1x_1$$

的形式了.

例如，方程 $2^x=2x$ 可以表示为 $\mathrm{e}^{x_1}=\frac{2}{\ln 2}x_1$ 的形式.

这样一来，我们研究方程

$$\mathrm{e}^z=Az \tag{13.13}$$

而且在开始我们认为 A 是实数，并且也只求实根. 从坐标原点引曲线 $y=\mathrm{e}^x$ 的切线(图 58). 如果 (x_0, y_0) 是切点，那么切线方程是

$$y-y_0=y'_0(x-x_0)$$

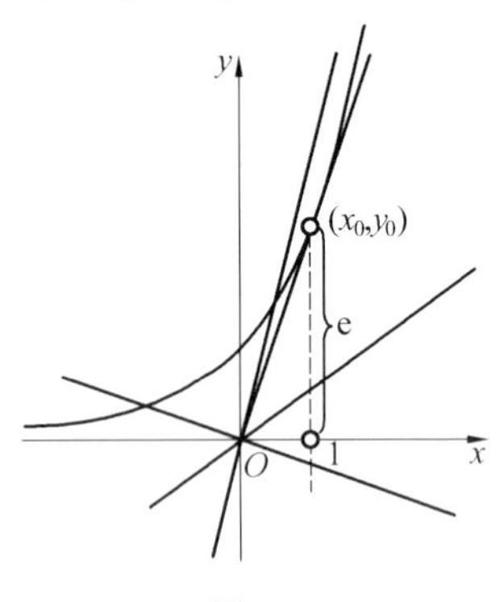

图 58

这里 $y_0=\mathrm{e}^{x_0}$, $y'_0=\left.\frac{\mathrm{d}\mathrm{e}^x}{\mathrm{d}x}\right|_{x=x_0}=\mathrm{e}^{x_0}$. 记着切线经过坐标原点(0,0)，我们得到，$-y_0=-y'_0x_0$，即 $\mathrm{e}^{x_0}=\mathrm{e}^{x_0}x_0$，

或 $x_0=1, y_0=e^{x_0}=e$，也就是切线的斜率等于 e. 借助于图 58 可以确信，当 $0 \leqslant A < e$ 时，直线 $y=Ax$ 与曲线 $y=e^x$ 没有公共点，也就是方程(13.13)没有实根. 当 $A<0$ 时，方程只有一个实根. 最后，当 $A \geqslant e$ 时，它有两个(且仅有两个)实根；当 $A=e$ 时(切线情况)，看做是一个重根[①]. 当 A 是实数时方程(13.13)的实根就这几种情况.

为了说明虚根存在将不再要求 A 是实数. 当 $A=0$ 时，正如我们所知道的，方程(13.13)完全没有根. 根据本段的定理，不可能有其他例外值，因此，对任何 $A \neq 0$，方程(13.13)有无穷多个复根.

关于方程

$$\sin z = Az \tag{13.14}$$

的根的个数问题，之所以复杂一些，是因为在方程(13.13)的情况下，一望而知 $A=0$ 是例外值. 而在已给的情况下是否存在例外值是不清楚的.

我们把 A 当做实数. 在 $A=0$ 时，方程取形式

$$\sin z = 0$$

它有无穷多个实根 $z=n\pi(n=0,\pm 1,\pm 2,\cdots)$，而没有一个虚根(可用表达 $\sin z$ 的欧拉公式(10.16)来检验). 如果 $A \neq 0$，那么直线 $y=Ax$ 与正弦曲线 $y=\sin x$ 只有有限个交点，并且不管 A 怎样取至少有一个交点——原点.

---

① 实根不超过两个的理由如下：曲线 $y=e^x$ 是凸的(下凸)，所以直线不可能与它在多于两点处相交. 另一方面，直线 $y=Ax$ 在与曲线第一次相交后，不可能一直与曲线相重合(因为 e^x 比 Ax 增长得快)；所以一定是两个交点.

因此，当 A 是实数且 $A\neq 0$ 时，方程(13.14)有有限个实根(不少于一个)．为了说明一般的根数问题(既有实的也有虚的)，我们认为 A 是任意复数．把方程(13.14)写成形式

$$\frac{\sin z}{z}=A \qquad (13.14)'$$

同时我们可以舍去方程(13.14)的一个(仅仅一个)根，即等于零的那个根．函数 $\frac{\sin z}{z}$ 是一个超越整函数，因为

$$\frac{\sin z}{z}=1-\frac{z^2}{3!}+\frac{z^4}{5!}-\frac{z^6}{7!}+\cdots$$

是一个处处收敛的幂级数．不难相信它的级是 1．作变量替换 $z=\sqrt{\zeta}$，它就变为整函数

$$\frac{\sin\sqrt{\zeta}}{\sqrt{\zeta}}=1-\frac{\zeta}{3!}+\frac{\zeta^2}{5!}-\frac{\zeta^3}{7!}+\frac{\zeta^4}{9!}-\cdots$$

它的级是分数 $\frac{1}{2}$．因此，对于方程

$$\frac{\sin\sqrt{\zeta}}{\sqrt{\zeta}}=A \qquad (13.14)''$$

可以应用 24 指出的毕卡定理．由此可得，方程(13.14)″对任何的 A 都有无穷多根，所以方程(13.14)′也有无穷多个根 $z=\sqrt{\zeta_0}$．最后得到结论，对任何的 A 方程(13.14)都有无穷多个根，即这里不存在例外值．在 $A\neq 0$ 的条件下，除去有限个根外都是虚根．

26. 在 25 里我们研究了形如 $f(z)=AP(z)$ 的方程，其中 $f(z)$ 是超越整函数，$P(z)$ 是多项式，A 是复常数．

最后,我们研究方程

$$f(z)=Ag(z) \tag{13.15}$$

其中 $f(z)$ 和 $g(z)$ 是不同的超越整函数. 譬如,我们可以研究方程 $\tan z=A$,它可以写成形式 $\sin z=A\cos z$;也可以研究方程 $e^z=A\sin z$,等等.

下面的定理是正确的:

如果 $f(z)$ 和 $g(z)$ 是两个超越整函数,它们的比不是有理函数(即,假定 $\frac{f(z)}{g(z)}\neq\frac{P(z)}{Q(z)}$,这里 $P(z)$ 和 $Q(z)$ 是多项式),那么方程(13.15)对任何复数 A 都有无穷多个根,但可能除去两个例外值,对于这两个值方程可能只有有限个根(也可能根本没有根).

如果我们利用本身就很重要的亚纯函数的概念,那么这一结果可以表达得更简单. 函数 $\varphi(z)$ 称为亚纯函数,如果它可以表示为两个整函数的商

$$\varphi(z)=\frac{f(z)}{g(z)}$$

特别的,有理函数,也就是可以表示为两个多项式的商的函数是亚纯函数. 可以证明,每一个非有理函数的亚纯函数也不可能是代数函数,因而是超越函数. 例如

$$\tan z=\frac{\sin z}{\cos z},\cot z=\frac{\cos z}{\sin z}$$

$$\sec z=\frac{1}{\cos z},\csc z=\frac{1}{\sin z},\frac{1}{e^z-1}$$

等等,是超越亚纯函数的例子.

特别的,由亚纯函数的定义可知,每一个整函数 $f(z)$ 也同样是亚纯函数,因为它可以表示成比

$$f(z)=\frac{f(z)}{1}$$

显然，这一段的基本定理所谈的是关于形如

$$\varphi(z)=\frac{f(z)}{g(z)}=A$$

的方程的根的问题，这里 $\varphi(z)$ 是一个（非有理函数的）亚纯函数.

所以这个定理可以简单地叙述如下：

如果 $\varphi(z)$ 是一个超越亚纯函数，那么方程

$$\varphi(z)=A$$

对于每一个 A 的值，除去两个可能的例外值，有无穷多个解.

取最简单的方程

$$\tan z=A \tag{13.16}$$

作为例子，我们来证明，两个例外值的确是可能的. 事实上，根据定义，$\tan z$ 等于 $\frac{\sin z}{\cos z}$. 把方程改写为 $\sin z=A\cos z$，并用欧拉公式(10.16)代替 $\sin z$ 与 $\cos z$，我们得到

$$\frac{e^{iz}-e^{-iz}}{2i}=A\frac{e^{iz}+e^{-iz}}{2}$$

由此有 $$(1-Ai)e^{iz}=(1+Ai)e^{-iz}$$

两边乘 e^{iz}（这是一个不为零的数），方程化为

$$(1-Ai)e^{2iz}=1+Ai \tag{13.16$'$}$$

如果 $A=i$，那么方程取形式

$$2e^{2iz}=0$$

或

$$e^{2iz}=0$$

我们知道，它没有根. 所以方程(73)在 $A=i$ 时也没有根.

如果 $A=-i$，那么方程(13.16)$'$ 取形式

$$0 \cdot e^{2iz} = 2$$

显然,这也没有根.所以方程(13.16)在 $A = -i$ 时也没有根.

这样一来,我们获得了方程(13.16)的两个例外值 $+i$ 和 $-i$.由本段定理知道,再没有 A 的其他例外值了.事实上,设 $A \neq \pm i$,这时方程(13.16)′可以表示成形式

$$e^{2iz} = B \tag{13.16''}$$

这里 $B = \frac{1 + Ai}{1 - Ai} \neq 0$.化为对数,我们得到

$$2iz = \ln B$$

由此得

$$z = \frac{1}{2i} \ln B$$

或者

$$z = \frac{1}{2i} \ln \frac{1 + Ai}{1 - Ai} \tag{13.17}$$

这个公式中包含着方程(13.16)的无穷多个根.

例如,设 $A = 1$,所讨论的就是关于最简单的方程

$$\tan z = 1$$

的解的问题.根据公式(13.17)我们有

$$z = \frac{1}{2i} \ln \frac{1 + i}{1 - i} = \frac{1}{2i} \ln \frac{(1 + i)^2}{(1 - i)(1 + i)} =$$

$$\frac{1}{2i} \ln \frac{2i}{2} = \frac{1}{2i} \ln i$$

但是,根据公式(10.22)′

$$\ln i = \ln |i| + i(\arg i + 2n\pi) = \ln 1 + i(\frac{\pi}{2} + 2n\pi) =$$

$$i(\frac{\pi}{2} + 2n\pi) (n = 0, \pm 1, \pm 2, \cdots)$$

最后我们得到

$$z=\frac{1}{2\mathrm{i}}\mathrm{i}\left(\frac{\pi}{2}+2n\pi\right)=\frac{\pi}{4}+n\pi(n=0,\pm1,\pm2,\cdots)$$

方程 $\tan z=1$ 的所有这些根都是初等数学中已经知道了的. 但是,从我们的计算中并没有得出更多的根,也就是这个方程没有虚根.

27. 在我们的问题中不包括实际地计算方程的根的方法. 这些问题在近似计算的书中研究[①]. 我们仅限于举一个例子:求方程

$$\mathrm{e}^{z}=Az(A\neq0) \qquad (13.13)$$

的根的渐近值,也就是,引出一个求根的近似公式,使得根的模越大越精确.

在 25 我们已经指出,当 $A\neq0$ 时方程(13.13) 有无穷多个根. 我们还指出了,对于每一个 A,所有这些根都可排与一个趋向于 ∞ 的序列(见 21). 为简单起见,我们认为 A 是正实数. 这时对方程(13.13) 的任何根 $z=x+\mathrm{i}y$ 有

$$|\mathrm{e}^{z}|=A|z|$$

或者

$$\mathrm{e}^{x}=A\sqrt{x^{2}+y^{2}} \qquad (13.13)'$$

但根的模趋向于 ∞($|z|=\sqrt{x^{2}+y^{2}}\to+\infty$),所以 $\mathrm{e}^{x}\to+\infty$,也就是 $x\to+\infty$. 把(13.13)′ 改写为

$$\left(\frac{y}{\mathrm{e}^{x}}\right)^{2}=\frac{1}{A^{2}}-\left(\frac{x}{\mathrm{e}^{x}}\right)^{2} \qquad (13.13)''$$

---

① 例如见 В. П. 吉米多维奇和 И. А. 马龙的《计算数学基础》第四章.

并注意到,当 $x \to +\infty$ 时,$\frac{x}{e^x} \to 0$.我们断言,$\frac{|y|}{e^x} \to \frac{1}{A}$,也就是关于方程(13.13)的根的实部和虚部的渐近公式

$$|y| \approx \frac{1}{A} e^x \text{ ①}$$

成立.把根的值 $z = x + iy$ 代入(13.13),我们有

$$e^{x+iy} = A(x + iy)$$

或者 $\quad e^x e^{iy} = e^x(\cos y + i\sin y) = A(x + iy)$

由此比较实部和虚部,我们得到

$$e^x \cos y = Ax, e^x \sin y = Ay \qquad (13.13)'''$$

我们用等价的方程组(13.13)‴来代替(13.13).前面已经指出,根的实部趋向于 $+\infty$.所以对离坐标原点足够远的根可以认为 $x > 0$.显然,由方程(13.13)‴可推出,若一数对 (x, y) 满足它,那么数对 $(x, -y)$ 也满足它.这就意味着,方程(13.13)的复根关于实轴对称,也就是成对的互为共轭.所以可以谈论关于 $y > 0$ 的根的序列,和另一个(对称的)关于 $y < 0$ 的根的序列.

我们先研究 $y > 0$ 的根.对于这些根,由上面刚证明的渐近等式

$$y \approx \frac{1}{A} e^x$$

所以方程(13.13)‴的第二个给出了

$$\sin y \approx 1$$

① 如果两个变量的比的极限是 1,就说它们渐近地相等.

而这意味着

$$y=\frac{\pi}{2}+2n\pi-\varepsilon_n$$

当 $n\to\infty$ 时，这里的 $\varepsilon_n\to 0$(n 取正整数). 把这个 y 值代入方程(13.13)‴ 中的第一个，我们得到

$$e^x\sin\varepsilon_n=Ax$$

或
$$\sin\varepsilon_n=\frac{Ax}{e^x}$$

因为 $\sin\varepsilon_n\approx\varepsilon_n$，所以由此得到渐近等式

$$\varepsilon_n\approx\frac{Ax}{e^x}\approx\frac{Ax}{Ay}=\frac{x}{y}\approx\frac{\ln(Ay)}{y}$$

但是由前面对 y 求出的公式得到，$y\approx 2n\pi$，因此

$$\varepsilon_n\approx\frac{\ln(2An\pi)}{2n\pi}$$

于是

$$y\approx\frac{\pi}{2}+2\pi n-\frac{\ln(2A\pi n)}{2\pi n}$$

$$x\approx\ln(Ay)=\ln\left[2A\pi n+\frac{A\pi}{2}-A\,\frac{\ln(2A\pi n)}{2\pi n}\right]=$$

$$\ln(2A\pi n)+\ln\left[1+\frac{1}{4n}-\frac{\ln(2A\pi n)}{4\pi^2n^2}\right]\approx$$

$$\ln(2A\pi n)+\frac{1}{4n}\text{①}$$

所以我们得到了关于方程(13.13)的根的渐近公式

$$z=x+\mathrm{i}y\approx\ln(2A\pi n)+\frac{1}{4n}\pm$$

① 我们应用著名公式 $\ln(1+\varepsilon)\approx\varepsilon$，当 $\varepsilon\to 0$ 时. 取 $\varepsilon=\frac{1}{4n}-\frac{\ln(2A\pi n)}{4\pi^2n^2}$，并抛弃 $-\frac{\ln(2A\pi n)}{4\pi^2n^2}$，因为它是比 $\frac{1}{4n}$ 更高阶的无穷小.

$$i\left[2\pi n+\frac{\pi}{2}-\frac{\ln(2A\pi n)}{2\pi n}\right]$$

这里 n 取正整数值(我们在一个公式里表达了带有正的虚部和带有负的虚部的两个根的序列).读者用代入法不难相信,求出的 z 值(精确到量$\frac{\ln n}{n}$的级;当 n 无限增大时,$\frac{\ln n}{n}$ 无限小)近似地满足方程(13.13).

所得公式可以用于解方程

$$\sin z=Az(A>0) \tag{13.14}$$

在这个方程里根 $z=x+iy$ 成对地关于坐标原点对称,并且 $|y|$ 随着根离开坐标原点而无限增长.由此推得,只要研究 $y<0$ 的根就可以了(要足够远离坐标原点);另一根可用同时改变 x 和 y 的符号而得到.用欧拉公式代替 $\sin z$,这时方程(13.14)可写为

$$e^{iz}-e^{-iz}=2Aiz$$

或者,用新变量 w 代替 iz

$$e^{w}-e^{-w}=2Aw \tag{13.14$'$}$$

这里 $w=iz=-y+ix$,并且当 $y\to-\infty$ 时,$|e^{-w}|=|e^{y-ix}|=e^{y}\to 0$.抛去无穷小量 e^{-w},我们得到了关于近似根的简化方程

$$e^{w}=2Aw$$

与方程(13.13)相比较,我们看到了,w 可以用形如

$$w=u+iv\approx\ln(4A\pi n)+\frac{1}{4n}\pm$$

$$i\left[2\pi n+\frac{\pi}{2}-\frac{\ln(4A\pi n)}{2\pi n}\right]$$

的渐近公式来表示.对于 $z=\frac{1}{i}w=-iw$,我们得到

$$z \approx \pm \left[2\pi n + \frac{\pi}{2} - \frac{\ln(4A\pi n)}{2\pi n}\right] - \mathrm{i}\left[\ln(4A\pi n) + \frac{1}{4n}\right]$$

这里 n 取正整数值因为考虑到根关于坐标原点对称，所以也必须在虚部前面冠以双重符号.

第十四章 代数关系式·加法定理

28. 我们已经看到了,异于多项式的整函数 $f(z)$ 不满足任何代数方程(见16).这也正是这种函数叫作超越函数的原因.但是两个超越整函数可能用代数方程联系起来.最简单的例子是 $\sin z$ 和 $\cos z$,它们满足关系式

$$\sin^2 z+\cos^2 z=1 \qquad (14.1)$$

我们来研究更一般的关系

$$[f(z)]^n+[g(z)]^n=1 \qquad (14.2)$$

这里 n 是不小于 2 的整数,我们提出的问题是,找出满足这一关系式的一切整函数.

我们从情况 $n=2$ 开始.除去 $\sin z$ 和 $\cos z$ 以外,是否还有其他整函数以这一形式的方程式相联系呢? 因为(14.1)关于 z 是恒等式,所以以任何整函数代替 z 等式仍然成立.例如,我们可以写出

$$\sin^2(1-z+2z^3)+\cos^2(1-z+2z^3)=1$$

$$\sin^2(e^z)+\cos^2(e^z)=1$$

一般的，若 $h(z)$ 是任一整函数，那么

$$\sin^2[h(z)]+\cos^2[h(z)]=1$$

因为整函数的整函数还是整函数(见 5)，所以我们得到了下面的结果：

存在着无穷多对整函数

$$\sin[h(z)] \text{ 和 } \cos[h(z)] \tag{14.3}$$

(这里 $h(z)$ 是任意一个整函数)，它们以代数关系式(14.1)相联系.

我们现在来证明逆定理的正确性：

如果 $f(z)$ 和 $g(z)$ 是一对满足关系式

$$[f(z)]^2+[g(z)]^2=1 \tag{14.4}$$

的整函数，那么存在着一个整函数 $h(z)$，使得 $f(z)=\cos[h(z)]$ 和 $g(z)=\sin[h(z)]$.

为了定理的证明，我们把方程(14.4)化为形式

$$[f(z)+\mathrm{i}g(z)][f(z)-\mathrm{i}g(z)]=1 \tag{14.4$'$}$$

由此易见，$f(z)+\mathrm{i}g(z)$ 是一整函数，对任何的 z 都不为零. 所以(见 9)存在一个整函数，我们以 $\mathrm{i}h(z)$ 来表示它，使得

$$f(z)+\mathrm{i}g(z)=e^{\mathrm{i}h(z)} \tag{14.5}$$

因此

$$f(z)-\mathrm{i}g(z)=\frac{1}{f(z)+\mathrm{i}g(z)}=e^{-\mathrm{i}h(z)} \tag{14.6}$$

由(14.5)和(14.6)可得

$$f(z)=\frac{e^{\mathrm{i}h(z)}+e^{-\mathrm{i}h(z)}}{2}=\cos[h(z)]$$

$$g(z)=\frac{e^{\mathrm{i}h(z)}-e^{-\mathrm{i}h(z)}}{2\mathrm{i}}=\sin[h(z)]$$

这就是要证明的.

29. 现在来研究一般方程

$$[f(z)]^n+[g(z)]^n=1 \tag{14.2}$$

这里 $n\geqslant 3$,我们证明一个属于法国数学家蒙代尔(Montel)的定理:不存在任何一对不恒等于常数的整函数满足这个方程式.

我们先把二项式 x^n+1 分解成线性因子的乘积.为此,只要求出方程 $x^n+1=0$ 或 $x^n=-1$ 的所有 n 个根就可以了.这些根是

$$x_k=\cos\frac{\pi+2k\pi}{n}+\mathrm{i}\sin\frac{\pi+2k\pi}{n}(k=0,1,2,\cdots,n-1)$$

事实上,它们两两不同且都满足 $x_k^n=-1$.

为简单计,设 $x_0=\cos\frac{\pi}{n}+\mathrm{i}\sin\frac{\pi}{n}=\varepsilon$,我们有

$$x_k=\left(\cos\frac{\pi}{n}+\mathrm{i}\sin\frac{\pi}{n}\right)^{2k+1}=\varepsilon^{2k+1}(k=0,1,\cdots,n-1)$$

因此

$$x^n+1=(x-x_0)(x-x_1)\cdots(x-x_{n-1})=$$
$$(x-\varepsilon)(x-\varepsilon^3)\cdots(x-\varepsilon^{2n-1})$$

用商 $\frac{f(z)}{g(z)}$ 代替 x,两边乘 $[g(z)]^n$,得到恒等式

$$[f(z)]^n+[g(z)]^n=$$
$$[f(z)-\varepsilon g(z)][f(z)-\varepsilon^3 g(z)]\cdot$$
$$[f(z)-\varepsilon^5 g(z)]\cdots[f(z)-\varepsilon^{2n-1} g(z)] \tag{14.7}$$

由关系式(14.2)可推知,式(14.7)的右边对于任何 z 没有一项为零.因为其中的每一项都是整函数,所以我们指出(见 9),存在整函数 $h_0(z),h_1(z),\cdots,h_{n-1}(z)$,使得

$$\left.\begin{aligned}
f(z)-\varepsilon g(z)&=\mathrm{e}^{h_0(z)}\\
f(z)-\varepsilon^3 g(z)&=\mathrm{e}^{h_1(z)}\\
f(z)-\varepsilon^5 g(z)&=\mathrm{e}^{h_2(z)}\\
&\vdots\\
f(z)-\varepsilon^{2n-1} g(z)&=\mathrm{e}^{h_{n-1}(z)}
\end{aligned}\right\}\tag{14.8}$$

我们研究这些等式中的前三个(所有这些等式中的 n，我们都假定 $n\geqslant 3$). 逐个地进行计算，由第一个减第二个，由第二个减第三个，我们得出

$$\left.\begin{aligned}
(\varepsilon^3-\varepsilon)g(z)&=\mathrm{e}^{h_0(z)}-\mathrm{e}^{h_1(z)}\\
(\varepsilon^5-\varepsilon^3)g(z)&=\mathrm{e}^{h_1(z)}-\mathrm{e}^{h_2(z)}
\end{aligned}\right\}\tag{14.9}$$

注意到
$$\varepsilon=\cos\frac{\pi}{n}+\mathrm{i}\sin\frac{\pi}{n}\neq 0$$

和
$$\varepsilon^2=\cos\frac{2\pi}{n}+\mathrm{i}\sin\frac{2\pi}{n}\neq\pm 1$$

(因为 $n\geqslant 3$). 所以由等式(14.9) 得出

$$\frac{\mathrm{e}^{h_0(z)}-\mathrm{e}^{h_1(z)}}{\varepsilon(\varepsilon^2-1)}=\frac{\mathrm{e}^{h_1(z)}-\mathrm{e}^{h_2(z)}}{\varepsilon^3(\varepsilon^2-1)}$$

或者
$$\varepsilon^2\mathrm{e}^{h_0(z)}+\mathrm{e}^{h_2(z)}=(1+\varepsilon^2)\mathrm{e}^{h_1(z)}$$

这个式子可化为

$$\left[\frac{\varepsilon}{\sqrt{1+\varepsilon^2}}\mathrm{e}^{\frac{h_0(z)-h_1(z)}{2}}\right]^2+\left[\frac{1}{\sqrt{1+\varepsilon^2}}\mathrm{e}^{\frac{h_2(z)-h_1(z)}{2}}\right]^2=1$$

因为在方括号中的函数是整函数，所以根据 28 的定理，一定存在整函数 $h(z)$，使得

$$\left.\begin{aligned}
\frac{\varepsilon}{\sqrt{1+\varepsilon^2}}\mathrm{e}^{\frac{h_0(z)-h_1(z)}{2}}&=\cos[h(z)]\\
\frac{1}{\sqrt{1+\varepsilon^2}}\mathrm{e}^{\frac{h_2(z)-h_1(z)}{2}}&=\sin[h(z)]
\end{aligned}\right\}\tag{14.10}$$

我们来证明 $h(z)$ 恒为常数. 如其不然，那么 $h(z)$ 一定或者是次数不低于 1 的多项式，或是超越整函数. 在第

一种情况下,可以找到一个值 z_0,使得 $h(z_0)=\frac{\pi}{2}$(根据代数的基本定理). 当 $z=z_0$ 时,方程(14.10)的第一个方程的左边不等于零,而右边等于零,这是不可能的. 在第二种情况下,由于毕卡小定理(见 24),至少方程 $h(z)=\frac{\pi}{2}$ 和 $h(z)=-\frac{\pi}{2}$ 中的一个有根(甚至有无穷多个根). 设 z_0 是其中的一个根,把 z_0 代入方程(14.10)中的第一个又得出矛盾.

这样一来,$h(z)$ 是常数已被证明. 由方程(14.10)可得,等式左边的指数同样是常数

$$\frac{h_0(z)-h_1(z)}{2}\equiv a,\frac{h_2(z)-h_1(z)}{2}\equiv b$$

但是由等式(14.9)的第一个得出

$$g(z)=\frac{e^{h_0(z)}-e^{h_1(z)}}{\varepsilon(\varepsilon^2-1)}=e^{h_1(z)}\frac{e^{h_0(z)-h_1(z)}-1}{\varepsilon(\varepsilon^2-1)}=$$

$$e^{h_1(z)}\frac{e^{2a}-1}{\varepsilon(\varepsilon^2-1)}=\alpha e^{h_1(z)} \tag{14.11}$$

这里 $\alpha=\frac{e^{2a}-1}{\varepsilon(\varepsilon^2-1)}$ 是常数. 另一方面,由等式(14.8)的第二个得出

$$f(z)=\varepsilon^3 g(z)+e^{h_1(z)}=(\varepsilon^3\alpha+1)e^{h_1(z)}=\beta e^{h_1(z)} \tag{14.12}$$

这里 $\beta=\varepsilon^3\alpha+1$.

代入(14.2),得到

$$(\alpha^n+\beta^n)e^{h_1(z)}=1$$

即

$$e^{h_1(z)}=\frac{1}{\alpha^n+\beta^n}=\gamma$$

恒为常数. 与(14.11)和(14.12)相比较,我们确信,$f(z)$ 和 $g(z)$ 也恒为常数. 蒙代尔定理得证.

上面的结果可总结为：如果整函数 $f(z)$ 和 $g(z)$ 满足形如

$$[f(z)]^n+[g(z)]^n=1$$

的代数关系式，这里 $n\geqslant 2$ 是整数，那么，当 $n=2$ 时，它们一定取

$$f(z)=\cos[h(z)],g(z)=\sin[h(z)]$$

的形式，这里 $h(z)$ 是整函数，而当 $n\geqslant 3$ 时，它们恒等于常数.

我们指出，下面证明蒙代尔定理的过程几乎可以毫无变动地应用于证明下面更一般的定理：不存在任何一对不恒等于常数的整函数 $f(z)$ 和 $g(z)$，它们满足形如

$$a_0[f(z)]^n+a_1[f(z)]^{n-1}g(z)+\cdots+a_n[g(z)]^n=b$$

的方程，这里 $n\geqslant 3,b\neq 0$，方程 $a_0x^n+a_1x^{n-1}+\cdots+a_n=0$ 至少有 3 个彼此不同且异于零的根. 事实上，我们用 $x_0,x_1,\cdots,x_{n-1}$ 表示后一方程的根，把整函数之间给定的关系改写为

$$\frac{a_0}{b}[f(z)-x_0g(z)][f(z)-x_1g(z)]\times$$
$$[f(z)-x_2g(z)]\cdots[f(z)-x_{n-1}g(z)]=1$$

其次，对三个不同的因子

$$f(z)-x_0g(z),f(z)-x_1g(z),f(z)-x_2g(z)$$

运用上面所进行的讨论可证明 $f(z)$ 和 $g(z)$ 恒等于常数.

30. 我们将不研究一些不同的整函数间的其他可能的代数关系式，而转向研究联系同一个整函数在不同点上所取的值之间的代数关系式.

我们从其中最简单的整函数的周期性条件

$$f(z+\omega)=f(z)$$

开始,这里 ω 是常数,叫作函数 $f(z)$ 的周期.例如指数函数 e^z(周期是 $2\pi i$),三角函数 $\cos z$ 和 $\sin z$(周期是 2π)等都是周期整函数.如果 ω 是任意一个不等于零的复数,那么以 ω 为周期的最简单的整函数的例子是指数函数 $Ce^{\frac{2\pi i}{\omega}z}$,这里 $C\neq 0$.显然,恒为常数的函数可视为周期函数,每一个复数都是它的周期.我们来证明,除去常数外,任何多项式都不可能是周期函数.事实上,当 $z\to\infty$ 时,$P(z)\to\infty$.我们假定 $\omega\neq 0$ 是多项式的周期.若 z_0 是任一点,那么

$$P(z_0)=P(z_0+\omega)=P(z_0+2\omega)=\cdots=P(z_0+n\omega)=\cdots$$

显然,当 $n\to\infty$ 时,$z_0+n\omega\to\infty$,因此,当 $n\to\infty$ 时,$P(z_0+n\omega)\to\infty$.但是这个结论与 $P(z_0+n\omega)$ 始终等于常数 $P(z_0)$ 矛盾.这样一来,不恒等于常数的整函数 $f(z)$ 仅在它是超越函数的情况下才可能是周期函数.

借助于指数函数可以构造任意多的周期整函数.例如设 $n_1,n_2,\cdots,n_k$ 是任意的彼此不同的整数.这时整函数 $e^{\frac{2\pi i}{\omega}n_1z},e^{\frac{2\pi i}{\omega}n_2z},\cdots,e^{\frac{2\pi i}{\omega}n_kz}$ 中的每一个都以 ω 为周期.用任意复数 $A_1,A_2,\cdots,A_k$(其中可以有零)分别乘它们,然后加起来,我们就又得到一个以 ω 为周期的和形式的整函数

$$f(z)=\sum_{j=1}^{k}A_je^{\frac{2\pi i}{\omega}n_jz}$$

这种类型的函数叫作三角多项式.这个称呼是容易解释的.根据公式

$$e^{\frac{2\pi i}{\omega}n_jz}=\cos\left(\frac{2\pi}{\omega}n_jz\right)+i\sin\left(\frac{2\pi}{\omega}n_jz\right)$$

把指数函数化为三角函数,将 $f(z)$ 表示为

$$f(z)=\sum_{j=1}^{k}\left[A_j\cos\left(\frac{2\pi}{\omega}n_j z\right)+\mathrm{i}A_j\sin\left(\frac{2\pi}{\omega}n_j z\right)\right]$$

特别的,我们假定 $n_1=-p,n_2=-p+1,\cdots,n_k=p$,这里的 p 是任意的非负整数(数 $n_1,n_2,\cdots,n_k$ 从 $-p$ 增加到 p,每次增加 1,显然,$k=2p+1$). 这时三角多项式可以写成

$$f(z)=\sum_{-p}^{+p}A_j\mathrm{e}^{\frac{2\pi\mathrm{i}}{\omega}n_j z}$$

或者

$$f(z)=\sum_{-p}^{p}\left[A_j\cos\left(\frac{2\pi}{\omega}jz\right)+\mathrm{i}A_j\sin\left(\frac{2\pi}{\omega}jz\right)\right]$$

的形式.

利用正弦函数和余弦函数的奇偶性,后面一个和还可以写成

$$f(z)=A_0+\sum_{j=1}^{p}\left[(A_j+A_{-j})\cos\left(\frac{2\pi}{\omega}jz\right)+\right.$$
$$\left.(\mathrm{i}A_j-\mathrm{i}A_{-j})\sin\left(\frac{2\pi}{\omega}jz\right)\right]$$

的形式.

设 $A_j+A_{-j}=a_j$,$\mathrm{i}A_j-\mathrm{i}A_{-j}=b_j$,最后把三角多项式写成

$$f(z)=A_0+\sum_{j=1}^{p}\left[a_j\cos\left(\frac{2\pi}{\omega}jz\right)+b_j\sin\left(\frac{2\pi}{\omega}jz\right)\right]$$

的形式.

在这个公式中只要在 a_p 和 b_p 中有一个不为零(这意味着在 A_p 和 A_{-p} 中只要有一个不为零),那么 p 就叫作三角多项式的级. 在 $p=0$ 时,我们得到常数,这是三角多项式的特殊情况.

下述定理把三角多项式从一切周期整函数中区分

了出来：

如果以 $\omega \neq 0$ 为周期的周期整函数 $f(z)$ 对于某个 $C>0$ 和 $\gamma \geqslant 0$ 以及一切足够大的 $|z|$（$|z|>R_0$）满足形如

$$|f(z)| \leqslant Ce^{\gamma \frac{2\pi}{|\omega|}|z|}$$

的不等式，那么 $f(z)$ 是级不超过 $p=[\gamma]$（$[\gamma]$ 表示 γ 的整数部分）的三角多项式.

特别的，如果 $0 \leqslant \gamma < 1$，那么 $p=[\gamma]=0$；所以当 $\gamma<1$ 时函数 $f(z)$ 恒为常数.

如果以 ω 为周期的周期整函数不是三角多项式，那么它可以表示为处处收敛的形如 $f(z)=\sum\limits_{-\infty}^{+\infty} A_n e^{\frac{2\pi i}{\omega} n z}$ 的和的形式，它同样也可表示为三角级数

$$f(z)=a_0+\left[a_1\cos\left(\frac{2\pi}{\omega}z\right)+b_1\sin\left(\frac{2\pi}{\omega}z\right)\right]+\cdots+\left[a_n\cos\left(\frac{2\pi}{\omega}z\right)+b_n\sin\left(\frac{2\pi}{\omega}z\right)\right]+\cdots \quad (14.13)$$

它的系数中有无穷多个不为 0.

逆定理也是正确的：每一个处处收敛的这种形式的级数表示一个以 ω 为周期的周期整函数. 并且，如果在级数的系数中可以找到无穷多个不为零的，当然它也就区别于任何三角多项式了.

相应结果的证明写在附录 §2 中.

31. 自然的，每一个以 ω 为周期的函数还有其他的周期：$-\omega, 2\omega, -2\omega, \cdots$；一般说来，$\omega$ 的任何整数倍都是 $f(z)$ 的周期. 例如

$$\begin{aligned} f(z-3\omega) &= f[(z-3\omega)+\omega]=f(z-2\omega)= \\ & f[(z-2\omega)+\omega]=f(z-\omega)= \\ & f[(z-\omega)+\omega]=f(z) \end{aligned}$$

由此可知，-3ω 同样是 $f(z)$ 的周期.

如果 $k\omega$ 和 $l\omega$ 是 $f(z)$ 的任意两个周期，那么它们的比$\left(\frac{l}{k}\right)$是有理数.

但是，我们要问问自己，是否可能出现某个整函数 $f(z)$ 存在两个周期 ω_1 和 ω_2，它们的比不是有理数呢？原来，只要 $f(z)$ 不恒等于常数，那么这个问题的答案就是否定的. 换言之，不存在不恒为常数的整函数有两个周期，这两个周期的比不是有理数.

我们分两种情况来证明这一命题.

首先假定比$\frac{\omega_2}{\omega_1}=\alpha$是实的无理数. 设 n 是任意一个自然数，p_n 是 $n\alpha$ 的整数部分. 这时 $0<n\alpha-p_n<1$，由此可知，$|n\omega_2-p_n\omega_1|=|n\alpha-p_n||\omega_1|<|\omega_1|$.

显然，如果 $m\neq n$，那么 $m\omega_2-p_m\omega_1\neq n\omega_2-p_n\omega_1$（如果假定 $m\omega_2-p_m\omega_1=n\omega_2-p_n\omega_1$，那么就会得到 $\alpha=\frac{\omega_2}{\omega_1}=\frac{p_m-p_n}{m-n}$ 是有理数的结论，与条件矛盾）. 所以无穷个点

$$\omega_2-p_1\omega_1, 2\omega_2-p_2\omega_1, \cdots, n\omega_2-p_n\omega_1, \cdots$$

全都彼此不同，且都包含在（以原点为中心）半径为 $|\omega_1|$ 的圆内，但是，在这些周期的每一点处 $f(z)$ 都取同一个值 $f(n\omega_2-p_n\omega_1)=f(0)$（要知道 ω_2 和 ω_1 是 $f(z)$ 的周期）. 由此，再根据 21 可得，$f(z)\equiv f(0)$，即 $f(z)$ 是常数.

我们现在研究$\frac{\omega_2}{\omega_1}$不是实数的情况. 由这个假定可以推出，由一个点（任意的）引出的 ω_1 和 ω_2 确定了某个平行四边形 P（图 59）. 由函数 $f(z)$ 的周期性可得，

函数在平面上任一点 z 处取的值同样在平行四边形内某点 z' 处也取到它，z' 和 z 以下面的关系式相联系

$$z=z'+m_1\omega_1+m_2\omega_2 \text{（}m_1 \text{ 和 } m_2 \text{ 是整数）}$$

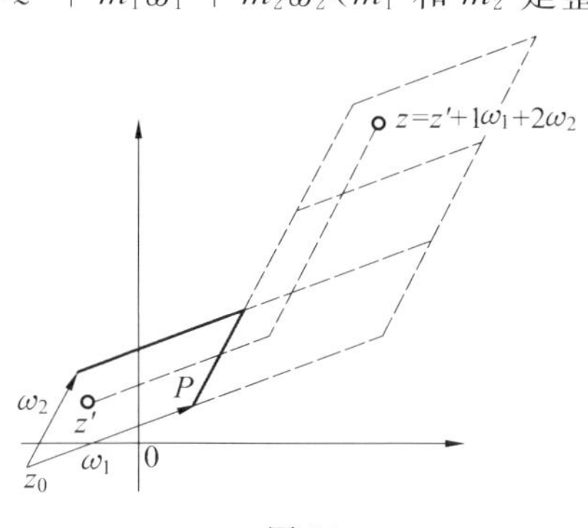

图 59

事实上

$$f(z)=f(z'+m_1\omega_1+m_2\omega_2)=f(z')$$

因为 ω_1 和 ω_2 是 $f(z)$ 的周期. 所以，如果在平行四边形 P 内 $|f(z)|$ 的一切值不超过某一个正数 M（这样的数是存在的，因为 $f(z)$ 是连续函数，所以它的模在 P 是有界的），那么，在平面上任何点处它都得满足不等式

$$|f(z)|\leqslant M$$

换言之，整函数的模在全平面是有界的. 但是根据刘维尔定理（见 14）这样的函数恒等于常数. 这就完成了这一命题的证明.

除整函数类外，我们还可以研究更广的亚纯函数类（见 26）. 原来在亚纯周期函数中存在着非常数的函数. 以 ω_1 和 ω_2 为周期，它们的比为虚数. 这样的函数叫作双周期函数或椭圆函数. 它们在由 ω_1 和 ω_2 所构成的周期平行四边形中取的值在整个平面上重复取.

32. 形如

$$f(z+\omega)=af(z)\ (\omega\neq 0,a\neq 0)\quad(14.14)$$

的关系式可以看做是关系式

$$f(z+\omega)=f(z)$$

的某种推广.不难指出满足这种关系式的整函数的例子.指数函数 $\varphi(z)=e^{\frac{\ln a}{\omega}z}$ 就是一例,这里 $\ln a$ 是 a 的对数的主值(见 8 公式(22)″).显然

$$e^{\frac{\ln a}{\omega}z+\omega}=e^{\frac{\ln a}{\omega}z+\ln a}=e^{\ln a}e^{\frac{\ln a}{\omega}z}=ae^{\frac{\ln a}{\omega}z}$$

这就是说,函数 $\varphi(z)$ 就满足(14.14)

$$\varphi(z+\omega)=a\varphi(z)\quad(14.14)'$$

用(14.14)比(14.14)′可得

$$f(z+\omega):\varphi(z+\omega)=f(z):\varphi(z)$$

由此得出,商 $f(z):\varphi(z)$ 是以 ω 为周期的函数 $g(z)$.并且 $g(z)$ 是整函数,因为 $\varphi(z)$ 不为零.于是

$$f(z)=\varphi(z)g(z)=e^{\frac{\ln a}{\omega}z}g(z)$$

也就是,每一个满足(14.14)的整函数是指数函数 $e^{\frac{\ln a}{\omega}z}$ 乘上一个以 ω 为周期的周期整函数 $g(z)$.

引进记号

$$f(z)=u,f(z+\omega)=v$$

这时方程(14.14)就表示为

$$u-av=0\quad(14.14)''$$

这是 u 和 v 之间的一个线性关系.初看起来,如果代替线性方程(14.14)″,我们来找满足任一个 n 次齐次代数方程

$$a_0u^n+a_1u^{n-1}v+a_2u^{n-2}v^2+\cdots+a_nv^n=0(n\geqslant 1)\quad(14.14)'''$$

的整函数,这里为确定起见,设 $a_0\neq 0$,我们似乎得到

了所研究问题的一个有意义的推广. 但是方程左边的多项式总可以进行因式分解

$$a_0(u-x_0v)(u-x_1v)\cdots(u-x_{n-1}v)=0$$

所以又都归结为满足形如

$$u-x_kv=0(u=f(z+\omega),v=f(z))$$

的方程中的一个,而这种情况我们已经研究过了.

33. 在函数的三个值之间的一种有趣而重要的代数关系式由所谓代数加法定理来表示.

说函数 $f(z)$(假设这个函数是解析的,而在现在的情况下是整函数)具备代数加法定理(或服从代数加法定理),如果对任意的 z_1 和 z_2,函数值 $f(z_1)=u$, $f(z_2)=v$ 和 $f(z_1+z_2)=w$ 通过代数关系式

$$P(u,v,w)=0 \tag{14.15}$$

相联系($P(u,v,w)$ 是三个变量 u,v,w 的多项式).

具备加法定理的整函数的最简单的例子是线性函数

$$f(z)=az$$

这里 $u=az_1,v=az_2,w=a(z_1+z_2)$;显然

$$w=u+v$$

或

$$w-u-v=0$$

因此,在这种情况下可设 $P(u,v,w)=w-u-v$

另一个例子是函数

$$f(z)=az^2$$

这里 $u=az_1^2,v=az_2^2,w=a(z_1+z_2)^2$,所以 $w=u+v+2\sqrt{uv}$,或者化去无理项

$$(w-u-v)^2-4uv=0$$

这里 $P(u,v,w)=(w-u-v)^2-4uv$ 是关于 u,v,w 的二次多项式.

更一般的情况是函数 $f(z)=az^n$，这里 n 是整数，大于或等于2. 在这里 $u=az_1^n$，$v=az_2^n$，$w=a(z_1+z_n)^n$，由此，$\sqrt[n]{w}=\sqrt[n]{u}+\sqrt[n]{v}$. 这个地方同样可以化去无理项得到一个相应的多项式 $P(u,v,w)$. 但是不必实际地进行这个计算了. 保持这种比较简单的形式(带根式)的加法定理更方便些.

在指数函数 e^z 的情况下，众所周知(见7)，它取

$$e^{z_1}e^{z_2}=e^{z_1+z_2}$$

的形式，或者用我们的记号是 $w-uv=0$. 这里 $P(u,v,w)=w-uv$ 是一个二次多项式.

我们再研究函数 $\cos z$ 和 $\sin z$. 因为这些函数可以通过指数函数来表示，所以对于它们的加法定理可以通过指数函数的加法定理来引入.

具体过程如下. 根据欧拉公式 $e^{iz}=\cos z+i\sin z$，所以

$$e^{i(z_1+z_2)}=\cos(z_1+z_2)+i\sin(z_1+z_2) \tag{14.16}$$

另一方面

$$\begin{aligned}e^{i(z_1+z_2)}=e^{iz_1}e^{iz_2}=&\\ &(\cos z_1+i\sin z_1)(\cos z_2+i\sin z_2)=\\ &(\cos z_1\cos z_2-\sin z_1\sin z_2)+\\ &i(\sin z_1\cos z_2+\sin z_2\cos z_1)\end{aligned} \tag{14.17}$$

比较可得

$$\begin{aligned}&\cos(z_1+z_2)+i\sin(z_1+z_2)=\\ &\cos z_1\cos z_2-\sin z_1\sin z_2+\\ &i(\sin z_1\cos z_2+\sin z_2\cos z_1)\end{aligned} \tag{14.18}$$

因为在一般情况下，$\cos(z_1+z_2)$ 和 $\sin(z_1+z_2)$ 不是实数，所以我们不可能用分开实部和虚部的方法

得到所要求的公式.我们利用 $\sin z$ 和 $\cos z$ 的奇偶性(见 7)来达到目的.这里用 $-z_1$ 代替 z_1,用 $-z_2$ 代替 z_2,我们求出

$$\cos(z_1+z_2)-\mathrm{i}\sin(z_1+z_2)=\cos z_1\cos z_2-\sin z_1\sin z_2-\mathrm{i}(\sin z_1\cos z_2+\sin z_2\cos z_1) \tag{14.19}$$

最后,对式(14.18)和式(14.19)相应地进行逐项相加、逐项相减就得到公式

$$\cos(z_1+z_2)=\cos z_1\cos z_2-\sin z_1\sin z_2 \tag{14.20}$$

$$\sin(z_1+z_2)=\sin z_1\cos z_2+\sin z_2\cos z_1 \tag{14.21}$$

在第一个公式中当 $z_1=z$ 和 $z_2=-z$ 时给出了

$$1=\cos^2 z+\sin^2 z \tag{14.22}$$

公式(14.20)和(14.22)在外表上不同于上面所研究的加法定理.事实上,例如 $\cos(z_1+z_2)$ 不仅必须通过 $\cos z_1$ 和 $\cos z_2$ 来表达,而且也通过另外的函数的值 $\sin z_1+\sin z_2$ 来表达.像以前一样,设 $\cos z_1=u$, $\cos z_2=v$, $\cos(z_1+z_2)=w$,借助于公式(14.22)我们得到

$$\sin z_1=\sqrt{1-u^2},\sin z_2=\sqrt{1-v^2}$$

因此,公式(14.20)取

$$w=uv-\sqrt{1-u^2}\sqrt{1-v^2}$$

的形式.

为了把 $\cos z$ 的加法定理表示为直接符合于代数加法定理的定义的形式,只要化掉根号就行了.我们有

$$(w-uv)^2-(1-u^2)(1-v^2)=0$$

或者最后写成

$$w^2-2uvw+u^2+v^2-1=0 \qquad (14.23)$$

于是,这里的 $P(u,v,w)=w^2-2uvw+u^2+v^2-1$ 是一个三次多项式.

请读者自己独立地去进行 $\sin z$ 的计算.

34. 在指数函数和三角函数的研究和使用中,加法定理的重要作用是众所周知的. 一切三角公式都是加法定理的推论.

上面我们已经导出了相应函数的加法定理.

作为例子,我们来证明,由已知的加法定理出发可以求出整函数.

① $f(z_1+z_2)=f(z_1)+f(z_2)$.

首先设 $z_1=z, z_2=0$,我们得到 $f(z)=f(z)+f(0)$,由此得 $f(0)=0$.

现在设 $z_1=z$ 是一个固定点,而 $z_2=h\neq 0$ 是一个变数;我们有

$$f(z+h)-f(z)=f(h)-f(0)$$

用 h 除两边,令 $h\to 0$ 取极限,我们得到

$$f'(z)=f'(0)=C\equiv \text{const}$$

因此
$$f(z)=Cz+b$$

因为 $f(0)=0$,所以 $b=0$. 最后

$$f(z)=Cz$$

即 $f(z)$ 是 z 的线性函数.

② $f(z_1+z_2)-f(z_1)-f(z_2)]^2-4f(z_1)f(z_2)=0$.

设 $z_1=z$ 和 $z_2=0$,我们有

$$[f(0)]^2-4f(0)f(z)=0$$

由此,或者 $f(0)=0$,或者 $f(z)=\frac{1}{4}f(0)\equiv \text{const}$,这就导出 $f(z)\equiv 0$.(因为在 $z=0$ 时,我们得到 $f(0)=$

$\frac{1}{4}f(0)$,所以 $f(0)=0$.)

我们来求方程 ② 的不恒等于 0 的解.这时对某个 $d\neq 0$ 必有 $f(d)\neq 0$.在 ② 中设 $z_1=z$ 和 $z_2=d$.我们求得

$$2\sqrt{f(d)}\sqrt{f(z)}=\pm[f(z+d)-f(d)-f(z)]$$

等式的右边是整函数(因为 $f(z)$ 和 $f(z+d)$ 是整函数).所以在左边的函数也是整函数,因而 $\sqrt{f(z)}$ 也是整函数.设 $\sqrt{f(z)}=\varphi(z)$.

由 ② 推出

$$f(z_1+z_2)-f(z_1)-f(z_2)=2\sqrt{f(z_1)}\sqrt{f(z_2)}$$

$$f(z_1+z_2)=(\sqrt{f(z_1)}+\sqrt{f(z_2)})^2$$

由此 $$\sqrt{f(z_1+z_2)}=\sqrt{f(z_1)}+\sqrt{f(z_2)}$$

或者 $$\varphi(z_1+z_2)=\varphi(z_1)+\varphi(z_2)$$

我们证明了 $\varphi(z)$ 满足方程 ①.所以 $\varphi(z)=Cz$,因为 $f(z)=\varphi^2(z)$,所以

$$f(z)=C^2z^2$$

在这个公式中,当 $C=0$ 时,我们就得到了上面的解 $f(z)\equiv 0$.

③ $f(z_1+z_2)=f(z_1)f(z_2)$.

首先设 $z_1=z,z_2=0$;我们得到 $f(z)=f(z)f(0)$.如果 $f(0)\neq 1$,就有 $f(z)\equiv 0$.这是方程的一个解.

现在设 $f(z)\not\equiv 0$,这时 $f(0)=1$.令 $z_1=z,z_2=-z$,我们得到

$$f(0)=1=f(z)f(-z)$$

由此推出,对任何 z,$f(z)$ 都不等于零,因此 $\ln f(z)$ 是整函数(见 9).精确地说,存在一个整函数 $g(z)$,使得

$$\ln f(z)=g(z)+2k\pi \mathrm{i}(k=0,\pm 1,\pm 2,\cdots)$$

对 ③ 求对数可得

$$\ln f(z_1+z_2)=\ln f(z_1)+\ln f(z_2)$$

由此
$$g(z_1+z_2)=g(z_1)+g(z_2)$$

因此

$$g(z)=az,\ln f(z)=az+2k\pi \mathrm{i}$$

和
$$f(z)=\mathrm{e}^{az+2k\pi \mathrm{i}}=\mathrm{e}^{az}$$

这样一来，$f(z)\equiv 0$ 或 $f(z)=\mathrm{e}^{az}$ 满足方程 ③，其中 a 是任意复常数.

④ $[f(z_1+z_2)-f(z_1)f(z_2)]^2-[1-f^2(z_1)][1-f^2(z_2)]=0$.

设 $z_1=z$ 和 $z_2=0$，我们得到

$$f^2(z)[1-f(0)]^2-[1-f^2(z)][1-f^2(0)]=0$$

或者
$$[1-f(0)]\{2[f(z)]^2-[1+f(0)]\}=0 \tag{14.24}$$

如果$[f(z)]^2=\dfrac{1+f(0)}{2}$是常数，那么它就满足上面的关系式. 这个常数由方程

$$2[f(0)]^2-f(0)-1=0$$

确定. 由此

$$f(0)=1$$

或
$$f(0)=-\frac{1}{2}$$

通过直接验证可证实，两个常数 $f(z)\equiv 1$ 和 $f(z)\equiv -\dfrac{1}{2}$ 满足方程 ④. 我们来找方程 ④ 的其他解，正如方程(14.24) 所指出的，这些解一定满足 $f(0)=1$.

其次，可用不同方法求解. 其一，把问题归结为上面所研究过的方程 ③；其二，求出未知函数所必须满

足的微分方程.

如果 $f(0)=1$ 和 $f(z)\neq 1$,那么 $f^2(z)\neq 1$,因此可以找到一个值 $z_2=a$,使得 $f^2(a)\neq 1$. 在 ④ 中设 $z_1=z,z_2=a$,并把方程改写为

$$\sqrt{1-[f(z)]^2}\sqrt{1-[f(a)]^2}=\\ \pm[f(z+a)-f(z)f(a)]$$

因为右边是 z 的整函数($f(z)$ 是 z 的整函数,因而 $f(z+a)$ 也是),所以$\sqrt{1-[f(z)]^2}$ 也是 z 的整函数. 因此函数 $f(z)+\mathrm{i}\sqrt{1-[f(z)]^2}=\varphi(z)$ 一定是 z 的整函数. 由方程 ④ 求出

$$f(z_1+z_2)=f(z_1)f(z_2)-\\ \sqrt{1-[f(z_1)]^2}\sqrt{1-[f(z_2)]^2}$$ [1]

或者经简单的变形后

$$\sqrt{1-[f(z_1+z_2)]^2}=f(z_1)\sqrt{1-[f(z_2)]^2}+\\ f(z_2)\sqrt{1-[f(z_1)]^2}$$

因此

$$\begin{aligned}&\varphi(z_1+z_2)=\\&f(z_1+z_2)+\mathrm{i}\sqrt{1-[f(z_1+z_2)]^2}=\\&\{f(z_1)f(z_2)-\sqrt{1-[f(z_1)]^2}\sqrt{1-[f(z_2)]^2}\}+\\&\mathrm{i}\{f(z_1)\sqrt{1-[f(z_2)]^2}+f(z_2)\sqrt{1-[f(z_1)]^2}\}=\\&\{f(z_1)+\mathrm{i}\sqrt{1-[f(z_1)]^2}\}\cdot\\&\{f(z_2)+\mathrm{i}\sqrt{1-[f(z_2)]^2}\}=\varphi(z_1)\varphi(z_2)\end{aligned}$$

我们证明了整函数 $\varphi(z)$ 满足方程 ③. 所以存在两种可

① 如果在根式乘积的前面取"+",那么当 $z_1=z_2=z$ 时,有 $f(2^z)=1$,由此 $f(z)\equiv 1$. 现在我们排除这种可能性.

能:首先,$\varphi(z)\equiv 0$,必须排除这种可能,因为由此可得 $[f(z)]^2=[f(z)]^2-1$;其次,$\varphi(z)=e^{az}$. 由 $f(z)+i\sqrt{1-[f(z)]^2}=e^{az}$ 我们导出

$$f(z)-i\sqrt{1-[f(z)]^2}=$$
$$1:[f(z)+i\sqrt{1-[f(z)]^2}]=e^{-az}$$

因此

$$f(z)=\frac{e^{az}+e^{-az}}{2}$$

或者设

$$a=\alpha i$$
$$f(z)=\frac{e^{i\alpha z}+e^{-i\alpha z}}{2}=\cos(\alpha z)$$

当 $\alpha=0$ 时,我们又得到 $f(z)\equiv 1$.

这样一来,方程 ④ 或为常数 $-\frac{1}{2}$ 和 1 所满足,或为形如 $\cos(\alpha z)(\alpha\neq 0)$,的超越整函数所满足.

研究一下这个问题的其他可能解法是有趣的. 我们重新来找 $f(z)\not\equiv\mathrm{const}$;这时,正如我们上面所看到的,$f(0)=1$. 在 ④ 中设 $z_1=-z_2=z$,可得

$$[1-f(z)f(-z)]^2-$$
$$\{1-[f(z)]^2\}\{1-[f(-z)]^2\}=0$$

或者

$$[f(z)-f(-z)]^2=0$$

由此

$$f(-z)=f(z)$$

于是,函数 $f(z)$ 一定是偶的. 由此可得,$f(z)$ 的幂级数一定只含 z 的偶次幂,即

$$f(z)=1+a_2z^2+a_4z^4+\cdots$$

特别的，由此可断言，$f'(0)=0$.

最后，在 ④ 中设 $z_1=z, z_2=h\neq 0$，并把方程化为

$$\{[f(z+h)-f(z)]-f(z)[f(h)-1]\}^2+$$
$$\{1-[f(z)]^2\}[f(h)-1][f(h)+1]=0$$

注意到 $1=f(0)$，并用 h^2 除两边，可得

$$\left[\frac{f(z+h)-f(z)}{h}-f(z)\frac{f(h)-f(0)}{h}\right]^2+$$
$$\{1-[f(z)]^2\}\frac{f(h)-1}{h^2}[f(h)+1]=0$$

令 $h\to 0$，取极限，并注意到

$$\frac{f(z+h)-f(h)}{h}\to f'(z), \frac{f(h)-f(0)}{h}\to f'(0)=0$$

$$\frac{f(h)-1}{h^2}\to a_2, f(h)\to 1$$

我们得到 $[f'(z)]^2+2a_2\{1-[f(z)]^2\}=0$

或者，对它求导

$$2f'(z)f''(z)-4a_2f(z)f'(z)=0$$

因为 $f'(z)\neq 0(f(z)\not\equiv \text{const})$，所以

$$f''(z)-2a_2f(z)=0$$

这是一个二阶常系数线性微分方程. 设 $2a_2=-\alpha^2$（α 是复数），它的一般解表示为

$$f(z)=C_1\mathrm{e}^{\alpha iz}+C_2\mathrm{e}^{-\alpha iz}$$

由条件 $f(0)=1$ 和 $f'(0)=0$，我们得到 $C_1=C_2=\frac{1}{2}$.

所以

$$f(z)=\frac{\mathrm{e}^{\mathrm{i}\alpha z}+\mathrm{e}^{-\mathrm{i}\alpha z}}{2}=\cos\alpha z$$

35. 在 34 里，我们见到了几个具备代数加法定理的函数的例子. 除去常数函数外，我们研究了线性函数 αz，形如 $\alpha z^n(n\geqslant 2)$ 的函数，指数函数 $\mathrm{e}^{\alpha z}$，正弦函数和

余弦函数. 于是产生了这样一个问题:是否每一个整函数都具备代数加法定理呢? 这个问题的答案有点意外. 维尔斯特拉斯给出了下面的定理:

如果整函数 $f(z)$ 具备某一代数加法定理,那么它一定或者是代数多项式(特别的,是常数),或者是三角多项式.

这样一来,一个这类函数或者可以表示成形式

$$f(z)=a_0+a_1z+\cdots+a_nz^n$$

或者可以表示成形式

$$\begin{aligned}f(z)=a_0&+[a_1\cos(\alpha z)+b_1\sin(\alpha z)]+\\&[a_2\cos(2\alpha z)+b_2\sin(2\alpha z)]+\cdots+\\&[a_n\cos(n\alpha z)+b_n\sin(n\alpha z)]\end{aligned}$$

当然,截止到现在我们所碰到的一切特殊情况都满足这个要求. 为了看出指数函数 $e^{\alpha z}$ 可视为三角多项式,只要根据欧拉公式把它表示为形式

$$\begin{aligned}e^{\alpha z}&=\cos(-\alpha iz)+i\sin(-\alpha iz)=\\&\cos(\alpha iz)-i\sin(\alpha iz)\end{aligned}$$

如果所求的具备代数加法定理的函数是在比整函数更广的亚纯函数类(见 26) 里,那么在这种情况下有下述结果(同样属于维尔斯特拉斯):

或者有理函数,或者表示为两个三角多项式商的周期函数(特别的,函数 $\tan z=\frac{\sin z}{\cos z}$ 和 $\cot z=\frac{\cos z}{\sin z}$ 属于这一类),最后,双周期函数,即椭圆函数具备代数加法定理. 这个研究超出了本书的范围.

第三编

Picard 大定理

毕卡大定理

第十五章

15.1 引　　言

毕卡大定理的一般形式是：亚纯函数 $f(x)$ 在其孤立本性奇点的任一邻域中，除了两个值以外的一切其他值都可以取到. 注意，亚纯函数可以有有限阶极点，但这些极点不是本性奇点.

在对此定理所有的证明中，若设 $f(x)$ 在孤立本性奇点的一个邻域中避开了三个不同的值，就会导致矛盾. 毕卡本人给出的证明则是椭圆函数理论的一个意料不到的成果. 他的工具就是所谓的模函数，这是经过半个世纪深入研究所得到的结果.

毕卡定理是维尔斯特拉斯的下列结果的一个重大的改进:解析函数在其孤立本性奇点的任一邻域里,可以任意接近于任何一个预先给定的值.不过,由于好些方面的原因,毕卡定理似乎仍有神秘莫测之处.使用模函数与定理的简单表述方式不大相称,也没有任何提示说明为什么至多只有两个值可能是例外.在后来对毕卡定理作出的许多证明中,博雷尔(Borel)和萧特基(Schottky)使用了各种各样的不等式,率先舍弃了使用模函数的方法.兰道(Landau)在他的经典著作《函数论新成果》(*Neuere Ergebnisse der Funktionentheorie*)中,对萧特基的不等式作了简要的介绍.奈旺林纳(Nevanlinna)的著作[6]是受毕卡定理的启发而撰写出来的.该书将这一定理作为函数例外值的一般理论的一个特例而纳入,这种函数在一个紧集外是亚纯的,但无穷远点除外.最后,阿尔福斯(Lars Ahlfors)在他的论文[2]中给出了一种拓扑学解释,说明了为什么至多只能有两个例外值.

本章旨在介绍,至少是简述这一转折过程中的几种证明的方法.首先从毕卡本人的证明开始.

15.2 毕卡的证明

我们的任务是要证明:亚纯函数在其孤立本性奇点的任一邻域中不可能避开三个值.可以设例外值为 $0,1,\infty$,因而只需考虑一个解析函数在其孤立本性奇点有例外值 0 和 1 就足够了.事实上,若例外值为 a,b,c,则函数

$$g(z)=\frac{f(z)-a}{f(z)-b}:\frac{c-a}{c-b}$$

的例外值就是 $0,1,\infty$，即使 a,b,c 中有一个为 ∞ 也如此；此外，若 f 在 z_0 处有一孤立本性奇点，则 g 也如此，反之亦然.

毕卡证明了他的定理的两种形式. 其第一种形式(1879) 断言，一个整函数，若有两个不同的复数不在其值域内，则它必是一个常数. 毕卡定理的主要形式则是此后一年(1880) 证明的，在它的论文中他还只能引用当时已知的模函数性质. 为完整起见，我们现在来叙述一下他用到的一个性质.

模函数

椭圆积分

$$u=\int_0^y\frac{1}{\sqrt{(1-t^2)(1-\kappa^2t^2)}}\mathrm{d}t$$

(其中模 κ^2 不取 $0,1,\infty$) 定义了雅可比(Jacobi) 的椭圆函数 $y=s(\kappa,u)$ 即正弦振幅. 当 $0<\kappa^2<1$ 时，它有两个标准定义的周期 σ_1 和 σ_2，它们是通过在代数曲线 $y^2=(1-x^2)(1-\kappa^2x^2)$ 的黎曼面上沿着某些闭回路的积分得到的. 其他周期都是这两个周期的线性组合，而且总可适当选择这两个周期使其商 $\omega=\sigma_1/\sigma_2$ 的虚部为正数.

当模 $z=\kappa^2$ 不为 $0,1,\infty$ 时，商 $\omega=\omega(z)$ 是 $z=\kappa^2$ 的一个多值解析函数，且其值位于上半平面上. 在闭回路下，$\omega(z)$ 隶属于构成一个离散群 Γ 的某些麦比乌斯(Möbius) 变换. 更准确地说，下半平面和上半平面在 ω 作用下的象形成了上半平面的一个嵌图，它是由一些非欧三角形组成的，而这些三角形的三个角点都架在实轴上. ω 的反函数是从上半平面到其自身的一个函数,从它在 Γ 作用下为不变的意义上说,它是自守的.

毕卡的两篇论文

毕卡在第一篇论文中用到的事实仅仅是:当 z 不等于 $0,1,\infty$ 时,商 $\omega=\omega(z)$ 是在上半平面上取值的多值解析函数. 作麦比乌斯映射使整函数 $f(z)$ 避开点 0 和 1,毕卡第一个定理的证明现在就很明显:$\omega(f(z))$ 可解析延拓到复平面上每一点,因此,它是一个值域在上半平面内的单值整函数,且必为常数,从而 f 也是一个常数.

此后不久,毕卡借助于同一技巧的某种变化,得以证明他的第二个定理. 事实上,就定义在上半平面上的一个自守函数的存在性而言,毕卡的证明是初等的. 文章读起来之所以困难,仅仅是因为作者以一种复杂的方式应用了麦比乌斯映射的理论. 这是近代线性代数的标准理论出现之前的事,我们希望,下面给出的证明读起来会容易一些. 为完整起见,下文对构造自守函数的经典方法作一简要的介绍.

麦比乌斯映射

麦比乌斯映射是一个可逆的分式线性映射

$$z \to (az+b)/(cz+d), ad-bc=1$$

其中系数均为复数. 记 $\boldsymbol{A}$ 为矩阵 $(a,b)/(c,d)$,上式右端可方便地写为

$$\boldsymbol{A}[z]=(az+b)/(cz+d)$$

可直接验证,$\boldsymbol{A}$ 为可逆阵,且成立

$$\boldsymbol{AB}[z]=(\boldsymbol{AB})[z]$$

对以 α 为圆心、r 为半径的圆作反射 $z\to\omega$，由下式给出

$$\overline{(z-\alpha)}(\omega-\alpha)=r^2$$

由初等几何可知，反射将圆映射为圆. 上述映射可以记为 $\omega=\boldsymbol{A}[\bar{z}]$，其中 $\boldsymbol{A}$ 为一可逆阵. 因此，对圆（包括直线）作的每一反射都是一个非正常麦比乌斯映射，也就是事先或事后伴随一次共轭的麦比乌斯映射. 两个这样的映射之积是一个麦比乌斯映射. 事实上，所有正常和非正常的麦比乌斯映射构成一个群，称为完全麦比乌斯群 M，它是由反射生成的. 它的所有元素都将圆映射为圆.

上半平面的嵌图. 自守函数

由圆弧作边构成的三角形，其各边在隅角处相切使得隅角的角度为零，这样的三角形需要有一个简单的名称，称其为消没三角形. 角点均在实轴上的消没三角形构成了上半平面 H 的一个嵌图，自守函数就与其密切相关. 这样一种嵌图可以从 H 中的一个三条边分别为直线 $x=0$，$x=1$ 和半圆 $|z-1/2|=1/2$ 的三角形 K 开始. 于是，对各边作反射，就可得到三个邻接的消没三角形，它们的边与 K 的边一样与实轴正交，且属于 H. 不断重复地作反射，就可得到上半平面的一个嵌图①. 与此同时，就生成了完全麦比乌斯群的一个子群 G，它将这一嵌图映射为自身. 此群是离散的，也就是说：若 $\boldsymbol{A},\boldsymbol{B}\in G$，且 $z\in H$，则当 $\boldsymbol{A}z$ 和 $\boldsymbol{B}z$ 足够接近时，$\boldsymbol{A}=\boldsymbol{B}$.

现在我们就可以构造自守函数了. 这只要简单地

① 建议读者自己画一下图形，也可参见某一标准论文中的相应图形.

应用黎曼映射定理,用一个函数 ϕ 将 K 图形映射到上半平面 H,使角点 $0,1,\infty$ 映射到自身.如果一个反射 R 将 K 映射到它的任一邻接三角形,那么根据施瓦兹反射原理,$\phi(z)=\phi(R^{-1}z)$ 就将 ϕ 穿过它们的共同边界延拓至 RK,使 RK 被映射到下半平面.继续使用这一过程,就可得到一个定义在上半平面且在 G 下不变的函数 $I(z)$.嵌图的角点均被映射至点 $0,1,\infty$ 中的一个.

反函数 $J(z)$ 是多值的,但有一个极为重要的性质:仅在点 $0,1,\infty$ 处为奇异.当 z 沿着一个避开这几点的闭合路径 γ 从 $z_0\in H$ 返回到 z_0 时,对某个 $A\in G$,$J(z)$ 取到一个新值 $A[J(z_0)]$.因为 γ 穿过实轴的次数为偶数,可以确信 A 是一个麦比乌斯映射.

H 中麦比乌斯映射的标准形式

用我们的方式介绍毕卡对他自己定理的证明,需要知道将 H 映射为自身的麦比乌斯映射 $z\to\mathbf{A}[z]$ 的标准形式.此时,实轴被映射为自身,因此可认为 $\mathbf{A}$ 是实阵.另外,由于

$$\operatorname{Im}\frac{az+b}{cz+d}=(ad-bc)\operatorname{Im}z/\mid cz+d\mid^2$$

行列式 $ad-bc$ 为正数.我们将其标准化为1,A 就有形为 λ 和 $1/\lambda$ 的特征值.又因这两个特征值之和为实数,所以要么两者均为实数,要么两者的绝对值都是1.

在相似映射 $\mathbf{A}\to\mathbf{SAS}^{-1}$ 下,$\mathbf{A}$ 可能具有的标准形式如下:

(1) 两个特征值为复数,$\mathbf{S}$ 将 H 映射为单位圆,且 $\mathbf{SAS}^{-1}=D$ 为具有非实元素 $e^{i\theta},e^{-i\theta}$ 的对角阵.

(2) 两个特征值分别为 $\lambda>1$ 和 $1/\lambda$,$\mathbf{S}$ 将 H 映射

为自身,且 $\boldsymbol{SAS}^{-1}$ 为对角元为 $\lambda,1/\lambda$ 的对角阵.

(3) 两个特征值都等于 1,$\boldsymbol{A}$ 不可对角化,但存在一个 $\boldsymbol{S}$ 将 H 映射为自身,且使 $\boldsymbol{SAS}^{-1}$ 为矩阵(1,1)/(0,1).

(4)$\boldsymbol{A}$ 是单位阵.

毕卡定理的证明

利用上节基础性的论述,我们现在可证明

定理 如果局限在 ∞ 的一个邻域 N 中,$f(z)$ 是一个单值解析函数,则它至多只能避开一个值.

证明时,可假定 $f(z)$ 决不会取值 0 和 1,并利用前面定义过的自守函数 $I(z)$ 的反函数 $J(z)$. 毕卡认为下列引理是必然成立的.

引理 对如上所述的 f,函数 $g(z)=J(f(z))$ 在 ∞ 的一个连通邻域 N 中解析,并在 H 中取值,且对于在 N 中绕原点所作的正向旋转,存在某个麦比乌斯映射 $A\in G$,使

$$Tg(z)=A[g(z)] \tag{15.1}$$

证明 由于 $f(z)$ 永不为 $0,1,\infty$,$g(z)$ 就可在 N 中作无限制的解析延拓. 另外,如果 T 为一个从点 z_0 出发沿正方向返回的路径 $\gamma\subset N$,则当 $z=z_0$ 时,(15.1) 显然对某个 $\boldsymbol{A}\in G$ 成立. 将 γ 略作修改,使 $\boldsymbol{A}$ 变为与之相近的 $\boldsymbol{A}'\in G$,但由于 G 是离散的,除非 $\boldsymbol{A}'=\boldsymbol{A}$,否则 $\boldsymbol{A}'z_0$ 就不可能任意接近 $\boldsymbol{A}z_0$. 因此,$\boldsymbol{A}$ 并不依赖于 γ 的选择. 同样,它也不依赖于 z_0 的选取. 最后的结论就可由维尔斯特拉斯定理得出.

在接下来的证明中,我们会看到,(1) 将导致这样的情况:对于大的 z 值,$f(z)$ 的值域在上半平面中不可能是稠密的,而这与维尔斯特拉斯定理相悖.

(1) 假定 $\boldsymbol{A}$ 有复特征根 $e^{i\theta}$ 和 $e^{-i\theta}$，且令 $\boldsymbol{S}$ 为将 H 映射为单位圆盘的一个对角化矩阵. 可假设 $0<\theta<\pi$. 于是

$$\boldsymbol{S}[\boldsymbol{T}g(z)]=e^{2i\theta}\boldsymbol{S}[g(z)]$$

因而

$$\boldsymbol{S}[g(z)]=z^{\theta/\pi}h(z)$$

其中 $h(z)$ 是单值函数，且 $|\boldsymbol{S}[g(z)]|\leqslant 1$. 这仅当 $h(z)=O(1/z)$ 时才是可能的，于是，当 $z\to\infty$ 时，左端趋向于零. 但此时 $g(z)=J(f(z))$ 在上半平面上当 $z\to\infty$ 时就有一个极限，因此 f 不可能在无穷远点奇异.

(2) 假设 $\boldsymbol{A}$ 有实特征值 $\lambda>1$ 和 $1/\lambda$，因此 $\boldsymbol{S}H\subset H$. 此时，在 $\boldsymbol{T}$ 作用下 $z^{\log\lambda/\pi i}$ 改变了一个因子 λ^2，故有

$$\boldsymbol{S}[\boldsymbol{T}^n g(z)]=z^{n\log\lambda/\pi i}h(z)$$

其中 $h(z)$ 是单值函数，且左端属于 H. 这里，由于 $\log\lambda>0$，可令 $z=e^{m/\log\lambda}$，其中 $m>0$ 是一个大整数，因而

$$e^{nr\log\lambda/\pi i}=e^{nm/\pi i}$$

的值域在 n 变化时在单位圆周上稠密. 故 $g(z)$ 不在 H 中，这就引起矛盾.

(3) 我们可以假定 $\boldsymbol{SA}[w]=w+1$，且 $\boldsymbol{S}H\subset H$. 于是，对所有 n 成立

$$\boldsymbol{S}[\boldsymbol{T}g(z)]=\frac{\log z}{2\pi i}+h(z) \tag{15.2}$$

其中 $h(z)$ 对大的辐角是单值解析的. 因此

$$e^{i\boldsymbol{S}[\boldsymbol{T}g(z)]}=z^{1/2\pi}e^{ih(z)}$$

其左端有界，且对于所有的区域 $|z|>\text{const}$，它的值域在单位圆盘中稠密. 但此时 $e^{ih(z)}$ 至少如 $1/z$ 那样趋

向于零,这就导致矛盾.

(4) 假定 $g(z)$ 是单值的. 于是,要是这一函数不在无穷远处正则,其值就不可能在 H 中. 这意味着,当 $z \to \infty$ 时,$g(z)$ 趋向于一个极限. 但在 ∞ 的每个邻域中,$g(z)=J(f(z))$ 的值域在 J 的值域中稠密,也就导致矛盾.

15.3 博雷尔和萧特基的证明

毕卡为毕卡定理给出的证明,考察了以下两个假设可能导致的荒谬后果:一是假定整函数会避开两个不同的值;二是假定存在亚纯函数在其孤立本性奇点的邻域中会避开三个值. 博雷尔和萧特基随后给出的证明则避开了椭圆函数的理论. 博雷尔的证明仅在原则上是简单的,且只涉及毕卡关于整函数的第一个定理.

博雷尔在其经典著作《整函数讲义》(*Leçons sur les fonctions entières*,1900) 的第一版里,用了一章的篇幅论述毕卡定理. 他借助于整函数增长的概念通过非常简单的论证,几乎证明了这一定理的解析形式. 博雷尔的论证可以简述如下.

如前所述,只需考虑永不取值 0 和 1 的整函数 $f(z)$. 此时,$f(z)=e^{g(z)}$,其中 $g(z)$ 是决不会等于 $2\pi i$ 的整数倍的某个整函数. 因此,也有

$$f(z)=e^{-2\pi i g(z)}$$

其中 g 不取整数值,当然也不能取值 0 或 1. 这样,如果

$$M(f,r)=\max_{|z|=r}|f(z)|$$

$$A(f,r)=\max_{|z|=r}\operatorname{Im}|f(z)|$$

就是

$$M(f,r)\leqslant 2e^{2\pi A(g,r)}$$

这样，f 在一个点 ω 的值，其中 $|\omega|=r'<r$，就可以用 $\operatorname{Im} f$ 在圆 $|z|=r$ 上的积分加上一项 $\operatorname{Re} f(0)$ 来显式表示. 因此，举例来说

$$M(f,r/2)=\text{const } A(f,r)+|f(0)|$$

从而，由于 $M(f,r)$ 随着 r 的增大而趋向于无穷大，就有

$$M(g,r/2)=O(\log M(f,r))$$

特别地，若对某个 $m>0$，$M(f,r)=O(e^{r^m})$，则 $M(g,r)=O(r^m)$. 但此时 g 就是一个多项式，可以取到所有的值，这就导致矛盾. 如用 $\exp^{(n)}$ 表示函数 exp 迭代 n 次，那么借助于同样的论证和归纳法，可以证明，对任何整数 $n>0$ 及任何数 $m>0$，取不到两个值的整函数 f 不可能有下述有界性估计

$$|f(z)|\leqslant \exp^n(O(|z|^m))$$

由此可知，合理增长的任何整函数决不可能避开两个值. 这也是博雷尔在讲稿中没有再说下去的地方.

20 世纪初，萧特基不用模函数为毕卡定理给出了博雷尔以后的第一个证明[4]. 随后引发出兰道，胡尔维茨，卡拉泰奥多里和其他人的一大批论文. 兰道在他著作《成果》(*Ergebnisse*) 的第二版[5] 中，为在一个圆内取不到值 0 和 1 的解析函数给出了若干性质. 其中的一个称为萧特基定理. 该定理称，若函数 f 在单位圆内正则且不取值 0 和 1，则它在 $|z|<\theta<1$ 中有界，其界仅取决于 θ 以及 $|f(0)|$ 的远离 0 和无穷大的一个界.

由这一定理出发，毕卡定理可论证如下. 假定 $F(z)$ 在 $0<|z|<1$ 中解析，在原点有本性奇性，且决不取值 0 或 1. 记

$$F(e^t)=g(t)$$

当 $\mathrm{Re}\ t<0$ 时，$g(t)$ 有定义，且是以 $2\pi i$ 为周期的周期函数. 根据维尔斯特拉斯定理，存在一列趋向于零的半径 r_n 和在相应圆上的一列点 z_n，使得 $|F(z_n)-2|<1/2$. 记 $z=e^t$，就有 $|g(t_n)-2|<1/2$，其中 $\mathrm{Re}\ t_n=\log r_n$ 趋向于 $-\infty$. 于是，函数

$$h(u)=g(t_n+4\pi u)$$

在 $|u|<1$ 中解析，永不取值 0 或 1，且有 $|h(0)-2|<1/2$. 因此，根据萧特基定理，当 $|u|<1/2$ 时，h 绝对有界，这就足够覆盖 t_n 和 $t_n-2\pi i$ 间的一个区间. 因此，$F(z)$ 在所有圆 $|z|=r_n$ 上一致有界，这就引起矛盾.

对萧特基定理的最简单的证明，同样要用到上面定义过的模函数 $I(z)$ 的反函数 $J(z)$. 事实上，设 $f(z)$ 是单位圆内的解析函数，$a=f(0)$ 为一定值，且 $f(z)$ 不取值 0 和 1. 考虑函数

$$g(z)=J(f(z))$$

它将单位圆映射为上半平面，所以具有形式

$$g(z)=\frac{ce^{i\theta}-\bar{c}z}{e^{i\theta}-z},\mathrm{Im}\ c>0$$

且

$$\mathrm{Im}\ g(z)=\frac{\mathrm{Im}\ c(1-|z|^2)}{|1-\bar{e}^{i\theta}z|^2}$$

于是，若对闭圆 D：$|z|\leqslant b<1$ 中某个 z，$\mathrm{Im}\ g(z)$ 趋向于零，则 $\mathrm{Im}\ c$ 趋向于零，因而对所有 $z\in D$，$\mathrm{Im}\ g(z)$ 一致趋向于零. 同样，若对于某一 $z\in D$，$g(z)$ 趋向于

无穷大，则 c 趋向于无穷大，从而对所有 $z \in D$，$g(z)$ 一致趋向于无穷大.

现考虑由开单位圆中不取到值 0 及 1 的解析函数 f 权成的函数族 F. 将 z 限制在圆 D：$|z| \leqslant b < 1$ 上，并假定对某个 $f \in F$ 和某个 $z_0 \in D$，$f(z_0)$ 非常接近于 0，1，或者其值很大. 那么 $\mathrm{Im}\ g(z_0)$ 一定非常靠近实轴，或者其值很大，因而所有的 $g(D)$ 都一致地具有这一特性. 特别地，$f(0)$ 及 $f(D)$ 同时有界，而这就证明了萧特基定理. 显然带有定理的拓扑学内容的现代证明方法可见奈旺林纳的著作[7].

15.4 阿尔福斯的拓扑学证明

阿尔福斯为他本人赢得了菲尔兹奖的论文[2]实际上是对奈旺林纳理论的实质性内容提供了一个拓扑学的证明. 现在我们简要地介绍证明的思想，并说明可怎样用之于证明毕卡定理：在圆 $|z| = r_0$ 外解析的函数，若在无穷远处不要求是亚纯的，至多只能避开一个值.

阿尔福斯的证明用到了欧拉示性数，即两维集合三角剖分中的角点数减去边数再加上三角形数. 我们知道，欧拉示性数是一个拓扑不变量. 对于平面上的有界集，它等于 $1 - q$，其中 q 就是此集中的洞孔数.

证明的基础是胡尔维茨关于二维紧流形覆盖映射 $T: \bar{S} \to S$ 的一个定理. 这一定理说明：若 $T\bar{S}$ 覆盖 S 共 N 次，则

$$\chi(\bar{S}) - N\chi(S) - \sum(v(P) - 1)$$

其中χ是欧拉示性数，P跑过S的所有点，$v(P)$是$\overline{S}$在P上的点数. 若将所有的多重点当作$\overline{S}$的一个三角剖分的角点[①]，则立即可证得所要的结论. 作为特例，有

$$\chi(\overline{S}) \leqslant N\chi(S)$$

现设想f是从区域$S_0: R < |z| < \infty$到复平面C挖去q个点剩下的区域S的一个映射. 此时有$\chi(S) = 1 - q$. 此外，$\chi(S_0) = 0$，这也是象集$\overline{S} = f(S_0)$的欧拉示性数. 因此，应用胡尔维茨定理于这一非紧的情况，就得到

$$0 \leqslant N(1 - q)$$

其中N是某个大数，也许是无穷大，这就意味着$q \leqslant 1$. 这样推理当然完全是荒唐的，但阿尔福斯在论文中将其作为一个特例而精确得到了上述最后这个不等式. 粗略地说，他将f限制于环状区域$r_0 \leqslant |z| \leqslant r$，其中$r$为一大数，并考虑到边界，且用球面积之商来替代$N$，从而得到了上述结果. 在有关奈旺林纳理论的一章末尾，我们还要对阿尔福斯的论证进行更为充分但仍欠完整的介绍.

参考文献

AHLFORS L.

[1] Über eine neue Methode in der Theorie der meromophen Funktionen, Soc. Sci. Fenn. Comm. Phys.-Math. 8(1935), no. 10, 1-14.

[2] Zur Theorie der Überlagerungsflächen, Acta

① 请读者想通这一点.

Math. 65(1935),157-194.

BOREL E.

[3] Sur les zéros des fonctions entières, Acta Math. 20(1957),357-396.

[4] Leçcons sur les founctions entiéres, Paris, 1900.

LANDAU E.

[5] Darstellung und Begründung einiger neuerer Ergebnisse der Funktionentheorie, Berlin, 1929.

NEVANLINNA R.

[6] Le théorème de Picard-Borel et la théorie des fonctions méromorphes, Coll. Borel, Paris, 1929.

[7] Eindeutige Analytische Funktionen, Springer, 1936, zw. Auflage, 1953.

PICARD E.

[8] Sur une propriété des fonctions entières, Oeuvres I, p. 19.

[9] Mémoire des fonctions entières, Oeuvres I, pp. 39-60.

SCHOTTKY F.

[10] Über den Picard's chen Sats und die Bore's chen Ungleichungen, Sitzungsber. Der Kgl. Preussischen Akad. d. Wiss. Berlin Jahrgang 1904, pp. 1244-1262.

与整函数毕卡定理相关的两个定理[①]

第十六章

16.1 引 言

根据毕卡大定理，一个超越整函数（即不是多项式）在复平面上取每一复数为值无穷多次至多可能有一个例外．在此我将提出两个与毕卡定理相关的定理，而它们的证明仅用一般初等复分析的技巧．它们与已知的结果比较起来弱一些，弱到能使较广读者接受，强到足以引起读者兴趣．

---

① 原题"Two relatives of Picard's theorem on entire functions"，译自 Amer. Math. Monthly No. 1 1992，13-19.

毕卡定理在复变函数论中是非常深刻的结果，有种种证明，本章对毕卡定理的一个较弱的形式给出有趣且简单的证明．—— 校注

16.2 缺项幂级数

由幂级数系数的性质可推出此级数表示的函数的性质.例如,一个幂级数被称为“缺项的”,如果其大部分的系数为零.缺项的存在隐含着相关函数取值的信息.下述定理说明此事实.

定理 1 设 f 为一个超越整函数,其麦克劳林级数 $\sum_{k=1}^{\infty} a_k z^{n_k}$ 满足缺项条件

$$n_k - n_{k-1} \geqslant k^2 \quad (\text{对所有 } k \geqslant 2)$$

则 f 无例外地取每个复数无穷多次.

这个定理是别尔纳斯基[9,定理 35.2,p.164]的一个定理的特殊情形(其证明方法异于这里所用的).定理 1 的证明依赖于一个引理,它要用到幂级数中“最大项”和“中心指标”的初步知识(见[12],第四部分第一章),此处我们提出稍稍非标准的陈述方式.设 $f(z)=\sum_{k=1}^{\infty} a_n z^{n_k}$ 为一个超越整函数,则对每一个 $r \geqslant 0$,有 $|a_k| r^{n_k} \to 0(k \to \infty)$.所以 $\max\{|a_k| r^{n_k}\}$ 存在,我们表示它为 $m(r)$.除此之外,对每个正整数 k,设

$$I_k = \{r: |a_k| r^{n_k} = m(r)\}$$

然则 $\bigcup_{k=1}^{\infty} I_k = \{r: r \geqslant 0\}$.而且每个 I_k 是空集,一个点,或一个有界闭区间.因为当 $k > 1$ 时

$$I_k = \bigcap_{j:j<k} \{r: |a_k| r^{n_k} \geqslant |a_j| r^{n_j}\} \cap \bigcap_{j:j>k} \{r: |a_k| r^{n_k} \geqslant |a_j| r^{n_j}\}$$

而上式右边的交集或为$\{0\}$,或为一有界闭区间,而左边的交集或为空集或为一条闭射线;$k=1$ 有类似的讨论. 并且集 I_k 的内部是两两不相交的(若有一个 r 在 I_j 和 I_k 之内部且 $j\neq k$,则我们同时有 $|a_k|r^nk>|a_j|r^ni$ 和 $|a_i|r^nj>|a_k|r^nk$). 最后,如果 I_j 和 I_k 都是非空的,且 $j>k$,则 I_j 不能位于 I_k 的左边:因为如果$r\in I_j$,$s\in I_k$,则 $|a_j|r^nj\geqslant|a_k|r^nk$ 和$|a_k|s^nk\geqslant|a_j|s^nj$,所以有 $r\geqslant\left(\frac{|a_k|}{a_j}\right)^{1/(n_j-n_k)}\geqslant s$.

这里的引理表明,如果 I_k 足够长,则存在一个 r(相当接近 I_k 的中点)使得最大项 $|a_k|r^nk$ 比较起 f 的级数的其他项之和是非常大的.

引理 1 设 f 满足定理 1 的假设. 又设 k 是大于 1 的整数,使得 $I_k=[c,d]$ 时有

$$\log\frac{d}{c}>\frac{2\log(3k)}{k^2}\tag{16.1}$$

则在 I_k 内存在一个 r 使得对每个 $|z|=r$ 上的 z 有

$$|f(z)-a_kz^{n_k}|<|a_kz^{n_k}|\tag{16.2}$$

以下是定理 1 的证明. 引理 1 稍后再证.

我们必须证明对每个复数 w,方程 $f(z)=w$ 有无穷多个解 z. 不失一般性,我们可以假设 $w=0$,因为 $f-w$ 满足定理的假设.

对每个 k 使得 I_k 是非空集者,令 $I_k=[c_k,d_k]$(此处如果 I_k 为一点,则 $c_k=d_k$). 现若对一给定的 k 式(16.1)成立,则根据引理 1 和罗特定理在 $D(0;d_k)$ 内 f 最少有 n_k 个零点(这里和以后,$D(w;r)$ 表示一个以 w 为圆心,r 为半径的圆盘). 所以我们只需证明有无穷多个 k 值满足(16.1)即可.

假设仅有有限多个这些 k 值，则实质上区间 I_k 太短使得不能填满$\{r:r\geqslant 0\}$. 详证如下：这里存在 K 使得 $c_K>0$ 和

$$\sum_{\substack{k=K\\ I_k\neq\phi}}^{\infty}\log\frac{d_k}{c_k}\leqslant\sum_{k=K}^{\infty}\frac{2\log(3k)}{k^2}<\infty$$

但这是不可能的，因为

$$\sum_{\substack{k=K\\ I_k\neq\phi}}^{\infty}\log\frac{d_k}{c_k}=\sum_{\substack{k=K\\ I_k\neq\phi}}^{\infty}\int_{c_k}^{d_k}\frac{\mathrm{d}t}{t}=\int_{c_K}^{\infty}\frac{\mathrm{d}t}{t}=\infty$$

因此有无穷多个 k 满足(1). 定理 1 证毕.

引理 1 的证明 在(c,d)内选取 r. 对所有$|z|=r$上的 z

$$|f(z)-a_kz^{n_k}|\leqslant\sum_{j=1}^{k-1}|a_j|r^{n_j}+\sum_{j=k+1}^{\infty}|a_j|r^{n_j}$$

我们须求上式两个和的上界. 首先考虑第二个和项. 选 $j>k$，由 I_k 的定义有$|a_j|d^{n_j}\leqslant|a_k|d^{n_k}$ 对所有 j. 而且由缺项条件得出

$$n_j-n_k=\sum_{t=k+1}^{j}(n_t-n_{t-1})\geqslant\sum_{t=k+1}^{j}t^2>$$

$$\sum_{t=k+1}^{j}k^2=k^2(j-k)$$

因此，由于 $r<d$

$$\frac{|a_j|r^{n_j}}{|a_k|r^{n_k}}=\frac{|a_j|}{|a_k|}r^{n_j-n_k}\leqslant\left(\frac{r}{d}\right)^{n_j-n_k}<\left\{\left(\frac{r}{d}\right)^{k^2}\right\}^{j-k}$$

所以由(2)我们有，如果$|z|=\sqrt{cd}$，则

$$\frac{|f(z)-a_kz^{n_k}|}{|a_kz^{n_k}|}<\frac{\left(\sqrt{\frac{c}{d}}\right)^{k^2}}{1-\left(\sqrt{\frac{c}{d}}\right)^{k^2}}+k\left(\sqrt{\frac{c}{d}}\right)^{k^2}$$

但由(1)，$k\left(\sqrt{\frac{c}{d}}\right)k^2 < \frac{1}{3}$，故上式右端小于 $\frac{\frac{1}{3}}{1+\frac{1}{3}} + \frac{1}{3} < 1$. 引理 1 证毕.

我们所用的证明定理 1 的技巧在幂级数的研究中是非常普遍的，可参阅[4]，[5] 和[7].

16.3　朱利亚线

这是一个加细毕卡定理的有趣问题. 设扇形 $S(\varphi,\varepsilon)=\{z \mid \arg z-\varphi \mid<\varepsilon\}$ 和射线 $R(\varphi)=\{z, \arg z=\varphi\}$，$R(\varphi)$ 称为朱利亚线①，如果对每个 $\varepsilon>0$，f 在 $S(\varphi,\varepsilon)$ 取每一个复数无穷多次可能除去一个例外. 加细的是每一个超越整函数最少有一条朱利亚线.

这里我将证明一个较弱的朱利亚定理(但它较卡索拉蒂－维尔斯特拉斯定理强). 我们称射线 $R(\varphi)$ 为 f 的弱朱利亚线，如果对每个 $\varepsilon>0$ 和每个 $r>0$，$S(\varphi,\varepsilon)\cap\{z, \mid z \mid>r\}$ 在 f 下的象在平面上是稠的.

定理 2　每个超越整函数最少具有一条弱朱利亚线.

证明类似于卡特赖特给出的朱利亚线存在性的证明(参阅[3]，定理 63，102 页). 主要的差别是[3] 中起作用的是萧特基定理，而此处是用一个较弱的引理且其证明简单.

---

① 有其他定义，见[3，p. 100].

引理 2 设 F 为 $D(0;1)$ 内的一个解析函数. 若 w 为一复数,δ 为一正整使得对 $D(0;1)$ 内的所有 u 有

$$|F(u)-w|\geqslant\delta$$

则对 $D\left(0;\frac{1}{5}\right)$ 内的 u 有

$$|F(u)|<\frac{5M^2}{\delta}$$

其中 $M=\max\{|w|,|F(0)|,\delta\}$.

在证明引理 2 之前,我们先指出如何引用引理 2 导出定理 2.

定理 2 的证明 我们在稍后将见到存在圆盘 $\{D_n\}_{n=1}^{\infty}=\left\{D\left(r_n e^{i\lambda_n};\frac{r_n}{n}\right)\right\}_{n=1}^{\infty}$ 使得 $r_n\to\infty$ 和 $0\leqslant\lambda_n\leqslant 2\pi$ 以及使得每一个由无穷多个 D_n 组成的并集 U,象 $f(U)$ 在复平面上是稠的. 然而定理从这些圆盘的存在性得到,因为 $\{\lambda_n\}_{n=1}^{\infty}$ 在 $[0,2\pi]$ 上至少具有一个聚点 λ,并且每个扇形 $S(\lambda,\varepsilon)$ 包含无穷多个 D_n. 因此线 $R(\lambda)$ 即是弱朱利亚线.

为构造圆盘,首先选取序列 $\{w_k\}_{k=1}^{\infty}$,它以复平面的所有点为聚点,又取出一个正整数 n. 根据卡索拉蒂－维尔斯特拉斯定理,对每一个 $r>0$,$f(\{z,|z|>r\})$ 在复平面上是稠的. 所以必存在一个复数 z_0,其模可以任意大使得 $|f(z_0)|<1$. 设 z_0 是这样一个复数,$r=|z_0|$, 又设对每个实数 θ, $f\left(D\left(re^{i\theta};\frac{r}{n}\right)\right)$ 最少与圆盘 $D\left(w_1;\frac{1}{n}\right),\cdots,D\left(w_n;\frac{1}{n}\right)$ 之一不相交. 这个假设导致 $|f|$ 在 $D(0;r)$ 的一个上界如下;设 $f\left(D\left(z_0;\frac{r}{n}\right)\right)$ 不交于 $D\left(w_j;\frac{1}{n}\right)$,

则由引理 2 得出：若 $\delta=\frac{1}{n}, w=w_j$ 和 $F(u)=f\left(z_0+\frac{ru}{n}\right)$ 便有

$$|f(z)|<5n\left[\max\left\{|w_j|,|f(z_0)|,\frac{1}{n}\right\}\right]^2\leqslant 5nA^2$$

对所有的 $D\left(z_0;\frac{r}{5n}\right)$ 上的 z 成立，其中 $A=\max\{|w_1|,\cdots,|w_n|,1\}$. 再次令 $z_1=z_0\mathrm{e}^{\mathrm{i}\pi/15n}$，则 $z_1\in D\left(z_0;\frac{r}{5n}\right)$，因为

$$|z_1-z_0|=2r\sin\left(\frac{\pi}{30n}\right)<2r\frac{\pi}{30n}<\frac{r}{5n}$$

所以应用引理 2(可能有不同的 w_j) 于函数 $F(u)=f\left(z_1+\frac{ru}{n}\right)$，我们找到对 $D\left(z_1;\frac{r}{5n}\right)$ 上的 z 有

$$|f(z)|<5n\left[\max\left\{|w_j|,|f(z_1)|,\frac{1}{n}\right\}\right]^2\leqslant 5n(5nA^2)^2=(5n)^3A^4$$

这个过程可以重复地进行($z_2=z_1\mathrm{e}^{\mathrm{i}\pi/15n},\cdots$) 并得出 $30n$ 个重叠的圆盘，它们的并集包含圆周 $\{z,|z|=r\}$ 并使得这些圆盘的每一个上有 $|f|<(5n)^{p-1}A^p$，其中 $p=2^{30n}$.(最重要的是这个界与 z_0 无关)应用最大模原理，在 $D(0;r)$ 上便得 $|f|<(5n)^{p-1}A^p$.

于是有一个圆盘 $D_n=D\left(r_n\mathrm{e}^{\mathrm{i}\lambda_n};\frac{r_n}{n}\right), r_n>n$，它的象点与所有圆盘 $D\left(w_1;\frac{1}{n}\right),\cdots,D\left(w_n;\frac{1}{n}\right)$ 相交；否则上面的讨论将会对任意大的 z_0 成立. 而 f 将会有界，因此根据刘维尔定理，f 是一个常数，这样就与所假设的 f 是一个超越整函数矛盾.

所构造的圆盘$\{D_n\}_{n=1}^{\infty}$具有所要求的性质．特别地，对每个无穷多圆盘的并集U，$f(U)$在复平面上为稠的．设U是这样一个并集，w为一复数，又设$\{v_k\}$是$\{w_j\}_{j=1}^{\infty}$的一个子序列使得$v_k \to w$．点列a_k和圆盘序列D_{n_k}可选取使得$a_k \in D_{n_k} \subset U$和$|f(a_k)-v_k| \to 0$．于是$f(a_k) \to w$．由于$w$是任意的，所以$f(U)$在平面上为稠的．这就完成了定理的证明．

引理2的证明　要求证如下的结论：若g是$D(0;1)$上的解析函数使得对$D(0;1)$上的所有点u满足$|f(u)| \geqslant 1$，则对$D\left(0;\dfrac{1}{5}\right)$上的点$u$有$|g(u)| < |g(0)|^2$．（似乎很出奇，$|g(u)|$的下界可暗示出相同数量的上界，但可考虑特殊情形：$g(u)=a+bu$，其中$a$和$b$为复常数．此处$g(D(0;1))=D(g(0);|g(u)-g(0)|)$对每个模为1的$u$成立，且象圆与$D(0;1)$相交除非$|g(u)-g(0)| \leqslant |g(0)|-1$．于是在此情形下所宣称的假设意味着对所有$D(0;1)$上的$u$有$|g(u)| \leqslant 2|g(0)|-1$．若应用上述结果于$[F(u)-w]/\delta$我们能推出引理2：这就给出，对所有$D(0;1/s)$上的$u$

$$|F(u)-w| < \frac{|F(0)-w|^2}{\delta} \leqslant \frac{[|F(0)|+|w|]^2}{\delta} \leqslant \frac{4M^2}{\delta}$$

所以由于$M \geqslant \delta$，$|F(u)| < \dfrac{4M^2}{\delta}+|w|$便得

$$|F(u)| \leqslant \frac{4M^2}{\delta}+|w| \leqslant \frac{4M^2}{\delta}+M \leqslant \frac{5M^2}{\delta}$$

尝试证明求证的结论.设 $h=1/g$,则 h 在 $D(0;1)$ 内解析且有 $0<|h|\leqslant 1$.要找 g 的上界就要找 h 的下界.现在 h 为很小,它不能改变得很快,故 $|h(u)|$ 不会比 $|h(0)|$ 小很多.更准确地,对 $D(0;1)$ 内的 u,微积分的基本定理隐含着

$$|h(u)|=|h(0)+h(u)-h(0)|\geqslant$$
$$|h(0)|-|h(u)-h(0)|\geqslant$$
$$|h(0)|-\int_0^u |h'(u)||\mathrm{d}u|$$

其中求积分沿着联结 0 到 u 的线段进行.但对 $D(0;1/5)$ 上的所有 v,柯西不等式给出

$$|h'(u)|\leqslant \left(\frac{4}{5}\right)^{-1}\max\{|h(z)||:z\in$$
$$D(v;\frac{4}{5})\}\leqslant \frac{5}{4}$$

所以对于 $D(0;\frac{1}{5})$ 上的 u

$$|h(u)|\geqslant |h(0)|-\frac{5|u|}{4}>|h(0)|-\frac{1}{4}$$

这里我们关注于下述问题:此不等式仅当 $|h(0)|>\frac{1}{4}$ 时是有用的,而我们未有关于 $|h(0)|$ 的下界.

要求证结论的证明,再次设 $h=\frac{1}{g}$.对每个 $s>0$ 有 $[h(u)]^s$ 的一个分支 H 在 $D(0;1)$ 是解析的.(此分支表为 $\exp\{sL(z)\}$,其中 $L(z)$ 是 $\log h(z)$ 在 $D(0;1)$ 内的一个分支.这是存在的,因为 h 在 $D(0;1)$ 上不等于 0.)于是 $|H(u)|\leqslant 1$.所以在尝试证明中的计算当 h 代以 H 时保持有效.于是当 $\|u\|<\frac{1}{5}$

$$|h(u)|^s > |h(0)|^s - \frac{1}{4} \qquad (16.3)$$

想法是使左面为正，当 $|h(0)|$ 很小时选取一个小的 s. 这是可以达到的，如在开区间 $\left(0, \frac{-\log 4}{\log|h(0)|}\right)$ 中选取 s 即可. 若 s 是区间的中点，则由于 $x^{1/\log x}=\mathrm{e}$ 对 $x>0$. 式(3) 成为

$$\begin{aligned}|h(u)| > (|h(0)|^s - 1/4)^{1/s} = \\ (\mathrm{e}^{-\log 2} - 1/4)^{-\log|h(0)|/\log 2} = \\ |h(0)|^2\end{aligned}$$

这就证明了我们的结论，从而引理 2 成立.（s 的选取是使得式(16.3) 的右面为最大，但 $(0, -\log 4/\log|h(0)|)$ 中任一 s 将导出一个类似于引理 2 的引理，因此导出一个定理 2 的类似证明.）

16.4 例和练习

例子是关于朱利亚线的而练习是关于弱朱利亚线.（将会有兴趣的是去了解究竟两种想法是否等价：即是否每一弱朱利亚线都是朱利亚线？）

有些函数只有一条朱利亚线. 例如[11，问题158－160，135 页]，存在一个超越整函数 g，在半条带 $\{x+\mathrm{i}y; x>0, 和 -\pi<y<\pi\}$ 外有界. g 的唯一朱利亚线是 $R(0)$. 任意给定的 $[0,2\pi]$ 的有限子集 T，能构造一个函数它的朱利亚线是 $R(\varphi)$ 使得 $\varphi\in T$：只要加上 g 的若干个旋转即可. 一般[10，定理 Ⅰb，431 页或1，定理 1，61 页]，$[0,2\pi]$ 的每一个非空闭集构成某个整函数的朱利亚线集.

然而整函数的某种性态暗示其朱利亚线位置的特殊信息.我将给出两个例子.

首先设 $f(z)=\sum_{k=1}^{\infty}a_kz^{n_k}$ 是一个超越整函数.若对所有 k 有 $n_k=pk$,p 为一正整数,则对所有 z 有 $f(ze^{2\pi i/p})=f(z)$.所以 f 在每一个扇形 $S(\varphi,\varepsilon)$ 最少有一条朱利亚线使得 $\varepsilon>\pi/p$.于是朱利亚线当 p 越大则越密集的分布在所有方向.这种情况提示,若 f 是一函数使得 n_k 增长得足够快,则每条射线 $R(\varphi)$ 都可能成为朱利亚线.

练习 1 试证,若 f 是一超越整函数使得 $f(z)=\sum_{k=1}^{\infty}a_kz^{n_k}$,其中 $n_k=Q^k$,Q 是大于 1 的整数,则每一射线 $R(\varphi)$ 是一弱朱利亚线.

海曼[6]曾指出,若 $n_k/k\to\infty$,则 f 在每个 $S(\varphi,\varepsilon)$ 上取每一复数值无穷多次.

另一例涉及函数的增长性.米塔 — 列夫勒函数如[8,127—128 页或 3,50—52 页]所定义,对于(0,2)中的 a

$$E_a(z)=\sum_{n=0}^{\infty}\frac{z^n}{\Gamma(1+an)}$$

其中 Γ 表示欧拉的 gamma 函数[2,215 页].现在对 $S(-a\pi/2,a\pi/2)$ 之外的 z 函数 $E_a(z)$ 是有界的.同时若 $z^{1/a}$ 是幂函数的主分支,则 $E_a(z)-\exp z^{1/p}$ 对此扇形内的 z 是有界的,所以对 $(0,a\pi/2)$ 中的每个 ψ,当 $r\to\infty$ 时 $|E_a(re^{i\theta})|\to\infty$ 对 $\theta\in(-\psi,\psi)$ 是一致的.这些可由施瓦茨反射原理得出的事实隐含着 E_a 恰有两条朱利亚线:$R(\pm a\pi/2)$.E_a 在 $R(0)$ 增长得越快(即

我们选取 a 越小），这些线就越接近 $R(0)$. 这个事实建议下面的结果，这是一个波利亚定理的非常弱的形式[10，定理 Vb，440 页].

练习 2 试证，若 $f(z)=\sum_{n=0}^{\infty} a_n z^n$ 为一整函数使得 $a_n \geqslant 0$ 对所有 n 且使得对每个 $s>0$，$f(x)/\exp(x^s) \to \infty$ 当 $x \to \infty$ 沿正实数，则 $R(0)$ 是 f 的弱朱利亚线.

（李显明译，何育赞校）

参考文献

[1] J. M. Anderson and J. Clunie, Entire functions of finite order and lines of Julia, Math. Z., 112 (1969) 59-73.

[2] J. Bak and D. J. Newman, Complex Analysis, Springer-Verlag, New York, 1982.

[3] M. L. Cartwright, Integral Functions, Cambridge, 1956.

[4] W. H. J. Fuchs, On the zeros of power series with Hadamard gaps, Nagaya Math. J., 29 (1967) 167-174.

[5] D Gnuschke-Hauschild and Ch. Pommerenke, On dominance in Hadamard gap series, Complex Variables, 9(1987) 189-197.

[6] W. K. Hayman, Angular value distribution of power series with gaps, Proc London Math. Soc., (3) 24 (1972) 590-624.

[7] W. K. Hayman, The local growth of power series: a survey of the Wiman-Valiron method, Canad. Math. Bull., 17(1974)317-358.

[8] M. Heins, Selected Topics in the Classical Theory of Functions of a Complex Variable, Holt, Rinehart and Winston, New York, 1962.

[9] M. Marden, Geometry of Polynomials, second edition, American Mathematical Society, Providence, 1985.

[10] G. Pòlya, Untersuchungeu über Lücken und Singularitäten von Potenzreihen. Collected Papers, Vol. I, ed. R. P. Boas, Massachussetts Institute of Technology Press, Cambridge, pp. 363-454.

[11] G. Pòlya and G. Szegö, Problems and Theorems in Analysis, Vol. 1, Springer-Verlag, New York, 1972.

[12] G. Pòlya and G. Szegö, Problems and Theorems in Analysis, Vol. 2, Springer-Verlag, New York, 1976.

代数曲面[①]

第十七章

很高兴能到中国并在这里作报告.我想就代数曲面方面作几次演讲,从最基本的复流形定义讲起,一直到近年来的一些进展.这个报告也许可以看作是对不专门从事研究代数曲面的人们的一个介绍.许多地方,我仅仅叙述了定理的结果,证明可以在所引出的文献中找到.基本的参考文献是[2],[3],[6].

17.1 定　　义

复流形　X 是一个拓扑流形,它有一个开覆盖 $\{\boldsymbol{u}_i\}$ 及同胚 $\varphi_i:\boldsymbol{u}_i\to\boldsymbol{v}_i\subset\mathbf{C}^n$,其中 $\mathbf{C}$ 为复平面,$\boldsymbol{v}_i$ 开于 $\mathbf{C}^n$,使得坐标变换 $\varphi_j\circ\varphi_i^{-1}$ 为全纯.

① 这是希策布鲁赫教授于 1981 年 9 月 21 日到 30 日在科学院数学所所作的一系列讲座的记录整理稿,并经过作者本人审阅.

例如,复射影空间 $\mathbf{P}_n\mathbf{C}$(即 $\mathbf{C}^{n+1}$ 中所有经过原点的复直线的集合)是一个复流形;它的开覆盖 $\boldsymbol{u}_i=\{[z]\mid z_i\neq 0\}$,其中$[z]=[z_0,\cdots,z_n]$ 为 $\mathbf{P}_n\mathbf{C}$ 的齐次坐标,$\boldsymbol{u}_i$ 通过非齐次坐标$(z_0/z_i,\cdots,\hat{z}_i/z_i,\cdots,z_n/z_i)$ 与 $\mathbf{C}^n$ 同胚.在复流形上可通过局部坐标,定义在开子集上的全函数的概念,这个定义与坐标选取无关.还可定义复流形 X,Y 之间的全纯映射 $\varphi:X\to Y$,即对 Y 上任意局部定义的全纯函数 $f,f\circ\varphi$ 总为全纯.

紧复流形 X 称为代数的(更准确地说,是射影代数的),如果 X 能够全纯嵌入到某个 $\mathbf{P}_2\mathbf{C}$ 中.由周纬良定理,$\mathbf{P}_2\mathbf{C}$ 中的子流形(更一般地,解析子簇)必为代数集,即是 $z_0,\cdots,z_N$ 的一组齐次多项式的零点集合.复数维数等于 2 的代数流形叫(光滑)代数曲面.

复流形上也能定义半纯函数的概念.粗略地说,就是可以局部表示为两个全纯函数的商的函数.在代数流形上,半纯函数总是存在的,它们构成一个域 $\mathscr{M}(X)$.例如当 $X=\mathbf{P}_2\mathbf{C}$ 时,$\mathscr{M}(X)=\mathbf{C}(z_1/z_0,z_2/z_0)$,它对 $\mathbf{C}$ 的超越度 $\mathrm{tr}.d_c\mathscr{M}(X)=2$;对一般复曲面(二维复流形)成立 $\mathrm{tr}.d_c(\mathscr{M}(X))\leqslant 2$.它们之间关系由 Kodaira 的定理表明:

定理　紧复曲面 X 为代数流形的充要条件为

$$\mathrm{tr}.d_c(\mathscr{M}(X))=2$$

设 $f(z_0,\cdots,z_n)$ 为一 d 次齐次多项式,那么 $f=0$ 定义了 $\mathbf{P}_n\mathbf{C}$ 中的一个 $n-1$ 维代数集$\{[z]\mid f(z)=0\}$.如果在一个点有$\dfrac{\partial f}{\partial z_0}=\cdots=\dfrac{\partial f}{\partial z_n}=0$,称这个点为$\{f=0\}$的奇点;如果$\{f=0\}$没有奇点,就称它为光滑的,它是

一个代数流形.例如,$z_0^d+z_1^d+z_2^d+z_3^d=0$ 就是 $\mathbf{P}_3\mathbf{C}$ 中的光滑代数曲面.

代数流形也可以内蕴涵地定义.举两个例子来说明:

(1) 超椭圆曲线 X, 是双值函数 $\sqrt{(z-a_1)(z-a_2)\cdots(z-a_n)}$ 的黎曼面,其中 n 为偶数,a_i 互不相同.它是 $\mathbf{P}_1\mathbf{C}$ 的二重分歧复叠,每个 a_i 对应于一个二次分歧点.

(2) 分歧点集为曲线的 $\mathbf{P}_2\mathbf{C}$ 的二重复叠

设 n 为偶数,$f(z_0,z_1,z_2)$ 为 n 次齐次多项式,令 $C=\{f=0\}$ 为光滑曲线,那么双值函数 $\sqrt{f/z_0^n}$ 定义了 $\mathbf{P}_2\mathbf{C}$ 的一个二重复叠 X_f,分歧点集为 C,X_f 是一个紧致和光滑的代数曲面,而 $\pi:X_f\to\mathbf{P}_2\mathbf{C}$ 可以局部地表为 $w_1=u^2,w_2=v$,C 为 $w_1=0$.因为 $\mathscr{M}(X_f)=\mathscr{M}(\mathbf{P}_2\mathbf{C})$,($\sqrt{f/z_0^n}$) 的超越度为 2,所以由小平定理,$X_f$ 是代数流形.

17.2 欧拉示性数和基数原理

黎曼面可以通过欧拉-庞加莱示性数 e 进行完全的拓扑分类.如果一个拓扑空间可剖分,定义 $e(X)=c_0-c_1+c_2-\cdots$,其中 c_i 表示剖分中 i 维单形的个数.这是一个拓扑不变量.

在一定条件下,欧拉数满足

$$e(X\times Y)=e(X)\cdot e(Y)$$

$$e(X\cup Y)=e(X)+e(Y)-e(X\cap Y)$$

和集合的基数间的关系相似，故称为基数原理.

例 1　超椭圆曲线.

让 D_i 为中心在 a_i 的小圆盘，且互不相交，则有 $e(D_i)=1$，$e(S^1)=0$，$e(\mathbf{P}_1)=2$. 因此，$e(Y)=2-n$，其中 $Y=\mathbf{P}_1-\bigcup_{i=1}^{n} D_i$. 另一方面，$X=\pi^{-1}(Y)U\bigcup\pi^{-1}(D_i)$，因此 $e(X)=2(2-n)+n=4-n$.

例 2　$\mathbf{P}_2\mathbf{C}$ 中的 d 次曲线 C（图 60）.

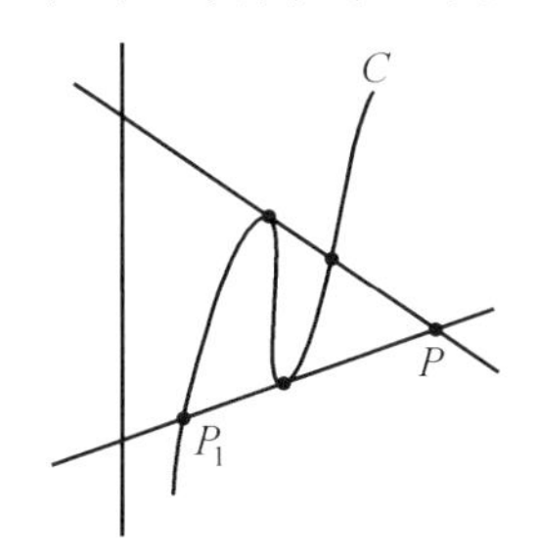

图 60

对于曲线 C，总存在平面上一个点 P（一般点），以 P 为中心可将 C 投射到 $\mathbf{P}_1$ 上. 经过点 P，正好有 $d(d-1)$ 条直线与 C 相切，每条这样的切线除切点外，交 C 于 $d-2$ 个点，因此 C 是 $\mathbf{P}_1\mathbf{C}$ 的 d 重覆叠，每个切点对应一个二重分歧点. 因而依基数原理，有

$$e(C)=-d^2+3d$$

例 3　平面的二重分歧覆叠 X_f.

这时，曲线 $\{f=0\}$ 在 $\mathbf{P}_2\mathbf{C}$ 中有一个管状邻域，它的欧拉数等于曲线的欧拉数；因此应用基数原理可得 $e(X_f)=2\times 3-e(C)=6+n^2-3n$，其中 $n=\deg f$（这时我们用了管状邻域的边界为一个 s^1- 丛的事实；自然它的欧拉示性数为零）.

17.3 几何亏格

在代数曲面上,我们可以定义全纯 2－形式,即局部可以表示为 $\omega=f(z_1,z_2)\mathrm{d}z_1\wedge\mathrm{d}z_2$ 的微分形式,其中 (z_1,z_2) 为局部坐标,f 为全纯函数;这与黎曼面上的定义相仿. 如果有另外一个坐标 (w_1,w_2),那么

$$\omega=f(z_1(w_1,w_2),z_2(w_1,w_2))\frac{\partial(z_1,z_2)}{\partial(w_1,w_2)}\mathrm{d}w_1\wedge\mathrm{d}w_2$$

可以证明所有的全纯 2－形式构成一个 $\mathbf{C}$ 上的有限维向量空间,其维数称为曲面的几何亏格,记为 p_g. 有一些代数曲面上没有任何全纯 2－形式(例如 $\mathbf{P}_2\mathbf{C}$),即 $p_g=0$,然而半纯 2－形式总存在,因为任取两个独立的半纯函数 f_1,f_2,则 $\omega=\mathrm{d}f_1\wedge\mathrm{d}f_2$ 就是一个半纯 2－形式.

有时,我们能从全纯 n－形式的一般表达式来计算 p_g,其中 n 为流形的维数. 下面是两个例子.

例 1 超椭圆曲线 **X**.

设 $\omega=gz_0^2/\sqrt{f}\cdot\mathrm{d}(z_i/z_0)$,其中 $f=(z_1-a_1z_0)\cdots(z_1-a_nz_0)$,$g$ 为一个 $\frac{1}{2}n-2$ 次的齐次多项式. 显然 ω 是个半纯微分形式. 可以断言,这样的 ω 必为全纯.

事实上,$\mathbf{P}_2\mathbf{C}=\mathbf{C}\cup\{\infty\}$,令 $z=z_1/z_0$ 为 $\mathbf{C}$ 的非齐次坐标. 于是在 $\mathbf{C}$ 中,$\omega=\tilde{g}(z)\sqrt{f(z)}\cdot\mathrm{d}z$. 如果 $\tilde{g}$ 在 $\mathbf{C}$ 上全纯,那么 ω 除在分歧点 $\pi^{-1}(a_i)$ 外也全纯. 在 $\pi^{-1}(a_i)$ 和 a_i 附近分别引进局部坐标 w 和 u,使得 $w=0$ 表示分歧点,即 $w=\sqrt{f}$,$u=w^2$. 在这个坐标系下

$$\omega=\widetilde{g}(w^2)/w\mathrm{d}(w^2)=2\widetilde{g}(w^2)\mathrm{d}w$$

故为全纯. 至于在 ∞ 点,令 $\zeta=\dfrac{1}{z}$,那么在 $\zeta=0$ 附近

$$\omega=\widetilde{g}\left(\frac{1}{\zeta}\right)\sqrt{\widetilde{f}\left(\frac{1}{\zeta}\right)}\cdot\frac{-\mathrm{d}\zeta}{\zeta^2}$$

因为 $\sqrt{\widetilde{f}\left(\frac{1}{\zeta}\right)}$ 在 $\zeta=0$ 是 $\frac{1}{2}n$ 次的极点,所以 ω 为全纯的充要条件是 $n\geqslant 4$ 且 $\widetilde{g}$ 在 ∞ 至多只有 $\frac{1}{2}n-2$ 次的极点.

因此,我们证明了 ω 在 X 上为全纯的充要条件是 $\widetilde{g}$ 在 $\mathbf{C}$ 为全纯而在 ∞ 最多是 $\frac{1}{2}n-2$ 阶的极点,这就是说 $\widetilde{g}(z)$ 是一个次数 $\leqslant\frac{1}{2}n-2$ 的多项式,因而 $p_g=\frac{1}{2}n-1$.

例 2　平面的分歧覆叠 $\mathbf{X}_f$.

设 f 是一个 n 次非异齐次多项式,其中 $n\geqslant 6$ 为偶数. 由隐函数定理,可在分歧点附近引进坐标 (w,v),使得 $w=\sqrt{\frac{f}{z_0^n}}$,$\pi(w,v)=(x^2,y)$,(x,y) 为 $\mathbf{P}_2\mathbf{C}$ 上的局部坐标.

令 $\omega=\frac{h}{\sqrt{f}}z_0^3\mathrm{d}\left(\frac{z_1}{z_0}\right)\wedge\mathrm{d}\left(\frac{z_2}{z_0}\right)$,其中 h 为 (z_0,z_1,z_2) 的齐次多项式,次数为 $\frac{1}{2}n-3$. 容易验证 ω 在 X_f 上全纯. 因此,$p_g\geqslant\frac{1}{2}\left(\frac{n}{2}-1\right)\left(\frac{n}{2}-2\right)$,右端正是 $\frac{1}{2}n-3$ 次齐次多项式组成的线性空间的维数.

后面将证明上式是一个等式,即所有 X_f 上的全纯 2-形式必为这样的 ω.

17.4 典则除子

设 C_i 为代数曲面 X 上的不可约曲线,则有限式和 $\sum m_i C_i, m_i \in \mathbf{Z}$,称为 X 上的一个除子. 如果 f 是 X 上的一个半纯函数,局部可表示为 $f=\frac{g}{h}$,则可定义一个除子 $(f)=(f)_0-(f)_\infty$,其中 $(f)_0$,$(f)_\infty$ 分别表示使 g 与 h 为 0 的那些不可约曲线的集合,每条曲线都计算了重数. [见[2],130 页]

X 上所有的除子集自然地构成一个 Abel 群,记为 $\mathrm{Div}(X)$.

对两个除子 D_1, D_2,如果存在一个半纯函数 f,使得 $D_1-D_2=(f)$,就称 D_1, D_2 线性等价,这是除子间的一个等价关系 ~,并称 $\vartheta=\mathrm{Div}(X)/\sim$ 为除子类群.

设 ω 是 X 上的一个半纯 2-形式,我们可以定义除子 (ω). 设 $\{U_i\}$ 为 X 的坐标覆盖,在每个 U_i 中,$\omega=f_i \mathrm{d}z_1 \wedge \mathrm{d}z_2$,那么 $\{f_i\}$ 便定义了 X 上的一个除子,记为 (ω). 因为任意两个半纯形式的商为一个半纯函数,所以它们决定的除子线性等价. 这个等价类记为 K,称为 X 的典则除子.

例 1 $X=\mathbf{P}_2\mathbf{C}$.

设 C 为一条 n 次不可约曲线,由 $f=0$ 定义,则 f/z_0^n 是 $\mathbf{P}_2\mathbf{C}$ 上的半纯函数,因此 $C \sim nL$,其中 $L=\{z_0=0\}$. 因而 $\vartheta \cong \mathbf{Z}$.

计算典则除子 K 如下：在 $U_0=\{z_0\neq 0\}$ 中取半纯微分形式 $\omega=\mathrm{d}(z_1/z_0)\wedge\mathrm{d}(z_2/z_0)$，令 $x=z_1/z_0$，$y=z_2/z_0$ 为仿射坐标. 在 $U_1=\{z_1\neq 0\}$ 中设仿射坐标是 (u,v)，则 $u=\dfrac{1}{x}$，$v=\dfrac{y}{x}$，于是 $\omega=-\dfrac{1}{u^3}\mathrm{d}u\wedge\mathrm{d}v$ 在 $U_0\cap U_1$ 中成立，即 $(\omega)=-3L$.

我们还可由此推出 $p_g=0$.

例 2　$X=X_f$.

因为 $\pi:X_f\to\mathbf{P}_2\mathbf{C}$ 为全纯，所以 $\mathbf{P}_2\mathbf{C}$ 上任一半纯二次形式可拉回到 X_f 上的半纯二次形式 $\pi^*\omega$；应用前面提到的局部坐标 (w,v)，则有

$$(\pi^*\omega)=(\omega)+\frac{1}{2}C\sim-3L+\frac{n}{2}L=\left(\frac{n}{2}-3\right)L$$

因此 X_f 上的典则线丛便是 $(\pi^*H)^{\frac{n}{2}-3}$，其中 H 是 $\mathbf{P}_2\mathbf{C}$ 上的超平面从[2,145 页]，而 $(H)^{\frac{n}{2}-3}$ 的全纯截影空间对应于数次为 $\dfrac{1}{2}n-3$ 的齐次多项式全体，故 $p_g=\dfrac{1}{2}\left(\dfrac{1}{2}n-1\right)\left(\dfrac{1}{2}n-2\right)$.

17.5　除子的相交数

在代数曲面 X 上，两条不同的不可约曲线 C_1 与 C_2 可能不相交，但如果相交，必交于有限个点. 对于每个交点，我们能给出一个相应的正整数，称为这个交点的重数. 用 $C_1\cdot C_2$ 表示所有的交点按重数计算的个数，称为 C_1 与 C_2 的相交数. 这是一个非负整数，并且当 C_1，C_2 各在其除子类中变化时不变. 因此，我们得到

一个双线性形式

$$\vartheta \times \vartheta \to \mathbf{Z}$$

这里，当 $C_1 = C_2$ 时，我们可以在 C_1 的等价类中选取一个 C'，使 $C' \neq C_1$，而定义 $C_1 \cdot C_1 = C' \cdot C_1$.

例如，在 $\mathbf{P}_2\mathbf{C}$ 上，L 为一条直线，$L \cdot L = L \cdot L' = 1$，其中 L' 为另一条不同于 L 的直线.

在 $\mathbf{P}_2\mathbf{C}$ 上，设 d_i 表示 C_i 的次数，$i=1,2$，则 $C_1 \cdot C_2 = d_1 \cdot d_2$. 这称为平面曲线的贝祖定理.

典则除子 K 的自交数 K^2 是 X 的一个重要不变数. 例如

$$K^2(\mathbf{P}_2\mathbf{C}) = (-3L)^2 = 9L^2 = 9$$

$$K^2(X_f) = 2\left(\frac{n}{2} - z\right)^2 L^2 = 2\left(\frac{n}{2} - 3\right)^2$$

其中因子 2 是由于 π 为二重复叠映射的缘故.

17.6 符号差定理及诺特定理

我们知道，一个光滑的代数曲面 X 是一个可定向的紧致四维流形，$b_i = \mathrm{rank}_{\mathbf{Z}} H_i(X,\mathbf{Z})$ 称为第 i 个贝蒂数，而它的欧拉数 $e(X) = b_0 - b_1 + b_2 - b_3 + b_4$.

由拓扑学中的庞加莱对偶定理，有 $D: H^q(M,\mathbf{Z}) \xrightarrow{\sim} H_{n-q}(M,\mathbf{Z})$，其中 n 为定向流形的维数，因此 $e(X) = 2 - 2b_1 + b_2$.

另外，从上同调的 cup 积，有双线性形式

$$H^2(X,\mathbf{Z}) \times H^2(X,\mathbf{Z}) \to \mathbf{Z}$$

它诱导出在 $V = H^2(X,\mathbf{Z})/\mathrm{Tor}$ 上的整值双线性形式，从而给出了 $V \otimes \mathbf{R}$ 上的一个二次型. 设它的正负特征

值的个数分别为 b^+，b^-，则 $b_2=b^++b^-$.

b^++b^- 是一个重要的拓扑不变量，称为 X 的符号差. 由庞加莱对偶定理，$H^2(X,\mathbf{Z})\cong H_2(X,\mathbf{Z})$. 因此以上结果可以表示为 $H_2(X,\mathbf{Z})\times H_2(X,\mathbf{Z})\to\mathbf{Z}$. 这样的双线性形式，称为同调类的相交数.

X 上的不可约曲线 C 是一个紧子集，并且去掉所有奇点（有限个）是一个连通流形，所以它是一个 2 维闭链，从而每个除子都是一个 2 维闭链. 并且可以证明，线性等价的除子给出同调的二维闭链，因此将 C 对应 C 所表示的同调类$[C]$，便得到 $\vartheta\to H_2(X,\mathbf{Z})$，这个同态使得相交数不变：$C_1\cdot C_2=[C_1]\cdot[C_2]$，也就是说，几何相交数等于拓扑相交数.

由映射 $\vartheta\to H_2(X,\mathbf{Z})\to H_2(X,\mathbf{R})\xrightarrow{D^{-1}}H^2(X,R)$ 及德拉姆定理，对每一个除子类 $r\in\vartheta$，可以得到 $H^2(X,\mathbf{R})$ 中一个元，它由 2－形式 η 表示，满足

$$\int_r\omega=\int_x\omega\wedge\eta$$

其中 ω 为 X 上任意的闭 2－形式.

对于复流形的符号差，有公式

$$b^+-b^-=\frac{1}{3}(K^2-2e)$$

这就是所谓的符号差定理. 它是作者本人的一个定理的特殊情形.[3,86 页]

定义连通代数曲面的算术亏格 $\chi(X)$ 为 X 作为复流形的欧拉示性数，即 $\chi=1-\frac{1}{2}b_1+p_g$.

那么，我们有著名的马克思・诺特公式（他便是艾米・诺特的父亲）

$$\chi=\frac{1}{12}(K^2+e)$$

这是一个奇妙的定理.因为由它及符号差定理可以得到

$$\chi=\frac{1}{4}(e+b^+-b^-)\text{ 及 }1+2p_g=b^+$$

这表明,虽然 p_g,K^2,χ 都是由复结构定义的,但它们全是拓扑不变量.

对曲面 X_f,我们来验证诺特公式.

已知 $\mathbf{P}_2\mathbf{C}$ 中的 n 次曲线的补空间的基本群为 $\mathbf{Z}_n$(参照[6],164 页),因而 χ_f 中的分歧曲线的补空间必为单连通;那么,由塞弗特—范坎彭定理,χ_f 也为单连通.所以

$$\chi=1+p_g=1+\frac{1}{2}\left(\frac{n}{2}-1\right)\left(\frac{n}{2}-2\right)$$

同时

$$e=n^2-3n+6,K^2=2\left(\frac{n}{2}-3\right)^2$$

于是诺特公式便成为

$$\frac{1}{12}\left(n^2-3n+6+2\left(\frac{n}{2}-3\right)^2\right)=$$
$$1+\frac{1}{2}\left(\frac{n}{2}-1\right)\left(\frac{n}{2}-2\right)$$

17.7 毕卡数

我们已经知道,一个光滑代数曲面的不变量 K^2,p_g 及 χ 都是拓扑不变量,即仅依赖于曲面的拓扑结构,现在我们来介绍一个有名的新的不变量——毕卡

数 ρ，它对任一个光滑代数曲面都有定义并且本质地依赖于曲面的复结构.

正如在第 5 节中指出的，曲面 X 上的一条代数曲线代表了一个整系数的 2 维闭链，称它为代数闭链. 让 A 表示 $H_2(X,\mathbf{Z})$ 中代数闭链生成的子群. 它就是除子类群 ϑ 在 $H_2(X,\mathbf{Z})$ 中的象. 称 A 的秩 ρ 为 X 的毕卡数.

对于一个给定的代数曲面，要计算出 ρ 是非常困难的. 但是我们还是能给出一些估计. 为此，先叙述一些凯勒流形的性质(参照[2，第 116 页]).

作为凯勒流形的光滑代数曲面，它的复域上的上同调群有下面的霍奇分解

$$H^2(X,\mathbf{C})=H^{1,1}(X)\oplus H^{2,0}(X)\oplus H^{0,2}(X)$$

其中 $H^{0,2}(X)$ 表示 X 上全纯 2－形式所组成的空间，因而它的维数为 p_g，同时在 $H^2(X,\mathbf{C})=H^2(X,\mathbf{R})\otimes\mathbf{C}$ 中，$H^{2,0}(X)$ 与 $H^{0,2}(X)$ 互为 $\mathbf{C}$－共轭. 从而

$$\dim_R H^2(X,\mathbf{R})\cap(H^{2,0}(X)\oplus H^{0,2}(X))=2p_g$$

现在，我们能够得到 ρ 的一个上界

$$\rho\leqslant b^-+1$$

事实上，一个实的 2－形式在 X 的 2 维闭链上的积分给出 $H_2(X,\mathbf{R})$ 与 $H^2(X,\mathbf{R})$ 的双线性函数，由德拉姆定理，可知这个函数是非异的.

但是 $H^{2,0}(X)\oplus H^{0,2}(X)$ 中的任一 2－形式在任意代数曲线上为 0，因此 $A\otimes\mathbf{R}$ 在 $H^2(X,\mathbf{R})$ 中的化零空间包含了 $H^2(X,\mathbf{R})\cap(H^{2,0}(X)\oplus H^{0,2}(X))$，它在 $\mathbf{R}$ 上的维数为 $2p_g$. 因此，由 $b_2-2p_g=b^-+1$，得到

$$\rho=\dim_{\mathbf{R}}A\otimes\mathbf{R}\leqslant b_2-2p_g=b^-+1$$

另外，再考虑全纯嵌入：$X\rightarrow\mathbf{P}_N\mathbf{C}$. 让 C 表示 X 的

超平面截影，那么 C 便是代表了一个闭链，并且 $0 < C^2 =$(X 在 $\mathbf{P}_N\mathbf{C}$ 中的次数). 如果 X 是 $\mathbf{P}_N\mathbf{C}$ 中的一个一般曲面，则 C 生成 $A \otimes \mathbf{R}$，即 $\rho = 1$. 自然，$\rho > 1$ 的情形使人更感兴趣. 稍后，将给出一些例子.

相应于 $H^2(X,\mathbf{C})$ 的霍奇分解，我们有 $H^2(X,\mathbf{R})$ 的正交分解

$$H^2(X,\mathbf{R}) = H^{1,1}(X,\mathbf{R}) \oplus H^2(X,\mathbf{R}) \cap (H^{2,0}(X) \oplus H^{0,2}(X))$$

再由第 6 节中给出的庞加莱对偶映射

$$D^{-1}: H_2(X,\mathbf{R}) \to H^2(X,\mathbf{R})$$

则因为对 $r \in A, \omega \in H^{2,0}(X)$，我们有 $\int_r (\omega + \tilde{\omega}) = 0$，于是 $D^{-1}r \in H^{1,1}(X,\mathbf{R})$. 另外，我们还有

$$\int_X (\omega + \tilde{\omega}) \wedge (\omega + \tilde{\omega}) > 0$$

其中 $\omega \in H^{2,0}(X)$. 这是因为在局部坐标 (z_1, z_2) 下，可写出

$$(\omega + \tilde{\omega}) \wedge (\omega + \tilde{\omega}) = f \cdot \bar{f} \mathrm{d}z_1 \wedge \mathrm{d}z_2 \wedge \mathrm{d}\bar{z}_1 \wedge \mathrm{d}\bar{z}$$

因此由上同调的内积(cup 积)定义的二次型在 $H^2(X,\mathbf{R}) \cap (H^{2,0}(X) \oplus H^{0,2}(X)) \oplus \{C\}$ 上为正定(注意到 $C^2 > 0$). 又因为 $b^+ = 2p_g + 1$，那么 $\{C\}$ 在 $H^{1,1}(X,\mathbf{R})$ 中的正交被 $\{C\}^\perp$ 上，这个二次型为负定. 这样，便证明了霍奇指数定理：

$A \oplus \mathbf{R}$ 上由相交数定义的二次型为非退化，并且它的符号具有 $(1, \rho - 1)$ 型.

我们一般遇见的霍奇指数定理有两个(参看[3]，125 页)，事实上另一个指数定理可以看作是上面定理的推论：

如果在光滑曲面 X 上，存在曲线 $C_1, C_2, \cdots, C_m$，它

们之间的相交数为负，则 $\rho \geqslant m+1$.

17.8　奇　　点

X_f 仍然表示 $\mathbf{P}_2\mathbf{C}$ 的二重分歧复叠，它的分歧点集为一条光滑的 n 次曲线. 在前面，已经讨论过它的拓扑和代数性质，现在我们让 f 变动，那么 X_f 的复结构将随之变化. 可以证明，只要 f 保持光滑地变动，所有的 X_f 都相互微分同胚.

但是，当 f 具有奇点时又会怎样呢？

显然，对于 $f=0$ 的每个奇点，X_f 也会出现奇点. 假设在 $\mathbf{P}_2\mathbf{C}$ 的局部坐标下，曲线由 $g(x,y)=0$ 定义，并且 $(0,0)$ 是一个奇点. 这时从局部看，X_f 可以由 $z^2=g(x,y)$ 定义，所以有奇点 $(0,0,0)$. 这时 X_f 再也不是一个复流形了，它是一个射影代数集. 令 X_s 表示 X 的奇点集，那么 $X-X_s$ 是一个 X 的开子集，并且是一个非紧致的复曲面. 我们称复射影空间中的不可约代数集为代数曲面. 代数曲面的奇点能够被分解，准确地说，代数曲面 X 的奇点分解是指存在一个光滑代数曲面 Y 及全纯映射 $\pi:Y\rightarrow X$，使得：

(a) π 为逆紧.

(b) $\pi:\pi^{-1}(X-X_s)\rightarrow X-X_s$ 为双全纯同胚.

基本定理是：

定理　对任一个有奇点的代数面 X，总存在一个分解 $\pi:Y\rightarrow X$，使得 Y 是一个极小曲面，它称为 X 的极小模型并且在双全纯同胚下唯一（参看[5]，71 页）.

一个曲面上的有理曲线，如果它的自交数为 -1，就称为例外曲线；没有例外曲线的曲面就称为一个极小曲面. 如果 $p \in X$ 是奇点，则 $\pi^{-1}(p)$ 为一些不可约曲线的并，并为连通；称它为点 p 的例外构形.

X_f 的极小模型可能与拓扑流形 X_g 不同胚，其中 g 是非异的 n 次多项式. 但是当 $f=0$ 的奇点为"简单"时，由布里斯科恩的理论[5]，可以证明 Y 与 X_g 在同一族中. 这里，我们称两个紧复流形 X, X_0 属于同一族是指存在一个 3 维复流形 Z 及逆紧全纯浸盖(submersion) $Z \to D$，其中 D 为单位圆盘，使得对某两个点 $p, p_0 \in D$ 有 $X=\pi^{-1}(p), X_0=\pi^{-1}(p_0)$.

在同一族中的代数曲面相互微分同胚，但一般并不是双全纯的.

定义 射影平面上的一条曲线的奇点 p 称为简单的，如果在适当的局部坐标 (x, y) 下，$p=(0,0)$，而曲线可局部地表示为下列方程式

$$A_k:(k \geqslant 1), x^2+y^{k+1}=0$$

$$D_k:(k \geqslant 4), y(x^2+y^{k-2})=0$$

$$E_6: x^3+y^4=0$$

$$E_7: x(x^2+y^3)=0$$

$$E_8: x^3+y^5=0$$

为什么用这些李代数中的符号？我们很快便能明白.

设 $f=0$ 为一条偶次曲线，它只具有简单奇点. f 可能是可约的，但这时要求它的不可约分支只具有重数 1，因此 X_f 只有有限个奇点，而且在每个奇点附近，X_f 由方程 $z^2=g(x, y)$ 定义，其中 g 就是上面列出的

多项式中的一个,我们称这类曲面奇点为有理二重奇点或称为简单奇点.

有理二重奇点的研究已有很长的历史了,它们也有许多不同的方法来描述.例如,它们 $1-1$ 对应于 $SL(2,\mathbf{C})$ 的有限了群的共轭类. $SL(2,\mathbf{C})$ 的一个有限子群全纯地作用在 $\mathbf{C}^2$ 上,它的轨道空间 $\mathbf{C}^2/\Gamma$ 在 $(0,0)$ 点是一个孤立奇点,对应情形由下表给出(克莱因就已经得到了)

A_k:$k+1$ 阶循环群

D_k:$4(k-2)$ 阶的二重两面体群

E_6:24 阶的二重四面体群

E_7:48 阶的二重八面体群

E_8:120 阶的二重十二面体群

其他的描述可参看[5],第 71 页.

定理 $p\in X$ 是曲面 X 的简单奇点的充要条件是 p 的例外构形对应于李代数 A_k,D_k,E_6,E_7 或者 E_8 的邓肯图.

换句话说,每个指数为 k 的简单奇点对应于 k 条有理曲线组成的例外构形,这些曲线用邓肯图中的点表示,任两条曲线相交的充要条件是代表它们的点可以用线段连起来.这时曲线间的相交数为 1 而自交数为 -2.

相应的邓肯图如图 61 所示.

李代数 A_k,D_k,E_6,E_7,E_8 是仅有的具有相等根长的单纯李代数.在任一个例外构形中曲线的相交数矩阵为负定,这是杜瓦尔在 1934 年已经证明了的.

E_8 型奇点与微分拓扑中的怪球紧密相关.

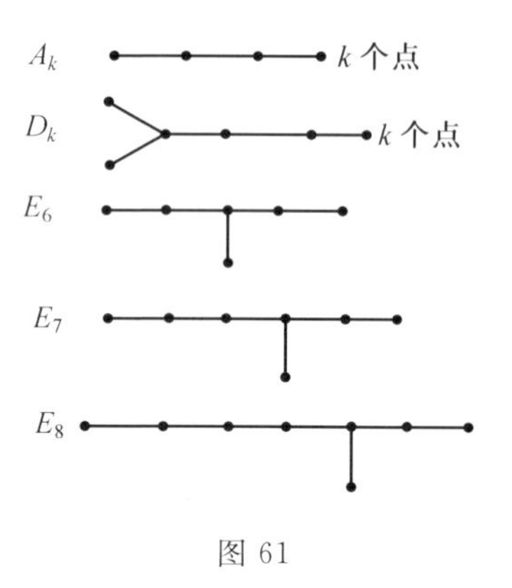

图 61

17.9 极大化曲线

设 f 是个偶次 n 的多项式，具有简单奇点，则 X_f 是一个具简单奇点的曲面. 我们将指数 k 的奇点算作 k 个奇点，那么定义曲线或曲面的奇点数为奇点的带权和，以 $\mu(f)$ 表示.

数 μ 有一个与 n 有关的上界. 事实上，在 X_f 的极小模型上，例外构形含有 $\mu(f)$ 条有理曲线，具有负的相交数. 因为 Y 与 X_g 为保定向的微分同胚，所以

$$\mu(f)\leqslant b^-=\frac{3}{4}n^2-\frac{3}{2}n+1.$$

使 $\mu(f)=\frac{3}{4}n^2-\frac{3}{2}n+1$ 的曲线称为极大化的. 找出所有的极大化曲线是很有兴趣的. 对于 $n=2,4$，阿尔夫・佩尔森给出了一个完全的表：

i) $n=2, b^-=1$.

这时极大化曲线为 2 条直线的并，其交点是个 A_1

奇点,如图 62.

ii)$n=4,b^{-}=7$.

(a) 三条直线交于一点,第四条是条一般直线,如图 63.

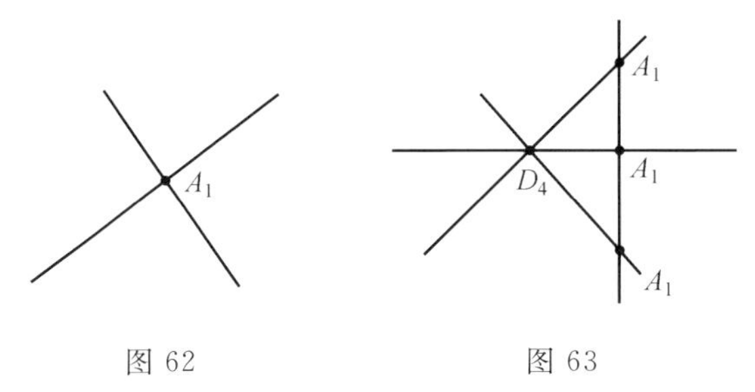

图 62　　　　图 63

(b) 光滑二次曲线与两条切线,如图 64.

(c) 两条二次曲线相交于一个 4 重点,即一个 A_7 奇点.

(d) 有一个尖点的三次曲线和这点的切线,即一个 E_7 奇点,如图 65:

对于 $n\geqslant 6$,虽然没有一个完全的表示,但可以给出一些例子.

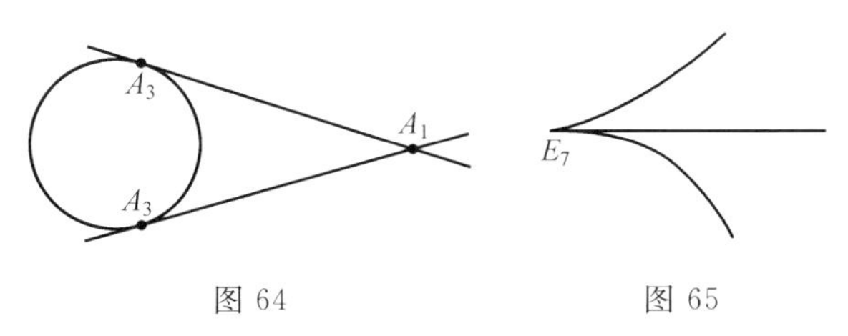

图 64　　　　图 65

iii)$n=6,b^{-}=19$.

(a) 完全四边形,如图 66.

(b) 两个圆和一个椭圆,其中两个圆相切,并且其中每一个都与椭圆交于一个 4 重点;另外,这两个圆还相交于无穷远于两个 A_1 奇点，这没有在图上表示出来，如图 67.

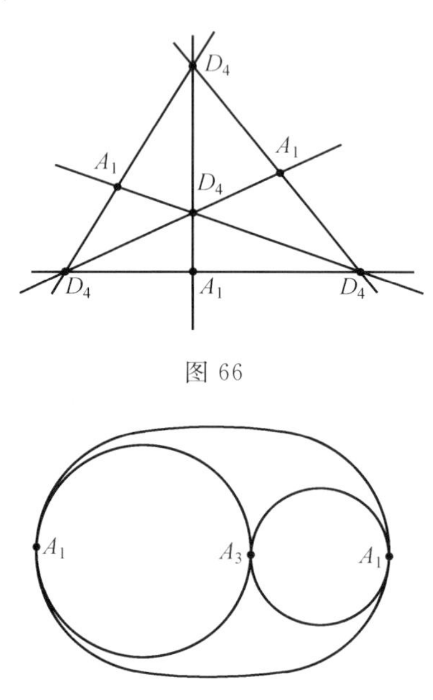

图 66

图 67

iv) $n=8, b^{-}=37$.

(a) 如图 68.

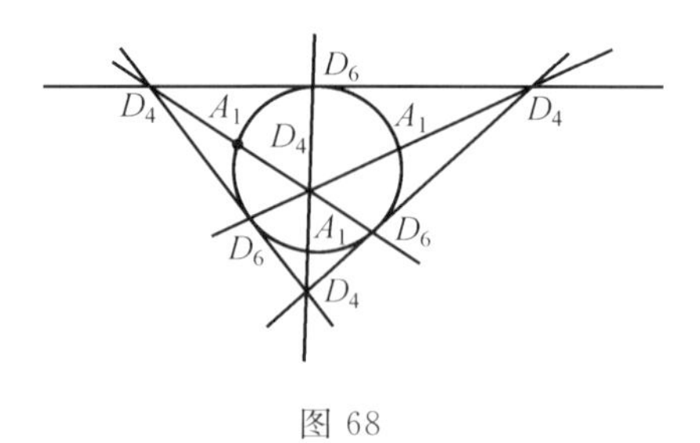

图 68

(b) 在 iii)(b) 中的极大化的六次曲线中，加上两

条直线:一条是无穷远直线,另一条穿过三个接触点.在无穷远处有三个 A_1 及两个 D_4 奇点.它们是直线与椭圆在无穷远处的交点及另一直线在无穷远与两个圆的交点,如图 69.

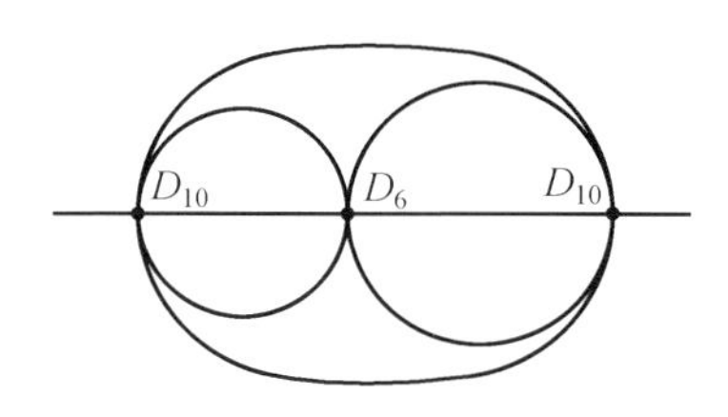

图 69

(c)在半径为 3 的圆圈上,滚动一个半径为 1 的小圆,在小圆上一个固定点的轨迹称为施泰曲线,它的次数为 4,它的三个尖点切线交于一个点.那么施泰曲线、三条尖点切线和一条无穷远直线构成一条 8 次曲线.在无穷远直线上有两个 A_3 奇点,三个 A_1 奇点(即尖点切线与无穷远直线的交点,其他奇点已在图 70 上标明).

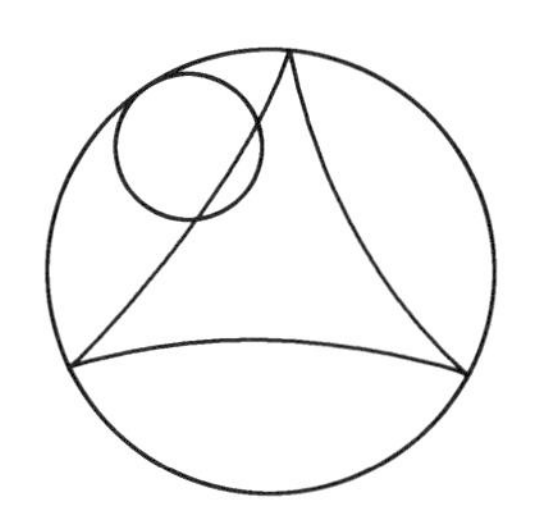

图 70

由上面最后两节的讨论,立刻可以得到如下结论:如果 $f=0$ 是一条极大化曲线,则 X_f 的极小模型具有

毕卡数 $\rho=b^{-}+1$.

极大化曲线是很有趣的，但是，是否存在 10 次的极大曲线仍然不知道.

注[①] 阿尔夫·佩尔森最近在访问波恩时，对每个偶数 n 都构造了一个 n 次极大化曲线. 他是这样构造的：设 (z_0,z_1,z_2) 与 (w_0,w_1,w_2) 为 $\mathbf{P}_2\mathbf{C}$ 的齐次坐标，考虑映 $w_i=z_i^k$，即

$$\rho_k:(z_0,z_1,z_2)\rightarrow(z_0^k,z_1^k,z_2^k)$$

ρ_k 为 $\mathbf{P}_2\mathbf{C}$ 到自己的映射. 这个映射的分歧点集合为坐标三角形 $z_0=0,z_1=0,z_2=0$，映射度为 k^2. 让 E 表示与坐标三角形相切的二次曲线，则 ρ_k^*E 为一条 $2k$ 次曲线，具有 $3k$ 个 A_{k-1} 型奇点. 例如当 $k=4$，ρ_k^*E 由 4 条有双切线的二次曲线组成. 那么在坐标三角形 $w_0=0$，$w_1=0$，$w_2=0$ 上，有 12 个接触点.

如果在 ρ_k^*E 上添加两条直线，则得到一条 $n=2k+2$ 次曲线，具有：

$2k$ 个 D_{k+2} 型奇点；

k 个 A_{k-1} 型奇点；

1 个 A_1 型奇点.

对 $n=2k+2$，我们有

$$2k(k+2)+k(k-1)+1=3k^2+3k+1=\frac{3}{4}n^2-\frac{3}{2}n+1$$

10 次极大曲线的图形如图 71.

---

① 这是作者后来(1981.10)从波恩寄来的材料.

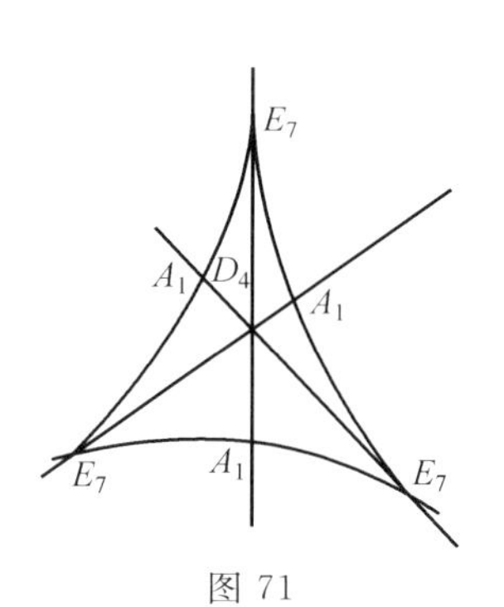

图 71

17.10　果园问题

在射影平面上的最简单的 n 次曲线大概要算 n 条直线构成的曲线了. 如果我们假设曲线只有简单奇点, 那么这种曲线的奇点只可能是 A_1 型(两条直线的交点)和 D_4 型(三条直线的交点), 因此, 没有 4 条直线交于一点. 让 σ_2 与 σ_3 分别表示 A_1 型与 D_4 型的奇点个数, 那么, 显然有

$$\sigma_3 \leqslant \left[\frac{1}{6}n(n-1)\right]\sigma_2 + 3\sigma_3 = \frac{1}{2}n(n-1)$$

因此

$$\mu(f) = \sigma_2 + 4\sigma_3 = \frac{1}{2}n(n-1) + \sigma_3$$

那么求极大化的 n 条直线的问题便归结为:

在 $\mathbf{P}_2\mathbf{C}$ 上找出 n 条直线, 它们中无四条有公共交点并使尽可能多的三条直线有公共的交点.

这个问题的对偶形式是:

在 $\mathbf{P}_2\mathbf{C}$ 上找出 n 个点, 其中无 4 个点共线, 并使通过三个点的直线个数 σ_3 为极大.

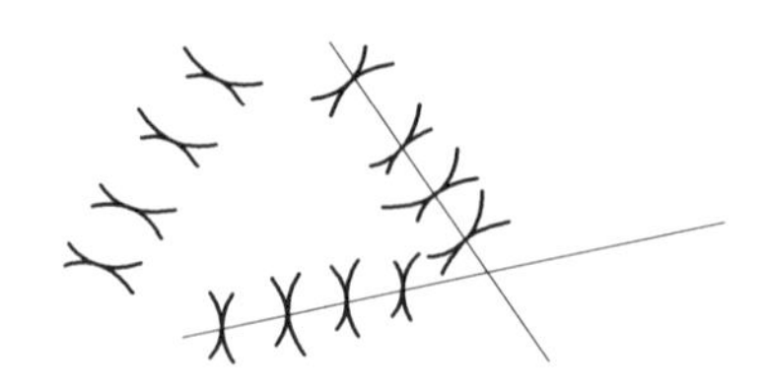

图 72

这是我在研究平面的二重复叠时发现的问题，令人惊讶的，它竟是一个古老的问题！从文献至少可以追溯到 1821 年(Jackson, J., Rational Amusement for Winter Evenings Longman, Husrt, Rees, Orm and Brown, London 1821). 这个问题是：

在一个果园里，要种 n 棵苹果树，使得没有四棵树排成一行，并使尽可能多的三棵树排成一行.

当然，这个果园应该看作为实平面. 如果我们在复平面上提这个问题，答案与实平面的情形不同.

设 $t(n)$，$s(n)$ 分别表示在实平面和复平面上三棵树排成一行最大数，其中 n 表示果园中的树的棵数，显然 $t(n)\leqslant s(n)$.

极大曲线 ii)(a) 及 iii)(a) 表明

$$t(4)=s(4)=1, t(6)=s(6)=4$$

不等式 $\mu(f)\leqslant\frac{3}{4}n^2-\frac{3}{2}n+1$ 给出 $s(n)$ 另一个上界

$$s(n)\leqslant\left(\frac{n}{2}-1\right)^2$$

它比前面给出的上界 $\left[\frac{1}{6}n(n-1)\right]$ ($n>6$ 时) 要差得多. 因此，如果 $n>8$，不可能有由 n 条直线的极大曲线. 其实对 $n=8$ 时这个结论也对，这一点从后面的表

格中可以看出.对 $n=8,10$ 时取得最大的 σ_3 的果园表示如图 73,图 74.

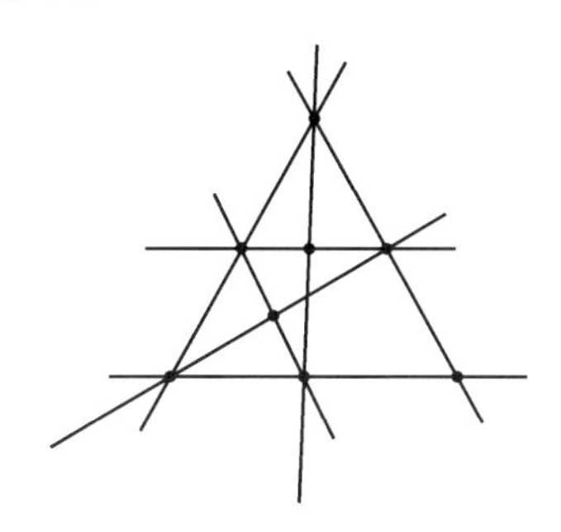

图 73　$n=8,t=7$

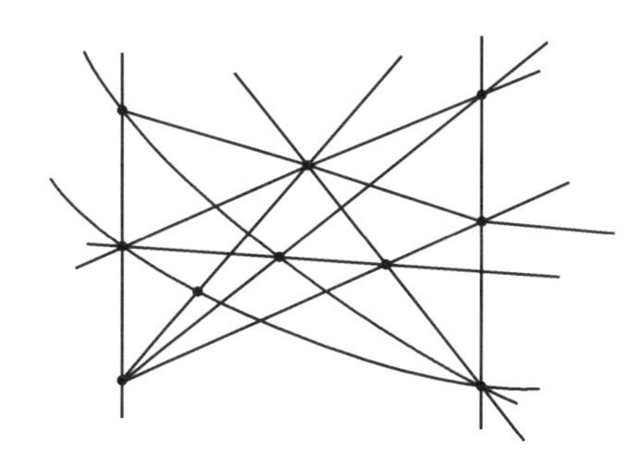

图 74　$n=10,t=12$

在[1]中,利用椭圆曲线可以证明

$$t(n)\leqslant 1+[n(n-3)/6]$$

并猜想当 $n\neq 7,11,16,19$ 时等号成立.

对 $t(n),s(n)$,我们有下面的表格:

n	8	9	10
$t(n)$	7	10	12
$s(n)$	8	12	12

除此之外，对 $s(n)$ 几乎一无所知. 复平面的果园问题是值得研究的.

17.11 曲面的分类

在最后一讲里，简短地谈一谈曲面分类问题的结果. 这里，我们假定所有的曲面都是光滑的.

如果全纯映射 $\varphi: X \to Y$ 诱导出曲面 X, Y 的函数域间的同构：$\boldsymbol{m}(Y) \underset{\cong}{\xrightarrow{\varphi^*}} \boldsymbol{m}(X)$，则称 φ 是一个双有理等价. 具有同构的函数域的曲面，称为双有理等价.

双有理等价于 $\mathbf{P}_2\mathbf{C}$ 的曲面称为有理曲面.

例如，$\mathbf{P}_1$ 上的 $\mathbf{C}^2$- 从 $H^0 \oplus H^n$ 的射影化从 Σ_n 是个有理曲面. 我们有：

定理（卡斯泰尔诺沃） 设 E 为曲面 X 上的例外曲线（参看第 8 节），则存在一个曲面 Y 和一个点 $p \in Y$，使得：

(a) 存在全纯映射 $\pi: X \to Y$，满足 $\pi^{-1}(p) = E$.

(b) π 将 $X - E$ 双全纯地映到 $Y - p$ 上.

对定理中的情形，我们称 Y 是 X 的缩合而 X 是 Y 在 P 的胀开.

从拓扑的观点看，X 为 Y 与 $\mathbf{P}_2\mathbf{C}$ 的连通并. 用迈尔－菲托里斯序列，得到

$$e(X) = e(Y) + 1$$

$$\operatorname{sgn}(X) = \operatorname{sgn}(Y) - 1, b_1(X) = b_1(Y)$$

因此，$\chi(X) = \chi(Y)$，$p_g(X) = p_g(Y)$.

显然，π 是个双有理等价，而且我们可以证明两个

双有理等价的曲面一定可以经过有限次缩合与胀开的复合,把一个曲面变为另一个.那么可以说 π 是最简单的双有理等价.

我们立刻看出 χ 与 p_g 都是双有理不变量,而且在一点的胀开使得 K^2 减少 1.

如果给定一个曲面 X,它不是极小的,我们就可以缩合得到 X_1,当 X_1 还不是极小时又可以继续缩合,这样,经过有限次缩合后便能得到一个双有理等价的极小曲面 $X_{\min}$,这是因为每一次缩合都使 b_2 减少 1.

当 X 为有理曲面时,$X_{\min}$ 有两种可能性,即 $\mathbf{P}_2\mathbf{C}$ 或者 Σ_n.如果 X 不是有理的,并且不双有理同构于 $\mathbf{P}_k^1 \times C$(其中 C 为曲线),则在每个双有理等价类中有一个唯一的 $X_{\min}$.让 $\widetilde{K}$ 表示 $X_{\min}$ 的典则除子,则 $\widetilde{K}^2$ 是 X 的双有理不变量.但 $\widetilde{K}^2$ 是很难计算的.

我们有如下的分类定理:

恩里克斯-小平邦彦分类定理 任何一个正则(即 $b_1=0$)的极小曲面可分为下列几个类型:

Ⅰ)$\mathbf{P}_2\mathbf{C}$ 或 Σ_k(有理曲面)

Ⅱ)$K=0$($K3$ 曲面)

Ⅲ)$K\neq 0$,但 $K^2=0$(椭圆曲线,即以 $\mathbf{P}_1\mathbf{C}$ 为底空间的,以光滑椭圆曲线为一般纤维的曲面)

Ⅳ)$K>0$(一般型).

一般型的极小曲面类是非常多的,到现在为止也还没有弄清楚.对这类曲面,成立马克思·诺特不等式:$K^2 \geqslant 2p_g-4$.

当 K^2 接近下界,即 $K^2 \leqslant 2p_g-2$ 时崛川寅二得到一些漂亮的结果.特别当 $K^2=2p_g-4$ 时,得到曲面的完全分类:它们是 $\mathbf{P}_2\mathbf{C}$,Σ_m 或者是韦罗内塞曲面上的分歧二重复叠. 例如,当 $K^2=2, P_g=3$ 时,这些曲面就是前面所说的 X_f,其中 $\deg f=8$.

我们来看一看在这个分类中这些二重分歧复叠是怎样的,令 $n=\deg f$.

当 $n=2$ 时,如果 f 光滑,则 X_f 为 $\mathbf{P}_1\times\mathbf{P}_1$. 如果 f 是极大的(此时是两条直线的并),则 X_f 的光滑模型 Y_f 为 Σ_2,它微分同于胚 $\mathbf{P}_1\times\mathbf{P}_1$,但并不是一个双全纯同胚.

$n=4$. 如果 f 光滑,则 X_f 是 $\mathbf{P}_2\mathbf{C}$ 对 7 个点胀开得到的曲面(德尔・佩佐曲面),另一种情形下,Y_f 为有理.

$n=6$,这时 $K=0$,为 $K3$ 曲面.

$n\geqslant 8$,这时 X_f, Y_f 都是一般类型. 当 $n=8$ 时它们即是崛川寅二曲面在 $K^2=2p_g-4$ 的情形.

最后,我还想就希尔伯特模曲面讲几句话.

让 K 为 Q 的二次扩张域,D 为判别式,ϑ 为它的整数环. 这时希尔伯特模群 $SL(2,\vartheta)/\{+1,-1\}$ 作用在 $\mathbf{H}\times\mathbf{H}$ 上,且为有效、完全不连续,其中 $\mathbf{H}$ 为上半平面,而商空间 $\mathbf{H}^2/(SL(2,\vartheta)/\{1,-1\})$ 是一个具有有限个商奇点的开曲面. 它可由加上有限个尖点而紧致化. 这个紧曲面的极小奇点分解 $Y(D)$ 便称为域 K 的希尔伯特模曲面.

我不能在这里详细构造 $Y(D)$ 了. 我要说的是,希尔伯特模曲面给了我们大量的代数曲面的例子,这些曲面无论从数论还是从代数几何的观点看都是很有意思的. 想进一步了解模曲面,可以参考文献[4].

(王启明　胥鸣伟整理)

参考文献

[1] Stefan A. Burr, Branko Grunbaum, N. J. A. Sloan, The Orchard Problem, Geometriae Dedicata 2, 397-424(1974).

[2] Phillip Griffiths and Joseph Harris, Principles of Algebraic Geometry, John Wiley and Sons, Inc. New York, 1978.

[3] Friedrich Hirzebruch, Topological Methods in Algebraic Geometry, Springer-Verlag. Berlin, Heidelberg, New York, 1966, 1978.

[4] Friedrich Hirzebruch, Hilbert Modular Surfaces, L' Enseignment Math. 19, 183-281(1973).

[5] Peter Slodowy, Simple Singularties and Simple Algebraic Groups, Lecture Notes in Math. Vol. 815, Springer-Verlag, Berlin, Heidelberg, New York, 1980.

[6] Orcar Zariski, Algebraic Surfaces, first edition, Springer-Verlag, 1933.

毕卡定理的另一证法

附录 I

§1 Picard 定理的另一证法①

Picard 定理是函数论中的一个重要定理. 在附录中我们将首先证明 Bloch 定理、Landau 定理和 Schottky 定理,再应用它们去证明 Picard 定理.

1. Bloch 定理

先证明下面两个引理.

引理 1.1 设函数 $w=f(z)$ 在 $|z|\leqslant 1$ 上全纯且满足条件

$$|f(z)|\leqslant M, f(0)=0, f'(0)=1$$

① 摘自《复变函数专题选讲(一)》. 余家荣. 路见可主编, 余家荣, 柏盛桄, 肖修治, 何育赞, 路见可编. 高等教育出版社, 1993.

则在 w 平面上存在一个圆 $|w|<\frac{1}{6M}$，它被 $w=f(z)$ 的反函数双方单值地映射成 $|z|<1$ 内某一个区域. 也就是说，$f(z)$ 在 $|z|\leqslant 1$ 上的值完全盖住 w 平面上的圆 $|w|<\frac{1}{6M}$.

证明　设 $f(z)$ 的泰勒展开式为

$$f(z)=z+a_2z^2+\cdots\quad(|z|\leqslant 1)$$

由 Cauchy 不等式，则有 $|a_n|\leqslant M(n=1,2,\cdots)$. 又由假设

$$a_1=f'(0)=1$$

所以

$$M\geqslant|a_1|=1$$

当 $|z|=r<1$ 时

$$\begin{aligned}|f(z)|=|z+(f(z)-z)|\geqslant\\ |z|-\max_{|z|=r}|f(z)-z|\geqslant\\ r-Mr^2[1+r+r^2+\cdots]=\\ r-\frac{Mr^2}{1-r}=\varphi(r)\end{aligned}$$

取 $|z|=r=\frac{1}{4M}$，则

$$\varphi\left(\frac{1}{4M}\right)\geqslant\frac{1}{6M}>0$$

所以在圆周 $|z|=\frac{1}{4M}$ 上，有

$$|f(z)|\geqslant\varphi\left(\frac{1}{4M}\right)\geqslant\frac{1}{6M}$$

设 w_0 是圆 $|w|<\frac{1}{6M}$ 内任一点，则在 $|z|=\frac{1}{4M}$ 上有

$$|-w_0|<\frac{1}{6M}\leqslant|f(z)|$$

根据 Rouché 定理，$f(z)-w_0=0$ 在 $|z|<\frac{1}{4M}$ 内至少有一个根. 另一方面，当 $0<|z|\leqslant r=\frac{1}{4M}$ 时

$$|f(z)|\geqslant|z|\,|1-[|a_2|r+|a_3|r^2+\cdots]|\geqslant$$
$$|z|\frac{\varphi(r)}{r}>0$$

所以 $f(z)=0$ 在 $|z|<\frac{1}{4M}$ 内只有唯一的一个根 $z=0$，即当 w 为 $|w|<\frac{1}{6M}$ 内任一点，在 $|z|<\frac{1}{4M}$ 内有唯一的一个点 z 满足 $w=f(z)$. 于是引理得证.

引理 1.2 设函数 $w=f(z)$ 在 $|z-z_0|\leqslant R$ 上全纯且满足条件：$|f(z)|\leqslant M$，$f(z_0)=0$ 及 $|f'(z_0)|=a>0$，则在 w 平面上存在一个圆 $|w|<\frac{a^2R^2}{6M}$，它被 $w=f(z)$ 的反函数双方单值地映射到 $|z-z_0|<R$ 内某一个区域. 也就是说，$f(z)$ 在圆 $|z-z_0|\leqslant R$ 上的值完全盖住 w 平面上的圆

$$|w|<\frac{a^2R^2}{6M}$$

引理的证明只要将引理 1.1 应用于函数

$$F(z)=\frac{f(Rz+z_0)}{Rf'(z_0)} \tag{1}$$

就可以了.

定理 1.1（Bloch 定理） 设函数 $w=f(z)$ 在 $|z|\leqslant1$ 上全纯，并设它的泰勒展开式

$$f(z)=z+a_2z^2+\cdots \tag{2}$$

则在 w 平面上存在一个中心随 $f(z)$ 而定，而半径为 $\frac{1}{24}$（以下用 B 表示这个常数）的圆.这个圆被 $w=f(z)$ 的反函数双方单值地映射成 $|z|<1$ 内某个区域，也就是说，$f(z)$ 在 $|z|\leqslant 1$ 上的值完全盖住 w 平面上一个以常数 B 为半径的圆.

证明　由式(2)逐项求导有

$$f'(z)=1+2a_2z+3a_3z^2+\cdots \quad (|z|\leqslant 1)$$

设

$$g(r)=\max_{|z|=r}|f'(z)| \quad (0\leqslant r\leqslant 1)$$

则 $g(r)$ 为非减的连续函数.下面考虑函数

$$\omega(r)=(1-r)g(r)$$

则 $\omega(r)$ 在区间 $[0,1]$ 上亦连续，且有

$$\omega(0)=1 \quad \text{及} \quad \omega(1)=0$$

于是在 $[0,1]$ 上存在一个 $r_0<1$，使

$$\omega(r_0)=1$$

且当 $r>r_0$ 时，$\omega(r)<1$.

设 ζ 在圆周 $|z|=r_0$ 上满足

$$|f'(\zeta)|=\max_{|z|=r_0}|f'(z)|=g(r_0)$$

的一点，则

$$1=\omega(r_0)=(1-r_0)g(r_0)=(1-r_0)|f'(\zeta)|$$

所以

$$|f'(\zeta)|=\frac{1}{1-r_0} \tag{3}$$

设

$$r_1=\frac{1+r_0}{2}$$

则

$$r_0 < r_1 < 1$$

所以

$$(1-r_1)\max_{|z|=r_1}|f'(z)| = \omega(r_1) < 1$$

根据最大模原理，在 $|z| \leqslant r_1$ 上有

$$|f'(z)| < \frac{1}{1-r_1} = \frac{2}{1-r_0} \tag{4}$$

在圆 $|z-\zeta| \leqslant \frac{1-r_0}{2}$ 上考虑函数

$$F(z) = f(z) - f(\zeta) \tag{5}$$

则 $F(z)$ 在这个圆上全纯，且由式(5)有

$$|F(z)| = |f(z) - f(\xi)| = \left|\int_\zeta^z f'(t)\mathrm{d}t\right| \leqslant$$

$$\frac{2|z-\zeta|}{1-r_0} \leqslant \frac{2}{1-r_0}\left(\frac{1-r_0}{2}\right) = 1$$

又 $F(\zeta) = 0$ 及

$$|F'(\zeta)| = |f'(\zeta)| = \frac{1}{1-r_0} > 0$$

由引理 1.2，则在 F 平面上存在一个以原点为中心、半径为

$$\frac{a^2R^2}{6M} = \frac{\left(\frac{1}{r-r_0}\right)^2\left(\frac{1-r_0}{2}\right)^2}{6} = \frac{1}{24} = B$$

的圆，这个圆被 $F = F(z)$ 的反函数双方单值地映射成 $|z-\zeta| < \frac{1-r_0}{2}$ 内某个区域，也就是说，$F(z)$ 在 $|z-\zeta| < \frac{1-r_0}{2}$ 上的值完全盖住 F 平面上一个以原点为中心、半径为 B 的圆. 由关系式(5)，函数 $w = f(z)$ 在 $|z-\zeta| < \frac{1-r_0}{2}$ 上的值就完全盖住 w 平面上以 $f(\zeta)$ 为中心、以 B 为半径的圆 $|w-f(\zeta)| < B$，而在 $|z| \leqslant 1$

上的值更是如此. 证毕.

应当指出:在定理1.1中,如果所考虑的函数 $w=f(z)$ 是在 $|z|<1$ 内全纯,Bloch定理仍然有效,这时常数 B 改为稍小于它的常数 B_1 就行了. 事实上,只要应用定理1.1于 $|z|\leqslant(1-\varepsilon)(0<\varepsilon<1)$ 上的全纯函数,就可得到Bloch圆的半径为 $B_1=(1-\varepsilon)B$.

2. Landau 定理和 Picard 第一定理

定理1.2(Landau) 设 α 和 $\beta(\neq 0)$ 是两个固定的常数,若函数

$$f(z)=\alpha+\beta z+a_2z^2+\cdots$$

在 $|z|<R$ 内全纯且不取0和1这两个值,则有

$$R<L(\alpha,\beta)$$

其中 $L(\alpha,\beta)$ 是仅依赖于 α 和 β 的常数.

Landau定理的意义是:凡符合定理中条件的一切函数,其收敛半径 R 有一个共同的上界 L,这个上界 L 由 α 和 β 所确定.

证明 作辅助函数

$$F(z)=\ln\left[\sqrt{\frac{\ln f(z)}{2\pi i}}-\sqrt{\frac{\ln f(z)}{2\pi i}-1}\right] \tag{6}$$

由于 $f(z)$ 在 $|z|<R$ 内全纯且不取0和1,所以当我们选取 $\ln f(z)$ 相应于 $\ln f(0)$ 取主值的那一枝,并按同样方法分别选取平方根和方括号中函数的对数的一个单值枝,则 $F(z)$ 是 $|z|<R$ 内的一个全纯函数. 此外,$F(z)$ 在 $|z|<R$ 内不取形为

$$\pm\ln(\sqrt{n}-\sqrt{n-1})+2m\pi i \tag{7}$$

中的任何值(此处 $n=1,2,\cdots$ 和 $m=0,\pm1,\pm2,\cdots$). 这是因为由关系式(6)可解得

$$-f(z)=e^{\frac{\pi i}{2}(e^{2F(z)}+e^{-2F(z)})} \tag{8}$$

若 $F(z)$ 在某点取(7)中任何一值,则在该点 $f(z)$,将取值

$$-e^{\frac{\pi i}{2}[(\sqrt{n}\pm\sqrt{n-1})^2+(\sqrt{n}\mp\sqrt{n-1})^2]}=-e^{\frac{\pi i}{2}(4n-2)}=1$$

这与 $f(z)$ 不取 0 和 1 矛盾.

设式(7)中所有点组成的集合为 E,容易看出,E 是那些长为

$$l_n=\ln(\sqrt{n}-\sqrt{n-1})-\ln(\sqrt{n+1}-\sqrt{n})$$

宽为 $d=2\pi$ 且其边平行于坐标轴的矩形网的顶点. 又因为

$$\pm\ln(\sqrt{n}-\sqrt{n-1})=\mp\ln(\sqrt{n}+\sqrt{n-1})\to\mp\infty\quad(n\to\infty)$$

$$l_n=\ln\frac{\sqrt{n}-\sqrt{n-1}}{\sqrt{n+1}-\sqrt{n}}=\ln\frac{\sqrt{n+1}+\sqrt{n}}{\sqrt{n}+\sqrt{n-1}}\to 0\quad(n\to\infty)$$

所以这个矩形网盖住了整个开平面,并且它们的对角线的长都不小于某个常数 d. 于是 $F(z)$ 在 $|z|<R$ 内的值盖不住 F 平面上半径不小于 d 的任何一个圆.

另一方面,先假定 $F'(0)\neq 0$,在 $|z|<R$ 内我们考虑函数

$$G(z)=\frac{F(z)-F(0)}{F'(0)}=z+a_2z^2+\cdots \tag{9}$$

根据 Bloch 定理,$G(z)$ 在 $|z|<R$ 内的值完全盖住 G 平面上以某点为中心,以 B_1R 为半径的圆(其中 $B_1=B(1-\varepsilon)$). 由式(9),于是 $F(z)$ 在 $|z|<R$ 内的值完全盖住 F 平面上以某点为中心,以 $B_1R|f'(0)|$ 为半径的圆. 所以

$$B_1R|F'(0)|<d\quad 即\quad |F'(0)|<\frac{d}{B_1R} \tag{10}$$

不等式(10)是在 $F'(0)\neq 0$ 的假设下得到的，若 $F'(0)=0$，这个不等式显然成立.

由式(8)和不等式(10)，可以得到

$$|f'(0)|\leqslant 2\pi|F'(0)|e^{2|F(0)|}\cdot e^{\pi e^{-2|F(0)|}}<\frac{2\pi d}{B_1R}e^{2|F(0)|}\cdot e^{\pi e^{-2|F(0)|}} \tag{11}$$

又由式(6)，可将 $F(0)$ 用 $f(0)$ 表示，因此从不等式(11)可得

$$R|f'(0)|<\Omega[f(0)]$$

其中 $\Omega[f(0)]$ 只与 $f(0)$ 有关.

又由假设，$f(0)=\alpha$ 及 $f'(0)=\beta\neq 0$，所以

$$R<\frac{\Omega[f(0)]}{|f'(0)|}=\frac{\Omega[\alpha]}{|\beta|}=L(\alpha,\beta)$$

定理证毕.

定理 1.3(Picard **第一定理**)　不恒为常数的整函数 $f(z)$ 可以取任何有限值，至多有一个值例外.

证明　假定 $f(z)$ 不取两个有限值 a 和 b，则函数

$$F(z)=\frac{f(z)-a}{b-a}$$

为不取 0 和 1 的整函数.

选取一点 ζ 使 $F'(\zeta)\neq 0$，考虑函数

$$G(z)=F(z+\zeta) \tag{12}$$

则 $G(z)$ 亦为不取 0 和 1 的整函数，所以对于任意大的正数 R，$G(z)$ 在 $|z|<R$ 内全纯且不取 0 和 1，并且有 $G(0)=F(\zeta)$ 及 $G'(0)=F'(\zeta)\neq 0$，令 $\alpha=F(\zeta)$ 及 $\beta=F'(\zeta)$，则

$$G(z)=\alpha+\beta z+a_2z^2+\cdots\quad(|z|<R)$$

根据 Landau 定理，则有

$$R<L(\alpha,\beta)$$

由于 R 为任意大正数，$L(\alpha,\beta)$ 是一个固定的常数，所以上面的不等式是矛盾的. 这说明原先假定 $f(z)$ 不取两个有限值是不能成立的，于是定理得证.

3. Schottky **定理和** Picard **第二定理**

定理 1.4(Schottky) 设函数 $f(z)$ 在 $|z|<R$ 内全纯，且不取 0 和 1 两个值，则在 $|z|\leqslant\theta R$ 上有

$$|f(z)|<S[f(0),\theta] \tag{13}$$

其中 $0<\theta<1$，$S[f(0),\theta]$ 是只与 $f(0)$ 和 θ 有关的常数，而和 $f(z)$ 本身无关.

证明 我们考虑在定理 2.2 的证明中由公式(6)所定义的函数 $F(z)$，并用字母 B,B_1,E,d 表示同样的意义，则 $F(z)$ 在 $|z|<R$ 内全纯且不取 E 中任一值.

设 ζ 为 $|z|<R$ 内任一点，假定 $F'(\zeta)\neq 0$，作函数

$$G(z)=\frac{F(z)-F(\zeta)}{F'(\zeta)} \tag{14}$$

则 $G(z)$ 在 $|z-\zeta|\leqslant(1-\varepsilon)(R-|\zeta|)$ 上全纯，且有

$$G(z)=(z-\zeta)+a_2(z-\zeta)^2+\cdots$$

根据定理 1.1，$G(z)$ 在 $|z-\zeta|\leqslant(1-\varepsilon)(R-|\zeta|)$ 上的值盖住 G 平面上半径为 $B(1-\varepsilon)(R-|\zeta|)$ 的某个圆. 由式(14)，$F(z)$ 在 $|z|<R$ 内的值盖住 F 平面上半径为 $B(1-\varepsilon)(R-|\zeta|)|F'(\zeta)|$ 的某个圆. 由于 $F(z)$ 不取 E 中任一值，所以被盖住的圆中不含 E 的点，故有

$$B(1-\varepsilon)(R-|\zeta|)|F'(\zeta)|\leqslant d$$

即

$$|F'(\zeta)|\leqslant\frac{d}{B_1}\frac{1}{R-|\zeta|} \tag{15}$$

不等式(15)是在 $F'(\zeta)\neq 0$ 的假定下得到的，当 $F'(\zeta)=0$ 时(15)显然成立，于是对 $|z|<R$ 内任一点 ζ

有

$$|F(\zeta)-F(0)|=|\int_0^\zeta F'(t)\mathrm{d}t|\leqslant\frac{d}{B_1}\int_0^{|\zeta|}\frac{\mathrm{d}r}{R-r}$$

所以

$$|F(\zeta)|\leqslant|F(0)|+\frac{d}{B_1}\ln\frac{R}{R-|\zeta|}$$

当$|z|\leqslant\theta R$时

$$|F(z)|\leqslant|F(0)|+\frac{d}{B_1}\ln\frac{1}{1-\theta}\qquad(16)$$

由式(8)，当$|z|\leqslant\theta R$时，有

$$|f(z)|=|\mathrm{e}^{\frac{\pi i}{2}}(\mathrm{e}^{2F(z)}+\mathrm{e}^{-2F(z)})|\leqslant\mathrm{e}^{\pi\mathrm{e}^{2|F(z)|}}\qquad(17)$$

由式(6)，将$F(0)$用$f(0)$表示后代入(16)，再将结果代入(17)，则(17)的右边是一个只随$f(0)$及θ而定的常数，故有

$$|f(z)|<S[f(0),\theta]\quad(|z|\leqslant\theta R)$$

证毕.

Schottky不等式(13)的意义是：凡在$|z|<R$内全纯、不取0和1这两个值、并在$z=0$的函数值相等的一切函数，在$|z|\leqslant\theta R$上函数值有一个共同的上界$S[f(0),\theta]$，这个上界S仅由$f(0)$及θ确定.

当我们注意到函数$f(z)$满足定理的条件时，函数$\frac{1}{f(z)}$也满足定理的全部条件，所以当$|z|\leqslant\theta R$时，也有

$$\left|\frac{1}{f(z)}\right|<S\left[\frac{1}{f(0)},\theta\right]$$

即

$$|f(z)|>S_1[f(0),\theta]$$

从而当$|z|\leqslant\theta R$时有

$$S_1[f(0),\theta]<|f(z)|<S[f(0),\theta]$$

定理 1.4 还可推广为下面的形式：

定理 1.5 设函数 $f(z)$在$|z|<R$ 内全纯且不取 0 和 1 两个值，并有 $0<\alpha\leqslant|f(0)|\leqslant\beta$，则在$|z|\leqslant\theta R$ 上有

$$S_1(\alpha,\beta,\theta)<|f(z)|<S(\alpha,\beta,\theta) \tag{18}$$

证明 不失一般性，我们可假定 $0<\alpha<1<\beta$，因若 $\alpha\geqslant1$，则用$\frac{1}{\alpha+1}$代替 α；若 $\beta\leqslant1$，则用 $\beta+1$ 代替 β.

在定理 1.4 的证明中，我们已经得到了不等式(16)，根据公式(6)，我们有

$$|F(0)|\leqslant\ln\left\{\sqrt{\frac{|\ln|f(0)||}{2\pi}+\frac{1}{2}}+\sqrt{\frac{|\ln|f(0)||}{2\pi}+\frac{3}{2}}\right\}+\pi \tag{19}$$

由假定 $\alpha\leqslant|f(0)|\leqslant\beta$ 及 $0<\alpha<1<\beta$，所以

$$|\ln|f(0)||\leqslant\ln\beta+\ln\frac{1}{\alpha} \tag{20}$$

以式(20)的估计式代入不等式(19)，将其结果代入(16)，最后再代入(17)，就得到在$|z|\leqslant\theta R$ 上，有

$$|f(z)|<S(\alpha,\beta,\theta) \tag{21}$$

若用函数$\frac{1}{f(z)}$代替 $f(z)$，则有

$$0<\frac{1}{\beta}\leqslant\left|\frac{1}{f(0)}\right|\leqslant\frac{1}{\alpha}$$

同样可得

$$|f(z)|>S_1(\alpha,\beta,\theta)\quad(|z|\leqslant\theta R)$$

于是当$|z|\leqslant\theta R$ 时，有

$$S_1(\alpha,\beta,\theta)<|f(z)|<S(\alpha,\beta,\theta)$$

这个不等式叫作广义的 Schottky 不等式.

下面证明 Picard 第二定理:

定理 1.6 全纯函数 $f(z)$ 在弧立本性奇点任意小邻域内取任意有限值无穷多次,最多可能有一个值例外.

证明 我们假定原点是本性奇点,如果不然,可利用一个线性变换变为原点.于是 $f(z)$ 在 $0<|z|<R$ $(R>0$ 为某一常数$)$ 内全纯且以 $z=0$ 为弧立本性奇点.

假定存在两个有限值 a 和 b, $f(z)$ 在 $0<|z|<R$ 内取这两个值有限次,于是可取一数 r_1 $(0<r_1<R)$,使 $f(z)$ 在 $0<|z|<r_1$ 内不取 a 和 b. 作函数

$$F(z)=\frac{f(z)-a}{b-a} \tag{22}$$

则 $F(z)$ 在 $0<|z|<r_1$ 内全纯且不取 0 和 1 两个值,并以 $z=0$ 为孤立本性奇点.

设 r' 为满足 $0<r'<\frac{r_1}{2}$ 的任一数,根据 Weierstrass 关于本性奇点的定理,存在一个点 z_0 使

$$0<|z_0|<r' \quad 及 \quad \frac{1}{2}<|F(z_0)|<1$$

设 $z_0=re^{i\theta}$,则圆 $|z-z_0|<\frac{r}{2}$ 全部被包含在区域 $0<|z|<r_1$ 的内部,所以 $F(z)$ 在 $|z-z_0|<\frac{r}{2}$ 内全纯且不敢取 0 和 1,于是根据定理 1.5,在 $|z-z_0|\leqslant\frac{\theta r}{2}$ 上有

$$S_1\left(\frac{1}{2},1,\theta\right)<|F(z)|<S\left(\frac{1}{2},1,\theta\right) \tag{23}$$

取定 θ 是满足 $0<\theta<1$ 的一个固定常数,因而 S_1 和 S 是两个绝对常数.

设 z_1 为 $|z-z_0|=\frac{\theta r}{2}$ 与 $|z|=r$ 的一个交点(见图75),由式(23) $|F(z_1)|$ 也介于这两个绝对常数之间.

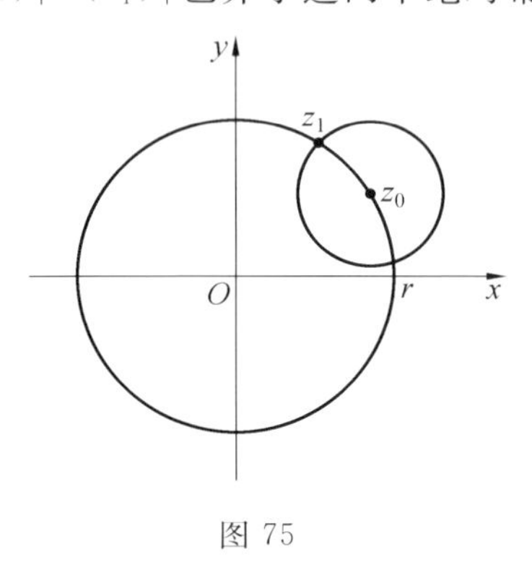

图 75

对 $F(z)$ 再一次应用定理 1.5 于圆 $|z-z_0|<\frac{r}{2}$ 内,同样可得在 $|z-z_1|\leqslant\frac{\theta r}{2}$ 上 $|F(z)|$ 也介于另两个绝对常数之间.按此方法连续进行若干次(设 m 次),则 $(m+1)$ 个圆 $|z-z_i|\leqslant\frac{\theta r}{2}(i=0,1,2,\cdots,m)$ 必能完全盖住圆周 $|z|=r$,这就说明 $F(z)$ 在 $|z|=r$ 上有界.由于 r 可取任意小,所以 $F(z)$ 在区域 $0<|z|<r_1$ 内为有界,这与 $F(z)$ 以 $z=0$ 为本性奇点矛盾.所以原先假定存在两个有限值 a 和 b, $f(z)$ 取这两个值有限次不成立,于是定理得证.

§2 毕卡小定理

在开始部分我们还需要补充最大模和整函数级的知识.

我们来证明最大模原理(它对任何解析函数都正确,不过为简单计,我们仅限于整函数):

如果整函数 $f(z)\neq \text{const}$,那么它的模 $|f(z)|$ 在平面上任一点处都不会取得最大值.

事实上,设 z_0 是平面上的任一点.如果 $f(z_0)=0$,那么正如所知,存在一个以 z_0 为中心的圆,在这个圆内除去点 z_0 外 $f(z)$ 没有其他零点这意味着在这个圆内,若 $z\neq z_0$,则 $|f(z)|>|f(z_0)|=0$,所以 $|f(z)|$ 在点 z_0 没有最大值.

现在设 $f(z_0)\neq 0$.把函数展成 $(z-z_0)$ 的幂级数.我们得到处处收敛的级数

$$f(z)=f(z_0)+b_1(z-z_0)+\cdots+b_n(z-z_0)^n+\cdots$$

在这个级数中系数 $b_n(n=1,2,\cdots)$ 一定有非零的(否则函数将恒等于常数 $f(z_0)$).设 b_k 是级数的系数中第一个不为零的.这时

$$\begin{aligned}f(z)=f(z_0)+b_k(z-z_0)^k+\\ b_{k+1}(z-z_0)^{k+1}+\cdots\quad(b_k\neq 0)\end{aligned} \tag{1}$$

把(1)改写为

$$\begin{aligned}f(z)=&f(z_0)+b_k(z-z_0)^k+\\ &b_k(z-z_0)^k\left[\frac{b_{k+1}}{b_k}(z-z_0)+\frac{b_{k+2}}{b_k}(z-z_0)^2+\cdots\right]\end{aligned} \tag{1$'$}$$

从点 z_0 出发可以引一条射线 L,使得这个射线上所有异于 z_0 的点 z 满足 $\operatorname{Arg}[b_k(z-z_0)^k]$ 与 $\operatorname{Arg}f(z_0)$ 相等;换言之,向量 $b_k(z-z_0)^k$ 与 $f(z_0)$ 平行且指向同一边(图76(a),(b)).

注意到

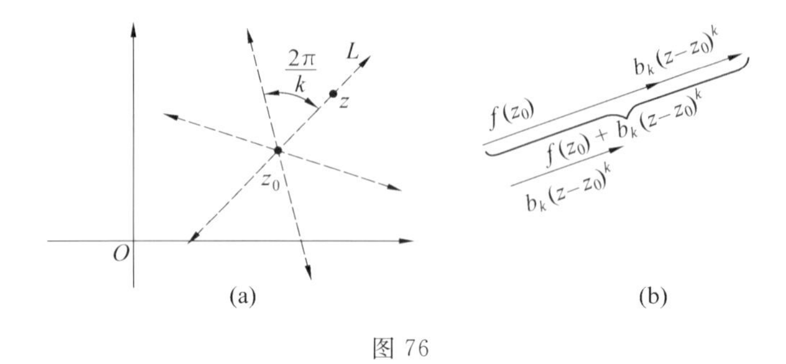

图 76

$$\mathrm{Arg}[b_k(z-z_0)^k]=\mathrm{Arg}\ b_k+k\mathrm{Arg}(z-z_0)$$

因此,如果取

$$\mathrm{Arg}\ b_k+k\mathrm{Arg}(z-z_0)=\mathrm{Arg}\ f(z_0)$$

也就是

$$\mathrm{Arg}(z-z_0)=\frac{\mathrm{Arg}\ f(z_0)-\mathrm{Arg}\ b_k}{k}$$

上面的条件就能满足(读者可相信,有 k 条不同的射线满足这个条件,任取其中一条作为 L 就行了,如图 76(a) 所示.

显然,在这个条件之下,$f(z_0)$ 与 $b_k(z-z_0)^k$ 的和的模在量上比 $|f(z_0)|$ 大 $|b_k(z-z_0)^k|$ 这么多.但是公式(1)′ 指出,要得到 $f(z)$ 还必须在指出的这个和中再加上一个和

$$\varphi(z)=b_k(z-z_0)^k\left[\frac{b_{k+1}}{b_k}(z-z_0)+\cdots\right]$$

因为当 $z\to z_0$ 时

$$\frac{\varphi(z)}{b_k(z-z_0)^k}=\frac{b_{k+1}}{b_k}(z-z_0)+\frac{b_{k+2}}{b_k}(z-z_0)^2+\cdots\to 0$$

所以可以认为 z 足够接近于 z_0,以至 $\left|\frac{\varphi(z)}{b_k(z-z_0)^k}\right|<\frac{1}{2}$,而这意味着,当把 $\varphi(z)$ 增补到和 $f(z_0)+b_k(z-$

$z_0)^k$ 中时,如果能够减小这个和的模的话,也不会超过和的第二项的模的一半.于是,当位于 L 上的点足够接近于 z_0 时,就有

$$\begin{aligned}|f(z)|=&|f(z_0)+b_k(z-z_0)^k+\varphi(z)|\geqslant\\&|f(z_0)+b_k(z-z_0)^k|-|\varphi(z)|=\\&|f(z_0)|+|b_k(z-z_0)^k|-|\varphi(z)|>\\&|f(z_0)|+|b_k(z-z_0)^k|-\\&\frac{1}{2}|b_k(z-z_0)^k|>|f(z_0)|\end{aligned}\qquad(2)$$

由这个不等式就可断言,$|f(z)|$ 不会在 z_0 取得最大值.定理得证.

由它可以导出一个重要的推论.

如果 $f(z)$ 是一个整函数,那么,对任意的 $r>0$,$f(z)$ 在圆 $|z|\leqslant r$ 内的最大模在圆周 $|z|=r$ 的点上达到.

事实上,在 $f(z)\equiv\text{const}$ 的情况下,它的模同样是常数,因此,最大模与模在平面上任一点处的值相同,特别的,也同模在圆周 $|z|=r$ 上的任一点处的值相同.

现在设 $f(z)\not\equiv\text{const}$.因为 $|f(z)|$ 是 z 的连续函数(由 $f(z)$ 的连续性立刻可导出 $|f(z)|$ 的连续性),所以根据数学分析的著名定理,$|f(z)|$ 在圆 $|z|\leqslant r$ 内的最大值一定在这个圆的某一点 z_0 处达到.但是根据刚才所证明的,这个点不会在圆的内部(否则 $|f(z)|$ 将在这一点有最大值).因此 z_0 放在圆的边界上,即 $|z_0|=r$.

这样一来,$f(z)$ 在圆 $|z|\leqslant r$ 内的模的最大值 $M(r)$ 是 $|f(z)|$ 在圆周 $|z|=r$ 上某点处的值,因此它

与 $f(z)$ 在圆周 $|z|=r$ 上的模的最大值重合.

我们来建立一个类似于柯西不等式的关于幂级数系数的不等式,在这个不等式中取代函数最大模的是它实部的最大值.

设 $f(z)$ 是一个整函数

$$f(z)=a_0+a_1z+a_2z^2+\cdots+a_nz^n+\cdots \tag{3}$$

用 α_n 和 β_n 分别表示 a_n 的实部和虚部,所以 $a_n=\alpha_n+\mathrm{i}\beta_n$,并用三角函数表示法表示 z

$$z=r(\cos\theta+\mathrm{i}\sin\theta)(r\geqslant 0)$$

这时有

$$f(z)=\sum_0^{\infty}(\alpha_n+\mathrm{i}\beta_n)r^n(\cos n\theta+\mathrm{i}\sin n\theta)$$

用 $u(r,\theta)$ 表示 $f(z)$ 的实部,由此可知,它的实部由

$$u(r,\theta)=\alpha_0+\sum_1^{\infty}(\alpha_n\cos n\theta-\beta_n\sin n\theta)r^n \tag{4}$$

表示. 固定 r,两边关于 θ 从 0 到 2π 积分,可得

$$\alpha_0=\frac{1}{2\pi}\int_0^{2\pi}u(r,\theta)\mathrm{d}\theta \tag{5}$$

用类似的方法可以把级数(4) 的系数表示为积分形式. 例如,为了算出 $a_p(p\geqslant 1)$,就在(4) 的两边乘上 $\cos p\theta$,然后从 0 到 2π 积分. 这时左边得到 $\int_0^{2\pi}u(r,\theta)\cos p\theta\,\mathrm{d}\theta$,而右边除去一项 $\int_0^{2\pi}\cos^2 p\theta\,\mathrm{d}\theta=\pi$ 外,其余的积分全是零,因此

$$\int_0^{2\pi}u(r,\theta)\cos p\theta\,\mathrm{d}\theta=\alpha_pr^p\int_0^{2\pi}\cos^2 p\theta\,\mathrm{d}\theta=\pi\alpha_pr^p$$

由此

$$\alpha_p r^p = \frac{1}{\pi}\int_0^{2\pi} u(r,\theta)\cos p\theta \mathrm{d}\theta (p=1,2,3,\cdots) \quad (6)$$

类似的,在(4)的两边乘上 $\sin p\theta$,并积分,可得

$$\beta_p r^p = \frac{1}{\pi}\int_0^{2\pi} u(r,\theta)\sin p\theta \mathrm{d}\theta (p=1,2,3,\cdots) \quad (7)$$

由公式(5),(6)和(7)引出

$$2\alpha_0 \pm \alpha_p r^p = \frac{1}{\pi}\int_0^{2\pi} u(r,\theta)(1 \pm \cos p\theta)\mathrm{d}\theta \quad (6)'$$

$$2\alpha_0 \pm \beta_p r^p = \frac{1}{\pi}\int_0^{2\pi} u(r,\theta)(1 \pm \sin p\theta)\mathrm{d}\theta \quad (7)'$$

这两个公式比公式(6)和(7)的优越之处在于,在积分号下现在对 $u(r,\theta)$ 乘的是非负因子.

我们用 $\mu(r)$ 来表示半径为 r 的圆周上的 $\max u(r,\theta)$,即

$$\mu(r) = \max_{0\leqslant\theta\leqslant 2\pi} u(r,\theta)$$

由公式(6)′和(7)′可得

$$2\alpha_0 \pm \alpha_p r^p \leqslant \frac{\mu(r)}{\pi}\int_0^{2\pi}(1 \pm \cos p\theta)\mathrm{d}\theta = 2\mu(r)$$

$$2\alpha_0 \pm \beta_p r^p \leqslant 2\mu(r)$$

因此

$$\left.\begin{aligned} |\alpha_p| &\leqslant \frac{2[\mu(r)-\alpha_0]}{r^p} \\ |\beta_p| &\leqslant \frac{2[\mu(r)-\alpha_0]}{r^p}(p=1,2,3,\cdots) \end{aligned}\right. \quad (8)$$

现在可以证明下面的定理了,它是刘维尔定理的进一步加强.

如果对于一切足够大的值 $r(r > r_0)$,整函数 $f(z)$ 的实部 $u(r,\theta)$ 满足不等式

$$u(r,\theta) \leqslant \mu(r) \leqslant Cr^{\delta} (\delta > 0) \quad (9)$$

那么 $f(z)$ 一定是一个次数不高于 $n=[\delta]$($[\delta]$ 为 δ 的

整数部分）的多项式.

事实上，由不等式(8)和(9)得到

$$|\alpha_p| \leqslant \frac{2(Cr^{\delta}-\alpha_0)}{r^p}, |\beta_p| \leqslant \frac{2(Cr^{\delta}-\alpha_0)}{r^p} (r > r_0) \tag{8'}$$

如果 $p>[\delta]$，那么，因为 p 是整数，这就意味着 $p \geqslant [\delta]+1>\delta$，所以当 $r \to \infty$ 时，不等式(8)′的右边部分趋向于零. 因此，如果 $p>[\delta]=n$，就有 $\alpha_p=\beta_p=0$，也就是 $a_p=\alpha_p+\mathrm{i}\beta_p=0$. 于是公式(3)取形式

$$f(z)=a_0+a_1z+\cdots+a_nz^n$$

这里 $n=[\delta]$. 定理得证.

3. 我们来证明与计算整函数的级有关的三个引理.

引理1 如果 $f(z)$ 是一个超越整函数，而 $P(z)$ 和 $Q(z)$ 分别是 m 和 n 次多项式，且 $P(z)\neq 0$，那么函数 $P(z)f(z)+Q(z)$ 的级 ρ_1 与函数 $f(z)$ 的级 ρ 相同，即 $\rho_1=\rho$.

引进记号

$$\left.\begin{aligned} M(r) &= \max_{|z|\leqslant r} |f(z)| \\ M_1(r) &= \max_{|z|\leqslant r} |P(z)f(z)+Q(z)| \end{aligned}\right\} \tag{10}$$

根据2所证明的，我们可以不去研究落在圆 $|z|\leqslant r$ 内的点，而只限于研究函数的模在圆 $|z|=r$ 上所取的值.

如果 a_mz^m 和 b_nz^n 分别是多项式 $P(z)$ 和 $Q(z)$ 的最高次项，那么根据正文中的不等式(28)，在那里曾设 $\varepsilon=\frac{1}{2}$，可以断言，当 $|z|=r>r_0$ 时

$$\left.\begin{aligned}\frac{1}{2}|a_m|r^m\leqslant|P(z)|\leqslant\frac{3}{2}|a_m|r^m\\\frac{1}{2}|b_n|r^n\leqslant|Q(z)|\leqslant\frac{3}{2}|b_n|r^n\end{aligned}\right\}\tag{11}$$

设 z_0 是圆周 $|z|=r$ 上的一点，在这一点 $|f(z)|$ 达到值 $M(r)$. 这时

$$\begin{aligned}M_1(r)\geqslant&|P(z_0)f(z_0)+Q(z_0)|\geqslant\\&|P(z_0)||f(z_0)|-|Q(z_0)|\geqslant\\&\frac{1}{2}|a_m|r^mM(r)-\frac{3}{2}|b_n|r^n\end{aligned}\tag{12}$$

另一方面，设 z_1 是同一个圆周上的一点，在这一点 $|P(z)f(z)+Q(z)|$ 达到值 $M_1(r)$，我们有

$$\begin{aligned}M_1(r)=&|P(z_1)f(z_1)+Q(z_1)|\leqslant\\&|P(z_1)||f(z_1)|+|Q(z_1)|\leqslant\\&\frac{3}{2}|a_m|r^mM(r)+\frac{3}{2}|b_n|r^n\end{aligned}\tag{13}$$

因此

$$\begin{aligned}&\frac{1}{2}|a_m|r^mM(r)\left[1-\frac{3|b_n|r^n}{|a_m|r^mM(r)}\right]\leqslant M_1(r)\leqslant\\&\frac{3}{2}|a_m|r^mM(r)\left[1+\frac{|b_n|r^n}{|a_m|r^mM(r)}\right]\end{aligned}\tag{14}$$

因为 $f(z)$ 是超越整函数，所以 $M(r)$ 比任何多项式的模的最大值都增长得快，因此比 r 的任何次幂都增长得快. 所以，当 $r\to\infty$ 时，不等式(14)中每一个方括号中的表达式都趋向于 1. 因此可以把 r 取得足够大，使得右边的括号比 2 小，左边的括号比 $\frac{2}{3}$ 大. 我们得到

$$\frac{1}{3}|a_m|r^m M(r) \leqslant M_1(r) \leqslant 3|a_m|r^m M(r) \tag{15}$$

我们记得,整函数 $f(z)$ 的级是

$$\overline{\lim_{r\to\infty}} \frac{\ln \ln M(r;f)}{\ln r} = \rho$$

对(15)取对数,可得

$$\ln\left(\frac{1}{3}|a_m|r^m\right) + \ln M(r) <$$
$$\ln M_1(r) < \ln(3|a_m|r^m) + \ln M(r)$$

或者

$$\ln M(r)\left[1 + \frac{\ln\left(\frac{1}{3}|a_m|\right) + \ln(r^m)}{\ln M(r)}\right] <$$
$$\ln M_1(r) < \ln M(r)\left[1 + \frac{\ln(3|a_m|) + \ln(r^m)}{\ln M(r)}\right] \tag{16}$$

我们来证明,当 $r \to \infty$ 时,方括号中的表达式还是趋向于1. 显然,为此只要检验当 $r \to \infty$ 时,形如 $\frac{\ln C + \ln(r^m)}{\ln M(r)}$ 的表达式趋向于零就行了,式中 $C \neq 0$. 第一项 $\frac{\ln C}{\ln M(r)}$ 是明显的(因为 $\ln M(r) \to \infty$). 设 $\varepsilon > 0$ 是任一正数,把自然数 N 取得足够大,使得 $\frac{1}{N} < \varepsilon$,其次取 $r_0 > 1$,使得 $r > r_0$ 的一切 r 满足不等式 $\frac{r^{mN}}{M(r)} < 1$(由于 $M(r)$ 是超越整函数 $f(z)$ 的最大模,所以这是可能的). 这时 $r^{mN} < M(r)$, $N\ln(r^m) < \ln M(r)$ 和 $\frac{\ln(r^m)}{\ln M(r)} < \frac{1}{N} < \varepsilon$. 于是,当 $r \to \infty$ 时,$\frac{\ln(r^m)}{\ln M(r)} \to 0$.

由此可得,对所有足够大的 r,在不等式(16) 中右边的方括号比 2 小,左边的方括号比$\frac{1}{2}$大. 这样一来

$$\frac{1}{2}\ln M(r) < \ln M_1(r) < 2\ln M(r)$$

再取一次对数,我们有

$$\ln \frac{1}{2} + \ln \ln M(r) < \ln \ln M_1(r) < \ln 2 + \ln \ln M(r)$$

除以 $\ln r$,令 $r \to \infty$ 取极限,就有

$$\overline{\lim_{r\to\infty}} - \frac{\ln \ln M(r)}{\ln r} \leqslant \overline{\lim_{r\to\infty}} \frac{\ln \ln M_1(r)}{\ln r} \leqslant \overline{\lim_{r\to\infty}} \frac{\ln \ln M(r)}{\ln r}$$

或者

$$\rho \leqslant \rho_1 \leqslant \rho$$

由此,最后有 $\rho = \rho_1$. 因此,我们证明了,函数 $f(z)$ 和 $P(z)f(z) + Q(z)(P(z) \neq 0)$ 的级相等.

引理 2　整函数

$$f(z) = P(z)e^{g(z)} + Q(z)$$

的级等于 n,这里 $P(z),Q(z),g(z)$ 是多项式,且 $P(z)$ 不恒等于 0,而 $g(z)$ 的次数是 n.

由于引理 1,$f(z)$ 的级与函数 $\varphi(z) = e^{g(z)}$ 的级一样. 我们记$\max\limits_{|z|=r} |\varphi(z)| = M_1(r)$. 需要证明

$$\overline{\lim_{r\to\infty}} \frac{\ln \ln M_1(r)}{\ln r} = n$$

设

$$g(z) = c_0 + c_1 z + \cdots + c_n z^n$$

$$c_k = \rho_k(\cos \alpha_k + i\sin \alpha_k)$$

和

$$z = r(\cos \theta + i\sin \theta)$$

根据定理的条件,$\rho_n = |c_n| \neq 0$.

这时我们有

$$g(z)=\sum_{k=0}^{n}\rho_k r^k(\cos\alpha_k+\mathrm{i}\sin\alpha_k)(\cos k\theta+\mathrm{i}\sin k\theta)=$$

$$\sum_{k=0}^{n}\rho_k r^k[\cos(\alpha_k+k\theta)+\mathrm{i}\sin(\alpha_k+k\theta)]$$

为了求出 $\varphi(z)$ 的模，只要在指数中保留后一表达式的实部就可以了．所以

$$|\varphi(z)|=\mathrm{e}^{\sum_{k=0}^{n}\rho_k r^k\cos(\alpha_k+k\theta)}$$

和
$$\ln|\varphi(z)|=\sum_{k=0}^{n}\rho_k r^k\cos(\alpha_k+k\theta)$$

显然，对固定的 r 和 $0\leqslant\theta\leqslant 2\pi$，求出了后一式的最大值，我们就得到了$\ln\max\limits_{|z|=r}|\varphi(z)|$．但是

$$\ln|\varphi(z)|\leqslant\sum_{0}^{n}\rho_k r^k=$$

$$\rho_n r^n\left(1+\frac{\rho_{n-1}}{\rho_n}\frac{1}{r}+\cdots+\frac{\rho_0}{\rho_n}\frac{1}{r^n}\right)$$

因此，对任意的 ε，$0<\varepsilon<1$，和 $r>r(\varepsilon)$，将有

$$\ln|\varphi(z)|<\rho_n r^n(1+\varepsilon)$$

因此
$$\ln M_1(r)<\rho_n r^n(1+\varepsilon)$$

设 z_0 是圆周 $|z|=r$ 上的一点，关于这一点 $\cos(\alpha_n+n\theta_0)=1$（关于 n 存在那样的点；为了我们的目的只要在其中取一个就行了）．我们有

$$\ln M_1(r)\geqslant\ln|\varphi(z_0)|=$$

$$\rho_n r^n+\sum_{0}^{n-1}\rho_k r^k\cos(\alpha_k+k\theta_0)\geqslant$$

$$\rho_n r^n-\sum_{0}^{n-1}\rho_k r^k=$$

$$\rho_n r^n\left[1-\left(\frac{\rho_{n-1}}{\rho_n}\frac{1}{r}+\cdots+\frac{\rho_0}{\rho_n}\frac{1}{r^n}\right)\right]>$$

$$\rho_n r^n(1-\varepsilon)\ (r > r(\varepsilon))$$

比较所得到的估计,我们推出

$$\rho_n r^n(1-\varepsilon) < \ln M_1(r) < \rho_n r^n(1+\varepsilon)$$

再求一次对数,用 $\ln r$ 除,令 $r\to\infty$ 取极限,我们得到

$$\lim_{r\to\infty}\frac{\ln\ln M_1(r)}{\ln r}=n$$

因此,$\varphi(z)$ 的级等于 n,所以已给函数 $f(z)$ 的级也等于 n.

引理 3　如果 $g(z)$ 是整函数,并且 $f(z)=\mathrm{e}^{g(z)}$ 的级是有穷的,那么,$g(z)$ 是多项式,所以 $f(z)$ 的级一定是整数.

设 $z=r(\cos\theta+\mathrm{i}\sin\theta)$,$u(r,\theta)$ 是函数 $g(z)$ 的实部,那么,$|f(z)|=\mathrm{e}^{u(r,\theta)}$,由此 $\ln|f(z)|=u(r,\theta)$.

记 $\max\limits_{|z|=r}|f(z)|=M(r)$ 和 $\max\limits_{0\leqslant\theta\leqslant 2\pi}u(r,\theta)=\mu(r)$. 那么

$$\ln M(r)=\mu(r) \tag{17}$$

设 δ 是 $f(z)$ 的级. 这意味着

$$\overline{\lim_{r\to\infty}}\frac{\ln\ln M(r)}{\ln r}=\delta$$

对任意的 $\varepsilon>0$,存在 $r(\varepsilon)>1$,使得当 $r>r(\varepsilon)$ 时

$$\frac{\ln\ln M(r)}{\ln r}<\delta+\varepsilon$$

即
$$\ln\ln M(r)<\ln(r^{\delta+\varepsilon})$$

或
$$\ln M(r)<r^{\delta+\varepsilon} \tag{18}$$

由(17)和(18)推出

$$\mu(r,\theta)<r^{\delta+\varepsilon},r>r(\varepsilon)$$

根据2的定理,$g(z)$ 是一个多项式,它的次数 n 不超过 $\delta+\varepsilon$ 的整数部分,即 $n\leqslant[\delta+\varepsilon]$;因为 ε 任意小,由此可得,$n\leqslant[\delta]$. 根据引理 2,函数 $f(z)$ 的级 δ 必定

与 n 相等,所以 δ 是整数

$$\delta = n$$

引理 3 得证.

现在容易证明关于有穷级整函数的毕卡小定理了.并且代替方程 $f(z)=A$ 而研究方程 $f(z)=AP(z)$(这里 $P(z)$ 是多项式),我们给出这一定理的更一般的形式.首先设整函数的级不是整数.

定理 1 如果 $f(z)$ 是超越整函数,它的级是有穷的但不是整数,而 $P(z)$ 是不恒等于零的多项式,那么方程

$$f(z)=AP(z) \tag{19}$$

对任意的 A(没有任何例外)都有无穷多个根.

我们用反证法来证明.假设定理不真,存在一个常数 $A=A_0$,使方程(19)只有有限个根(也可能一个根也没有).

这时整函数 $f(z)-A_0P(z)$ 只有有限个零点.根据正文 20,在这种情况下 $f(z)-A_0P(z)$ 可以表示为

$$f(z)-A_0P(z)=Q(z)e^{g(z)} \tag{20}$$

由此

$$f(z)=A_0P(z)+Q(z)e^{g(z)} \tag{21}$$

这里 $Q(z)$ 是一个不恒等于零的多项式(如果方程 $f(z)-A_0P(z)=0$ 根本就没有根的话,可认为它恒等于 1),$g(z)$ 是某一个整函数.

根据前段的引理 1,函数 $f(z)$ 的级 δ 一定与函数 $e^{g(z)}$ 的级相等,因此根据引理 3,它是整数,这与定理的条件相矛盾.于是,定理 1 得证.现在转向以有限整数为级的整函数.下面的命题是正确的.

定理 2 如果 $f(z)$ 是超越整函数,它的级是有限

整数 n,而 $P(z)$ 是不恒等于零的多项式,那么方程

$$f(z)=AP(z) \tag{22}$$

除去可能存在的 A 的一个例外值外,对任何 A 都有无穷多个根.

我们假设定理不真.这时一定至少存在着两个值 a 和 $b\neq a$,使方程(22)只有有限个根.这意味着整函数 $f(z)-aP(z)$ 和 $f(z)-bP(z)$ 只有有限个零点.因此可以断言(见正文20)

$$\begin{aligned} f(z)-aP(z)&=Q_1(z)\mathrm{e}^{g_1(z)} \\ f(z)-bP(z)&=Q_2(z)\mathrm{e}^{g_2(z)} \end{aligned} \tag{23}$$

这里 $Q_1(z)$ 和 $Q_2(z)$ 是不恒等于零的多项式,而 $g_1(z)$ 和 $g_2(z)$ 是整函数.由3的引理1可得,$\mathrm{e}^{g_1(z)}$ 和 $\mathrm{e}^{g_2(z)}$ 的级都等于 $f(z)$ 的级 n.

根据3的引理3和引理2,我们得出函数 $g_1(z)$ 和 $g_2(z)$ 一定是 n 次多项式的结论.特别的,由此可得 $n\geqslant 1$,因为在 $n=0$ 的情况下,$g_1(z)$ 和 $g_2(z)$ 就将是常数,由公式(23)就可推出 $f(z)$ 是多项式(而不是超越整函数).(23)的第一式减第二式得到

$$Q_1(z)\mathrm{e}^{g_1(z)}-Q_2(z)\mathrm{e}^{g_2(z)}=(b-a)P(z)=p(z) \tag{24}$$

这里多项式 $p(z)=(b-a)P(z)$ 不恒为零(因为 $b\neq a$,$P(z)\neq 0$).我们的目的是去证明,当多项式 $Q_1(z)$,$Q_2(z)$ 和 $p(z)$ 都不恒为零,而 $g_1(z)$ 和 $g_2(z)$ 是次数 $n\geqslant 1$ 的多项式时,那样的恒等式不可能成立.对式(24)求导可得

$$\begin{aligned} &[Q'_1(z)+Q_1(z)g'_1(z)]\mathrm{e}^{g_1(z)}- \\ &[Q'_2(z)+Q_2(z)g'_2(z)]\mathrm{e}^{g_2(z)}=p'(z) \end{aligned} \tag{25}$$

如果把(24)和(25)看作是以 $\mathrm{e}^{g_1(z)}$ 和 $\mathrm{e}^{g_2(z)}$ 为未知

数的方程组，那么，这个方程组的行列式 $\Delta(z)$ 是

$$\begin{aligned}\Delta(z) = & -Q_1(z)[Q'_2(z)+Q_2(z)g'(z)]+\\ & Q_2(z)[Q'_1(z)+Q_1(z)g'_1(z)]=\\ & Q_2(z)Q'_1(z)-Q_1(z)Q'_2(z)+\\ & Q_1(z)Q_2(z)[g'_1(z)-g'_2(z)]\end{aligned}\qquad(26)$$

我们来证明多项式 $\Delta(z)\not\equiv 0$. 如果不然，在恒等式 $\Delta(z)\equiv 0$ 的两边除以 $Q_1(z)Q_2(z)$，将有

$$\frac{Q'_1(z)}{Q_1(z)}-\frac{Q'_2(z)}{Q_2(z)}+[g_1(z)-g_2(z)]'=0$$

两边求积分可得

$$\ln\frac{Q_1(z)}{Q_2(z)}+g_1(z)-g_2(z)\equiv \text{const}=C_1\qquad(27)$$

由此

$$\frac{Q_1(z)}{Q_2(z)}e^{g_1(z)-g_2(z)}=e^{C_1}=C\neq 0\qquad(28)$$

由公式(23)得出

$$\frac{Q_1(z)}{Q_2(z)}e^{g_1(z)-g_2(z)}=\frac{f(z)-aP(z)}{f(z)-bP(z)}$$

所以公式(28)意味着

$$\frac{f(z)-aP(z)}{f(z)-bP(z)}=C$$

由此 $$(1-C)f(z)=(a-bC)P(z)$$

因为 $b\neq a$，所以 $C\neq 1$. 因此

$$f(z)=\frac{a-bC}{1-C}P(z)$$

这与假设矛盾(要知道 $f(z)$ 是超越整函数). 这样一来，$\Delta(z)\not\equiv 0$. 关于 $e^{g_1(z)}$ 和 $e^{g_2(z)}$ 解方程组(24)和(25)，我们得到

$$e^{g_1(z)}=\frac{-p(z)[Q'_2(z)+Q_2(z)g'_2(z)]+p'(z)Q_2(z)}{\Delta(z)}$$

$$e^{g_2(z)}=\frac{p'(z)Q_1(z)-p(z)[Q'_1(z)+Q_1(z)g'_1(z)]}{\Delta(z)}$$

但是这两个等式也含有矛盾，因为它们的左边是超越整函数（它们的级 n 不低于 1），而右边是有理函数（因此，是多项式）. 这就完成了定理 2 的证明.

定理 1 的条件保证了没有例外值，如果撇开这一条件，那么定理 1 和 2 这两个定理可以看作下述定理的一个很特殊的情况，下面的定理也属于毕卡.

毕卡定理　设 $\varphi(z)$ 是一个超越亚纯函数（特别的，是一个超越整函数）. 无论怎样的复数 A，有限的或无限的，除去两个可能的例外，方程

$$\varphi(z)=A$$

都有无穷多个根.

如果 $\varphi(z)$ 是一个整函数，那么，无论对于怎样的 z 它都不会取 ∞ 值. 所以所有的整函数有一个例外值 $A=\infty$. 因此，根据上面的定理，超越整函数最多有一个有穷例外值. 这正是毕卡小定理的内容.

如果 $f(z)$ 是一个超越整函数，$P(z)$ 是一个不恒为 0 的多项式，那么亚纯函数 $\varphi(z)=\dfrac{f(z)}{P(z)}$ 仅在有限个点上变为 ∞（在多项式 $P(z)$ 的零点处）. 所以，首先值 ∞ 就是它的一个例外值，由于本段的定理它只可能有一个（有限的）例外值. 因此可以断言，方程 $\dfrac{f(z)}{P(z)}=A$，或者 $f(z)=AP(z)$，对每一个值 A，可能除去一个有限的 A 值，都有无穷多个根. 当 $f(z)$ 的级为有穷时，就是定理 1 和 2 所证明的.

最后，设 $f(z)$ 和 $g(z)$ 是两个超越整函数，它们的

比不是有理函数. 这就意味着$\dfrac{f(z)}{g(z)}$是超越亚纯函数. 根据上面的定理可以断言，方程$\dfrac{f(z)}{g(z)}=A$，或者$f(z)=Ag(z)$对任何A有无穷多个根，最多除去两个例外值，这个定理曾在正文的 26 提到过.

§ 3　周期整函数・维尔斯特拉斯定理

我们曾引用函数$e^{\frac{2\pi i}{\omega}z}$作为最简单的以$\omega(\omega\neq 0)$为周期的函数的例子. 设$t=e^{\frac{2\pi i}{\omega}z}$，我们来证明，除去点$t=0$外，每一个以$\omega$为周期的周期整函数都可以看作是在复平面$t$的所有点上的单值解析函数. 事实上，$\ln t=\dfrac{2\pi i}{\omega}z$，由此$z=\dfrac{\omega}{2\pi i}\ln t$. 当$t\neq 0$时，这是$t$的(多值)解析函数. 因为在给定$t$的情况下，$\ln t$的所有值都只差$2\pi i$的整数倍，那么对应于同一个$t$的一切$z$值彼此差$\omega$的整数倍. 所以它们都对应于周期函数$f(z)$的同一个值. 因此，$f(z)$在整个平面上是$t$的单值函数，但除去$t=0$外. 我们用$\varphi(t)$来表示它

$$\varphi(t)=f(z)=f\left(\frac{\omega}{2\pi i}\ln t\right)\tag{1}$$

根据复合函数微分法

$$\varphi'(t)=f'(z)\frac{dz}{dt}=f'(t)\frac{\omega}{2\pi i}t^{-1}$$

也就是，在任一点$t\neq 0$处导数$\varphi'(t)$存在. 所以，除去原点外，$\varphi(t)$在平面的所有点处是解析函数. 对于这种函数由解析函数的一般理论，下述的定理是正确的，

它是罗朗定理的特殊情况：

如果 $\varphi(t)$ 在平面的所有点上，可能除去点 $t=0$，是单值解析的，那么它可以表示为形如

$$\varphi(t)=\sum_{-\infty}^{+\infty} a_n t^n \tag{2}$$

的处处收敛的广义幂级数（罗朗级数）的和，一般说来，这个和中不仅包含 t 的非负指数幂而且也包含 t 的负指数幂.

如果我们对级数(2)采用用过的以积分表示系数的方法，我们就得出公式

$$a_n=\frac{1}{2\pi}\int_0^{2\pi}\frac{\varphi(t)}{t^n}\mathrm{d}\alpha \tag{3}$$

这里点 $t=r(\cos\alpha+\mathrm{i}\sin\alpha)$ 在 t 平面上以正的方向描过以原点为心，r 为半径的圆周（r 是任意正数）. 然后我们得出不等式

$$|a_n|\leqslant\frac{\mu(r)}{r^n}(n=0,\pm 1,\pm 2,\pm 3) \tag{4}$$

这里

$$\mu(r)=\max_{|t|=r}|\varphi(t)| \tag{5}$$

在我们的情况下

$$t=\mathrm{e}^{\frac{2\pi\mathrm{i}}{\omega}z}$$

和

$$\varphi(t)=f\left(\frac{\omega}{2\pi\mathrm{i}}\ln t\right)=f(z)$$

所以由公式(2)得到

$$f(z)=\sum_{-\infty}^{+\infty} a_n \mathrm{e}^{\frac{2\pi\mathrm{i}}{\omega}nz} \tag{6}$$

也就是，任何以 ω 为周期的周期整函数 $f(z)$ 可以表示为形如(6)的处处收敛的级数的和，这个级数的项是带有同一周期 ω 的最简单的周期函数（指数函数）.

在这个和中用 $\cos\left(\frac{2\pi}{\omega}nz\right)+\mathrm{i}\sin\left(\frac{2\pi}{\omega}nz\right)$ 代替 $\mathrm{e}^{\frac{2\pi\mathrm{i}}{\omega}nz}$，并适当地归并项，我们就可以把 $f(z)$ 表示为如下的三角级数的和

$$f(z)=\sum_{0}^{\infty}\left[A_n\cos\left(\frac{2\pi}{\omega}nz\right)+B_n\sin\left(\frac{2\pi}{\omega}nz\right)\right] \quad (7)$$

我们来证明下面的关于周期函数的基本定理：

如果对于某个 $C>0,\gamma>0$ 和所有足够大的 $|z|$ 值（$|z|>R_0$），以 ω 为周期的周期整函数 $f(z)$ 满足形如

$$|f(z)|\leqslant C\mathrm{e}^{\gamma\frac{2\pi}{|\omega|}|z|} \quad (8)$$

的不等式，那么 $f(z)$ 一定是级不高于 $p=[\gamma]$（γ 的整数部分）的三角多项式.

我们利用不等式(4)（类似于幂级数系数的柯西不等式）来证明定理.

我们指出，在目前的情况下

$$\mu(r)=\max_{|t|=r}|\varphi(t)|=\max_{|t|=r}\left|f\left(\frac{\omega}{2\pi\mathrm{i}}\ln t\right)\right|$$

为了借助不等式(8)来估计这个量，我们首先研究在 $|t|=r$，也就是在 $t=r(\cos\alpha+\mathrm{i}\sin\alpha)$ 的情况下 $\frac{\omega}{2\pi\mathrm{i}}\ln t$ 的值，这里 $0\leqslant\alpha\leqslant 2\pi$. 我们有

$$\begin{aligned}\frac{\omega}{2\pi\mathrm{i}}\ln t=&\frac{\omega}{2\pi\mathrm{i}}(\ln|t|+\mathrm{i}\operatorname{Arg}t)=\\&\frac{\omega}{2\pi\mathrm{i}}[\ln r+\mathrm{i}(\alpha+2k\pi)]=\\&\frac{\alpha}{2\pi}\omega+k\omega+\frac{\omega}{2\pi\mathrm{i}}\ln r\end{aligned}$$

所以 $f\left(\frac{\omega}{2\pi\mathrm{i}}\ln t\right)=f\left(\frac{\alpha}{2\pi}\omega+k\omega+\frac{\omega}{2\pi\mathrm{i}}\ln r\right)=$

$$f\left(\frac{\alpha}{2\pi}\omega+\frac{\omega}{2\pi\mathrm{i}}\ln r\right)$$

因为 $k\omega$ 是 $f(z)$ 的周期. 因此

$$\mu(r)=\max_{0\leqslant\alpha\leqslant2\pi}\left|f\left(\frac{\alpha}{2\pi}\omega+\frac{\omega}{2\pi\mathrm{i}}\ln r\right)\right| \tag{9}$$

设 $z=\frac{\alpha}{2\pi}\omega+\frac{\omega}{2\pi\mathrm{i}}\ln r$，我们指出，$|z|=\frac{|\omega|}{2\pi}\cdot|\ln r+\mathrm{i}\alpha|$ 不仅随着 $r\to\infty$ 而无限增长，而且也随着 $r\to0$ 而无限增长. 所以可以认为 $|z|>R_0$ 或者对足够大的 $r>r_1>1$ 或者对于足够小的 $r<r_2<1$ 成立. 在每一种情况下都可利用(36) 来估计 $|f(z)|$. 因为 $0\leqslant\alpha\leqslant2\pi$，我们有

$$|f(z)|\leqslant C\mathrm{e}^{\gamma|\ln r+\mathrm{i}\alpha|}<C\mathrm{e}^{\gamma(|\ln r|+2\pi)}$$

设 $C\mathrm{e}^{2\pi\gamma}=C_1$，把这个不等式改写为

$$|f(z)|<C_1\mathrm{e}^{\gamma|\ln \gamma|} \tag{10}$$

如果，例如 $r>r_1>1$，那么 $|\ln r|=\ln r$ 及 $\mathrm{e}^{\gamma|\ln r|}=r^\gamma$. 因此

$$\mu(r)=\max|f(z)|<C_1r^\gamma$$

由(31)
$$|a_n|<\frac{C_1r^\gamma}{r^n}$$

显然，如果 $n>p=[\gamma]$，那么 $n\geqslant[\gamma]+1>\gamma$，所以当 $r\to\infty$ 时，不等式的右边趋近于零. 因此

当 $n>p$ 时，$a_n=0$，即

$$a_{p+1}=a_{p+2}=a_{p+3}=\cdots=0 \tag{11}$$

今设 $r<r_2<1$. 这时 $|\ln r|=\ln\frac{1}{r}$，不等式(10) 就表示为：$|f(z)|<C_1r^{-\gamma}$. 因此

$$\mu(r)=\max|f(z)|<C_1r^{-\gamma}$$

由(3)

$$|a_n| < \frac{C_1 r^{-\gamma}}{r^n} = C_1 r^{-n-\gamma}$$

把 n 取作比 $-p=-[\gamma]$ 小的负值，这时 $n \leqslant -p-1$，因为

$$p+1=[\gamma]+1>\gamma$$

所以

$$-p-1<-\gamma$$

即

$$n<-\gamma, -n-\gamma>0$$

所以当 $r \to 0$ 时，$r^{-n-\gamma} \to 0$，因此当 $n<-p$ 时，$a_n=0$，即

$$a_{-p-1}=a_{-p-2}=a_{-p-3}=\cdots=0 \tag{12}$$

考虑到(11) 和(12)，我们肯定，无穷级数(6) 归结为一个有限和

$$f(z)=\sum_{-p}^{+p} a_n e^{\frac{2\pi i}{\omega} n z} \tag{13}$$

用 $\cos\left(\frac{2\pi}{\omega} n z\right)+i\sin\left(\frac{2\pi}{\omega} n z\right)$ 代替 $e^{\frac{2\pi i}{\omega} n z}$，合并同类项(并且利用正弦和余弦的奇偶性)，最后我们得到

$$f(z)=a_0+\left[A_1 \cos\left(\frac{2\pi}{\omega} z\right)+B_1 \sin\left(\frac{2\pi}{\omega} z\right)\right]+\cdots+\left[A_p \cos\left(\frac{2\pi}{\omega} p z\right)+B_p \sin\left(\frac{2\pi}{\omega} p z\right)\right] \tag{14}$$

这就是所要证明的.

我们指出逆定理同样正确：

如果 $f(z)$ 是一个 p 次三角多项式，即 $f(z)=\sum_{-p}^{p} a_n e^{\frac{2\pi i}{\omega} n z}$，那么，存在一个正数 C，使得对于所有的 z 满足

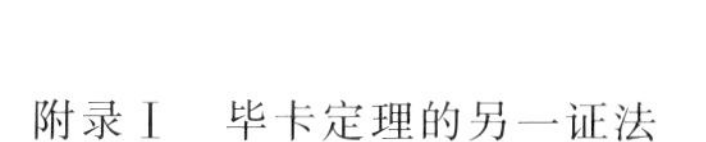

$$|f(z)| < Ce^{p\frac{2\pi}{|\omega|}|z|}$$

事实上

$$|f(z)| \leqslant \sum_{-p}^{p} |a_n| e^{\frac{2\pi}{|\omega|}|n||z|} \leqslant \sum_{-p}^{p} |a_n| e^{\frac{2\pi}{|\omega|}p|z|} = Ce^{\frac{2\pi}{|\omega|}p|z|} \tag{15}$$

这里 $C = \sum_{-p}^{p} |a_n|$.

所以不满足基本定理条件的周期函数不可能是三角多项式.因为在任何情况下它都可表示为形如

$$f(z) = \sum_{-\infty}^{+\infty} a_n e^{\frac{2\pi i}{\omega}nz}$$

的级数,所以在这个级数中有无穷多个系数不为0.

设 $f(z)$ 是整函数.如果它是多项式,那么对它来说就存在代数加法定理.

事实上,利用高等代数[①]中指出的方法,可以从方程

$$\left.\begin{aligned} u - f(z_1) = 0 \\ v - f(z_2) = 0 \\ w - f(z_1 + z_2) = 0 \end{aligned}\right\} \tag{16}$$

中消去变量 z_1 和 z_2.结果我们就得到了一个 u,v,w 之间的代数关系式

$$P(u,v,w) = 0$$

($P(u,v,w)$ 是多项式).

现在设 $f(z)$ 是一个超越整函数.我们来证明,如果它具有代数加法定理,那么这个函数一定是周期的.这个论断构成了维尔斯特拉斯当初所证的一个定理的

① 例如见 A.Г.库洛什著《高等代数教程》.

实质性部分.

我们先证明下面的引理.

如果 $p_0(u,v)\neq 0$ 是一个 u 和 v 的多项式,那么存在无穷多个 u 值,使得 $p_0(u,v)$ 关于 v 不恒为零.

设

$$p_0(u,v)=q_0(u)v^m+q_1(u)v^{m-1}+\cdots+q_m(u)$$

这里 $q_0(u),\cdots,q_m(u)$ 是多项式,并且 $q_0(u)\neq 0$.

如果 $q_0(u)$ 的幂等于 s,那么存在着不超过 s 个不同的 u 值使 $q_0(u)=0$. 有无穷多个 u 的值不同于这 s 个值,它们都使 $q_0(u)\neq 0$,因此多项式 $q_0(u)v^m+q_1(u)v^{m-1}+\cdots+q_m(u)$ 不恒等于零. 引理得证.

现在设关于 $f(z)$ 的加法定理具有形式

$$P(u,v,w)=w^n p_0(u,v)+w^{n-1}p_1(u,v)+\cdots+p_n(u,v)=0 \tag{17}$$

这里 $p_0(u,v)\neq 0,p_1(u,v),\cdots,p_n(u,v)$ 是多项式. 根据引理可以求出无穷多个不同的 u 的值,其中每一个都使 $p_0(u,v)\neq 0$ 关于 v 成立. 如果 a 和 b 是两个这样的值,那么,根据毕卡小定理,方程 $f(z)=a$ 或 $f(z)=b(a\neq b)$ 当中至少一个有无穷多个根. 我们假定,方程

$$f(z)=a \tag{18}$$

是这种情况. 这时可以指出这个方程的 $n+1$ 个不同的根:$c_1,c_2,\cdots,c_{n+1}$. 于是,$p_0(a,v)\neq 0$ 和 $f(c_1)=f(c_2)=\cdots=f(c_{n+1})=a$,这里 $c_1,c_2,\cdots,c_{n+1}$ 是两两不相等的.

在(43)中设

$$u=f(c_j)=a,v=f(z)$$

和

$$w=f(c_j+z)$$

我们得到

$$p_0[a,f(z)][f(c_j+z)]^n+$$
$$p_1[a,f(z)][f(c_j+z)]^{n-1}+\cdots+$$
$$p_n[a,f(z)]=0(j=1,2,\cdots,n+1) \tag{19}$$

如果 $v=f(z)$ 不是方程 $p_0(a,v)$ 的根(这种巧合不会超过 t 个函数 $f(z)$ 的值,t 是 $p_0(a,v)$ 关于 v 的方幂),那么 $p_0[a,f(z)]\neq 0$,从而方程

$$p_0[a,f(z)]w^n+p_1[a,f(z)]w^{n-1}+\cdots+$$
$$p_n[a,f(z)]=0 \tag{20}$$

关于 w 是 n 次幂的.所以它有不多于 n 个不同的根.另一方面,由于(19),$n+1$ 个数 $f(c_1+z),f(c_2+z),\cdots,f(c_{n+1}+z)$ 中的每一个一定都满足这个方程.由此可得,这些数中至少有两个彼此相等.例如,设

$$f(c_j+z)=f(c_k+z)(c_k\neq c_j) \tag{21}$$

如果取另外一个值 $z'\neq z$,那么对它得到另外一对指标 j' 和 k',并有

$$f(c_{j'}+z')=f(c'_k+z')(c_{k'}\neq c_{j'})$$

我们将用圆 $|z|\leqslant 1$ 内的任何点作为 z,但这些 z 要使 $v=f(z)$ 的值不与方程 $p_0(a,v)=0$ 的 t 个根中的任何一个相重合.这样的例外值只有有限个;所以可得到无穷多个不同的 z 以及和它们相对应的满足关系式(21)的指标对 j 和 k,并且 $1\leqslant j\leqslant n+1$ 和 $1\leqslant k\leqslant n+1$.因为一切可能不同的指标对只有有限个$\left(就是,\dfrac{(n+1)n}{2}\right)$,所以至少有一对指标,例如 j_0 和 k_0,对圆 $|z|\leqslant 1$ 无穷多个点 z 是重复的.因此,这无穷多个点 z 将满足等式

$$f(c_{j_0}+z)=f(c_{k_0}+z)(c_{k_0}\neq c_{j_0}) \tag{22}$$

这里指标 j_0 和 k_0 不随 z 改变.因为 $f(c_{j_0}+z)$ 和

$f(c_{k_0}+z)$ 是 z 的整函数,所以由它们在圆 $|z|\leqslant 1$ 内的无穷多个点处的值相等可得,它们彼此恒等.

这样一来

$$f(c_{j_0}+z)\equiv f(c_{k_0}+z) \tag{23}$$

或设 $c_{j_0}+z=\zeta$,因此

$$c_{k_0}+z=c_{k_0}-c_{j_0}+\xi$$

$$f(\zeta)\equiv f[\zeta+(c_{k_0}-c_{j_0})] \tag{24}$$

由此我们看到了,$\omega=c_{k_0}-c_{j_0}\neq 0$ 是 $f(z)$ 的周期,即 $f(z)$ 是一个周期函数.

但是不是一切超越整函数都具有加法定理.维尔斯特拉斯定理进一步断言,那样的函数一定是三角多项式,因此就满足形如(8)的不等式.定理这一部分的证明与已证明过的部分基于同样的思想,但是要求对周期函数有更深刻的认识,并且基点不在毕卡小定理而在所谓毕卡大定理.我们指出,根据完全形式的维尔斯特拉斯定理,周期整函数 e^{e^z}(它的周期显然是 $2\pi i$)不服从代数加法定理,正是因为它的模的最大值增长得太快.

最后,整函数的维尔斯特拉斯定理可这样叙述:

维尔斯特拉斯定理 如果超越整函数 $f(z)$ 服从代数加法定理,那么它一定是三角多项式.

逆命题同样正确:每一个三角多项式服从代数加法定理.

事实上,设

$$f(z)=\sum_{-p}^{p}a_n e^{\frac{2\pi i}{\omega}nz} \tag{25}$$

这里 a_n 是复系数.不管取怎样的 z_1 和 z_2,都可写出

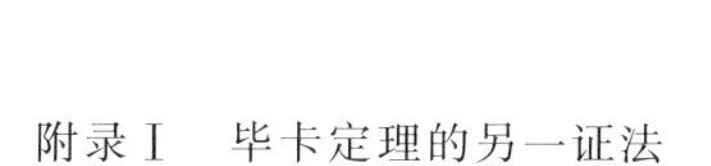

$$\left.\begin{aligned} u &= \sum_{-p}^{+p} a_n e^{\frac{2\pi i}{\omega} n z_1} \\ v &= \sum_{-p}^{+p} a_n e^{\frac{2\pi i}{\omega} n z_2} \\ w &= \sum_{-p}^{+p} a_n e^{\frac{2\pi i}{\omega} n (z_1+z_2)} \end{aligned}\right\} \tag{26}$$

为简单起见,设 $e^{\frac{2\pi i}{\omega} z_1} = t_1$ 和 $e^{\frac{2\pi i}{\omega} z_2} = t_2$. 这时关系式(26)可改写为形式

$$\left.\begin{aligned} u - \sum_{-p}^{+p} a_n t_1^n &= 0 \\ v - \sum_{-p}^{+p} a_n t_2^n &= 0 \\ w - \sum_{-p}^{+p} a_n t_1^n t_2^n &= 0 \end{aligned}\right\} \tag{27}$$

或者,消去 t_1 和 t_2 的负次幂化为形式

$$\left.\begin{aligned} u t_1^p - (a_{-p} + a_{-p+1} t_1 + \cdots + a_p t_1^{2p}) &= 0 \\ v t_2^p - (a_{-p} + a_{-p+1} t_2 + \cdots + a_p t_2^{2p}) &= 0 \\ w t_1^p t_2^p - (a_{-p} + a_{-p+1} t_1 t_2 + \cdots + a_p t_1^{2p} t_2^{2p}) &= 0 \end{aligned}\right\} \tag{28}$$

由这个含有 5 个未知数三个方程式的方程组中可以消去 t_1 和 t_2,结果得到一个 u,v,w 满足的代数方程式

$$P(u,v,w) = 0$$

这就是三角多项式(25)的加法定理.

微分多项式的 Picard 集①

附录 Ⅱ

设 $f(z)$ 为超越整函数，$F=f^N(N\geqslant 3, N$ 为自然数），设复序列 $\mathscr{F}=\{\lambda_n\}$ 满足 $\left|\frac{\lambda_{n+1}}{\lambda_n}\right|>q>1$. Anderson, I. M. 等人在文献[3]中证明了 F' 在 $\mathbf{C}\backslash\mathscr{F}$ 中取任意非零复数 $\omega\in\mathbf{C}$ 无限多次，并提出以下两个问题：

(1) $\mathscr{F}$ 对整函数能否扩大到含有无穷多个小圆盘？

(2) 相似的结论对 $F=f^nQ[f]$（$Q[f]$ 是 f 的微分多项式）是否也成立？

1983 年，Langley, J. K.[1] 对 $F=f^N$ 形式将 $\mathscr{F}$ 扩大到含有无穷多个小圆盘的情况，从而对(1)做出肯定回答. 湖南师范大学数学系的詹小平教授 1993 年将文献[1]的结论推广到 $F=f^NQ[f]$ 的形式，从而对(2)做出肯定回答.

① 詹小平. 微分多项式的 Picard 集. 数学学报，1993，11.

§1　引言及结论

设 $f(z)$ 是开平面 $\mathbf{C}$ 中超越亚纯函数，亚纯函数 $a_i(z)$ 称为小函数是指

$$T(r,a_i)=o(T(r,f))\quad(i=1,2,\cdots)$$

若 $a_i(z)$ 为整函数，则称 $a_i(z)$ 为整小函数. 我们用 $S(r,f)$ 表示量：当 f 为有穷级时

$$S(r,f)=O(\log r)$$

当 f 为无穷级时

$$S(r,f)=O(\log rT(r,f))$$

至多可能除去一个 r 的测度为有限的集合.

我们称

$$M[f]=f^{n_0}(f')^{n_1}\cdots(f^{(k)})^{n_k}$$

$$(n_0,n_1,\cdots,n_k)\text{ 为非负整数}$$

为 f 的微分单项式

$$\gamma_M=\sum_{i=0}^{k}n_i\text{ 和 }\Gamma_M=\sum_{i=0}^{k}(1+i)n_i$$

分别称为 $M[f]$ 的次数和权，设 $M_1[f],\cdots,M_l[f]$ 均为 f 的单项式，$a_j(j=1,2,\cdots)$ 为小函数，称 $Q[f]=\sum_{j=1}^{l}a_jM_j[f]$ 为 f 的微分多项式

$$\gamma_Q=\max_{1\leqslant j\leqslant l}\{\gamma_{M_j}\}\text{ 和 }\Gamma_Q=\max_{1\leqslant j\leqslant l}\{\Gamma_{M_j}\}$$

称为 $Q[f]$ 的次数和权，特别，当 f 为整函数时，a_j 取整小函数.

我们称平面上可数多个小圆盘的并集为一个 ε 集是指：这些圆盘均不含原点（$z=0$），且这些圆盘在原点

所对角总和是有限的.

我们用记号“$r\to\infty$ n. e.”表示“$r\to\infty$ 时可能除去一个有限测度集 E”,用记号“在 $S_M\leqslant r\leqslant R_M$ 内 n. e.”表示“$S_M\leqslant r\leqslant R_M$ 内可能除去 r 的一个小测度 E_M,且 $E_M\subset E$,且 $\sum\limits_1^{\infty}\text{mes }E_M<\infty$”.

根据著名的毕卡定理,每个超越亚纯函数取 $\bar{\mathbf{C}}=\mathbf{C}\cup\{\infty\}$ 中的值无穷次,至多有两个例外,Lehto[5] 将 Picard 定理推广为:存在无穷点集 $\mathscr{F}\subset\mathbf{C}_j$ 使每个超越亚纯函数 f 在 $\mathbf{C}\backslash\mathscr{F}$ 中取每个值 $\omega\in\bar{\mathbf{C}}$ 无限多次,至多有两个值例外(特别对整函数 f,只有一个有限值例外). 这样的集 $\mathscr{F}$ 称为 f 的 Picard 例外集,有时就称 Picard 集.

关于整函数导数的值分布,Hayman 证明了

定理 A 设 f 为超越整函数,$F=f^n$($n\geqslant3$ 为自然数),则 F' 取任何非零有限复数无限次.

Anderson, J. M., Baker, I. N. 和 Clunie, J. G. 从例外集角度考虑问题,他们证明了.

定理 B[3] 设 f 为超越整函数,$\mathscr{F}=\{\lambda_n\}_1^{\infty}$ 是复平面 $\mathbf{C}$ 中无限点集,满足

$$\left|\frac{\lambda_{n+1}}{\lambda_n}\right|>q>1,n=1,2,\cdots$$

令 $F=f^n$($n\geqslant3$ 为自然数),则 F' 在 $\mathbf{C}\backslash\mathscr{F}$ 中取每个非零复数 $\omega\in\mathbf{C}$ 无限次.

文献[3]的作者们提出以下两个问题:

(1) 集 $\mathscr{F}$ 能否对整函数扩大到含有无穷多个小圆盘?

(2) 相似的结论对 $F=f^nQ[f]$($Q[f]\neq0$ 是 f 的

微分多项式）是否成立？

1983 年，Langley，J. K. 将定理 A 推广为以下定理，从而肯定地回答了问题(1).

定理 C[1]　设复序列$\{a_n\}$和正序列$\{\rho_n\}$满足

$$\left|\frac{a_{n+1}}{a_n}\right|>q>1$$

$$\log\frac{1}{\rho_n}>\frac{q^{\frac{1}{4}}+1}{q^{\frac{1}{4}}-1}\frac{8}{\log q}(\log|a_n|)^2, n=1,2,\cdots$$

又设 f 为超越整函数

$$F=f^N(N\geqslant 3\text{ 为自然数})$$

则对任何 $b\in\mathbf{C}, b\neq 0, F'-b$ 在 $\bigcup\limits_{n=1}^{\infty}B(a_n,\rho_n)$ 之外有无穷多个零点，其中

$$B(a_n,\rho_n)=\{z: |z-a_n|<\rho_n\}$$

本文证明了以下两个定理：

定理 1　设 f 为超越整函数

$$F=f^{N+1}Q[f](N\geqslant 2\text{ 为自然数})$$

$Q[f]\not\equiv 0$ 是 f 的微分多项式，设复序列$\{a_n\}$满足

$$\left|\frac{a_{n+1}}{a_n}\right|>q>1 \tag{1}$$

且存在常数 $\alpha>1$，使正序列$\{\rho_n\}$满足

$$\log\frac{1}{\rho_n}>\frac{q^{\frac{1}{4}}+1}{q^{\frac{1}{4}}-1}\frac{\alpha\gamma_Q+4}{\log q}(\log|a_n|)^2 \tag{2}$$

这里 γ_Q 是 $Q[f]$ 的次数，则对任何 $b\in\mathbf{C}, b\neq 0, F'-b$ 在 $\bigcup\limits_{n=1}^{\infty}B(a_n,\rho_n)$ 外必有无穷多个零点. $B(a_n,\rho_n)$ 同定理 C 中.

定理 2　设 f 为超越整函数，$\mathscr{F}=\{\lambda_n\}_1^{\infty}$ 是复序列且满足

$$\left|\frac{\lambda_{n+1}}{\lambda_n}\right| > q > 1 \qquad (1')$$

令 $F = f^n Q[f]$（$n \geqslant 3$ 为自然数），$Q[f] \not\equiv 0$ 是 f 的微分多项式，则对任何有理函数 $R(z)$（$R(z) \not\equiv 0$），$F' - R$ 在 $\mathbf{C}\backslash\mathscr{F}$ 中有无穷个零点.

显然，若在定理 1 中令 $Q[f] \equiv$ 常数，则 $\gamma_Q = 0$，立即得到定理 C. 而且定理 1 对[3] 提出的问题(2) 给出肯定回答. 又若在定理 2 中令 $Q[f]$ 和 $R(z)$ 均为常数，就是定理 B. 即定理 1,2 分别推广了定理 C,B.

§2　引　　理

引理 1[7]　设 f 为非常数亚纯函数，$Q^*[f]$ 和 $Q[f]$ 是 f 的微分多项式且分别有任意亚纯函数系数 $q_1^*, \cdots, q_k^*$ 和 $q_1, \cdots, q_l$；$P(z)$ 是非常多项式，次数为 n；若 $P(f)Q^*[f] = Q[f]$，则：

1) 若 $\gamma_Q \leqslant n$，则

$$m(r, Q^*[f]) \leqslant \sum_{j=1}^{k} m(r, q_j^*) + \sum_{j=1}^{l} m(r, q_j) + S(r, f)$$

2) 若 $\Gamma_Q \leqslant n$，则

$$N(r, Q^*[f]) \leqslant \sum_{j=1}^{k} N(r, q_j^*) + \sum_{j=1}^{l} N(r, q_j) + O(1)$$

引理 2[8,14页]　设 f_1, f_2 为亚纯函数，则

$$N(r,f_1f_2)-N\left(r,\frac{1}{f_1f_2}\right)=$$
$$N(r,f_1)+N(r,f_2)-$$
$$N\left(r,\frac{1}{f_1}\right)-N\left(r,\frac{1}{f_2}\right)$$

引理 3　设 f 为超越整函数

$$F=f^{n+1}Q[f]$$

$Q[f]\not\equiv 0$ 是 f 的微分多项式，则

$$nT(r,f)\leqslant nN\left(r,\frac{1}{f}\right)+N\left(r,\frac{1}{F'-1}\right)-N\left(r,\frac{1}{F''}\right)+S(r,f)\tag{3}$$

证明　$F'=f^nQ_1[f]$，这里

$$Q_1[f]=(n+1)f'Q[f]+fQ'[f]$$

仍为 f 的微分多项式且 $Q_1[f]\not\equiv 0$（否则可推出 $F\equiv$ 常数）. 令

$$g_0=-f^nQ_1[f]$$
$$g_1=f^nQ_1[f]-1=F'-1$$

则易证 g_0,g_1 在 **C** 中线性无关（事实上，令 $c_0g_0+c_1g_1\equiv 0$，则 $(c_1-c_0)f^nQ[f]\equiv c_1$，若 $c_1=0$，则 $c_1=c_0=0$. 否则 $f^nQ_1[f]\equiv\dfrac{c_1}{c_1-c_0}$ 这显然是不可能的），故

$$\frac{g'_1}{g_1}-\frac{g'_0}{g_0}\not\equiv 0$$

由方程组 $\begin{cases}g_0+g_1=-1\\ g'_0+g'_1=0\end{cases}$ 可解出

$$f^n=\frac{\dfrac{g'_1}{g_1}}{\left(\dfrac{g'_1}{g_1}-\dfrac{g'_0}{g_0}\right)Q[f]}\tag{4}$$

于是

$$nm(r,f)\leqslant m\left(r,\frac{g'_1}{g_1}\right)+m\left(r,\frac{1}{\left(\frac{g'_1}{g_1}-\frac{g'_0}{g_0}\right)Q_1[f]}\right)=$$

$$N\left(r,\left(\frac{g'_1}{g_1}-\frac{g'_0}{g_0}\right)Q_1[f]\right)-$$

$$N\left(r,\frac{1}{\left(\frac{g'_1}{g_1}-\frac{g'_0}{g_0}\right)Q_1[f]}\right)+$$

$$m\left(r,\left(\frac{g'_1}{g_1}-\frac{g'_0}{g_0}\right)Q_1[f]\right)+$$

$$m\left(r,\frac{g'_1}{g_1}\right)$$

注意到 $T(r,g_i)=O(T(r,f)),r\to\infty$ n. e. ,故

$$m\left(r,\frac{g'_i}{g_i}\right)=S(r,f)\quad (i=0,1)$$

将(4) 改写为

$$f^n\left(\frac{g'_1}{g_1}-\frac{g'_0}{g_0}\right)Q_1[f]=\frac{g'_1}{g_1}$$

由引理 1 知

$$m\left(r,\left(\frac{g'_1}{g_1}-\frac{g'_0}{g_0}\right)Q_1[f]\right)=S(r,f)$$

故由引理 2(令 $f_1=\frac{g'_1}{g_1}-\frac{g'_0}{g_0},f_2=Q_1[f]$) 就有

$$nm(r,f)\leqslant N\left(r,\left(\frac{g'_1}{g_1}-\frac{g'_0}{g_0}\right)Q_1[f]\right)-$$

$$N\left(r,\frac{1}{\left(\frac{g'_1}{g_1}-\frac{g'_0}{g_0}\right)Q_1[f]}\right)+S(r,f)=$$

$$N(r,Q_1[f])-N\left(r,\frac{1}{Q_1[f]}\right)+$$

$$N\left(r,\frac{g'_1}{g_1}-\frac{g'_0}{g_0}\right)-$$

$$N\left(r,\frac{1}{\frac{g'_1}{g_1}-\frac{g'_0}{g_0}}\right)+S(r,f)=$$

$$-N\left(r,\frac{1}{Q_1[f]}\right)+N\left(r,\frac{g'_1}{g_1}-\frac{g'_0}{g_0}\right)-$$

$$N\left(r,\frac{1}{\frac{g'_1}{g_1}-\frac{g'_0}{g_0}}\right)+S(r,f)$$

又因为 $g'_1=-g'_0$ 和 $g_0+g_1=-1$，故

$$\frac{g'_1}{g_1}-\frac{g'_0}{g_0}=-g'_0\left(\frac{g_0+g_1}{g_1g_0}\right)=\frac{g'_0}{g_1g_0}$$

故

$$N\left(r,\frac{g'_1}{g_1}-\frac{g'_0}{g_0}\right)-N\left(r,\frac{1}{\frac{g'_1}{g_1}-\frac{g'_0}{g_0}}\right)=$$

$$N\left(r,\frac{g'_0}{g_1g_0}\right)-N\left(r,\frac{g_1g_0}{g'_0}\right)=$$

$$N\left(r,\frac{g'_0}{g_0}\right)-N\left(r,\frac{g_0}{g'_0}\right)+N\left(r,\frac{1}{g_1}\right)-N(r,g_1)=$$

$$N\left(r,\frac{1}{g_0}\right)-N\left(r,\frac{1}{g'_0}\right)+N\left(r,\frac{1}{g_1}\right)+$$

$$N(r,g'_0)-N(r,g_0)-N(r,g_1)=$$

$$N\left(r,\frac{1}{g_0}\right)-N\left(r,\frac{1}{g'_0}\right)+N\left(r,\frac{1}{g_1}\right)+S(r,f)$$

注意到 $g_1=F'-1$ 和 $g'_0=-g'_1=-F''$，故有

$$nT(r,f)\leqslant-N\left(r,\frac{1}{Q_1[f]}\right)+N\left(r,\frac{1}{f^nQ_1[f]}\right)-$$

$$N\left(r,\frac{1}{F''}\right)+N\left(r,\frac{1}{F'-1}\right)+S(r,f)\leqslant$$

$$nN\left(r,\frac{1}{f}\right)+N\left(r,\frac{1}{F'-1}\right)-$$
$$N\left(r,\frac{1}{F''}\right)+S(r,f)$$

引理 3 获证.

引理 4 设 f 为超越亚纯函数且 $\delta(\infty,f)>0$,令 $F=f^nQ[f]$($Q[f]$ 为 f 的微分多项式,且 $Q[f]\not\equiv 0$, $n\geqslant 3$ 为自然数),则存在 $\varepsilon_0>0$,使对有理函数 $R(z)(\not\equiv 0)$ 有

$$(n-3+\varepsilon_0)T(r,f)\leqslant \overline{N}\left(r,\frac{1}{F'-R}\right)+S(rf)$$

证明 完全同引理 3 的证明开始部分就可以得到

$$f^{n-1}=\frac{\dfrac{g'_1}{g_1}}{\left(\dfrac{g'_1}{g_1}-\dfrac{g'_0}{g_0}\right)Q_1[f]} \tag{5}$$

以及

$$(n-1)m(r,f)\leqslant$$
$$N\left(r,\left(\frac{g'_1}{g_1}-\frac{g'_0}{g_0}\right)Q_1[f]\right)-$$
$$N\left(r,\frac{1}{\left(\dfrac{g'_1}{g_1}-\dfrac{g'_0}{g_0}\right)Q_1[f]}\right)+S(r,f) \tag{6}$$

这里

$$Q_1[f]=nf'Q[f]+f\,Q'[f]\not\equiv 0$$

仍为 f 的微分多项式,且

$$g_0=-f^{n-1}Q_1[f]$$
$$g_1=f^{n-1}Q_1[f]-R(z)=F'-R$$

g_0,g_1 在 $\mathbf{C}$ 中线性无关.

现设 z_0 为 f 的 p 阶极点，则 z_0 至多为 $\frac{g'_1}{g_1}$ 的一阶极点，令

$$\left(\frac{g'_1}{g_1}-\frac{g'_0}{g_0}\right)Q_1[f]=k(z)(z-z_0)^{\mu}\ (\mu\ \text{为整数})$$

则由(5)知

$$(n-1)p\leqslant 1+\mu$$

即

$$\mu\geqslant(n-1)p-1$$

从此易知

$$N\left(r,\frac{1}{\left(\frac{g'_1}{g_1}-\frac{g'_0}{g_0}\right)Q_1[f]}\right)\geqslant$$

$$(n-1)N(r,f)-\overline{N}(r,f)-o(T(r,f)) \tag{7}$$

又因 $\left(\frac{g'_1}{g_1}-\frac{g'_0}{g_0}\right)Q_1[f]$ 的极点仅能发生在 g_0，g_1 和 $Q_1[f]$ 的极点，以及 g_0，g_1 的零点(但要除去 $Q_1[f]$ 的零点)以及 $Q_1[f]$ 系数(系数为小函数)的零点或极点处，故 $\left(\frac{g'_1}{g_1}-\frac{g'_0}{g_0}\right)Q_1[f]$ 的极点仅能发生在 f 的极点，f 的零点和 $F'-R$ 的零点处，以及一些小函数零点或极点处. 又由 $\mu\geqslant(n-1)p-1$ 知 $\left(\frac{g'_1}{g_1}-\frac{g'_0}{g_0}\right)Q_1[f]$ 在 f 的极点处不发生极点. 通过以上分析我们有

$$N\left(r,\left(\frac{g'_1}{g_1}-\frac{g'_0}{g_0}\right)Q_1[f]\right)\leqslant\overline{N}\left(r,\frac{1}{f}\right)+\overline{N}\left(r,\frac{1}{F'-R}\right)+$$

$$o(T(r,f)) \tag{8}$$

由(7)，(8)和(6)就可得到

$$(n-1)m(r,f)\leqslant\overline{N}\left(r,\frac{1}{f}\right)+\overline{N}\left(r,\frac{1}{F'-R}\right)-$$

$$(n-1)N(r,f)+\overline{N}(r,f)+$$
$$S(r,f)+o(T(r,f))$$

即

$$(n-1)T(r,f)\leqslant\overline{N}\left(r,\frac{1}{f}\right)+\overline{N}(r,f)+$$
$$\overline{N}\left(r,\frac{1}{F'-R}\right)+S(r,f)+$$
$$o(T(r,f))$$

特别 $\delta(\infty,f)>0$,故存在 $\varepsilon_0>0$,使

$$N(r,f)+o(T(r,f))<$$
$$(1-\varepsilon_0)T(r,f)(r\geqslant r_0)$$

从此我们得到引理 4 的结论.

引理 5[3]　设 f 为整函数满足 $T(r,f)=O(\log r)^2$,则在一个围绕 f 的零点的 ε 集之外,当 $z=re^{i\theta}\to\infty$ 时,对 θ 一致有

$$\log|f(re^{i\theta})|\sim\log M(r,f)$$

§3　定理 1 的证明

不失一般性. 令 $b=1$. 设 z_0 为 f 的 p 阶零点,且 $r\left(z_0,\frac{1}{h}\right)$ 表示 h 在 z_0 处零点的阶数,由于 z_0 至少为 F 的 $(N+1)p$ 阶零点,故至少为 F'' 的 $(N+1)p-2$ 阶零点,从而有

$$r\left(z_0,\frac{1}{f^N}\right)-r\left(z_0,\frac{1}{F''}\right)\leqslant$$
$$Np-\{(N+1)p-2\}=2-p$$

故

$$N\left(r,\frac{1}{f}\right)-N\left(r,\frac{1}{F''}\right)\leqslant$$

$$2\overline{N}\left(r,\frac{1}{f}\right)-N\left(r,\frac{1}{f}\right)-\hat{N}\left(r,\frac{1}{F''}\right)$$

这里 $\hat{N}\left(r,\frac{1}{F''}\right)$ 是 F'' 的零点,但不是 f 的零点的密指量,由引理 3 就有

$$(N-1)T(r,f)\leqslant$$

$$N\left(r,\frac{1}{F'-1}\right)-\hat{N}\left(r,\frac{1}{F''}\right)+S(r,f) \tag{9}$$

定义序列 $\{p_n\}$,$\{t_n\}$,$\{v_n\}$ 如下:

p_n:$F'-1$ 在 $D_n=B\{a_n,\rho_n\}$ 内零点个数;

t_n:F'' 在 D_n 内零点且不是 f 零点个数;

v_n:$v_n=p_n-t_n$.

现反设 $F'-1$ 有 $\mathbf{C}\backslash\bigcup\limits_{n=1}^{\infty}B(a_n,\rho_n)$ 内仅有有限个零点,由(9)知 $F'-1$ 必有无穷多个零点,令 $F'-1$ 在 $D_n=B(a_n,\rho_n)$ 内的 p_n 个零点为 $\alpha_{n_1},\cdots,\alpha_{n_{p_n}}$,则当

$$|a_M|+\rho_M\leqslant r\leqslant|a_{M+1}|-\rho_{M+1}$$

时,有

$$N\left(r,\frac{1}{F'-1}\right)=O(\log r)+\sum_{n=1}^{M}\sum_{j=1}^{p_n}\log\frac{r}{|\alpha_{n_j}|}$$

而 $\frac{\alpha_{n_j}}{a_n}\to 1(j=1,\cdots,p_n)$,故

$$\lim_{n\to\infty}\log\frac{|a_n|}{(|\alpha_{n_1}|\cdots|\alpha_{n_{p_n}}|)^{\frac{1}{p_n}}}=0$$

故当 $n\to\infty$ 时有

$$\sum_{j=1}^{p_n}\log\frac{r}{|\alpha_{n_j}|}=$$

$$p_n\left\{\log\frac{r}{|a_n|}+\log\frac{|a_n|}{(|\alpha_{n_1}|\cdots|\alpha_{n_{p_n}}|)^{\frac{1}{p_n}}}\right\}=$$

$$p_n\left\{\log\frac{r}{|\alpha_n|}+o(1)\right\}$$

设 $n\to\infty$ 时 $o_1(1)\to 0, o_2(1)\to 0$；故从(9)就有

$$(N-1)T(r,f)\leqslant$$
$$O(\log r)+\sum_{n=1}^{M}p_n\left(\log\frac{1}{|\alpha_n|}+o_2(1)\right)-$$
$$\sum_{n=1}^{M}t_n\left(\log\frac{1}{|a_n|}+o_1(1)\right)\quad n\to\infty\ \text{n. e.}\tag{10}$$

又当 $r\geqslant q^{\frac{3}{8}}|a_M|$ 且 M 充分大时，我们有

$$\sum_{n=1}^{M}(p_n+t_n)\leqslant$$
$$n\left(|a_M|+1,\frac{1}{F'-1}\right)+n\left(|a_M|+1,\frac{1}{F''}\right)=$$
$$O(T(r,F)+S(r,F))=$$
$$O(T(r,f)+S(r,f))\tag{11}$$

由(10)，(11)不难推知，可找到 $\varepsilon_0>0$，使 $\alpha-5\varepsilon_0>1$，且使当 M 充分大时，在 $q^{\frac{3}{8}}|a_M|\leqslant r\leqslant|a_{M+1}|-1$ 内 n. e.，有

$$(N-1)T(r,f)\leqslant(\alpha-5\varepsilon_0)\sum_{n=1}^{M}v_n\log\frac{r}{|a_n|}\tag{12}$$

又由 f 的超越性知，存在正整数 m_0 和无穷多个 M，使

$$v_M=\max\{v_m: m_0\leqslant m\leqslant M\}\geqslant 1\tag{13}$$

现设 M 充分大且满足(13)，从(12)知在 $q^{\frac{3}{8}}|a_M|\leqslant r\leqslant|a_{M+1}|-1$ 内 n. e.，有

$$(N-1)T(r,f)<$$

$$(\alpha-5\varepsilon_0)v_M\sum_{m=m_0}^{M}\log\frac{r}{|a_m|}+O(\log r) \tag{14}$$

又设在 $|z|\leqslant r$ 内有 M 个 $a_i(i=1,\cdots,M)$，则

$$r\geqslant|a_M|>q|a_{M-1}|>\cdots>q^{M-1}|a_1|$$

从此易知 $M<\dfrac{\log r}{\log q}+O(1)$，故我们有

$$\sum_{m=1}^{M}\log\frac{r}{|a_m|}<M\log\frac{r}{|a_1|}\leqslant(1+o(1))\frac{(\log r)^2}{\log q} \tag{$*$}$$

于是从(14)知，当 M 充分大时，在 $q^{\frac{3}{8}}|a_M|\leqslant r\leqslant|a_{M+1}|-1$ 内 n. e.，有

$$(N-1)T(r,f)<\frac{(\alpha-4\varepsilon_0)v_M}{\log q}(\log r)^2 \tag{15}$$

为了完成定理 1 的证明，我们还需以下引理.

引理 6　设 M 充分大且满足(13)，则

(1) f 在 $D_M=B(a_M,\rho_M)$ 内无零点.

(2) 对所有充分大的 n，有 $v_n\leqslant 1$.

证明　从(15)和文献[7]知，在 $q^{\frac{3}{8}}|a_M|\leqslant r\leqslant|a_{M+1}|-1$ 内 n. e.，有

$$\begin{aligned}&T(r,F'-1)=\\&T(r,F')+O(1)<(1+o(1))T(r,F)<\\&(1+o(1))(N+1+\gamma_Q)T(r,f)<\\&\frac{(N+1+\gamma_Q+o(1))}{N-1}\frac{(\alpha-4\varepsilon_0)v_M}{\log q}(\log r)^2\leqslant\\&(3+\gamma_Q+o(1))(\alpha-4\varepsilon_0)\frac{v_M}{\log q}(\log r)^2=\\&(\alpha v_Q+3\alpha-4\varepsilon_0(3+\gamma_Q+o(1))\frac{v_M}{\log q}(\log r)^2\end{aligned}$$

又因(15)在 $q^{\frac{3}{8}}|a_M|\leqslant r\leqslant q^{\frac{3}{8}}|a_M|$ 中一些 r 成立，

故

$$T(q^{\frac{3}{8}}|a_M|,F'-1)\leqslant$$
$$T(r,F'-1)<(\alpha\gamma_Q+3\alpha-$$
$$4\varepsilon_0(3+\gamma_Q+o(1)))\frac{v_M}{\log q}(\log r)^2<$$
$$\frac{(\alpha\gamma_Q+3\alpha-4\varepsilon_0(3+\gamma_Q)+o(1))v_M}{\log q}\cdot$$
$$(\log q^{\frac{3}{4}}|a_M|)^2<$$
$$\frac{(\alpha\gamma_Q+3\alpha-3\varepsilon_0(3+\gamma_Q)v_M}{\log q}(\log|a_M|)^2<$$
$$\frac{(\alpha\gamma_Q+4)v_M}{\log q}(\log|a_M|)^2 \tag{16}$$

(不失一般性,可限制 $\alpha<\frac{4}{3}$ 和 $1<q\leqslant\sqrt{e}$,从而 $3\alpha<4$,$(\log q^{\frac{3}{4}})^2<1$,以下若有相似情况,不再说明).

现设 $F'-1$ 在 D_M 内零点为 $c_1,\cdots,c_{p_M}$,令

$$P(z)=\prod_{k=1}^{p_M}(z-c_k)$$

故

$$F'-1=h(z)P(z) \tag{17}$$

当 M 充分大时,考虑 z 在圆周 $|z-a_M|=4$ 上,易知

$$|z-c_k|\geqslant 3,k=1,\cdots,p_M$$

故

$$\log|P(z)|>p_M\log 3$$

由熟悉的不等式

$$\log^+ M(s,f)\leqslant\frac{r+s}{r-s}T(r,f)$$

取 $r=q^{\frac{3}{8}}|a_M|$,$s=|a_M|+4$,则有

$$\log|F'-1|\leqslant$$

$$\log M(|a_M|+4,F'-1)\leqslant$$

$$\frac{q^{\frac{3}{8}}|a_M|+|a_M|+4}{q^{\frac{3}{8}}|a_M|-|a_M|-4}T(q^{\frac{3}{8}}|a_M|,F'-1)<$$

$$\frac{q^{\frac{1}{4}}+1}{q^{\frac{1}{4}}-1}T(q^{\frac{3}{8}}|a_M|,F'-1) \tag{18}$$

只要 M 充分大，就有

$$2(q^{\frac{3}{8}}-q^{\frac{1}{4}})>\frac{8q^{\frac{1}{4}}}{|a_M|}$$

从而

$$\frac{q^{\frac{3}{8}}|a_M|+|a_M|+4}{q^{\frac{3}{8}}|a_M|-|a_M|-4}<\frac{q^{\frac{1}{4}}+1}{q^{\frac{1}{4}}-1}$$

因此，当 z 在 $|z-a_M|=4$ 上时，从(17)有

$$\log|h(z)|=\log|F'(z)-1|-\log|P(z)|<$$

$$\frac{q^{\frac{1}{4}}+1}{q^{\frac{1}{4}}-1}T(q^{\frac{3}{8}}|a_M|,F'-1)-p_M\log 3 \tag{19}$$

由最大模原理知，在 $|z-a_M|<4$ 内(19)仍成立，又注意到当 $|z-a_M|<\rho_M$ 时，有 $|z-c_k|<2\rho_M$，故

$$\log|P(z)|\leqslant\sum_{k=1}^{p_M}\log|z-c_k|\leqslant$$

$$p_M\log 2-p_M\log\frac{1}{\rho_M}$$

从(16)，(19)和(2)，并注意 $p_M\geqslant v_M\geqslant 1$，故知在 $|z-a_M|<\rho_M$ 内，只要 M 充分大就有

$$\log|F'(z)-1|=\log|P(z)|+\log|h(z)|<$$

$$p_M\log 2-p_M\log\frac{1}{\rho_M}+$$

$$\frac{q^{\frac{1}{4}}+1}{q^{\frac{1}{4}}-1}\frac{(\alpha\gamma_Q+4)v_M}{\log q}(\log|a_M|)^2-p_M\log 3\leqslant$$

$$p_M\left\{\frac{q^{\frac{1}{4}}+1}{q^{\frac{1}{4}}-1}\frac{(\alpha\gamma_Q+4)}{\log q}(\log|a_M|)^2-\log\frac{1}{\rho_M}\right\}<0 \tag{**}$$

特别,$F'(z)$ 在 D_M 内无零点,而 f 的零点都是 F' 的零点,故 f 在 D_M 内无零点.(1) 获证.

又当 M 充分大时

$$|P(0)|=\prod_{k=1}^{p_M}|c_k|>1$$

由第一基本定理和(16) 知

$$\begin{aligned}
&T(q^{\frac{3}{8}}|a_M|,h)\leqslant\\
&T(q^{\frac{3}{8}}|a_M|,F'-1)+T\left(q^{\frac{3}{8}}|a_M|,\frac{1}{P}\right)\leqslant\\
&T(q^{\frac{3}{8}}|a_M|,F'-1)+T(q^{\frac{3}{8}}|a_M|,P)\leqslant\\
&\frac{(\alpha\gamma_Q+3\alpha-3\varepsilon_0(3+\gamma_Q))v_M}{\log q}(\log|a_M|)^2+\\
&p_M\log(2q^{\frac{3}{8}}|a_M|)\leqslant\\
&\hat{c}_1p_M(\log|a_M|)^2
\end{aligned}\tag{20}$$

这里及以下,$\hat{c}_1,\hat{c}_2,\cdots$ 表示仅与 q,γ_Q 有关的常数.

现在 $|z-a_M|\leqslant 4$ 内估计 $|\log|h(z)||$,在 $|\omega|<R=q^{\frac{3}{8}}|a_M|$ 内对 $h(z)$ 应用 Poisson-Jensen 公式,可得

$$\begin{aligned}
&|\log|h(z)||\leqslant\\
&\frac{R+r}{R-r}\left(m(R,h)+m\left(R,\frac{1}{h}\right)\right)+\\
&n\left(|a_{M-1}|+1,\frac{1}{F'-1}\right)\log\frac{4R}{\left(1-\frac{1}{q}\right)|a_M|}\leqslant\\
&\hat{c}_2\left(m(R,h)+m\left(R,\frac{1}{h}\right)\right)+\hat{c}_3T(R,F'-1)
\end{aligned}\tag{21}$$

但是

$$m\left(R,\frac{1}{h}\right)\leqslant m\left(R,\frac{1}{F'-1}\right)+m(R,P)\leqslant$$
$$T(R,F'-1)+p_M\log 2R \qquad (22)$$

因此从(20),(21),(22)和(16),并注意 $R=q^{\frac{3}{8}}|a_M|$,即知
$$|\log|h(z)||\leqslant \hat{c}_4 p_M(\log|a_M|)^2$$
在 $|z-a_M|\leqslant 4$ 上成立,又知在 $|z-a_M|\leqslant 2$ 内有

$$\left|\frac{h'(z)}{h(z)}\right|\leqslant \hat{c}_5 p_M(\log|a_M|)^2$$

但 $P(z)$ 所有零点都在 D_M 内,故知

$$\left|\frac{P'(z)}{P(z)}\right|>\frac{p_M}{2\rho_M}$$

在 $|z-a_M|=\rho_M$ 上成立. 而由(2)有

$$\frac{p_M}{2\rho_M}>\frac{p_M}{2}\exp\left\{\frac{q^{\frac{1}{4}}+1}{q^{\frac{1}{4}}-1}\frac{\alpha\gamma_Q+4}{\log q}(\log|a_M|)^2\right\}>$$
$$\hat{c}_6 p_M(\log|a_M|)^2$$

故 $|z-a_M|=\rho_M$ 上有

$$\left|\frac{P'(z)}{P(z)}\right|>\left|\frac{h'(z)}{h(z)}\right|$$

但由(17)有

$$F''(z)=P'(z)h(z)+P(z)h'(z)$$

由 Rouché 定理知 F'' 与 $P'(z)h(z)$ 在 $|z-a_M|<\rho_M$ 内有相同个数的零点,而 $h(z)$ 在 D_M 内无零点,且 $P'(z)$ 恰有 p_M-1 个零点,且这些零点全在 $P(z)$ 零点的凸包上,因此在 D_M 内. 从以上分析知 F'' 在 D_M 内恰有 p_M-1 个零点,又由(1)的结论知 f 在 D_M 内无零点,故当 M 充分大时,$t_M=p_M-1$. 所以 $v_M=p_M-t_M=1$,这说明对所有充分大的 n,$v_n\leqslant 1$ 于是引理 6 证毕.

以下完成定理 1 的证明

由引理 6 的结论(2) 知,(12) 变为

$$(N-1)T(r,f) \leqslant (\alpha - 5\varepsilon_0)\sum_{n=1}^{M}\log\frac{r}{|a_n|}$$

在 $q^{\frac{3}{8}}|a_M| \leqslant r \leqslant |a_M+1|-1$ 内 n. e. 成立. 从而当 M 充分大时,由(*)知,在 $q^{\frac{3}{8}}|a_M| \leqslant r \leqslant |a_{M+1}|-1$ 内 n. e. 有

$$(N-1)T(r,f) \leqslant \frac{\alpha - 4\varepsilon_0}{\log q}(\log r)^2 \qquad (23)$$

而 $T(r,F) \leqslant (N+1-\gamma_Q)T(r,f)r \to \infty$, n. e. ;故在 $q^{\frac{3}{8}}|a_M| \leqslant r \leqslant |a_{M+1}|-1$ 内 n. e. 有

$$T(r,F) \leqslant \frac{N+1+\gamma_Q}{N-1}\frac{\alpha - 4\varepsilon_0}{\log q}(\log r)^2 \leqslant$$

$$(\alpha\gamma_Q + 3\alpha - 4\varepsilon_0(3+\gamma_Q))\frac{(\log r)^2}{\log q} \qquad (24)$$

又因对满足 $|a_M|-1 \leqslant r \leqslant q^{\frac{3}{8}}|a_M|$ 的那些 r,当 M 充分大时,有

$$q^{\frac{3}{8}}|a_M| \leqslant q^{\frac{1}{2}}|a_M| - q^{\frac{1}{2}} \leqslant q^{\frac{1}{2}}r \leqslant$$

$$q^{\frac{7}{8}}|a_M| \leqslant |a_{M+1}|-1$$

故在 $|a_M|-1 \leqslant r \leqslant q^{\frac{3}{8}}|a_M|$ 内 n. e. 有

$$T(r,F) \leqslant T(q^{\frac{1}{2}}r,F) \leqslant$$

$$\frac{(\alpha\gamma_Q + 3\alpha - 4\varepsilon_0(3+\gamma_Q))}{\log q}(\log q^{\frac{1}{2}}r)^2 \leqslant$$

$$\frac{(\alpha\gamma_Q + 3\alpha - 3\varepsilon_0(3+\gamma_Q))}{\log q}(\log r)^2$$

故

$$T(r,F) \leqslant \frac{(\alpha\gamma_Q + 3\alpha - 2\varepsilon_0(3+\gamma_Q))}{\log q}(\log r)^2$$

$$r \to \infty \text{ n. e.} \tag{25}$$

容易推出，对任意充分大 r，在 $(r, q^{\frac{1}{2}} r)$ 内必有 t_r 使

$$T(r,F) \leqslant T(t_r,F) \leqslant \hat{c}_7 (\log t_r)^2 \leqslant \hat{c}_8 (\log r)^2$$

(否则与(25)矛盾). 故对所有充分大 r 有

$$T(r,F) = O(\log r)^2 \tag{26}$$

特别，F 的级为零. 再由(9)和[7]知 f 的级亦为零.

以下，我们将找出矛盾. 以 ε 充分小，使 $\dfrac{1+4\varepsilon}{1-4\varepsilon} < q$，则 $B(a_n, 4\varepsilon |a_n|)$，$n=1,2,\cdots$，相互不交，由于 $F'-1$ 的零点(除有限个)全在 $\bigcup\limits_{n=1}^{\infty} B(a_n, \rho_n)$ 内，而且易验证 $\bigcup\limits_{n=1}^{\infty} B(a_n, \rho_n)$ 是 ε 集，用(26)和引理5知，当 z 充分大且在 $\bigcup\limits_{n=1}^{\infty} B(a_n, \varepsilon |a_n|)$ 之外时，有 $|F'-1| > 2$，又 f 超越且级为零，故 f 必有无穷多个零点. 设 z_0 是 f 的一个充分大零点，则 $F'(z_0)=0$，因此 z_0 必在某圆盘 $B(a_M, \varepsilon |a_M|)$ 内，由 Rouché 定理知 $F'-1$ 在 $B(a_M, \varepsilon |a_M|)$ 内也有一个零点，设为 ω_0，易知 ω_0 必在更小的圆盘 $B(a_M, \rho_M)$ 内，对于这个 $D_M = B(a_M, \rho_M)$，可证，当 $z \in D_M$ 时，$\log|F'(z)-1| < 0$. 从而 $z_0 \notin D_M$，故 $z_0 \in B(a_M, \varepsilon |a_M|) \backslash D_M$. 下面可推出 $F'(z)$ 只能以 z_0 为单零点，这与 $F'(z)$ 以 z_0 为至少2重零点矛盾. 故反设 $F'-1$ 在 $\mathbf{C} \backslash \bigcup\limits_{n=1}^{\infty} B(a_n, \rho_n)$ 中仅有有限个零点不对，定理1证毕.

§4　定理 2 的证明

从引理 4 知(注意 f 为整函数)

$$T(r,f)\leqslant \overline{N}\left(r,\frac{1}{F'-R}\right)+S(r,f) \tag{27}$$

从(27)知,$F'-R$ 有无穷多个零点. 反设 $F'-R$ 在 $\mathbf{C}\backslash\mathscr{F}$ 内只有有限个零点,则 $F'-R$ 在 $\mathscr{F}$ 内有无穷多个零点. 不失一般性可设 $F'-R$ 在 $\mathscr{F}$ 中每个点为零(必要时可删去一些点). 从[3,512 页]知

$$\overline{N}\left(r,\frac{1}{F'-R}\right)=O(\log r)^2$$

故由(27)就有 $T(r,f)=O(\log r)^2, r\to\infty$, n. e. 于是由[7,Lemma 3]知 f 的级为零,又由 f 超越就知 f 必有无穷多个零点. 我们可设

$$f=\prod_{k=1}^{\infty}\left(1-\frac{z}{\mu_k}\right)(|\mu_1|\leqslant|\mu_2|\leqslant\cdots)$$

显然每个 μ_k 是 $F'(z)$ 的至少 2 重零点. 又从(26)的证明知,对充分大的 r,不难推知

$$T(r,f)=O(\log r)^2$$

$$T(r,F'-R)=O(\log r)^2, r\to\infty$$

令 $R(z)=\dfrac{R_1(z)}{R_2(z)}$,$R_1(z)$ 和 $R_2(z)$ 是互素的多项式. 给定 $\varepsilon>0$,对适当小的 $\varepsilon_k(0<\varepsilon_k<\varepsilon)$ 和充分大的 k,从引理 5 知在所有圆盘 $\Delta_k=\{z: |z-\lambda_k|<\varepsilon_k|\lambda_k|\}$ 并集之外有

$$\log|F'R_2-R_1|\sim\log M(r,F'R_2-R_1)$$

由于 $F'R_2-R_1$ 为超越整函数,故易知

$$\lim_{r\to\infty}\frac{\log M(r,F'R_2-R_1)}{\log r}=\infty$$

故任给 $\beta>0$，有

$$\log M(r,F'R_2-R_1)>\beta\log r(r\geqslant r_0)$$

故当 $z\in\mathbf{C}\setminus\bigcup_{k=1}^{\infty}\Delta_k$ 且 z 充分大时

$$\log|F'R_2-R_1|>\beta\log r$$

即

$$|F'R_2-R_1|>r^{\beta}$$

从而

$$|F'-R|=\left|\frac{F'R_2-R_1}{R_2}\right|>\frac{r^{\beta}}{|R_2|}$$

取 β 充分大，并注意 R 为有理函数且 R_2 为多项式，于是有

$$\frac{r^{\beta}}{|R_2|}>2M(r,R)$$

故当 $z\in\mathbf{C}\setminus\bigcup_{k=1}^{\infty}\Delta_k$ 且 z 充分大时就有

$$|F'-R|>2M(r,R)$$

从而当 $z\in\mathbf{C}\setminus\bigcup_{k=1}^{\infty}\Delta_k$ 且 z 充分大时，有

$$|F'|>|F'-R|-|R|>|R| \tag{28}$$

因此，μ_k 必须在 $\bigcup_{k=1}^{\infty}\Delta_k$ 中某个圆盘之内，不妨设 Δ_k. 只要 ε_k 取得适当小，可使 Δ_k 不含其他 $\lambda_m(m\neq k)$. 因此在 Δ_k 内没有其他点 z 使 $F'(z)=R(z)$. 现假定方程 $F'(z)=R(z)$ 以 λ_k 为 m 重根，并考虑阶层曲线 $\left|\frac{F'(z)}{R(z)}\right|=1$，显然这个阶层曲线通过 λ_k，且全部在 Δ_k 内，并由仅以 λ_k 为公共点的 m 个判别回路构成（这些回路除了在 λ_k 外互不相交）. 由最大模、最小模原理，

每个回路内至少有一个$\frac{F'(z)}{R(z)}$的零点. 又由(28)和Rouché定理,$F'-R$与F'在Δ_k内有相同个数的零点. 因此$F'(z)$在Δ_k内仅有m个单零点. 但这与μ_k是$F'(z)$至少2重零点矛盾. 定理2证毕.

参考文献

[1] LANGLEY J K. Analogues of Picard set for entire function and their derivatives, Contemporary Math[J]. , 1983(25),75-86.

[2] AHLTORS L V. Complex Analysis, McGraw-Hill, 1966.

[3] ANDERSON J M, BAKER I N, CLUNIE J G. The distrbution of values of certain entire and meromorphic function[J]. Math Z. , 1981(178), 509-525.

[4] LANGLEY J K. Exception sets for linear differential polynomials[J]. Annales Acad Sci Fenn Seri A. I. Math, 1986(11),137-153.

[5] LEHTO O. A generalization of Picard's theorem[J]. Ark Math, 1958(3),495-500.

[6] WINKLER J. Bericht uber Picardmengen ganzer Funkionen, In Topics in Analysis[J]. Colloquium on Mathe matical Analysis (Jyvaskyla 1970) 384-392.

[7] DOERINGER W. Exceptional values of differen-

tial polynomials[J]. Pacific J. Math, 1982(98), 55-62.

[8] 杨乐. 值分布论及其研究[M]. 北京:科学出版社, 1982.

◎编辑手记

这本小书有可能是犯了“常凯申”式的错误(一位大学教授在翻译一本有关国民党的外国著作时将“蒋介石”译成了“常凯申”). 有关格点与面积的这个异常简单而又出人意料的定理最早被闵嗣鹤先生译成毕克定理(上海译制片厂的一位非常著名的配音演员就叫毕克,配过《尼罗河上的惨案》中的大侦探——波洛),也有译成皮克的,但这都不是关键,关键的是他所对应的是哪位数学家. 有人认为应是Pick,但这位老兄实在太没没无闻了,查了许多文献也没发现除了这个定理还有哪个定理是属于他的. 难道是英文错了? 有人曾写过一个段子:一个人把“五讲四美三热爱”介绍到国际上,英译成 five talks, four beauties, three loves,效果很好,老外到中国旅游人次猛增,因为他们把这句话理解为:五次谈话,可以找到四个

美女，其中三个可以成为情人！所以有理由怀疑是英译名错了应为大数学家 Picard. 而且在苏淳教授译的《全苏数学奥林匹克》一书中也支持了这一猜测.

著名的大卫杜夫俱乐部曾经把一位世袭三代的多美尼加雪茄制作大师请到北京来给大家表演. 在场的人都问了一些很“专业”的细节问题，比如应该拿什么位置，商标纸环要不要摘掉，应该剪多大的口子才合适，而大师都用三个字简单回答：“随你便”. 这说明，世上的好东西，一定要很轻松就能让人们享用，而不是让大家费很多力气去适应它.

其实本书的原意甚至本丛书的原意都是想介绍一点经典数学的结果. 本书的重点是介绍解析函数论中的 Picard 定理. 至于开始引入的那个小问题是无足轻重的，只是一个引子，进入正题后大可抛开，所以大可不必拘泥于 Pick 与 Picard 的正误. 当然如果有真正的数学史行家能准确的告知答案，那是再好不过了，如是也体现出本书的小众特色. 在本套丛书出版后曾收到许多读者发来的信息表示欣赏. 如江西师范大学的熊昌进教授发来短信说：这套丛书好！人们会记得. 有这一句够了. 近日收到南京大学孙智伟教授发表的博客：

> 解析数论在 20 世纪 30～70 年代蓬勃发展并取得了丰硕的成果，陈景润在 Goldbach 猜想上的定理“1+2”可谓解析数论的登封造极之作. 后来有人觉得解析数论已经做得很精细了，难有大的前途（当年元老的学生张寿武好像就出于这样的考虑而改学了代数几

何). 2010 年我在台湾访问时著名数论学家 Don Zagier 对我说:20 世纪 70 年代他读博士时许多人认为数论(那时主要指解析数论)快山穷水尽了,而几何与拓扑则前途无量. 所以他去研究示性类了,后来他又转到数论上. Zagier 接着说,现在模形式理论很明髦,可在 20 世纪 30 年代 Hecke 做这东西时基本无人问津. 几年前我听说国内 L 教授去苏州参加一个会议时老外问他搞什么,听说是解析数论后那老外脱口而出:"That's dead!"这话把 L 教授气得够呛. 搞数学的好多人很清高,总以为自己比别人高明,爱指点别人要搞什么不要搞什么. C 院士曾对我说,许多人好为人师,告诉他该研究什么,他对此很反感. 张益唐原本跟随潘老师学解析数论,当年出国时老一辈的丁教授非要他出去学主流的代数几何,没想到若干年后张却因在解析数论上的工作闻名世界. 所以说,有志向的人应该有自己独立的判断,不要人云亦云,毕竟各人有自己的风格与兴趣. 现在张益唐的工作又让解析数论重新活跃起来.

在大学科研岗位难坚持自己的品味,在出版界更难. 美国著名的兰登书屋曾一度实行"单本核算制","即每本书都要做一个盈亏表,不赚钱的书不赚钱的系列则没有出版的必要",目的是"利润最大化、风险最小化. 如果诗歌赔钱,很简单,砍掉. 翻译书赔钱,砍掉. 慢

慢地,严肃类别越砍越小”.结果是图书结构越来越单一,雄心勃勃的商业计划没能如愿以偿地实现,相反赢利率相对以前反而下降.我们的科技图书出版如果过度功利化将会重蹈兰登书屋的覆辙.

近年来,频繁参加各种全国书市、图书博览会、大学图书订货会,感觉越来越失望,会场布置越来越豪华,气氛越来越热烈,成交码洋越来越高.但内容呢?美国媒体文化研究者尼尔·波兹曼《娱乐至死》一书中的名言正在应验:“一切文化内容都心甘情愿地成为娱乐的附庸,而且毫无怨言,甚至无声无息,其结果是我们成了一个娱乐至死的物种.”

从某种意义上讲我们做小众出版是在“垂死挣扎”!

刘培杰

2017 年 6 月 12 日

于哈工大